数字经济创新驱动与技术赋能丛书

联想方案服务业务集团大模型与智能体项目实践经验总结

AI赋能

大模型概念、技术及企业级项目应用

田野　张建伟◎编著

U0378567

机械工业出版社
CHINA MACHINE PRESS

本书聚焦于大模型技术在企业中的实际应用，帮助读者应用大模型为企业降本增效。全书共6章：初识大模型、大模型产品生态圈、大模型的技术原理、企业如何部署和应用大模型、企业大模型项目的实施方法、大模型企业应用实践。

本书提供了详细的大模型选型和建设标准，旨在为企业提供一份清晰的大模型建设指南，帮助读者了解如何建设、部署和应用大模型。本书详细介绍了企业大模型项目的实施方法，从项目规划到工程化部署，并通过具体的企业应用实践案例，展示了大模型在基座型基础设施、企业知识中台、业务知识库、智能体及个人办公智能辅助工具中的强大应用潜力，帮助读者在实践中掌握应用大模型的关键技术和管理能力。

本书的读者对象为人工智能、机器学习和数据分析等领域的从业人员，对企业数字化转型和智能化应用感兴趣的企业管理者和决策者，希望通过大模型技术和实施方法增强自身技能的技术研究者和开发者，以及对大模型技术感兴趣并希望深入了解和探索这一前沿科技及其应用场景的读者。

图书在版编目（CIP）数据

AI赋能：大模型概念、技术及企业级项目应用／田野，张建伟编著. -- 北京：机械工业出版社，2024.
10（2025.3重印）. --（数字经济创新驱动与技术赋能丛书）.
ISBN 978-7-111-76994-1

Ⅰ. TP18

中国国家版本馆CIP数据核字第2024ER2587号

机械工业出版社（北京市百万庄大街22号　邮政编码100037）
策划编辑：王　斌　　　　责任编辑：王　斌　马新娟
责任校对：薄萌钰　李　杉　　责任印制：常天培
北京机工印刷厂有限公司印刷
2025年3月第1版第3次印刷
184mm×240mm·21.5印张·481千字
标准书号：ISBN 978-7-111-76994-1
定价：99.00元

电话服务　　　　　　　　网络服务
客服电话：010-88361066　机　工　官　网：www.cmpbook.com
　　　　　010-88379833　机　工　官　博：weibo.com/cmp1952
　　　　　010-68326294　金　书　网：www.golden-book.com
封底无防伪标均为盗版　机工教育服务网：www.cmpedu.com

推荐序 1

在这个快速发展的时代，AI 正以前所未有的速度改变着我们的工作和生活方式。特别是在 AI 大模型领域，随着技术的不断突破，我们见证了 AI 从简单的语言处理到复杂场景理解的飞跃。

田野和张建伟长期从事 AI 相关技术研究，具有丰富的项目落地实践经验，《AI 赋能：大模型概念、技术及企业级项目应用》一书是两位基于实践、系统总结而成的智慧结晶，深入探讨了 AI 大模型的发展历程及趋势、技术原理、应用场景、企业落地的方法及案例，为读者提供了认知大模型的全面而深刻的视角。

从技术层面来看，AI 大模型通过大规模参数和海量数据训练，实现了对复杂任务的高效处理，不仅在自然语言处理、图像识别等领域取得了显著成就，还在编程、数学、科学等专业领域展现出超越人类的潜力。这些进步不仅拓宽了 AI 技术应用的边界，也为各行各业带来了前所未有的机遇。在医疗健康、金融服务、智能制造等行业，AI 大模型的应用正逐步深入，帮助企业实现智能化转型，提高其效率和创新能力。

这本书不仅关注技术本身，还结合企业实际情况深入分析了企业战略、人工智能伦理，以及社会影响等多方面因素，旨在为读者呈现一个全景式的企业级 AI 大模型世界。无论是对于技术爱好者、行业从业者还是企业决策者，本书都是一本不可多得的参考读物。希望本书能够激发更多人对 AI 大模型的兴趣，共同探索这一领域的无限可能。

吴盛楠博士

三一集团副总裁、商用车智造公司总经理

推荐序 2

在这个信息爆炸和技术飞速进步的时代，人工智能（AI）不再是科幻小说中的幻想，已经在深刻地影响我们的日常生活和工作，成为推动社会进步的重要力量。伴随着以大模型技术为代表的 AI 技术从实验室走入现实生活，AI 以其强大的数据处理能力和深度学习能力，正在重塑我们的世界。它不仅改变了我们解决问题的方式，也为我们带来了前所未有的机遇和挑战。在这样的大背景下，我很高兴地看到田野与张建伟将他们在长期的 AI 项目实践中得到的宝贵经验贡献出来，并通过科学的总结和归纳形成了体系化的知识。

《AI 赋能：大模型概念、技术及企业级项目应用》旨在为读者提供一个全面的基于实操的视角，从而深刻理解大模型技术的核心概念、技术细节及其在企业级 AI 项目中的应用。这本书不仅深入浅出地介绍了 AI 大模型的概念以及技术原理，还通过企业应用案例剖析的方式帮助读者更好地了解 AI 大模型在实践中的应用，更讨论了从技术选型到实施落地等关键议题，能够帮助读者顺利实现 AI 大模型项目的落地。无论是企业管理者、技术专家，还是 AI 行业的从业者，这本书都具备重要的参考价值。

AI 大模型的发展是一个激动人心的旅程，它不仅关乎技术的创新，更关乎人类社会的未来。我由衷希望本书能够成为读者探索 AI 世界的指南，帮助他们在这场智能革命中找到属于自己的位置。让我们一起开启这段旅程，探索 AI 的无限可能。

欢迎加入这场智能革命，未来已来，让我们共同见证。

闫 君

徐工集团工程机械股份有限公司副总裁

前言

为什么要写这本书

在数字化浪潮席卷全球的今天，智能化已成为企业转型升级的必由之路。大模型技术，作为人工智能的前沿领域，正以其惊人的语言理解、生成与推理能力，引领着企业智能化的新方向。然而，面对这一新兴技术，许多企业感到迷茫，不知从何下手。

正是基于这样的现状，我决定撰写本书。目的不仅是分享我们团队在大模型技术领域的专业经验，更是为了助力企业顺利跨越智能化转型的鸿沟，把握未来的发展机遇。

通过本书，我希望能达成以下几个目标。

普及大模型知识：本书旨在为读者普及大模型的基本知识，包括其原理、特征、分类以及应用价值等。只有深入了解这项技术，企业才能更好地判断其是否适合自身的业务需求。

提供实施指南：本书将为企业提供一套系统的大模型部署和应用指南，从选型、建设到实施，每一步都详细阐述，确保企业在实际操作中能够有据可依，避免走弯路。

展示实践案例：通过精选的企业应用实践案例，本书将向读者展示大模型在各个领域中的实际应用效果。这些案例不仅具有高度的借鉴意义，还能激发企业的创新思维，助力其开拓更广阔的应用场景。

推动产业发展：我希望通过这本书能够推动大模型技术在企业界的广泛应用，进而促进整个产业的升级和发展。只有当更多的企业认识到它的重要性并采纳这项技术，我们才能共同迎接一个更加智能化的未来。

总之，本书不仅是我们团队近年来在大模型应用方面的探索和实践，更是我们对企业智能化转型的一份承诺和助力。希望通过这本书，我们能够帮助更多的企业在数字化时代抢占先机，实现更高效、更智能的运营和发展。

本书的主要内容

本书聚焦于大模型技术在企业中的实际应用，帮助读者应用大模型为企业降本增效。本书提供了详细的大模型选型和建设标准，旨在为企业提供一份清晰的大模型建设指南，帮助读者了解如何建设、部署和应用大模型。

本书分为 6 章，从初识大模型开始，逐步深入到技术原理、项目实施及应用实践，为读者构建了一个完整而系统的大模型知识体系。在这个过程中，我们不仅详细解析了大模型的特征、分类、应用价值，更对其服务模式、发展趋势进行了深入的探讨，旨在帮助读者全面理解并掌握这一前沿科技。

进入大模型产品生态圈，本书对国内外的大模型研究机构与团队进行了详尽的介绍，同时对各类大模型产品进行了全面的评估与比较。这些内容为读者在选择合适的大模型产品时提供了有力的参考。

技术原理部分，我们深入剖析了大模型的架构设计、预训练过程以及提示工程与微调、知识蒸馏技术等关键技术。这些内容不仅揭示了大模型背后的科技奥秘，更为读者在实际应用中提供了坚实的技术支撑。

当谈及企业在部署和应用大模型时的具体策略，本书从需求分析、选型、应用模式到部署方式等各个环节都给出了明确的指导。同时，我们也对企业部署和应用大模型的前提以及可能遇到的风险和应对举措进行了详尽的阐述。

在项目实施方法上，本书对项目规划、开发环境搭建、数据准备、基础大模型构建等步骤都进行了详细的介绍。这些内容不仅具有极高的实用价值，还能帮助读者在项目实施过程中少走弯路，确保项目的顺利进行。

最后，本书通过一系列具体的企业应用实践案例，向读者展示了大模型在基座型基础设施、企业知识中台、业务知识库、智能体以及个人办公智能辅助工具等多个领域中的强大应用潜力。这些案例不仅让读者体验到了大模型技术的实际应用效果，更能激发他们的创新思维，开拓更广阔的应用场景。

本书集理论与实践于一身，不仅能帮助读者深入了解大模型技术，更能指导他们在实际工作中应用这一技术，从而推动企业实现智能化升级，迎接新时代的挑战与机遇。无论你是人工智能领域的从业者，还是对大模型技术感兴趣的决策者，都能从本书中汲取知识、找到灵感，引领你的企业在智能化道路上不断前行。

本书的价值创新

首先，本书对大模型技术进行了全面而深入的剖析，不仅介绍了大模型的基本原理和架构设计，还详细阐述了其预训练、提示工程与微调等关键技术。这样深入的技术剖析为读者提供了对大模型技术的全面理解，有助于他们在实际应用中更好地掌握和运用这一技术。

其次，本书从企业的实际需求出发，探讨了如何部署和应用大模型。通过详细解析从实践中总结的企业大模型的选型和建设标准，以及六类应用模式和五种部署方式，本书为读者提供了一套实用的操作指南，有助于企业在实际应用中避免盲目投入和资源浪费，实现更高效的智能化升级。

再次，本书创新性地提出了企业大模型项目的实施方法，从项目规划到开发工具搭建，再到数据准备、基础大模型构建等各个环节，都给出了具体的操作步骤和注意事项。这种系统化的项目实施方法，不仅提高了项目实施的成功率，也有助于企业在实践中不断积累经验，提升自身在大模型领域的技术实力。

最后，本书通过丰富的大模型企业应用实践案例，向读者展示了大模型在各个领域中的广泛应用和巨大潜力。这些案例不仅具有极高的参考价值，还能激发读者的创新思维，开拓更广阔的应用场景。

因此，本书在内容、结构和实践应用等方面都体现了显著的价值创新，是一本不可多得的大模型技术手册。

本书的适用人群

本书适用于对智能化应用有一定兴趣和基础的读者，主要包括以下人群：

- 数据分析、人工智能、机器学习等领域的从业人员。
- 对企业数字化转型和智能化应用感兴趣的企业管理者和决策者。
- 希望通过大模型技术和实施方法增强自身技能的技术研究者和开发者。
- 学习计算机科学、数据科学、人工智能等专业的学生群体。
- 希望全面掌握大模型技术及应用的行业咨询领域的专业人士。
- 对智能化应用感兴趣并希望深入了解智能化技术和应用场景的读者。

致谢

在完成本书的过程中，我获得了许多支持和帮助。

首先，我要感谢我的家人，是他们在我写作的日日夜夜里，给予我无尽的关爱、理解与鼓励。正是他们的默默支持，成为我坚持下去的强大动力。

同时，我要衷心感谢我的合作者张建伟，他在本书的构思与创作过程中，为我提供了宝贵的意见与建议。建伟以其深厚的专业知识和丰富的实践经验，在我们团队的大模型交付项目中提供了宝贵的指导。他的专业见解和独到建议，不仅提升了项目的交付质量，也为本书的编撰贡献了诸多闪光点。建伟的意见总是切中要害，他的每一条建议都让我受益匪浅，使本书的内容更加贴近实际，更具指导意义。

　　此外，我要向联想中国方案业务集团 AI 领域的各位践行者表示由衷的谢意。他们在技术层面给予了我巨大的帮助，为本书提供了精准而深入的专业知识，确保了书中内容的准确性与权威性。

　　我也要感谢我的算法实施团队中的每一位成员。他们不仅在技术上给予我全力支持，更在实际操作中助我攻克重重难关，使得本书的内容更加丰富与深入。

　　在此，我再次向所有帮助过我的人表示最诚挚的感谢！

田　野

2024 年 11 月 18 日

目录

第 1 章
初识大模型

在人工智能（Artificial Intelligence，AI）领域，大模型作为拥有庞大参数和深层结构的机器学习模型，正日益受到关注。它广泛应用于自然语言处理、计算机视觉等领域，推动了AI 技术的发展。虽然大模型面临计算资源需求高、解释性不足等挑战，但其发展前景依然光明。

随着企业智能化转型的深入，大模型在智能化应用中发挥关键作用。它能帮助企业准确理解数据，实现智能化决策和业务运营，提高效率、降低成本、改善用户体验。在选择、建设和优化大模型时，需要关注其解释性、数据标注质量等因素，并应对计算资源需求、数据隐私等挑战。

本章探讨了大模型的概念、作用、优势与挑战，为读者全面解读大模型在数字化转型中的重要性和前景。

1.1 大模型概述

1.1.1 什么是大模型

大模型通常指的是具有大规模参数和复杂结构的机器学习模型。这类模型在人工智能领域中应用广泛，用于解决各种复杂任务和问题，因此也被称为大模型。这些模型通常由多个神经元（或节点）组成的多层神经网络构成，可以用于处理大规模和复杂的数据，以实现各种任务，如分类、回归、聚类、生成等。

大模型通常需要大量的训练数据和计算资源来进行训练，以及更长的训练时间和更高的复杂度来实现优秀的性能。通过增加模型的深度、宽度和复杂性，大模型可以更好地捕捉数据中的模式和规律，并提升模型的预测能力和泛化能力。

大模型在近年来得到了广泛的应用，如自然语言处理、语音识别、计算机视觉、推荐系统等领域。知名的大模型包括 BERT（基于 Transformer 的双向编码器表示）、GPT（生成式预训练 Transformer）、ResNet（深度残差网络）等，它们在各自领域取得了显著的成就。

当讨论大模型时，我们可以从名称中的两个关键词"大"和"模型"来深入理解。

（1）大模型之"大"

在大模型中，"大"通常指的是模型参数的数量或者规模的复杂性。大模型通常包含大量的参数，这些参数用于模拟数据的复杂规律和特征。通过增加模型的规模和复杂性，大模型可以更好地拟合数据，提高模型的准确性和泛化能力。大模型通常需要更多的计算资源和训练时间来训练，并且在实际应用中可能需要在 GPU（图形处理单元）或者 TPU（张量处理单元）等高性能计算设备上运行。具体来说，大模型之"大"可以体现在如下几个方面。

- **模型参数数量**：大模型通常具有大量的参数，这些参数是模型学习数据特征和拟合训练数据的关键。参数数量的增加可以使模型更具灵活性和表达能力，有助于捕捉数据中更为复杂的模式和规律。然而，过多的参数也可能导致过拟合，即模型在训练数据上表现很好，但泛化能力较差，不能很好地推广到新数据上。

- **规模复杂性**：大模型的规模和复杂性通常较高，例如包含多个隐藏层、大量神经元和复杂的连接结构。这种复杂性使得大模型能够学习和表示更为复杂的数据特征和模式，从而提高模型在解决复杂任务时的性能。然而，复杂的模型结构可能会导致训练时间增加和计算资源消耗加大，因此需要更多的计算资源来支持大模型的训练和优化。

- **训练时间和计算资源**：由于大模型具有大量参数和复杂结构，通常需要更多的训练时间和计算资源来对模型进行训练和调优。训练大模型可能需要使用高性能计算设备，如 GPU 或 TPU，以加速训练过程，并且可能需要进行分布式训练以提高效率。需要更多的训练时间和计算资源也增加了训练大模型的成本和复杂度。

- **泛化能力**：大模型通过具有"大"的参数数量和规模复杂性，有可能提高模型的泛化能力，即对新数据的表现更好。如果大模型能够有效地捕捉数据中的复杂模式和规律，并且避免过度拟合训练数据，那么它很可能具有更强的泛化能力。通过合适的正则化和调优，大模型可以在保持训练数据拟合良好的情况下提升对未见数据的推广能力。

总的来说，模型的"大"既带来了优势，如更强的表达能力和泛化能力，也带来了挑战，如训练时间和计算资源的需求增加，以及过拟合风险的提高。在实际应用中，需要权衡这些因素并进行适当的调整，以实现更好的模型性能和应用效果。

（2）大模型之"模型"

模型是在机器学习和人工智能中用来解决问题的抽象数学表示。模型通过输入数据，经过数学运算和学习算法，得到输出结果。在大模型中，模型通常是由多个神经元组成的多层神经网络构成，也可以是其他类型的模型架构，如决策树、支持向量机等。模型的选择取决于具体的任务和数据特征，大模型通常具有更复杂的结构和更多的参数，以应对更复杂的问题和数据。具体来说，大模型之"模型"可以体现在如下几个方面。

- **数学表示**：模型是用数学方法描述数据之间关系的抽象表示。不同类型的模型采用不同的数学表示方法，如神经网络、决策树、支持向量机等。通过数学表示，模型可以捕捉数据中的模式和规律，从而实现对数据的预测、分类或回归等任务。
- **学习算法**：模型通过学习算法从数据中学习并进行预测或决策。常见的学习算法包括梯度下降、反向传播等。通过与训练数据的交互，模型调整参数以最小化预测值与真实值之间的误差，从而提高模型的准确性和泛化能力。
- **模型结构**：模型的结构包括输入层、隐藏层和输出层，以及它们之间的连接方式和激活函数等。不同结构的模型具有不同的表达能力和学习能力。大模型通常具有复杂的结构，如多层神经网络、深度学习模型等，这些结构可以更好地处理复杂的数据特征和模式。
- **任务适用性**：不同类型的模型适用于不同的任务和数据类型。在选择模型时，需要根据具体任务的需求和数据特征来确定最适合的模型结构。大模型通常会根据具体任务的复杂性和数据特征选择适合的模型结构，以提高模型的性能和效果。

通过深入理解模型的数学表示、学习算法、结构和任务适用性，可以更好地选择和设计适合特定任务的大模型，从而提高模型的性能和效果。在实际应用中，对模型的理解和调整是优化模型性能的关键。

通过以上要点，我们可以更清晰地理解大模型在机器学习和人工智能中的重要性和作用。大模型的"大"和"模型"之间相互影响，共同决定了模型的性能和应用范围。

进一步来说，要深入了解大模型的概念和价值，可以从如下几个方面入手：

（1）大模型的参数规模

大模型在参数规模方面的发展分为预训练模型阶段、大规模预训练模型阶段和超大规模预训练模型阶段。近年来，大模型已经进入了超大规模预训练模型阶段，每年参数规模至少提升 10 倍，参数量实现了从原来的万级别到目前的万亿级的突破。参数规模一直在呈现高速增长趋势，同时模型的性能也在大幅提升，如图 1-1 所示。

据预测，五年内国内外主流大模型的参数量都会进入万亿级别。这些大模型具有更强大的表征能力和泛化能力，可以应对更加复杂的任务和场景，成为许多领域的首选模型。大模型在参数规模方面经历了从较小规模到超大规模的持续增长，不断突破技术和数据的限制，为各种应用领域提供了更强大的计算和决策能力。

（2）大模型的技术架构

Transformer（转换器）架构是当前大模型领域的主流算法架构基础。Transformer 架构的提出和普及，极大地推动了大型神经网络模型的发展和应用。在这一框架下，主要形成了两条主要的技术路线：GPT（Generative Pre-trained Transformer）和 BERT（Bidirectional Encoder Representations from Transformers）。

BERT 是一个重要的预训练模型，在自然语言处理领域取得了巨大的成功。而 GPT 则更注重生成式任务，通过自回归模型实现语言生成和推理。

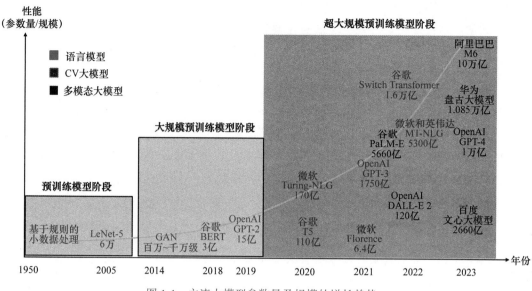

图 1-1　主流大模型参数量及规模的增长趋势

注：阿里巴巴 M6 模型在 2021 年就达到 10 万亿参数，一直保持至今，其参数规模超过了谷歌和微软之前发布的万亿级模型。

随着 GPT 3.0 的发布，GPT 逐渐成为大模型的主流发展路线，被广泛应用于各种语言模型和自然语言处理任务中。例如，百度的文心一言和阿里云发布的通义千问[⊖]等项目都采用了 GPT 架构，证明了其在实际应用中广泛的适用性和有效性。

综上所述，Transformer 架构为大模型的发展提供了强大的技术支持，GPT 和 BERT 作为两大主要技术路线在大模型领域取得了重大突破和成功，而目前千亿级参数规模的大语言模型普遍采用了 GPT 模式，进一步推动了大模型技术的发展和应用。

（3）大模型的模态支持

不同的大模型可以支持不同的数据输入输出模态，比如自然语言处理大模型、计算机视觉大模型等。这些大模型具备对不同模态数据的处理和分析能力，可以支持各种任务和应用。

最初，大模型主要支持单一模态下的任务，例如文本、图片、图像或语音处理等。这些模型针对特定类型的数据进行训练和推理，实现相应的功能和应用。

随着技术的发展和需求的增长，大模型开始逐渐演变为支持多种模态下的多种任务的趋势。这意味着大模型在处理文本、图片、语音等多种数据类型的基础上，能够支持更多复杂的任务和场景，如多模态数据的交互与联合分析、跨模态信息的融合与学习等。

因此，大模型在模态支持方面从最初的单一模态、单一任务发展到支持多种模态、多种任务的阶段。这种多模态支持的发展趋势使得大模型在处理各种数据类型和应用场景时更加

⊖　2023 年 9 月 13 日，通义千问更名为通义。

灵活和高效，为人工智能技术在各个领域的应用提供了更强大的支持和解决方案。

1.1.2　大模型的发展历程

大模型的发展历程是一个不断演进的过程，受到技术发展和应用需求的相互推动。在学术界和工业界，对于大模型发展阶段的划分并没有一个统一的标准。我们认为，大模型的发展变化主要是由算法技术的创新影响的，因此我们可以从技术发展角度来详细阐述大模型的发展轨迹。从技术发展角度，大模型的发展历程主要划分为发展初期、探索期、沉淀期和爆发期，如图 1-2 所示。

1. 发展初期（1956—1980 年）

大模型的发展始于 1956 年，这一年约翰·麦卡锡提出了"人工智能"的概念，标志着 AI 领域的诞生。然而，在这一阶段，人工智能的发展并不是一帆风顺。随着机器翻译等项目的失败和计算任务复杂性的增加，人工智能的发展遭遇了第一次低谷。这段时间内，尽管对人工智能的信心不足、经费减少，但正是这些挫折激发了科学家们对 AI 更深层次的思考和研究。这一阶段的探索为后续大模型的发展奠定了理论基础，为 AI 领域的进一步突破埋下了伏笔。

2. 探索期（1980 年至 21 世纪初）

进入探索期，大模型的发展迎来了重要转折点。以 CNN（卷积神经网络）为代表的传统神经网络模型在这一阶段兴起，标志着深度学习领域的萌芽。1980 年，CNN 模型雏形诞生，开启了计算机视觉领域的新篇章。随后，LeNet-5 模型基础结构的确立进一步推动了深度学习的发展。尽管在实用性和商业应用方面遭遇了第二次低谷，但互联网等基础设施的建设为大模型的发展积累了力量。这一阶段为大模型的兴起奠定了坚实的基础，也为后续的突破做好了准备。

3. 沉淀期（2006—2022 年）

沉淀期是大模型发展的黄金时代。在这一阶段，全新神经网络模型不断涌现，以 Transformer 为代表的技术引领了 AI 领域的新潮流。Word2Vec 的诞生首次提出了"词向量模型"的概念，为自然语言处理领域的发展注入了新的活力。GAN（生成对抗网络）模型的诞生则开启了生成模型研究的新阶段，进一步拓宽了 AI 的应用领域。随着 Transformer 架构的提出和 GPT、BERT 等大模型的发布，大模型技术得到了飞速发展。这一阶段的技术积累和突破为大模型的全面爆发奠定了坚实基础。

4. 爆发期（2022 年至今）

进入爆发期，大模型的发展迎来了前所未有的机遇和挑战。GPT-4 的发布标志着大模型技术已经具备了多模态理解和内容生成能力，为 AI 技术的应用带来了无限可能。大数据、

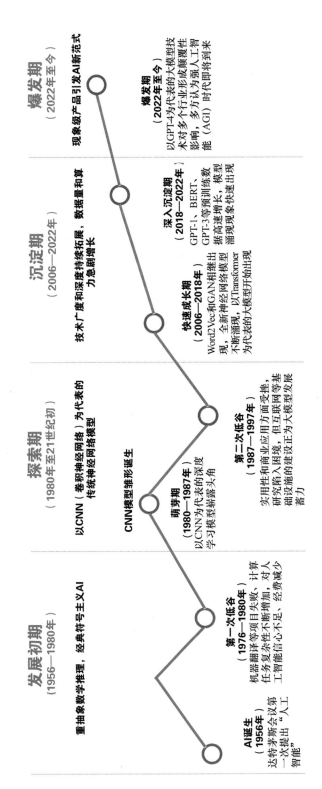

图1-2 从技术发展角度划分的大模型发展历程

大算力和大算法的结合进一步提升了大模型的预训练和生成能力，推动了多模态多场景应用的迅速发展。这一阶段的大模型技术不仅解决了许多传统方法无法解决的问题，还为人类社会的进步和发展带来了深远影响。未来，随着技术的不断进步和应用场景的拓展，大模型的发展将更加精彩纷呈。

1.1.3　大模型与传统模型的区别

与传统模型相比，大模型在处理复杂任务和海量数据时展现出了独特的优势。传统模型通常基于简单的结构和有限的规模，其学习能力和泛化能力受到限制，难以捕捉数据之间的复杂关系。相较之下，大模型采用了更加庞大的网络结构和更丰富的参数，能够更好地学习数据之间的高阶特征和相互关联，从而实现更加准确和有效的预测和推理。此外，大模型还能够从海量数据中学习，不断提升自身的表现能力。

总的来说，大模型相对于传统模型具有更强的表达能力、更好的泛化能力以及更强大的学习能力，可以更好地应对复杂任务和大规模数据的挑战。这使得大模型技术成为当下人工智能领域的热点之一，为各种领域的应用带来了新的机遇和可能性。

大模型与传统模型之间存在着多方面的区别（见表1-1），主要包括以下几个方面。

- **规模和参数量**：大模型拥有更多的参数和更复杂的结构，使其能够更精细地建模数据，提升学习能力和泛化能力。然而，这也导致训练时间更长，对计算资源的需求更高。
- **学习能力**：大模型因其庞大的参数量，展现出更强的学习能力，能够处理更复杂的数据和任务。相比之下，传统模型在处理简单任务时表现良好，但在处理复杂任务时可能受限。
- **泛化能力**：大模型通常具有更强的泛化能力，能更好地适应新数据。而传统模型在处理大规模、高维度数据时可能泛化能力较弱。
- **数据需求**：大模型需要更大规模、高质量的数据来支撑其训练，以确保良好的泛化能力。传统模型对数据量和质量的要求相对较低。
- **计算资源**：大模型的训练和推理过程需要更多的计算资源，包括计算能力和存储空间。传统模型在计算资源需求方面相对较低。
- **复杂任务处理能力**：大模型在处理具有多层次、大规模数据输入的复杂任务时表现出色。传统模型在处理简单任务时高效，但处理复杂任务时可能受限。
- **迁移学习能力**：大模型由于其强大的泛化能力，通常具有更好的迁移学习能力。传统模型在迁移学习时可能需要更多的调整和优化。
- **领域适应性**：大模型能够更好地适应不同领域的数据特征和规律，显示出较好的领域适应性。传统模型在处理跨领域任务时可能需要更多的特征工程或模型调整。
- **模型可解释性**：传统模型通常具有较强的可解释性，其简单的结构和参数使得理解和解释模型决策过程更为直观。大模型则因其复杂的网络结构和庞大的参数量在可解释性方面较弱。

- **训练时间和效率**：大模型的训练时间通常较长，需要更多的计算资源。在部署和推理阶段，大模型也可能因参数量庞大而效率较低。传统模型在训练时间和推理效率方面通常表现较好。

表 1-1　大模型与传统模型的区别

区　别	大　模　型	传　统　模　型
规模和参数量	<ul><li>更大规模和更多参数</li><li>能够捕捉数据中细微、复杂的模式和特征</li></ul>	<ul><li>较小规模和较少参数量</li><li>适合处理简单任务</li></ul>
学习能力	<ul><li>更强的学习能力</li><li>可适应不同类型的数据和复杂的模式</li></ul>	<ul><li>学习能力较弱</li><li>适合处理简单任务和特定领域数据</li></ul>
泛化能力	<ul><li>泛化能力较强</li><li>能够适应未见过的数据</li></ul>	<ul><li>泛化能力相对较弱</li><li>对新数据表现不佳</li></ul>
数据需求	<ul><li>需要大规模、高质量的数据来支撑训练</li></ul>	<ul><li>对数据数量和质量的需求相对较低</li></ul>
计算资源	<ul><li>需要大量计算资源来训练和推理</li></ul>	<ul><li>对计算资源的需求较低，适合资源受限的环境</li></ul>
复杂任务处理能力	<ul><li>能够处理更复杂、多层次的任务</li></ul>	<ul><li>处理复杂任务的能力相对较弱</li></ul>
迁移学习能力	<ul><li>更强的迁移学习能力，可将学到的知识应用到新任务中</li></ul>	<ul><li>迁移学习能力相对较弱，需要更多的调整和优化</li></ul>
领域适应性	<ul><li>较好的领域适应性，可以适应不同领域的数据特征</li></ul>	<ul><li>领域适应性相对较弱，需要对模型进行特定调整</li></ul>
模型可解释性	<ul><li>可解释性较弱</li><li>模型内部机制复杂</li></ul>	<ul><li>可解释性较强</li><li>模型参数和结构直观易懂</li></ul>
训练时间和效率	<ul><li>训练时间较长</li><li>需要更多计算资源</li></ul>	<ul><li>训练时间较短</li><li>计算资源需求较低</li></ul>

综上所述，大模型在规模和参数量、学习能力、泛化能力等方面具有优势，适合处理复杂任务和大规模数据，但也需要平衡考虑训练时间、资源消耗和可解释性等问题。传统模型在计算资源需求、训练时间和可解释性方面具有优势，适合处理简单任务和资源受限环境。在选择模型时，需要根据任务需求和可用资源来综合考量。

1.1.4　大模型与人工智能的关系

大模型是指参数数量巨大的机器学习模型，通常由深度神经网络构成，拥有强大的学习和泛化能力。大模型在人工智能领域扮演着重要角色，它们能够通过大规模的数据训练，从中学习到数据的潜在规律和模式，进而实现对复杂任务的预测、决策和生成。

总的来说，大模型的发展重新定义了人工智能，推动了人工智能应用规模化落地的进程，为人工智能技术的发展带来了重大的转变，如图 1-3 所示。大模型的发展极大地推动了人工智能技术的进步，实现了其规模化应用。相较于传统 AI 模型在处理多维数据时的限制，大模型利用全量数据构建，具备多任务执行能力，从而打破了"一事一模型"的限制。此外，大模型不仅能完成预测、推理和优化等传统任务，还能自动生成文本、图像、语音等多种形式的内容，广泛应用于多个领域。这使得人工智能技术能够更全面地赋能企业各业务层面，推动业务的发展和创新。简言之，大模型技术的兴起标志着人工智能技术的重要转变，为各领域的深入应用提供了强大支持。

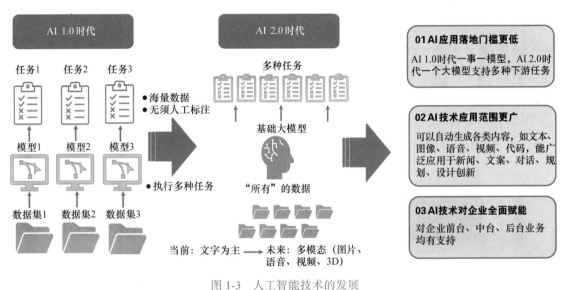

图 1-3　人工智能技术的发展

具体来说，大模型与人工智能的关系主要表现在以下几个方面：

（1）大模型使 AI 应用落地门槛更低

大模型的不断优化和改进推动了人工智能技术的发展，促进了人工智能技术在各个领域的应用和创新，也使通用人工智能成为可能，逐步降低人工智能应用的落地门槛。

传统 AI 模型通常针对特定任务设计，任务变更时可能需要全面调整相关指标、方法和技术，且多任务间需要人工协同，故被称为专用人工智能或弱人工智能。然而，大模型技术的出现改变了这一范式，一个大规模语言模型便能解决多种问题，具备自助理解、生成、推理和记忆能力，可自适应环境变化。因此，基于大模型的人工智能被称为通用人工智能或强人工智能，能更全面、智能地应对多样任务，实现高效、智能的应用（见图 1-4）。

（2）大模型使 AI 应用范围更广

传统的人工智能主要采用辨别式方法，通过算法对已有数据进行分析预测。与此不同，基于大模型技术的 AI 展现了生成式特点，它能直接利用全量数据建模，无须抽样或标注，便可归纳数据中的规律，生成新内容。此技术使 AI 不再局限于处理现存数据，而能自动生成创新内容，为智能应用的创新与进步提供了基础和支持，从而重新定义了 AI 的应用范式（见图 1-5）。

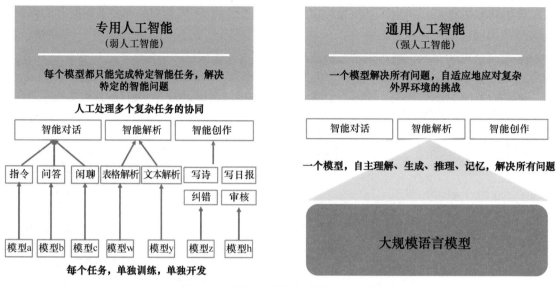

图 1-4 专用人工智能与通用人工智能

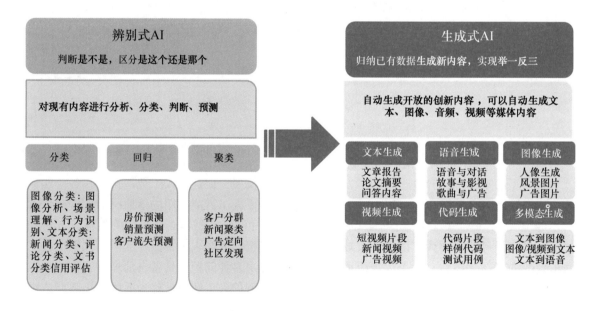

图 1-5 辨别式 AI 与生成式 AI

（3）大模型使 AI 技术为企业全面赋能

大模型通过多层次技术集成，全面支撑和赋能企业的前台、中台和后台应用，如图 1-6 所示。利用提示词（Prompt Tunning）技术定向训练，提升模型在特定任务上的表现，助力前台业务高效精准。通过指令微调（Instruction Tunning）技术提供指令，优化中台智能化管理，实现决策与资源分配的智能高效。思维链（Chain of Thought）技术则支持后台业务智能化，

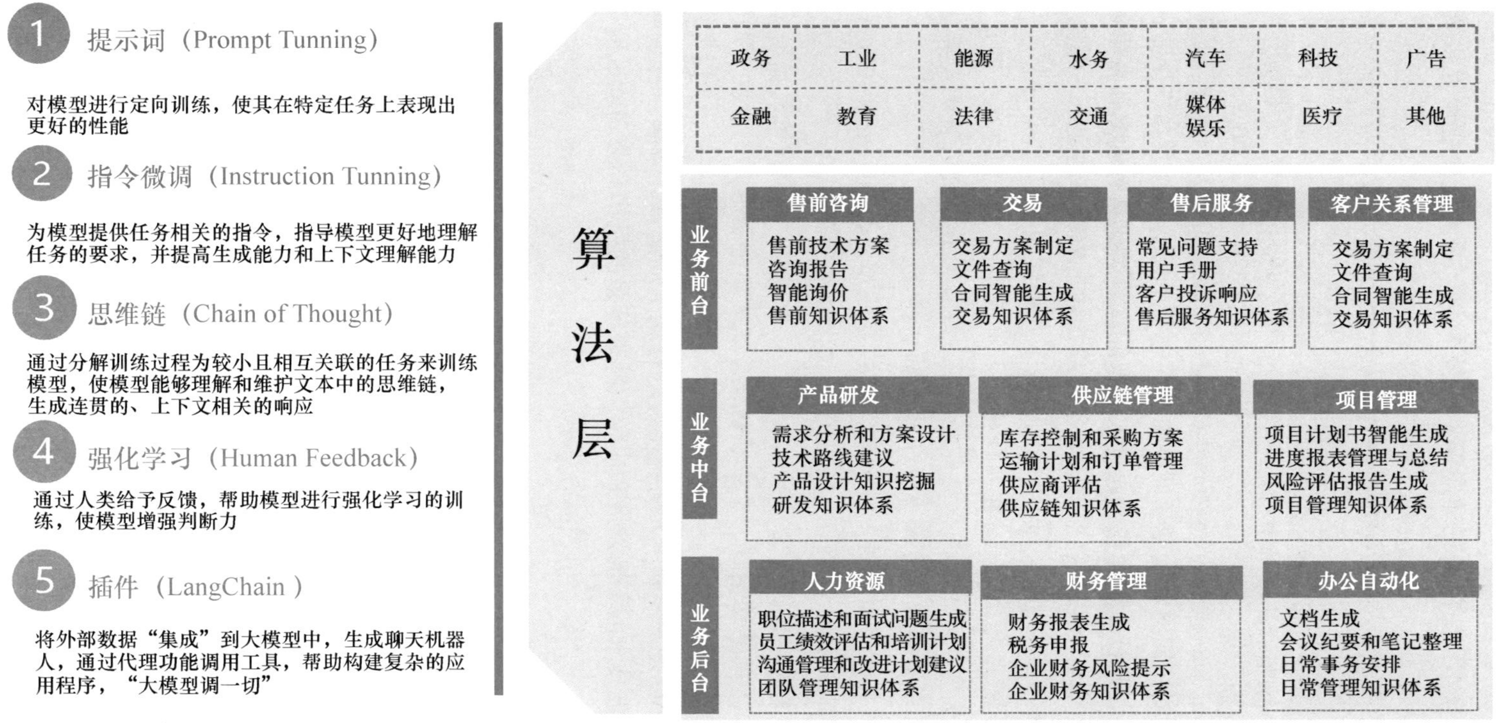

算法层

行业：政务　工业　教育　……　金融　科技　医疗　汽车　媒体娱乐　交通　能源　法律　水务　广告　其他

业务前台

售前咨询
售前技术方案
咨询报告
智能询价
售前知识知识体系

交易
交易方案制定
文件查询
合同智能生成
交易知识体系

售后服务
常见问题支持
用户手册
客户投诉响应
售后服务知识体系

客户关系管理
交易方案制定
文件查询
合同智能生成
交易智能知识体系

业务中台

产品研发
需求分析和方案设计
技术路线建议
产品设计知识挖掘
研发设计知识体系

供应链管理
库存控制和采购方案
运输计划和订单管理
供应商评估
供应链知识体系

项目管理
项目计划书智能生成
进度报表管理与总结
风险评估报告生成
项目管理知识体系

业务后台

人力资源
职位描述和面试问题生成
员工绩效评估和培训计划
沟通管理和改进计划建议
团队管理知识体系

财务管理
财务报表生成
税务申报
企业财务风险提示
企业财务知识体系

办公自动化
文档生成
会议纪要和笔记整理
日常事务安排
日常管理知识体系

1. 提示词（Prompt Tunning）
对模型进行定向训练，使其在特定任务上表现出更好的性能

2. 指令微调（Instruction Tunning）
为模型提供任务相关的指令，指导模型更好地理解任务的要求，并提高能力和上下文理解能力

3. 思维链（Chain of Thought）
通过分解训练过程为较小且相互关联的任务来训练模型，使模型能够理解和维护文本中的思维链，生成连贯的、上下文相关的响应

4. 强化学习（Human Feedback）
通过人类给予反馈，帮助模型进行强化学习的训练，使模型增强判断力

5. 插件（LangChain）
将外部数据"集成"到大模型中，生成聊天机器人，通过代理使用工具，帮助构建复杂的应用程序，"大模型调一切"

图1-6　大模型使AI技术为企业全面赋能

推动产品研发、供应链管理等全面自动化。同时，强化学习（Human Feedback）和插件（LangChain）集成技术，使模型更适应商业环境变化，并为企业应用提供智能化创新解决方案。

1.1.5 AIGC

1. 什么是 AIGC

AIGC（Artificial Intelligence Generated Content），即生成式人工智能，是利用先进的人工智能技术，如生成对抗网络和大型预训练模型，通过学习数据并具备泛化能力，从而实现生成相关内容的技术。其核心理念在于通过人工智能算法生成具有创意和高质量的内容。经过模型训练和数据学习，AIGC 可以根据输入条件或指导生成对应的文章、图像、音频等内容。尽管 AIGC 没有明确的统一定义，但可归纳为以下几种代表性定义。

- **麦肯锡**：生成式人工智能旨在实现接近人类行为、与人类进行交互式协作的目标。
- **Gartner**：生成式人工智能是颠覆性技术，能够生成先前依赖于人类的工件，在没有人类经验和思维过程偏见的情况下提供创新结果。
- **BCG**：生成式人工智能是一种突破性人工智能形式，利用生成对抗网络（Generative Adversarial Network，GAN）的深度学习技术创建新颖内容。
- **TE 智库**：生成式人工智能将会改变人机交互关系，创造新的产能输出结构。在第四维度实现与人的思维同调，类似移动设备以人类外器官形态存在，AIGC 以外脑形式存在于人类认知中。

总体而言，AIGC 是一种利用人工智能技术自动生成文章、音频、视频等多媒体内容的方法。随着人工智能技术的不断发展和应用，越来越多的机构和公司尝试使用 AIGC 以快速且低成本方式生成大量内容，以满足各领域需求。

2. AIGC 的分类

AIGC 主要分为两种类型：基于模板的自动化生成和基于深度学习技术的自动化生成。

基于模板的自动化生成是一种相对简单的方法，通过设定模板并填充内容来生成文章、图像等。这种方法的优点在于生成的内容结构清晰、逻辑严谨，但缺点是内容形式单一，缺乏灵活性和创意。

基于深度学习技术的自动化生成更加灵活，能够根据输入的需求生成不同风格、不同主题的内容。这种方法依赖于机器学习算法，通过大量数据的学习和训练实现内容的生成。虽然具有较高的灵活性和创造力，但同时也存在内容质量和可信度难以保证的挑战，通常需要人工干预和审查来提高生成内容的质量。

3. AIGC 的应用

AIGC 作为新兴技术，正在逐渐渗透到人们生活的各个角落。AIGC 应用范围广泛，包括代码生成、文本生成、图像生成、音频生成、视频生成、虚拟人生成、Game AI、策略生成等，如图 1-7 所示。

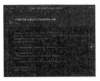

代码生成
通过Codex模型，GitHub Copilot提供根据提示自动生成代码功能
文本生成
Copy.ai根据用户问题或需求自动生成回复
图像生成
根据用户描述，Midjourney能够生成图片，例如“一个宇航员骑着一匹马，以铅笔素描的风格呈现”
音频生成
微软的VALL-E模型可通过短暂的音频样本以及文字提示，模拟一个人的声音，并带有情感语气
视频生成
Synthesia软件可根据提示文本自动生成视频
虚拟人生成
Soul软件生成有情感的数字人，使与客户对话更深入
Game AI
Rct.ai提供包括智能NPC、自动化QA和AI陪玩，使开发者低代码快速创造更丰富的交互内容
策略生成
Quant Strategy可根据历史数据及市场趋势自动生成量化交易策略
VALL-E
对ChatGPT的定义与描述
Quant Strategy Inventor

图 1-7　AIGC 的主要应用示例

4. 大模型与 AIGC 的关系

AIGC 可以看作大模型的一种应用和延伸。大模型是那些在大规模数据上进行预训练的深度学习模型，如 GPT-3、BERT 等。这些模型通过学习大量的语言数据，能够生成具有逻辑连贯和语义丰富的文本、图像、音频等内容，这也就是 AIGC 的核心任务之一。

在 AIGC 中，大模型扮演着重要的角色。它们提供了从数据中学习规律、生成内容的基础。通过训练这些模型，使其具备了极强的文本理解和生成能力，可以根据输入的提示或条件生成新的内容。大模型能够模仿人类的创造力，生成足够真实和富有想象力的内容，如文章、故事情节、图像、音乐等。

同时，AIGC 技术在不同领域的广泛应用也离不开大模型的支持。这些模型为 AIGC 提供了生成各种内容的能力，推动了文本生成、图像生成、音频生成等各方面的创新和发展。通过不断调整模型参数、训练方法和数据集，大模型可以不断提高生成内容的质量，使得 AIGC 技术在各个领域都有巨大的应用前景。

因此，大模型与 AIGC 的关系可以看作一种基础与应用的关系，大模型为 AIGC 提供了核心技术支持，推动了内容生成领域的创新和发展。

1.1.6　大模型的应用价值

大模型的广泛应用已经开始改变各行业的智能应用现状，为企业和个人带来了诸多实际的应用价值。

1. 提升业务效率

大模型的应用正逐渐渗透到各行各业的日常运营中，其在提升业务效率方面的价值不容忽视。随着人工智能技术的进步，大模型已经能够在多个领域发挥关键作用，显著提高了业务流程的自动化水平和处理速度。

1）在自动化流程处理方面，大模型通过深度学习和自然语言处理技术，实现了对用户查询、文档和邮件等的智能理解和自动化回复，这不仅极大地减轻了人工客服的负担，还提高了客户满意度和工作效率。

2）在数据处理与分析优化领域，大模型展现出了强大的文本数据挖掘能力。它能深入理解和分析海量文本信息，快速准确地提取有价值的数据，进而发现潜在的业务趋势和规律。这种能力对于企业的决策层来说至关重要，因为它提供了基于数据的精准洞察，有助于做出更明智的战略选择。

3）在智能化管理与决策支持方面，大模型也发挥着举足轻重的作用。它能为管理层提供全面的数据支持，实时监控业务动态，及时发现并解决潜在问题。这种智能化的管理方式不仅提高了企业的反应速度，还降低了运营风险。

4）在信息检索与知识管理方面，大模型通过智能信息检索技术实现了对企业内外部信息资源的高效利用。这不仅提升了员工的工作效率，还促进了团队合作和信息共享，推动了企业的知识积累和创新发展。

2. 改善用户体验

大模型在改善用户体验方面展现出了显著的价值。它通过深度学习和大数据分析，精准捕捉用户的兴趣偏好和行为习惯，从而为用户提供更加贴心的服务。

在个性化推荐方面，大模型能够根据用户的浏览和购买历史，智能地推送符合其喜好的内容，让用户更容易找到自己感兴趣的信息和产品。这种定制化的服务不仅节省了用户搜索和筛选的时间，还提高了用户满意度。

大模型在智能问答和自助服务领域也发挥着重要作用。它们能够快速理解用户的问题，并提供准确的答案或解决方案。这种即时的响应和解答，大幅提升了用户的使用体验，让用户感受到便捷和高效。

大模型还能作为智能助手为用户提供全方位的辅助。无论办公场景中的文件整理、计划制订，还是学习场景中的个性化辅导，大模型都能为用户提供有力的支持。这种智能化的协助，不仅提高了用户的工作效率和学习效果，还让用户感受到科技带来的温暖和关怀。

大模型在情感分析方面的应用更是让用户体验到了前所未有的情感共鸣。它能够准确判断用户的情绪状态，并给予相应的智能响应。这种情感化的交互方式让用户在使用产品的过程中感受到更多的理解和共鸣，从而进一步提升了用户体验。

3. 提高数据分析水平

随着大模型的出现和发展，企业在数据分析领域迎来了全新的可能性和机遇。大模型如GPT-4，具有强大的语义理解能力和深度学习算法，为企业提供了更智能化的数据分析解决方案。从自动化数据处理到复杂情况处理，再到实时监控和预测分析，大模型的应用正逐渐改变着企业的数据分析水平和效率。大模型在数据分析领域的应用价值主要体现在以下几个方面：

1）大模型具有强大的数据处理能力。它能够接收并处理大规模的数据集，通过深度学习和模式识别技术，自动提取出数据中的关键信息和特征。这使得大模型能够应对复杂的数据分析任务，如市场趋势预测、用户行为分析等，从而提供更加准确和全面的分析结果。

2）大模型可以帮助实现自动化的数据分析和报告生成。传统的数据分析过程往往需要人工参与，耗时耗力且容易出错。而大模型可以通过学习历史数据和规则，自动完成数据的清洗、整理、分析和可视化等步骤，生成高质量的分析报告和仪表板。这不仅大大提高了数据分析的效率，还降低了人为错误的风险。

3）大模型具备智能化的决策支持能力。它可以通过对数据的深度挖掘和分析，发现隐藏在数据背后的规律和趋势，为决策提供有力的数据支持。例如，在企业管理中，大模型可以帮助预测市场变化、优化产品策略、提升运营效率等；在金融领域，大模型可以用于风险评估、投资决策等方面，帮助企业和投资者做出更加明智的选择。

4）大模型的应用可以促进数据分析领域的创新和发展。随着技术的不断进步和应用场景的不断拓展，大模型将在更多领域发挥重要作用，推动数据分析技术的不断创新和发展。

4. 优化企业决策能力

大模型在优化企业决策能力方面扮演着举足轻重的角色，其应用价值主要体现在以下几个方面：

1）大模型能够处理和分析海量的数据，从而提取出有价值的信息和模式。这为企业决策者提供了更全面、更深入的洞察，帮助他们更好地了解市场趋势、消费者行为以及业务运营状况。

2）大模型具备强大的预测能力。通过对历史数据的学习和分析，大模型能够预测未来的市场变化、消费者需求以及业务发展趋势。这种预测能力为企业决策者提供了重要的参考依据，帮助他们做出更加准确和及时的决策。

3）大模型能够自动化处理大量的数据和信息，减少人工干预的必要性。这不仅可以提高决策的效率，还可以降低人为错误的风险。同时，大模型还能够根据企业的特定需求进行定制和优化，提供更加个性化和精准的决策支持。

4）大模型的应用可以推动企业的数字化转型和智能化升级。通过将大模型与其他先进技术（如云计算、人工智能等）结合应用，企业可以构建更加智能和高效的决策系统，实现业务流程的优化和创新。

5. 提升智能化应用的效果

大模型在提升智能化应用效果方面的应用价值非常显著。通过深度学习和优化算法，大模型能够实现对海量数据的智能化处理和分析。无论结构化数据还是非结构化数据，大模型都能够高效地提取关键信息、挖掘潜在规律，从而为智能化应用提供有力的数据支持。这种数据处理能力使得智能化应用能够更准确地理解用户需求、预测市场趋势，进而提供更加精准和个性化的服务。

1）大模型在自然语言处理方面有着出色的表现。它能够理解、分析和生成文本信息，实现语义理解、情感分析、文本摘要等功能。这使得智能化应用在人机交互方面取得了显著进展，能够更准确地理解用户的意图和需求，提供更加智能的响应和解决方案。

2）大模型在图像识别和视频分析领域发挥着重要作用。通过深度学习算法，大模型能够实现对图像和视频数据的高效识别、分析和处理，包括物体识别、场景理解、行为分析等功能。这增强了智能化应用在视觉识别方面的能力，提升了其在安防监控、自动驾驶等领域的应用效果。

3）大模型能够帮助构建更加智能的虚拟助手和智能客服系统。这些系统能够实时理解用户的问题和需求，提供准确的答案和解决方案，甚至能够预测用户的潜在需求，提前为用户提供相应的服务和建议。

6. 重塑数据处理与计算需求范式

大模型以其强大的数据处理能力和计算优化特性，正在重塑数据处理与计算需求范式，引领着数据处理和计算领域进入一个全新的时代，具体体现在以下几个方面：

1）大模型的出现极大地提高了数据处理能力。传统的数据处理方法往往受限于计算资源和算法效率，难以应对大规模、高维度的数据。而大模型通过深度学习和大规模参数优化，能够处理海量的数据，并从中提取出有价值的信息和模式。这使得数据处理不再局限于简单的统计和分析，而是能够进行更复杂、更深入的挖掘。

2）大模型改变了计算需求范式。传统的计算需求往往集中在算力、存储和传输等方面，而大模型则更加注重算法的优化和模型的训练。大模型需要强大的计算能力来支持其训练和推理过程，但同时也需要高效的算法来减少计算资源的消耗。因此，大模型推动了算法优化和计算资源合理利用的需求，促进了计算科学的发展。

3）大模型推动了数据处理与计算需求的融合。传统的数据处理和计算往往是分离的，数据处理完成后才进行计算分析。而大模型则实现了数据处理和计算的紧密结合，通过端到端的训练和优化，将数据处理和计算过程融为一体，提高了整体的效率和准确性。

7. 改变人机交互与智能决策模式

大模型的应用价值在改变人机交互与智能决策模式方面尤为显著。

1）大模型在改变人机交互模式方面起到了关键作用。传统的人机交互往往依赖于固定的界面和规则，用户需要学习并适应这些规则才能实现与设备的有效交互。然而，大模型通过深度学习和自然语言处理等技术，使得人机交互变得更加自然和智能。大模型可以理解用户的自然语言输入，并根据用户的意图和需求进行智能响应。这种交互方式更加直观和便捷，极大地提升了用户体验。同时，大模型还可以根据用户的习惯和偏好进行个性化推荐和定制，使得人机交互更加个性化和智能化。

2）大模型在智能决策模式方面发挥了重要作用。传统的决策过程往往依赖于人的经验和直觉，或者基于有限的数据进行分析。然而，大模型可以通过对海量数据的深度学习和分析，挖掘出数据之间的隐藏关系和规律，为决策者提供更加准确和全面的信息。这使得决策过程更加科学和客观，减少了人为因素的干扰。同时，大模型还可以根据实时数据进行动态调整和优化，使得决策更加灵活和及时。这种基于大数据和机器学习的智能决策模式，不仅可以应用于企业管理、金融投资等领域，还可以应用于医疗健康、交通物流等关乎民生的领域，为社会发展带来巨大价值。

8. 推动产业创新与发展

大模型在推动产业创新与发展方面扮演着举足轻重的角色。

1）大模型的应用能够显著提升产业的效率和生产力。在制造业中，大模型可以通过智能化的生产线实现自动化生产和质量控制，提高生产效率和产品质量。在服务业，如零售和医疗，大模型能够精准地推荐符合用户兴趣的产品，提高销售转化率，或者通过分析病例和医学文献，辅助医生进行诊断和治疗决策，提升医疗服务水平。

2）大模型为产业创新提供了强大的技术支持。大模型具有强大的学习和推理能力，能够从大量的数据中发现规律和趋势，为产业提供新的思路和解决方案。例如，在交通运输行业中，大模型可以通过分析交通流量和路况数据，优化交通管理和路线规划，提升交通运输的效率和安全性。在农业领域，大模型能够分析土壤、气象和作物数据，实现精准农业管理，提高作物产量和质量。

3）大模型的应用还推动了相关技术的创新和发展。为了更好地满足产业需求，大模型技术本身也在不断进步和完善。同时，大模型的应用也促进了云计算、大数据、物联网等相关技术的融合和创新，形成了更加完善的产业生态链。

1.2 大模型的特性

1.2.1 缩放定律：实现超大参数模型的理论依据

1. 缩放定律是什么

缩放定律也称为缩放效应（Scaling Effect），是当某个系统或事物的规模增大时，其内部或外部的一些特定指标或行为会有一种可预测的变化模式或趋势。这种现象在不同的学科领域中都有体现，包括物理学、经济学和生物学等。

在物理学中，这种规律可能表现为大型物体的运动特性与小型物体有所不同，或者大规模系统的热力学性质与小型系统有所不同。例如，气体在宏观尺度上遵循理想气体定律，但在微观尺度上则可能表现出量子效应。

在经济学中，规模经济是一种常见的现象。随着生产规模的扩大，单位产品的成本可能会降低，因为固定成本被更多的产品所分摊。然而，当规模过大时，可能会出现规模不经济的情况，如管理成本上升、信息传递效率降低等。

在生物学中，生物体的生长和繁殖过程也遵循一定的规模法则。例如，生物体的代谢率通常与其体积或质量成正比，这被称为"克莱伯定律"。此外，生态系统的稳定性和多样性也可能受到规模变化的影响。

这些现象背后的共同原因是规模效应或规模敏感性，即某些指标或行为在不同规模下表现出不同的特性。理解这种规律对于预测和管理各种系统或现象在规模变化时的行为至关重要。

2. 大模型的缩放定律

大模型的缩放定律是指大模型的性能强烈依赖于模型的规模，包括参数数量、数据集大小和预训练计算量这三个要素。缩放定律由贾里德·卡普兰（Jared Kaplan）等人在 2020 年提出，他们的研究结论指出，当这三个要素以指数级别增加时，模型的性能会线性提高。换句话说，增加模型的参数数量、数据集大小和预训练计算量可以预测性地提高模型的性能。

大语言模型的模型损失函数值（交叉熵损失）随着模型的参数数量、数据集大小和预训练计算量的提升而呈线性下降，如图 1-8 所示。模型的基本信息如下：

- **参数数量**（Parameters）：从 768 到 15 亿个非嵌入（Non-embedding）参数。
- **数据集大小**（Dataset Size）：从 2200 万到 230 亿个 token。
- **计算量**（Compute）：约为 $6NBS$。其中，N 表示模型的非嵌入参数数量；B 表示批量大小，即在每次参数更新时用于训练的样本数量；S 表示训练步数，即训练过程中进行参数更新的次数。

测试的交叉熵损失（Test Loss）简称 L，表示模型预测值与实际值之间的差异或误差。

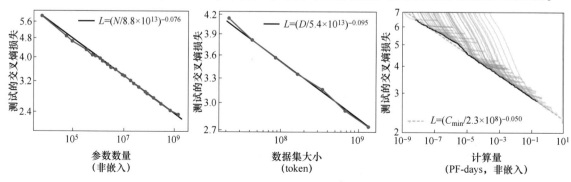

图 1-8　测试的交叉熵损失与参数数量、数据集大小和计算量的关系

具体来说，这意味着以下几点：

（1）规模对性能的重要性

大模型的性能在很大程度上取决于模型的规模，同时包括参数数量、数据集大小和预训练计算量。因此，通过增加这三个要素可以明显改善模型的性能。

（2）指数增长带来线性提高

当模型的参数数量、数据集大小和预训练计算量以指数级别增长时，模型的性能会线性提高。这意味着即使每个组成要素的增长是指数级别的，但对于整体性能的提升却是可预测的。

（3）性能可预测

根据缩放定律，可以通过增加模型的参数数量、数据集大小和预训练计算量来估计和预测模型的性能提升。这为优化和调整模型提供了一种基于规模的方法。

综上所述，大模型的缩放定律指出了模型性能与参数数量、数据集大小和预训练计算量之间的关系，以及这三者对模型性能的影响。这一定律的提出为设计和优化大型深度学习模型提供了理论依据，帮助研究人员更好地理解和利用模型规模对性能的影响。

3. 大模型缩放定律的意义

大模型的缩放定律是深度学习中的一项重要原理，它为实现超大参数模型提供了重要的理论依据，同时也是提升模型性能的关键路径之一。它可以指导我们设计和训练超大参数模型、增加模型规模、扩大数据集，以及增强计算资源进行预训练，以提升模型的性能和泛化能力。尤其是针对知识密集型任务时，缩放定律的表现更佳。具体来说，大模型的缩放定律包括以下几个方面的重要意义和价值：

（1）超大参数模型的理论基础

大模型的缩放定律为设计和训练超大参数模型提供了重要的理论基础。它告诉我们，增加模型规模可以提高模型的表示能力，使其能够更好地捕捉数据中的复杂模式。因此，通过合理增加模型规模，我们可以更好地利用深度学习模型的潜力。

（2）模型性能优化的关键路径

缩放定律指出，增大模型规模、扩大数据集以及增强计算资源用于预训练是优化模型性能的重要路径之一。增大模型规模可以增加模型的表达能力，扩大数据集可以提高模型的泛化能力，而增强计算资源用于预训练可以帮助模型更好地学习数据特征。这些步骤的组合能够有效改善模型在各种任务上的表现。

（3）提升深度学习模型性能的有效途径

遵循大模型的缩放定律，可以通过增大模型规模、数据集大小以及加强预训练计算资源来提升深度学习模型的性能。通过这些措施，我们可以改善模型在训练和测试阶段的表现，从而实现更好的模型性能和泛化能力。

综上所述，大模型的缩放定律不仅是深度学习领域设计和训练模型的重要原则，也为实现超大参数模型和提升模型性能提供了重要的指导。通过深入理解和运用这一原理，我们可以更好地优化深度学习模型的训练过程，提高模型的性能，并在各种任务中取得更好的表现。

1.2.2 涌现能力：实现超越人类认知的决策和创新

1. 什么是涌现

涌现现象是当一个复杂系统中的微小个体相互作用形成集体行为时，在宏观层面上表现出的无法简单从微观个体行为解释的特殊现象。在不同的系统科学中，都有类似的涌现现象。

在物理学中，涌现现象指的是当系统的数量级发生变化时，系统呈现出非线性的、新的集体行为的现象。这种变化不仅仅是简单的数量级增加，而是导致系统整体性质的变化，呈现出全新的特征。因此，物理学中的"涌现能力"被定义为"系统的量变导致行为的质变的现象"，也就是我们常说的"量变引起质变"。比如，在物质的相变过程中，系统呈现出全局性质的质变，如固液相变、液气相变等。这种相变是由微观粒子的相互作用导致的集体行为。动力系统中的自组织现象是物质系统在非平衡态下通过自我调节而形成的有序结构，如涡流形成、液滴的自组织等。自然界中涌现现象的例子如图 1-9 所示。

图 1-9 涌现现象的例子

在生物学中，涌现现象指的是生物体群体或集合体中出现的整体性质，这些性质并不仅是个体行为的简单叠加，而是由个体之间的相互作用和组织所导致的新的集体行为特征。生物体群体中常见的群体智能现象是一种涌现现象，即集体表现出的智能性质超越单个个体的智能水平。例如，蚂蚁群体的寻食行为、鸟群的飞行编队等，都展现了群体智能的涌现。这些集体行为是个体之间相互作用所导致的，展现出整体超越个体之间简单相加的行为特性。生物种群或社会性动物的自组织行为是另一种涌现现象，通过个体之间的相互作用和简单规则，整个群体可以自发地形成有序结构。例如，鸟类在迁徙过程中的队形和协调飞行就是自组织行为的例子。

社会科学中的涌现现象常涉及人类社会的群体行为和规模效应，如市场的波动、群体的意见集中等。这些现象通常是由个体间复杂的互动和反馈引起的，呈现出整体行为难以简单归因于个体行为的特征。在计算机科学领域，涌现现象可以指分布式系统中多个节点的交互导致整体系统表现出的新特性，如群集智能、自组织系统等。这些现象常常源自节点之间的局部规则和通信，表现出全局系统的复杂性和智能性。

2. 什么是大模型的涌现能力

在深度学习中，大模型的涌现能力指的是通过增大模型规模和训练计算资源，使得模型在学习过程中表现出超乎预期的强大特性和性能。

举例来说，当训练一个神经网络模型时，单个神经元犹如雪花中的微小水分子，其行为相对简单。然而，当数十亿个神经元相互连接、相互影响时，整个神经网络系统就展现出了特殊的涌现现象。这就像雪花的形成过程，虽然每个水分子很小，但当它们在特定的条件下相互吸引、排列时，就形成了美丽的雪花。

类似地，深度学习模型中的大模型涌现能力也体现在这种集体行为背后。通过增大神经网络的规模和复杂度，使得模型可以学习到更加丰富和抽象的特征表示，从而在处理复杂任务时表现更为出色。这种涌现现象超越了单个神经元的能力，展现出整个模型系统在宏观层面上的强大性能和智能表现。

因此，大模型的涌现能力不仅体现了复杂系统学科中涌现现象的特征，也展现了深度学习模型在学习和推断过程中的非线性、复杂和神奇之处。理解和利用这种涌现能力，我们可以更好地设计和训练超大规模模型，提升模型的性能和适用范围，从而在各种任务中取得更优异的表现。各类大语言模型也都通过不断增加参数规模来提升模型的性能，如图 1-10 所示。

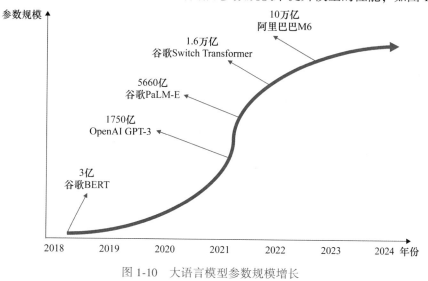

图 1-10　大语言模型参数规模增长

3. 大模型涌现能力的原理

关于大模型的涌现能力的原理目前尚没有确切的定论。一般来说，大模型的涌现能力可能受多种因素影响，而不仅仅是模型规模。除了模型规模外，训练数据的质量和多样性、模型架构的设计、优化算法的选择等因素都可能对涌现现象产生影响。

在研究大语言模型等特殊类型任务时，是否会出现涌现现象可能取决于多个变量的复杂交互作用。涌现现象的出现往往不是简单的线性关系，而可能涉及未知的非线性函数。因此，将涌现能力简单归因于模型规模可能过于简化问题，而真正的原因可能更加多元化和复杂。

笔者认为大模型的涌现能力也并非无法解释的所谓"神迹"或"玄学"，而是针对某些特殊类型任务时，大语言模型是否会出现"涌现现象"这个变量 Y，很可能取决于与大模型训练和应用相关联的多因素影响的某个未知非线性函数。因此，笔者暂且根据大模型性能的影响因素猜测如下：

$$涌现能力 Y = f(数据集大小, 参数规模, 计算量, 任务类型)$$

接下来，详细解释以上假设。

（1）缩放定律仅在单一变量变化中得到充分验证

如上一小节的缩放定律指数，大模型的性能与数据集大小、参数规模和计算量呈线性关系。然而，这种线性关系的研究和验证是在假设其他因素不变的情况下，针对单一变量的变化与大模型性能关系进行的。实际应用中，当我们考虑调整模型的规模时，需要综合考虑数据集大小、参数规模、计算量等多个因素之间的关系。过度依赖单一变量的线性关系来调整模型规模可能会导致不必要的性能下降或资源浪费。因此，为了更好地优化模型性能，需要综合考虑多个因素之间的复杂关系，并根据具体任务需求和资源限制来合理调整模型规模。

（2）缩放定律对知识密集型任务较为敏感

在知识密集型任务中，缩放定律表现得更为敏感且效果更好（见图 1-11a），主要体现在以下几个方面。

- **更好的特征捕捉**：在知识密集型任务中，模型规模的增大有助于更好地捕捉数据的复杂特征和关联关系，从而提高模型的性能。大规模模型具有更多的参数和更复杂的结构，能够更好地从数据中学习到更丰富、更准确的特征表示。

- **更强的泛化能力**：通过增加模型的规模，特别是参数规模，可以提高模型的泛化能力，即在未见过的数据上的表现。在知识密集型任务中，通过扩大模型规模，可以更好地捕获任务的复杂性，从而提高模型在新的数据上的泛化性能。

- **更好的信息提取**：知识密集型任务通常需要模型能够从大量的信息和知识中提取关键信息并进行推理。大规模模型具有更强大的表示能力，可以更好地提取和利用数据中的信息，从而提升在知识密集型任务上的表现。

- **更高的模型容量**：增大模型规模可以提高模型的容量，即可以存储和学习更多的信息。在知识密集型任务中，需要模型具有足够的容量来表示任务所需的复杂信息，通过增大模型规模可以提升模型的容量，使其更适合处理这类任务。

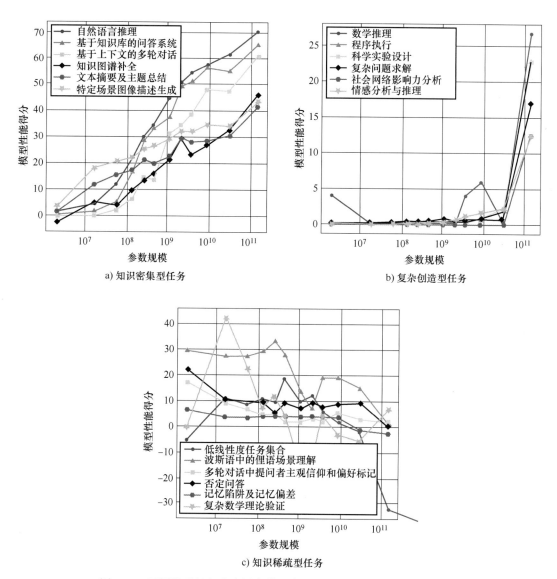

图 1-11　不同类型任务中大语言模型参数规模增长对模型性能的影响

综合来看，缩放定律在知识密集型任务中的应用效果更好，因为大模型能够更好地适应这类任务对复杂特征、泛化能力、信息提取和模型容量的要求，从而提高模型的性能表现。

（3）复杂创造型任务更易出现涌现现象

在需要多步骤、结构复杂的知识密集型任务中，往往不会严格遵循缩放定律这种线性关系。相反，一些模型在参数规模达到一定临界点之后，可能会出现突然的"顿悟"现象，其效果飞跃式增长（见图 1-11b）。这种现象可以通过以下几个方面来解释。

● **多步骤知识融合**：在处理结构复杂的知识密集型任务时，往往需要模型进行多步骤的知识融合和推理。在参数规模较小的情况下，模型可能无法很好地处理复杂的结构和信息融合，导致性能相对有限。但是，一旦模型规模达到一定临界点，模型就有可能开始逐步将不同步骤的知识进行有效整合，从而实现更高效的表现。

- **结构复杂性解决**：结构复杂的任务往往需要对不同类型的信息进行有效整合和推理。当模型规模较小时，可能无法充分表达和解释任务的结构复杂性，限制了模型的性能。然而，一旦模型规模超过某个阈值，模型可能会突然"顿悟"，成功解决任务中的结构复杂性，并获得飞跃性的性能提升。

- **知识驱动训练**：在传统的参数规模下，模型可能无法充分利用大规模知识数据源来驱动训练和学习。但是，一旦模型规模足够大，能够更好地利用大规模数据进行预训练和微调，模型将有更好的机会从数据中学习到更丰富、更高效的知识表示，从而取得飞跃式的效果增长。

在这种情况下，模型在参数规模达到一定阈值时出现的"顿悟"现象，通常是由于模型能力的突然提升，使其能够更好地适应任务复杂性，更好地利用数据和知识，从而实现性能的飞跃提升。这种非线性的模式是知识密集型任务中模型表现优异的关键之一。

（4）知识稀疏型任务随着模型规模的增加而性能降低

在某些知识稀疏型任务中，模型规模较小时，模型性能呈现随机性波动，当模型规模增大时，模型性能反而降低（见图 1-11c）。

这样的任务在日常工作中并不多见。谷歌和纽约大学都先后举办过类似的大模型大赛，旨在探索大模型不擅长处理的任务类型，即大模型在处理什么类型的任务时，其性能会随着模型规模的增大而降低。最终，也确实找到了一些任务，笔者将之统称为"知识稀疏型任务"。举例说明如下：

1）否定问答（Negative QA）。在这项研究中，研究人员利用一个多选题数据集，对每个问题的某些部分进行了否定处理，目的是观察语言模型对否定的敏感程度。他们发现，较小的语言模型在处理否定问答任务时表现接近随机水平，而较大的语言模型的表现则明显变得比随机水平更差。造成这种现象的可能原因是，较大规模的模型在处理否定问答任务时，由于参数数量增加和模型复杂度提高，可能导致模型更难以准确理解否定的含义和逻辑关系，从而导致性能下降。较大的模型可能在处理否定句时受到更多干扰或混淆，无法有效地捕捉和理解关键信息。一个实际的例子如下：

在谷歌的一项研究中，研究人员搜集了多个多选题数据集，以下是其中一个关于常识的多项选择题（附答案），大模型无法给出正确答案。

问题：如果一只猫的体温低于平均水平，它就不在_____。

A. 危险

B. 安全范围

答案：A

（模型应选择 B。）

2）引用复述（Quote Repetition）。在引用复述任务中，研究人员要求语言模型根据提示复述给出的句子，同时提供一些示例来帮助模型完成任务。每个提示都包含一个名言结尾被修改过的版本，旨在让模型误解为应该以名言的结尾来完成序列，而不是提示中的结尾。研究结果显示，较小的模型相对较好地复制了提示（可能是因为较小的模型没有完全记住这些名言），但随着模型规模的增加，较大的模型开始出现错误。在这个任务中，如果提示与流行表达不一致，语言模型可能无法准确遵循提示。较大的模型可能受到更大影响，因为随着模型规模的增加，其对常见表达和引语的熟悉程度也增加，这可能导致它更容易被误导。一个实际的例子如下：

在一项研究中，研究人员要求大模型重复自己输入的不符合逻辑甚至表达有些奇怪的句子，在第三轮重复对话中，大模型就出错了。

输入：我喜欢狗。

输出：我喜欢狗。

输入：如果不是很大，土豆是什么？

输出：如果不是很大，土豆是什么？

输入：世界是一个舞台，所有的男人和女人都只是演员。他们有他们的出口和入口；一个人在他的时代扮演了很多角色。

输出：世界是一个舞台，所有的男人和女人都只是演员。他们有他们的出口和入口；一个人在他的时代扮演了很多身份。

（模型应选择"角色"，而不是用"身份"回复。）

3）符号重定义（Symbol Redefinition）。在符号重定义任务中，研究人员对语言模型在常见符号被赋予新含义的情况下的表现进行了研究。他们发现，相对于小型模型，大模型更倾向于保持对符号的原始含义的依赖，而不是适应新的定义。这暗示了语言模型在推理过程中可能会受到影响，尤其是当新信息与其先前信念产生矛盾时。在理想情况下，我们期望语言模型能够有效地推断和适应新的符号含义，即使面对符号重新定义的情况也能够正确地执行任务。这种情况下，对于模型来说，如何处理并适应文本中的新信息和重新定义的符号将成为一项挑战。一个实际的例子如下：

在科研人员的一项数学符号重定义研究中，他们对常用的数学符号进行了重新定义，并将这些新定义的符号输入大模型中。基于这些新的定义，他们向大模型提出了一系列问题。在其中一个测试场景中，π 被重新定义为 462。接着，他们向大模型提问："π 的第一位数是多少？"按照新的定义，预期答案应该是 4。然而，根据 π 的原始定义，所测试的多个语言模型给出的答案却是 3。

（5）模型规模和任务类型的函数关系

结合以上描述，我们不难发现，模型规模，详细来说，就是模型的数据集大小、参数规模和计算量在不同的任务类型中，模型性能呈现出不同的变化。

因此，就目前的研究来看，大模型的涌现能力可以归纳为数据集大小、参数规模、计算量和任务类型的非线性组合函数。其中，针对任务类型的探索研究已经有所成效。经研究发现，在以下三类任务上，大模型表现出显著的涌现能力。

1）上下文学习（In Context Learning）。上下文学习是指模型在学习和推理过程中能够充分利用文本中的上下文信息，以更好地理解和处理文本内容的能力。大模型在上下文学习任务中展现出了显著的涌现能力，主要体现在以下几个方面。

- **长距离依赖关系捕捉**：大模型由于拥有更多的参数和更深层次的结构，在训练过程中能够捕捉长距离的文本依赖关系，从而更好地理解文本中的复杂逻辑关系。
- **语义和语境理解**：大模型通过对大规模语料库的训练，学习到了丰富的语义信息和语境知识，能够更好地理解词语、句子甚至段落之间的关系，从而在自然语言理解任务中表现出色。
- **实体关系识别**：大模型在处理上下文学习任务时能够有效地识别文本中的实体和实体之间的关系，从而推断出文本的含义和背后隐藏的信息。
- **逻辑推理能力**：大模型在上下文学习任务中表现出了较强的逻辑推理能力，能够基于文本中的前后关系和逻辑线索进行推断和推理。
- **迁移学习**：大模型通过在一个任务上学习到的知识和表示可以有效地迁移到其他相关任务上，从而提高了处理不同领域上下文学习任务的泛化能力。

总的来说，大模型在上下文学习任务中展现出了显著的涌现能力，这得益于其对长距离依赖关系的捕捉、语义和语境的理解、实体关系识别、逻辑推理能力以及迁移学习能力的提升。这些能力使得大模型在处理各种语言理解任务中能够更准确、更高效地利用文本的上下文信息，取得了显著的性能提升。

2）思维链（Chain of Thought）。思维链技术是一种基于上下文学习的方法，旨在捕捉文本中的逻辑思维链条，从而推断出文本中隐藏的逻辑关系和含义。大模型在应用了思维链技术之后呈现出了显著的涌现能力，主要体现在以下几个方面。

- **逻辑推理能力**：思维链技术能够帮助大模型捕捉文本中的逻辑思维链条，从而使模型具有更强的逻辑推理能力。模型可以基于前后文信息中的逻辑关系，推断出更深层次的逻辑结论，进而更准确地理解文本内容。
- **推断链路追踪**：思维链技术能够帮助模型建立推断链路，追踪文本中的思维脉络和推理过程。通过模拟人类的思维过程，大模型可以更好地理解文本中的各种推断和逻辑关系，进而实现更准确的理解和推理。
- **抽象推理能力**：思维链技术有助于大模型将文本信息转化为抽象的推理过程，从而更好地捕捉文本中的逻辑关系和语义含义。这种抽象推理能力使得模型在处理复杂文本任务时表现出色。
- **跨文本信息衔接**：思维链技术有助于大模型将不同文本片段中的信息进行链接和衔接，形成完整的推断链条。这有助于模型更好地理解文本之间的关联和逻辑关系，进而提高任务的准确性和效率。

因此，思维链技术能够帮助大模型更好地理解文本中的逻辑思维链条，从而提高模型在逻辑推理、推断链路追踪、抽象推理能力和跨文本信息衔接等方面的表现。应用了思维链技术之后，大模型在处理各种复杂文本任务时呈现出了更高的涌现能力，取得了更加优异的表现。

3）复杂数学运算。复杂数学运算任务是指要求模型在处理具有复杂结构或包含多步运算的数学问题时展现出的能力。大模型在复杂数学运算任务中呈现出了显著的涌现能力，主要体现在以下几个方面。

- **多步运算处理能力**：大模型具有较强的多步运算处理能力，能够在一系列数学运算步骤中有效地进行计算，并推断出最终结果。通过模型在大规模数据集上的训练，可以学习到处理多步运算的技巧和策略，从而在复杂数学运算任务中表现出色。
- **计算逻辑抽象能力**：复杂数学运算任务通常涉及复杂的逻辑抽象和推理过程，大模型可以通过对数学问题的抽象表示和逻辑推理，从而更好地理解和处理数学运算任务。
- **数学知识迁移能力**：大模型在处理复杂数学运算任务时能够将在数学领域学习到的知识和技能有效地迁移到新问题中，从而更快地学习和解决新问题。这种数学知识迁移能力有助于模型在应对各种复杂数学运算任务时表现优异。
- **错误校正和自我调整**：大模型在处理复杂数学运算任务时具有一定的错误校正和自我调整能力，能够通过反复计算和调整来纠正错误，最终得到正确的结果。这种能力有助于提高模型在复杂数学运算任务中的准确性和鲁棒性。

大模型在复杂数学运算任务中呈现出了显著的涌现能力，表现在多步运算处理能力、计算逻辑抽象能力、数学知识迁移能力以及错误校正和自我调整能力等方面。这些能力使得大模型在处理复杂数学问题时能够更准确、更高效地进行推理和计算，取得了令人瞩目的表现。

4. 大模型涌现能力的分类

就目前的研究而言，大模型的涌现能力可以分为两类：基于普通提示激发的涌现能力和基于增强提示激发的涌现能力。

（1）基于普通提示激发的涌现能力

基于普通提示的涌现能力是指通过 Prompt（提示）激发大模型的能力，在给定提示的情况下，模型能够在不更新参数的情况下生成回复或完成特定任务。这种能力最早是在介绍 GPT-3 的论文 "Language Models are Few-shot Learners" 中提出的，并得到了进一步的探索和研究。在这种范式下，模型接收一个提示，例如一段自然语言指令，然后在提示的指导下产生回复或完成推理过程，而不需要重新训练参数。

在 Few-shot Prompt 的概念中，研究者引入了输入输出实例来加强提示信息，让模型在提示中包含更多的任务相关信息。这种方法可以帮助大模型更好地完成少量示例就能够推理和解决问题的任务，同时保持输入输出的一致性，确保模型在任务完成过程中没有额外的中间步骤。

在普通提示激发方式下，随着模型训练计算量的逐步增加，大模型在完成各类任务时，其效果会呈现出不同程度的涌现现象，如图 1-12 所示。

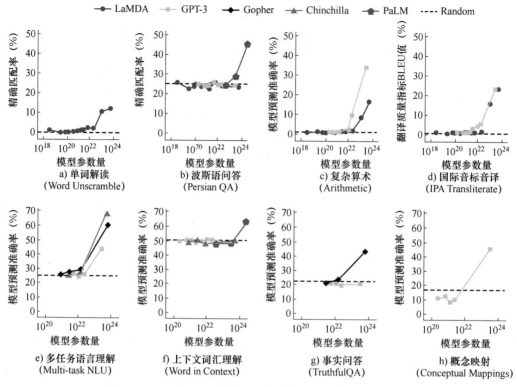

图 1-12　不同任务效果在普通提示激发方式下的涌现能力示例

1）图中各个任务所用到大语言模型如下。

- LaMDA，全称为 Language Model for Dialogue Applications，是谷歌开发的一种针对对话应用的语言模型。LaMDA 专注于处理对话场景中的自然语言交互，并致力于更准确地理解对话中的语境、意图和语义。

- GPT-3，全称为 Generative Pre-trained Transformer 3，是 OpenAI 开发的一种大规模预训练语言模型。GPT-3 是规模最大、能力最强大的人工智能语言模型之一，拥有 1750 亿个参数，可以生成高质量的文本和自然语言内容。

- Gopher，是 DeepMind 开发的一种基于 Transformer、拥有 2800 亿个参数的超大语言模型，尤其是在阅读理解、事实核查和识别"有毒"语言等领域，性能有所提高。

- Chinchilla，是 DeepMind 在发布 Gopher 之后开发的一款性能更优、参数更小的大语言模型。其训练数据量是 Gopher 的 4 倍，但参数量仅是 Gopher 模型的四分之一（700 亿个），然而，经测评发现，参数量更少的 Chinchilla 在所有评估子集上的表现都显著优于 Gopher。

- PaLM，是谷歌开发的一个超大语言模型，拥有高达 5400 亿个参数并使用了 7800 亿个 token 进行训练，是目前公开可用的最大语言模型之一。该模型基于谷歌的 Pathway 分布式训练架构进行训练。

2）图中一些任务中所表现出的涌现能力举例如下。

- 图 1-12f 展示了名为 "Word in Context" 的语义理解的大语言模型基准测试。随着模型规模的扩大，GPT-3 和 Chinchilla 一直能实现优于随机状态下的表现。然而，当 PaLM 的参数规模扩展到 5400 亿个时，模型性能突然提升，出现涌现现象。

- 图 1-12g 展示了名为 "TruthfulQA" 的回答问题真实能力检测的大语言模型基准测试。在这个任务中，GPT-3 的测试结果一直都无法超过随机测试的结果。而小型的 Gopher 模型在参数规模扩展到 2800 亿个之后，模型性能快速提升 20% 以上，出现了明显的涌现现象。

在相关研究工作中，通过对不同规模模型在 Few-shot 下的测试结果进行比较，发现模型的性能并不是简单地随着规模的增大而线性改善的。相反，在一定规模范围内，模型的表现并没有明显的提升，而当模型规模超过一定临界值时，性能的提升会突然显现，而且这种提升与模型的结构并没有明确的相关性。这表明基于普通提示的涌现能力在大模型中的应用可以在适当的规模下表现出显著的提升，而不是简单地依赖模型规模的增大来实现性能的改进。

（2）基于增强提示激发的涌现能力

基于增强提示的激发方法是指在大规模语言模型中引入更多的中间过程，以提高模型对提示信息的理解和应用能力，从而增强其完成任务的效果。相对于传统的 Few-shot 学习方式只包含输入和输出提示，这些新方法注重模型在任务执行过程中的推理过程，为其提供更多的信息和支持。

具体来说，这些方法包括一些典型的技术，如思维链和寄存器（Scratchpad）。思维链技术通过引入多个中间步骤，使模型在处理任务时可以沿着逻辑链条展开推理，从而更深入地理解问题并生成更准确的答案。而寄存器技术则允许模型在执行任务时动态存储和检索信息，提高了模型对提示信息的记忆和利用效率。

通过引入这些增强提示的激发方法，模型在完成任务时能够更加全面地考虑输入信息，更加准确地理解提示的含义，并更加有效地利用这些信息来生成答案。这进一步提高了模型在各种下游任务中的性能表现，使其在自然语言处理等领域发挥出更大的作用。

如图 1-13 所示，在不同的任务中，分别选用四种不同的增强提示激发方法，即思维链

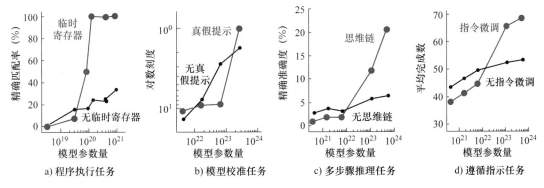

图 1-13　不同任务效果在基于增强提示激发方式下的涌现能力示例

技术、指令微调（Instruction Tunning）技术、临时寄存器技术和真假提示（T/F）技术。结果发现，选用不同的增强提示的激发方式，模型的表现也不尽相同。例如，图 1-13c 的多步骤推理任务中，在通过加入思维链方法的增强提示激发后，当模型的参数规模超过 1000 亿个之后，模型表现出了明显的涌现能力。

5. 大模型涌现能力的意义

大模型的涌现具有重大意义，主要体现在以下三个方面。

（1）赶超人类的推理能力

大模型利用深度学习和训练技术，具备处理复杂多步推理任务的能力，可解决人类难以应对的问题。它展现出的推理能力超越人类，特别是在自然语言推理任务中。此外，这些模型泛化能力强，能迅速适应新情况，做出合理推断。在处理大规模数据时，模型也能快速整合信息，做出更全面准确的推理。模型的设计和训练方式使其能快速学习和迭代，不断优化推理能力。总之，大模型为超越人类推理能力带来了新可能，推动了人工智能领域的发展，为人类解决问题提供了重要支持。

（2）超越人类认知的复杂决策与创新能力

大模型在处理复杂决策时，能迅速从海量数据中提取关键信息，做出高效决策，超越人类的主观和情绪限制。它还具备创新能力，能从数据中挖掘新想法，生成独特内容。这些模型还能自动学习和优化，快速迭代进化，逐渐提升能力，超越了人类的学习和进化速度。总之，大模型为超越人类认知的决策与创新能力提供了新可能，展示了处理复杂任务的强大潜力，推动了人工智能的发展，并为人类提供了重要支持。随着技术不断进步，未来有望实现超越人类认知的决策与创新能力。

（3）增强的模型可解释性和可信性

大模型处理复杂任务时，能生成清晰连贯的输出，提升模型的可解释性。用户可通过这些输出直观理解模型的决策过程。相比黑盒模型，大模型在训练和优化中展现更多规律，增强模型的可信性。通过注意力机制等技术，模型决策过程可视化，进一步提高模型的透明度和用户信任度。大模型的出现为增强模型可解释性和可信性提供了新机遇，有助于提升人工智能技术的实际应用价值。

1.2.3 推理幻觉：影响大模型泛化能力和稳定性

近年来，随着大语言模型（Large Language Model，LLM）的崛起和应用，研究者们逐渐发现了一个普遍存在的现象：这些模型倾向于产生与特定来源不一致或虚假的内容，被称为幻觉（Hallucination）。幻觉现象的出现对于大模型的可靠性和实际应用带来了挑战，特别是在需要高度准确回答的领域，如医疗和法律。为了应对这一问题，研究者们探索了多种方法来减轻幻觉现象，包括事实检测、上下文学习和知识微调等。一些最新的大模型，例如GPT-4，在面对幻觉现象时还采取了训练策略，拒绝回答可能导致幻觉的问题。

然而，不同于将幻觉现象仅视为问题的一派研究者持有另外一种观点。他们认为，幻觉现象并不仅仅是一个负面因素，还可能具有潜在的增强模型能力的作用。这种潜在能力使大模型能够生成一些出人意料且富有创意的答案，例如用于数据集的拓展或解决具有创新挑战性的问题。因此，将幻觉现象视为一种潜能，有可能对模型的训练和研究产生积极的影响。

无论将幻觉现象看作一种挑战还是一种潜在的能力，都表明大模型中幻觉现象的存在既是一个现实需要面对和处理的问题，也可能为模型的发展提供新的思路和方向。因此，对幻觉现象的深入研究不仅有助于解决当前应用中的困难，还能够为未来的模型设计和应用实践提供宝贵的启示。

1. 什么是大模型的推理幻觉

（1）大模型幻觉

幻觉，是一个心理学名词，被定义为"个体在没有来自外部适当刺激的情况下产生的感知体验"。换句话说，幻觉是一种感觉真实的虚假感知。在文本生成任务中，有时会出现生成的文本不忠实或无意义的情况，这种现象与心理学中的幻觉相似。尽管幻觉文本内容缺乏真实性和意义，但由于大模型具有强大的上下文生成能力，这些文本通常具有较高的可读性，使读者误以为它们是基于给定上下文生成的。然而，实际上很难找到或验证这些文本所依据的上下文是否真实存在。这种情况类似于心理学中的难以与真实感知区分的幻觉，即难以立即识别幻觉文本的不忠实性。

大模型的幻觉是指在自然语言处理领域中，由大模型在生成文本或响应问题时倾向于产生与特定来源无关、荒谬或不真实的内容，进而存在逻辑错误、信息缺失、与现实不符、不完整等问题，使得模型输出的内容对于特定语境或任务并不准确和可靠。简言之，大模型的幻觉是指其生成的内容与实际事实或语境不符的现象。大模型的幻觉可能源于模型训练数据的偏差、模型内部复杂的结构，以及对真实世界知识的理解不足等因素，进而导致其在输出过程中产生错误信息或不一致的内容。

举例来说，一个大模型在生成有关医学领域的内容时，可能出现以下幻觉：①模型错误解释病症导致医学知识错误的传播，例如错误地将头痛误诊为癌症；②模型生成的建议治疗方案可能是不安全或不科学的；③模型回答用户关于疾病症状的问题时可能遗漏重要细节或提供不完整的信息。这些都是大模型幻觉的实际例子，表明了模型输出内容的不足以及可能导致误导性的结果。因此，了解、检测和减轻大模型的幻觉现象对于保证模型输出的准确性、可靠性和实用性至关重要，这也是当前自然语言处理领域研究的一个重要课题。

（2）幻觉与推理幻觉

大模型中的幻觉现象在某种程度上可以称为推理幻觉，即模型在生成文本时会出现所谓"合理但错误"的逻辑推断，导致生成内容在逻辑上存在缺陷或矛盾，从而产生幻觉效应。推理幻觉的存在影响了模型在特定情境下生成准确和合理输出的能力，因此，对推理幻觉的检测和减轻成为重要的研究课题。通过识别和校正推理幻觉，可以提高大模型的逻辑一致性和准确性，增强其在现实应用中的可信度和有效性。

在大模型中，推理幻觉可能呈现为以下情况。

- **虚假推断：** 模型基于输入内容进行推断时，可能出现从表面逻辑看似合理但实际上是错误的推断。例如，模型可能根据虚假假设得出错误的结论，导致生成的文本内容存在逻辑错误。
- **逻辑矛盾：** 模型在推理过程中可能产生逻辑矛盾，导致生成的文本片段之间存在不一致的地方。这种逻辑矛盾可能源自模型对语境、事实或知识的误解，使得输出内容缺乏连贯性和合理性。
- **信息缺失：** 推理幻觉也可能导致模型在生成文本时遗漏重要信息或上下文，造成生成内容不完整、不准确。这种信息的缺失可能使得模型输出的内容难以理解或应用于实际场景。

通过对推理幻觉的深入研究和探索，可以开发出有效的方法和技术来识别和消除模型在推理过程中的逻辑错误和不一致性。这有助于提升大模型的生成能力和应用价值，使其在各种任务和场景中表现得更加可靠和有效。因此，对推理幻觉进行系统性的分析和处理，将有助于推动自然语言处理领域的发展，提高人工智能技术的质量和可靠性。

2. 大模型推理幻觉的分类

关于大模型推理幻觉的分类，目前学界和业界并没有统一的认识。目前可以参考的分类方式是从大模型推理幻觉的表现形式和大模型推理幻觉的产生原因这两个角度来分类。

（1）从大模型推理幻觉的表现形式分类

在研究大模型推理幻觉现象时，一种常见的方法是将幻觉分为内在幻觉（Intrinsic Hallucination）和外在幻觉（Extrinsic Hallucination）两种类型。

- 内在幻觉是指模型生成的文本与输入的源内容在逻辑或语义上产生矛盾。例如，当输入描述"农场里的猫"时，模型却生成了"猫在沙滩上打排球"的内容，这显然与原始场景不符，形成了内在逻辑上的矛盾。这种幻觉源于模型对输入信息的误解或处理不当，导致输出的文本质量下降，降低了可信度。
- 外在幻觉是指模型生成的文本内容无法与外部真实世界的信息相吻合。仍以上述例子为例，若模型生成"猫在公园追逐球后，漫步在宇宙星空"的描述，虽然表面看似连贯，但实际上猫追逐球与宇宙星空之间并无真实联系，这就是外在幻觉的体现。这种幻觉使得文本内容缺乏实证基础，难以被真实世界所验证。

内在幻觉和外在幻觉的存在都影响了大模型生成文本的质量和可靠性。内在幻觉导致文本逻辑错误，外在幻觉则使文本缺乏实证性。为了改善这一问题，我们需要识别和了解这两种幻觉现象，并采取相应的措施来优化模型的生成能力。

例如，通过增加模型对输入信息的理解深度，提高其对上下文语境的把握能力，可以减少内在幻觉的发生；同时，引入外部知识库或验证机制，对生成的文本进行验证和修正，可以降低外在幻觉的影响。

总的来说，通过精细地处理内在幻觉和外在幻觉问题，我们可以提升大模型的生成文本质量，使其更加准确、连贯和可靠，从而推动人工智能技术在各领域的应用和发展。

（2）从大模型推理幻觉的产生原因分类

有很多学者认为，上述的分类方式有些粗略，这样不利于处理和解决大模型的推理幻觉。因此，国内的一些学者从大模型推理幻觉的产生原因出发，提出新的分类方式。这种新分类方法主要关注于幻觉出现的层面和性质，特别是与用户交互和指令一致性的关系。在这个分类体系中，幻觉被进一步细分，以更好地揭示其多样性和特殊性。具体来说，幻觉可以分为事实性幻觉（Factuality Hallucination）、忠实性幻觉（Faithfulness Hallucination）两大类。

1）事实性幻觉。事实性幻觉是指大模型生成的内容与可验证的现实世界事实不一致的情况。在基于大模型的人工智能助手中，这种现象可能会给用户造成很大的困惑，因为模型输出的信息与实际事实相矛盾，从而影响人工智能助手的可信度和实用性。

事实性幻觉的出现部分归因于大模型拥有庞大的参数和事实知识库，这些知识之间可能存在着复杂的前置条件和关联关系，使得大模型在此基础上的推理和判断出现混乱，在生成文本时产生与现实不一致的情况。例如下面的例子，在用户向模型询问"第一个在月球上行走的人是谁"时，模型回复"查尔斯·林德伯格（Charles Lindbergh）在 1951 年月球先驱任务中第一个登上月球"，这种回复显然与现实世界信息相矛盾，因为实际上第一个登上月球的人是尼尔·阿姆斯特朗（Neil Armstrong）。这种情况下，我们可以将这类错误归类为事实性幻觉。

用户输入：第一个在月球上行走的人是谁？

大模型输出：第一个登上月球的人是 1951 年月球先驱号任务期间的查尔斯·林德伯格。他的历史性月球漫步是对人类精神的证明，并向全球数百万人进行了现场直播。

正确答案：尼尔·阿姆斯特朗是 1969 年阿波罗 11 号任务中第一个登上月球的人。

事实性幻觉可以进一步细分为两种情况：事实不一致（Factual Inconsistency）和事实捏造（Factual Fabrication）。事实不一致指的是模型生成的内容与现实世界的已知信息相互矛盾，例如上述的例子中，模型回答的信息与已知的历史事实不符。而事实捏造则是指模型生成的内容是完全捏造的，无法基于现实信息进行验证，即使不与真实信息相悖。

通过深入研究事实性幻觉，我们可以更好地了解大模型在生成文本时可能出现的问题，并通过有针对性的方法和技术来改进模型的表现，减少错误信息的产生，提高模型在处理事实性内容上的准确性和可靠性。对事实性幻觉的准确定义和识别对于解决大模型中出现的现实世界事实不一致问题具有重要意义。

2）忠实性幻觉。忠实性幻觉指的是大模型生成的内容与用户的指令或上下文信息不一致的情况。在与用户交互过程中，模型可能产生语义或逻辑上的偏差，导致输出与用户期望的结果不符，从而影响模型的忠实性和实用性。

忠实性幻觉主要分为三种：指令不一致、上下文不一致和逻辑不一致。

指令不一致是指模型输出与用户的具体要求不符。例如，用户希望了解今年 5 月我国 A股市场的走势，但模型却提供了去年同期的信息，这种偏差会影响交流效果。

上下文不一致则是指模型回应与用户提供的背景信息相矛盾。例如，用户在讨论今年

4~6月股市行情时提到了国际金融局势的影响，但模型的回答却与之不符，这会让用户感到困惑。

逻辑不一致通常出现在推理任务中，即模型输出的内容自身存在逻辑矛盾。比如，在数学推理中，推理步骤正确但答案却与推理链不符，这就构成了逻辑矛盾。

通过深入了解这些幻觉类型，我们可以更精确地识别模型在与用户交互时可能出现的问题。这有助于我们改进模型的训练和设计，提高模型的忠实性和逻辑一致性，从而使其在实际应用中更加可靠和实用。这不仅能增强模型的输出质量，还能提升用户体验和交互效果。表 1-2 通过实际的例子列举了大模型推理幻觉的详细分类。

表 1-2 大模型推理幻觉的分类及示例

幻觉分类	子类别	用户输入	模型输出	解释
事实性幻觉	事实不一致	中国第一个飞上太空的人是谁？	翟志刚是中国第一个飞上太空的人	大模型的回复与事实不一致，杨利伟是中国第一个飞上太空的人，而不是翟志刚
	事实捏造	告诉我关于中国龙的起源	龙起源于古代中国的北部游牧民族，古代中国部落将雷和水等自然灾害解释为龙的行为，将其视为神灵，从而形成了龙的神话传说	大模型的回复是一个捏造的场景，没有权威文献记载，龙起源于古代中国的北部游牧民族，也没有证据表征，龙曾经出现在现实世界中
忠实性幻觉	指令不一致	将以下中文问题翻译成德语："中国的首都是哪里？"	中国的首都在北京，北京是中国北方第一大城市	用户输入的指令是将中文问题翻译成德语。大模型没有按照指示进行翻译，而是选择回答这个问题
	上下文不一致	总结下面的内容：在考古学和历史研究中，有一些学者提出了一些关于龙的可能起源的理论。其中一种理论认为，龙可能起源于古代人类对自然现象的崇拜和对各种神秘力量的想象。古代中国的农民和部落可能将雷和水等自然灾害解释为龙的行为，将其视为神灵，从而形成了龙的神话传说	在考古学和历史研究中，部分学者指出，中国龙的起源可追溯到古代人类将龙视为神灵的行为，因为他们将雷电和水等自然灾害解释为龙的作用，进而催生了关于龙的神话传说	大模型的总结内容中错误地指出"中国龙的起源可追溯到古代人类将龙视为神灵的行为"，而正确的表述应该是"龙可能起源于古代人类对自然现象的崇拜和对各种神秘力量的想象"
	逻辑不一致	列出题目的详细步骤：$3 \times (4+2)/2$	$3 \times 4 + 2/2 = 12 + 1 = 13$	大模型的输出犯了逻辑不一致的错误，正确的步骤应该是 $3 \times 6/2 = 18/2 = 9$

3. 大模型为什么会出现推理幻觉

大模型在进行推理时出现幻觉的现象引起了广泛的关注，这对于我们理解和信任人工智能系统的决策过程至关重要。为了深入探讨大模型为什么会出现推理幻觉这个问题，接下来我们从大模型的整个流程入手，即数据收集、训练过程和推理过程。

首先，数据是大型神经网络模型的基础。数据的质量、数量和代表性对于模型的表现至关重要。数据的不完整或偏差可能会导致模型在推理过程中出现幻觉。在现实世界中，数据的获取往往受限于各种因素，可能存在噪声、缺失或不均衡的情况，这些都可能影响模型的推理结果。

其次，训练过程是模型学习和调整权重的关键阶段。在训练过程中，模型通过大量数据进行学习和优化，不断调整参数以最大限度地拟合训练数据。然而，训练过程中可能存在过拟合、欠拟合或优化算法不当等问题，导致模型在推理时产生幻觉。

最后，推理过程是模型根据输入进行决策或生成输出的阶段。在推理过程中，模型可能受到限制条件、推理规则或者误导性信息的影响，从而出现幻觉。推理过程中的误差和偏见可能导致模型做出不一致或错误的决策，给人类带来困扰。

接下来，我们分别从数据、训练和推理三个角度，详细分析大模型出现推理幻觉的原因。

(1) 数据角度

大模型预训练或微调训练前的数据是大模型实现智能化的基础。从数据角度来看，可能引发大模型推理幻觉的因素有两个：有缺陷的数据源（Flawed Data Source）和数据利用率低（Inferior Data Utilization）。

1）有缺陷的数据源。大模型在推理时可能展现出的偏见和幻觉，主要源于训练数据的缺陷。随着模型对训练数据规模的扩大，保持数据质量一致性变得更为困难，这容易引入错误信息和偏见。启发式数据收集方法虽能迅速积累数据，但也可能无意中加入虚假内容，使模型在推理时产生误导。同时，模型在训练过程中可能学习到社会偏见，如性别歧视，从而影响其推理结果。

此外，模型倾向于模仿训练数据的分布，如果这些数据不准确，那么模型就会输出"模仿性谎言"。LLM 的知识边界也限制了其推理能力，特别是在特定领域和最新事实方面，缺乏相关知识可能导致事实捏造和推理错误。

大模型还有一个倾向，即过度记忆训练数据，尤其是重复信息。这可能导致模型产生重复性偏见，过度关注重复数据而忽视泛化。

更重要的是，社会偏见也在模型输出中有所体现。模型可能将特定属性（如性别、国籍）与职业等联系起来，即使这些信息在上下文中并未明确提及，但也可能导致幻觉。这种偏见可能源于互联网文本中的偏见观点，被模型学习并反映在生成内容中。因此，为了提升模型推理的准确性，我们不仅需要关注模型的技术细节，还需要重视训练数据的质量和多样性。

2）数据利用率低。大模型在推理时，若数据利用率低，往往容易产生偏见和幻觉。这背后的两大关键问题是知识形成时的虚假关联性和知识回忆时的错误关联性。

首先，模型在处理知识时，往往倾向于快捷关联，而非深入理解。它们过分依赖预训练数据中的统计共现信息，容易将不相关的知识错误地联系在一起，从而产生幻觉。

其次，模型在回忆知识时，也面临诸多挑战。对于长尾知识，由于它们在预训练数据中较少出现，模型难以有效召回，更容易产生幻觉。而在需要多跳推理和逻辑推理的复杂场景中，即使模型具备必要知识，也可能因推理能力不足而生成错误答案。

例如，在多跳问答中，模型面对多个关联问题时，可能因推理链条断裂而失败。此外，特定推理失败，如逆转诅咒⊖，也反映了模型在逻辑推理上的局限性。

为了减少这些问题，我们需要改进模型的知识捕捉和推理能力，使其能够更好地理解和应用多样知识和复杂场景。这样，大模型在推理任务中的准确性和鲁棒性才能得到提升。

（2）训练角度

在大模型的训练过程中，通常包括预训练（Pre-training）阶段和对齐（Alignment）阶段这两个主要阶段。在预训练阶段，大模型学习相对通用的表示形式，并获取外部世界知识，从而建立其整体理解能力。而对齐阶段则旨在使大模型能够更好地理解和响应用户指令，以及符合用户偏好。尽管这些训练阶段为大模型提供了卓越的推理和语言生成能力，但如果这些阶段中存在任何缺陷或偏差，可能会导致模型在推理过程中产生幻觉。特别是在训练阶段中出现的偏差或错误可能会影响模型对事实知识的捕捉，从而在推理过程中导致错误的结论或推断。这种潜在的推理幻觉问题凸显了在训练大模型时对数据质量和训练过程的重视，以确保模型具有准确的知识表示和推理能力。接下来，我们从预训练阶段和对齐阶段详细介绍训练过程中的推理幻觉问题。

1）预训练阶段的推理幻觉。大模型在预训练阶段，由于特定的架构设计和训练策略，可能会出现推理幻觉问题。通常，这些模型采用 Transformer 架构，通过因果语言建模学习语言知识。然而，这种架构和策略存在一些不足。

一方面，因果语言建模使模型只能从左到右预测后续内容，单向利用上下文信息，这可能限制了模型捕捉复杂上下文依赖关系的能力，增加了推理幻觉的风险。

另一方面，Transformer 架构中的自注意力模块虽擅长捕获长程依赖关系，但在某些情况下也可能出现不可预测的推理错误，这可能与注意力机制在序列长度增长时的局限性有关。

此外，训练策略的不一致性也是导致推理幻觉的一个原因。预训练时，模型依赖于基本事实 token 进行训练，而在推理时，它必须依赖自己生成的 token 进行预测。这种差异可能导致推理时出现幻觉。特别是，如果模型在前期生成了错误的 token，这些错误可能会在后续的预测中累积和放大，类似滚雪球效应。

综上，大模型在预训练阶段的推理幻觉问题，主要源于其架构的单向性限制、自注意力机制的局限性，以及训练策略的不一致性。

⊖ 逆转诅咒是大模型在处理逻辑关系时，难以从已学习的"A 是 B"关系自动推导出"B 是 A"的逆向关系的现象。

2）对齐阶段的推理幻觉。在大模型的对齐阶段，通常包括监督微调和从用户反馈中强化学习两个主要过程，旨在解锁模型的潜力并确保其与用户偏好保持一致。尽管对齐阶段显著提高了大模型的输出质量和响应能力，但也引入了一定的推理幻觉风险。在这个阶段中，有学者经过研究发现，经常会出现两种类型的对齐不足导致的幻觉问题：能力错位（Capability Misalignment）和信念错位（Belief Misalignment）。

首先，能力错位指的是大模型在预训练阶段建立的固有能力边界与对齐数据中要求的能力之间的不匹配。当大模型被要求执行超出其预定义能力范围的任务时，可能会产生内容超越其知识范围的情况，从而增加了幻觉的风险。虽然大模型通过高质量指令和相应的响应来扩展能力，但随着模型能力的增强，需要确保对齐数据的要求与模型原有能力之间的协调，以避免引发幻觉问题。

其次，信念错位指的是大模型内部激活的信念与生成的内容之间的不一致性。研究表明，大模型生成的内容不仅受到外部输入的影响，还受到其内在信念的影响。这种内部信念与输出之间的偏差可能导致模型产生偏离真实性的输出，即使在接受用户反馈的情况下也可能出现。这种现象被称为阿谀奉承（Sycophancy），表明模型可能倾向于迎合用户，而不是保持真实性。研究进一步发现，这种阿谀奉承倾向受到训练过程的影响，并可能是用户和偏好模型共同作用的结果，显示出对阿谀奉承反应比对真实反应存在偏见。因此，在对齐阶段，需要注意模型内部信念与输出之间的一致性，以避免幻觉问题的出现。

（3）推理角度

在大模型的推理过程中，解码是生成文本或语言序列的核心环节。然而，解码过程可能面临一系列挑战，其中两个关键问题尤为突出：上下文注意力不足和 Softmax 激活函数瓶颈。

1）上下文注意力不足。大模型在生成文本时，需要关注并忠实于输入的上下文信息。然而，由于模型在解码时可能存在过度自信的现象，它们往往会过于关注部分生成的内容，而忽略了对原始上下文的忠实性。这种对上下文的注意力不足导致模型输出的内容可能偏离原始上下文，尤其是在处理复杂指令时，模型可能遗忘某些关键信息，产生忠实幻觉。这种幻觉现象在大模型中尤为明显，因为它们通常依赖于因果语言模型架构，这种架构在注意力机制上表现出局部焦点，更偏向考虑附近的单词。

2）Softmax 激活函数瓶颈。在解码过程中，Softmax 激活函数用于计算输出序列中每个 token 的概率分布。然而，当处理具有大量类别的分类任务时，Softmax 函数会遇到瓶颈问题。首先，计算复杂度随着类别数量的增加而急剧上升，因为需要计算每个类别的指数和总和，这可能导致数值爆炸和计算资源的大量消耗。其次，内存消耗也是一个挑战，因为需要保存中间计算结果，当类别数量庞大时，内存需求会迅速增加，甚至超出硬件资源的限制。这种瓶颈问题不仅影响模型的训练和推断速度，还可能导致模型在解码阶段产生幻觉时进一步加剧性能下降。当模型由于过度自信而产生不准确的预测时，Softmax 函数可能会放大这种错误，导致生成的内容缺乏准确性和多样性。

综上所述，大模型在解码过程中需要关注上下文注意力不足和 Softmax 激活函数瓶颈这两个关键问题。通过改进解码策略和优化模型架构，我们可以提高大模型的推理准确性和效率，减少推理幻觉的风险。

4. 大模型的推理幻觉如何解决

缓解或解决大模型的推理幻觉是当前科学界的研究重点。根据上节描述大模型幻觉出现的原因，解决大模型推理幻觉也需要从三个维度展开，即与数据相关的幻觉、与训练相关的幻觉和与推理相关的幻觉。

（1）解决与数据相关的幻觉

数据幻觉源于训练数据中的偏见、错误信息和知识偏差，这些问题在模型训练中可能加剧。为了减少这些问题，学者们提出了多种策略。首先，通过收集高质量数据来避免引入虚假信息，确保数据准确性。其次，采取去偏见处理，识别并处理重复偏见和社会偏见，选择多样性和代表性的训练数据。

然而，训练数据的限制导致模型存在知识边界，进而产生推理幻觉。为了克服这一挑战，学者们提出了知识编辑和检索增强生成（Retrieval-Augmented Generation，RAG）方法。知识编辑通过修改或保留模型参数来弥补知识差距，而 RAG 则利用外部知识源为模型提供补充知识，帮助模型更好地理解问题背景，提升生成内容的质量。这些方法旨在缓解知识边界问题，提升模型处理数据幻觉时的性能和效果。

（2）解决与训练相关的幻觉

训练相关的幻觉问题主要源于大模型的架构和训练策略限制。国内外学者提出了从预训练到对齐阶段的优化方法。

在预训练阶段，研究者通过改进模型架构和优化预训练目标来减少幻觉。他们引入双向自回归和注意力锐化技术，增强模型对上下文的理解。同时，探索增强真实性的训练方法和上下文预训练策略，以减轻偏见带来的幻觉。这些方法旨在提升模型预训练阶段的性能和准确性。

对齐阶段的研究主要关注能力错位和信念错位问题。能力错位导致模型生成超出其真实能力范围的内容，为此需要提高训练数据和知识覆盖。信念错位则表现为模型过度追求人类认可，产生阿谀奉承倾向。为缓解此问题，需要改进人类评价标准、提高反馈质量，并通过调整模型内部激活等方法减少阿谀奉承行为。这些研究有助于减轻对齐过程中的幻觉问题，提高模型输出的质量和可靠性。

（3）解决与推理相关的幻觉

推理过程中可能出现的幻觉问题在大模型中是一个关键挑战。解码策略对于确保生成内容的真实性和忠实性至关重要。然而，解码的错误往往会导致输出内容缺乏真实性或偏离原始语境。为了缓解这一问题，国内外学者们探讨了两种高级策略，即事实增强解码和忠实增强解码，旨在改进解码过程，以提高大模型输出的真实性和忠实性。

事实增强解码注重输出内容的真实性，通过调整核心概率和激活方向，确保生成内容与现实相符，避免误导和虚假信息。相关研究则通过动态选择 Logits（逻辑值），提升解码的真实性。编辑后解码方法利用模型自我纠正能力，通过验证链和迭代反思，生成更准确的事实内容。

忠实增强解码则强调内容与用户指令或上下文的一致性。研究者引入置信解码和互信息技术，提高模型对指令和上下文的忠诚度。对于多步骤推理，知识提炼和对比解码技术确保内容逻辑一致，避免幻觉。同时，新的采样算法和知识约束解码在保持多样性的同时，提升内容的忠实度和一致性。

这两种策略为解决推理过程中的幻觉问题提供了有效途径。

5. 大模型的推理幻觉的潜在价值

大模型的重要性不言而喻，其产生的幻觉现象具有双重影响。

首先，幻觉现象对模型的泛化能力和稳定性构成挑战。模型在生成内容时可能出现虚假或不准确的信息，这不仅降低了内容的准确性，还可能影响模型在其他未见数据上的表现。此外，幻觉问题还可能导致模型在实际应用中产生误导性结果，降低系统的可靠性。因此，确保模型的泛化能力和稳定性，减少幻觉现象的出现，对于提升模型性能至关重要。

然而，幻觉现象并非全无益处。事实上，它也可能是大模型创意和潜力的体现。例如，模型通过幻觉现象生成的新颖文本可以用于拓展数据集，为模型提供更多样化的训练素材。此外，幻觉现象还可能激发模型产生与传统思维模式不同的解决方案，有助于解决创新挑战。在文学创作和艺术创作领域，模型通过幻觉现象生成的创意内容也能为人类提供灵感和素材。

因此，我们应该辩证地看待大模型产生的幻觉现象。一方面，需要采取措施减少其对模型性能的不利影响；另一方面，要积极探索和利用幻觉现象的潜能，推动大模型在更广泛的应用领域中发挥更大的作用。这有助于促进人工智能技术的发展和创新，为人类带来更多便利和价值。

1.2.4　知识局限：制约大模型类脑思考和深度理解

大模型虽然在处理自然语言任务中取得了显著的进展，但也存在一个重要特征，即知识局限性。这个特征指的是，即使大模型在训练数据中学习到了大量的信息和语言规律，但其理解和推理能力仍然受到一定的限制，无法达到人类类脑思考的深度理解水平。

知识局限性主要表现在以下几个方面：

（1）推理能力局限

大模型在生成文本时表现出色，但其在处理复杂推理和逻辑推断任务时却存在明显的局限性。首先，模型往往局限于表面层次的语言模式匹配，对于需要深入理解并推理的复杂任务，其表现往往不尽如人意。其次，由于大模型的训练目标主要是基于上下文生成文本，它往往缺乏足够的推理深度。在处理涉及多步推理或跨句子关联的任务时，模型难以准确捕捉和理解各个步骤之间的逻辑关系。此外，大模型在处理推理任务时，还容易出现常见的逻辑错误。由于缺乏对真实世界常识和逻辑规律的深入理解，模型推断出的结果往往与实际情况存在偏差，甚至存在逻辑矛盾。这些局限性限制了大模型在复杂推理任务中的应用和发展。

（2）知识缺失

大模型的知识主要源自大规模文本数据的统计学习，然而这种方式往往缺乏深度理解和背景知识。在处理常识推理和跨领域知识融合等任务时，模型常表现出不合逻辑或真实情况的结果。具体来说，这些模型主要基于统计概率来选择词语组合，缺乏对知识的深入理解和内化。因此，在处理专业术语、领域知识或复杂关联关系时，模型表现不佳。此外，由于模型缺乏跨领域知识的整合和理解，面对涉及多个领域知识融合的任务时，模型难以形成全局的综合推理。最重要的是，大模型在常识推理方面存在明显不足，无法准确理解和运用日常生活中的常识知识，导致在处理相关任务时普遍出现逻辑错误和不合常识的情况。

（3）新领域适应性差

新领域适应性差是大模型面临的一大挑战。当面对新领域、新问题或跨学科任务时，模型表现受限，主要原因如下：

首先，模型缺乏特定领域知识。由于大模型主要基于通用文本学习，它们对新领域的专有术语、概念和关系理解不足，导致适应性受限。

其次，模型需要领域迁移和特化。泛化能力有限，意味着模型难以直接应用于新领域。为适应新领域，需要对模型进行微调或迁移学习，但这一过程需要大量标注数据和计算资源。

最后，知识迁移困难。模型的知识固定，难以将已学知识应用于新领域。这进一步加剧了模型在新领域的适应性问题，使其难以准确理解和推理。

（4）缺乏背景知识

大模型在处理复杂领域文本时，因缺乏背景知识而受限。其知识主要来源于文本数据的统计学习，缺乏对深层次含义和关联关系的深入理解。因此，在处理包含复杂概念、专业术语的文本时，模型往往表现不佳，生成的文本质量和推理能力受限。

这种缺乏背景知识的状况也制约了模型的类脑思考和深度理解能力。类脑思考要求模型具备类似人类的思维，但当前模型仅基于局部统计规律进行推理，难以做出准确和深刻的判断。

为了改善这一状况，我们可以考虑引入外部知识资源、提供结构化背景知识或设计更复杂的模型结构。这些方法有助于模型更好地理解文本背后的知识，提高生成文本和推理的准确性，从而在实际应用中表现出色。

综上所述，知识局限性是大模型的一个重要特征，限制了模型在推理、知识融合和新领域适应性等方面的表现。为了克服这一问题，需要探索如何向模型注入更多的背景知识，引入外部知识资源，并改进模型的推理能力，以使其更接近人类的思考和理解水平。

1.3　大模型的分类

1.3.1　按照输入形式分类

大模型的输入形式是指模型接受和处理的数据类型和格式。大模型通常需要经过大量数据的训练，以学习数据中的模式和规律，从而能够在给定输入的情况下做出准确的预测或生成。根据不同任务和领域的需求，大模型可以接受多种不同的输入形式，包括文本输入、图像输入、音频输入、视频输入和多模态输入等。

大模型的输入形式取决于具体的应用场景和任务需求，选择合适的输入形式是确保模型能够准确理解和处理数据的关键之一。通过合理设计模型的输入形式，可以提高模型的性能和泛化能力，从而更好地应用于各种实际问题中。

根据大模型的输入形式，可以将大模型分为自然语言处理（Natural Language Processing，NLP）大模型、计算机视觉（Computer Vision，CV）大模型、自动语音识别（Automatic Speech Recognition，ASR）大模型和多模态大模型四类（见表 1-3）。

表 1-3　按照输入形式分类的大模型类型

输入形式	模型类型	应用领域	应用价值
文本输入	NLP 大模型	文本生成、情感分析、信息抽取、文本分类、机器翻译等	1. 提升文本处理效率和准确性 2. 支持多语言处理 3. 优化自然语言生成 4. 改善语言理解和推理能力
图像/视频输入	CV 大模型	图像分类、对象检测与识别、图像分割、图像生成与修复、视频理解与动作识别等	1. 精准的图像识别和分类 2. 高效的对象检测和定位 3. 精细的图像分割和提取 4. 高质量的图像生成和修复 5. 深度的视频理解和动作识别
音频输入	ASR 大模型	智能助手、电话客服、语音识别笔记软件、医疗、智能家居和车载系统、会议记录和新闻播报等	1. 实时转录和识别能力 2. 多语种识别 3. 声纹识别 4. 语义理解 5. 个性化定制 6. 自适应学习
多模态输入	多模态大模型	智能搜索、自然语言处理、计算机视觉、智能对话系统、医疗保健、智能交通和智能家居等	1. 提升信息表达能力和识别、分类能力 2. 支持个性化和智能化应用 3. 提高任务处理效率 4. 提供全面的数据分析和决策支持

1. NLP 大模型

NLP 大模型是一类深度学习模型，专注于处理文本数据。它们通过大量的训练数据学习语言规则和模式，以实现诸如文本生成、理解、情感分析、机器翻译等任务。典型的 NLP 大模型包括 BERT、GPT 系列、XLNet、RoBERTa 和 T5 等，这些模型在 NLP 领域取得了显著的成果。

应用领域：NLP 大模型广泛应用于文本生成（如文章摘要、对话系统）、情感分析（如社交媒体情绪监测）、信息抽取（如命名实体识别）、文本分类（如垃圾邮件过滤）、机器翻译（如多语言自动翻译）等领域。

应用价值：NLP 大模型提升了文本处理的效率和准确性，支持多语言处理，优化了自然语言生成，改善了语言理解和推理能力。推动了智能搜索、智能助手、智能客服等应用的发展，为用户提供了更智能、高效的服务。

2. CV 大模型

CV 大模型专注于处理图像和视频数据。它们通过深度学习算法学习图像中的特征和模式，以实现图像分类、对象检测、图像分割等任务。著名的 CV 大模型有 ResNet、Inception、VGG、EfficientNet、MobileNet 等，这些模型都采用了不同的架构和优化技术，以提高其计算效率和精度。

应用领域：CV 大模型广泛应用于图像分类（如产品识别）、对象检测与识别（如安防监控）、图像分割（如医学影像分析）、图像生成与修复（如艺术创作）、视频理解与动作识别（如体育分析）等领域。

应用价值：CV 大模型通过精准的图像识别和分类、高效的对象检测和定位、精细的图像分割和提取、高质量的图像生成和修复，以及深度的视频理解和动作识别，为各行各业提供了智能化的解决方案，推动了人工智能在视觉领域的应用和发展。

3. ASR 大模型

ASR 大模型旨在将语音信号转换为文本。它们基于深度学习技术，如循环神经网络（Recurrent Neural Network，RNN）、长短期记忆网络（Long Short Term Memory，LSTM）等，学习语音信号的特征表示，实现语音到文本的转换。近年来著名的 ASR 大模型有英特尔的 OpenVINO、Meta 的 AudioCraft 及 MAGNet、微软的 SpeechT5、Meta 的 Massively Multilingual Speech（MMS），以及 OpenAI 的 Whisper 等。

应用领域：ASR 大模型广泛应用于智能助手（如智能音箱）、电话客服、语音识别笔记软件、医疗、智能家居和车载系统、会议记录和新闻播报等领域。

应用价值：ASR 大模型提供了实时转录和识别能力、多语种识别、声纹识别、语义理解等功能，支持个性化定制和自适应学习，为各行业提供了智能化的语音交互解决方案，改善了人机交互体验。

4. 多模态大模型

多模态大模型结合了文本、图像、语音等多种数据类型进行学习和推理。它们通过跨模态学习，理解不同模态数据之间的关联，为复杂任务提供更全面、准确的解决方案。经过权威机构评测，在感知型任务中表现优秀的多模态大模型有 BLIP-2、LLaMA-Adapter V2 和 mPLUG-Owl 等，在认知型任务中表现优秀的多模态大模型有 LaVIN、MiniGPT-4、InstructBLIP 和 Multimodal-GPT 等。

应用领域：多模态大模型在智能搜索、自然语言处理、计算机视觉、智能对话系统、医疗保健、智能交通和智能家居等领域都有广泛应用。

应用价值：多模态大模型通过结合多种数据类型，提升了信息表达能力和识别、分类能力，支持个性化和智能化应用，提高了任务处理效率，并为决策者提供了全面的数据分析和决策支持。它们为各领域的应用带来了创新和提升。

1.3.2　按照应用范围分类

按照应用范围的不同，大模型可以划分为通用大模型、行业大模型、垂直大模型、企业大模型、个人大模型等（见表 1-4）。这些大模型在各自领域和场景中发挥着不同的优势和作用，为用户和企业提供了多样化的智能化解决方案。

表 1-4　按照应用范围分类的大模型类型

类　型	描　述	特　点	应 用 场 景
通用大模型	处理多种数据类型，适用于多个领域	1. 多样化处理能力 2. 广泛的适用领域 3. 泛化能力强	1. 自然语言处理 2. 计算机视觉 3. 推荐系统 4. 机器翻译 5. 语音识别
行业大模型	针对特定行业场景或领域需求定制	1. 针对特定行业需求 2. 优化性能 3. 提升效率 4. 解决行业通用问题	1. 领域知识共享 2. 特定垂直场景
垂直大模型	针对特定领域或任务进行优化设计	1. 针对特定领域场景 2. 性能高效 3. 可解释性强 4. 定制能力强	1. 领域知识共享 2. 行业通用场景
企业大模型	针对企业内部需求定制和优化	1. 企业定制化 2. 业务一体化 3. 高度安全性 4. 持续优化	1. 客户关系管理 2. 生产管理 3. 供应链管理 4. 风险管理 5. 人力资源管理
个人大模型	针对个人用户定制	1. 个性化定制 2. 多领域应用 3. 交互式学习 4. 隐私保护 5. 用户体验优化	1. 个性化推荐 2. 智能助手 3. 个人健康管理 4. 个性化教育 5. 情感交互

这些大模型的出现和发展，借助深度学习技术和多模态融合方法，实现了更加智能化和个性化的服务，为用户和企业带来了全新的体验和价值。通过深入了解各种类型的大模型，我们可以更好地选择适合自身需求的解决方案，促进人工智能技术在不同领域和场景中的广

泛应用，推动智能化时代的持续发展。

1. 通用大模型

通用大模型是一种强大的人工智能技术，它打破了传统专用模型的限制，能够处理文本、图像、语音等多种数据类型。这种跨模态的处理能力，使通用大模型得以应对更为复杂和多元化的任务需求。

通用大模型在众多领域均有广泛应用。在自然语言处理领域，它可助力文本生成、情感分析以及机器翻译等任务，如智能客服系统可迅速响应用户查询，提供个性化服务。在计算机视觉领域，通用大模型则能进行图像分类、目标检测等，为自动驾驶系统的安全保障提供支持。此外，它还活跃在推荐系统、医疗诊断及金融风控等多个领域。目前国内外著名的通用大模型有 OpenAI 的 GPT 系列模型、谷歌的 T5 大模型、百度的知识增强大模型文心一言和阿里云的通义千问等。

通用大模型的优势显而易见，其泛化能力强，能在不同领域和任务中灵活适应并展现出色性能。同时，它的多样化处理能力使其能够应对各种数据类型和挑战。此外，通用大模型还展现出高度的可复用性，其在大规模数据集上训练所得的知识和表示方法，可轻松迁移至不同任务，大幅降低了模型开发和应用的成本。最后，这种模型还能持续优化，通过不断接收新数据和微调优化来提升自身性能和泛化能力，从而更好地适应不断变化的应用场景。

2. 行业大模型

行业大模型是针对特定行业打造的大规模预训练模型，它结合了该行业独特的数据集、专业知识和实际任务需求。通过深度预训练和精确调整，这类模型能高度适应并出色完成行业内的特定工作和挑战。

在金融、医疗、零售电商等多个领域，我们都能看到行业大模型的身影。它们被用于评估金融风险、解析复杂的保险条款，在医疗领域则辅助医生进行更精确的诊断，或者深入分析病例。而在零售电商行业，这些模型则通过智能推荐系统来分析用户行为，优化购物体验。这些实例不仅展现了行业大模型的专业性，更凸显了其在提升行业效率和服务质量方面的重要作用。目前国内的行业大模型也陆续落地，如宇视科技发布的宇视 AIoT（人工智能物联网）行业大模型梧桐，云从科技针对金融、零售、交通等领域的从容大模型等。

行业大模型的优势在于其高度的定制化和专业化，这使得模型在处理行业特定问题时表现出极高的准确性和工作效率。因为模型经过特定行业数据的训练和优化，所以能更深入地理解行业规则和特征，从而提供更精准的解决方案。此外，行业大模型还降低了企业应用人工智能技术的难度和成本，推动了人工智能在各行各业的广泛应用和深入发展。

3. 垂直大模型

垂直大模型，也称为垂类大模型，是针对特定领域或任务进行优化设计的深度学习模型。这类模型在特定的领域或行业中经过专业训练和优化，因此更专注于某个特定领域的知识和技能，展现出高度的领域专业性和实用性。

垂直大模型的意义在于其能够深入理解和解决特定领域的问题。通过针对特定场景的数据进行训练，垂直大模型能够更准确地捕捉领域内的特征和规律，从而提供更精确、更高效的解决方案。这种模型的出现，极大地提升了人工智能在各行各业中的实用性和效率。目前国内的垂直大模型较多，已经开始落地应用的有专注于健康领域的京医千询、MedGPT、左医 GPT，专注于金融领域的度小满轩辕，专注于法律领域的 ChatLaw，以及蜜度发布的政务大模型蜜巢和智能校对大模型文修等。

以医疗领域为例，垂直大模型可以应用于诊断支持，通过分析医疗图像和记录，提供准确的诊断和治疗建议。在金融领域，垂直大模型则可用于风险控制，帮助金融机构更准确地识别潜在风险。此外，在零售、农业等多个领域，垂直大模型也展现出了广泛的应用前景。

总的来说，垂直大模型凭借其高度的专业性和针对性，正在成为人工智能领域的重要发展方向。随着技术的不断进步和应用场景的不断拓展，垂直大模型将在更多领域发挥其独特的价值，推动行业的智能化升级。

4. 企业大模型

企业大模型是依据企业内部需求专门定制和优化的大型人工智能模型，它深度结合了企业的数据和业务特点，致力于推动企业智能化转型和工作效率的提升。

这种模型被广泛应用于客户关系管理、生产管理以及供应链管理等多个领域。在客户关系管理中，企业大模型能够通过精准分析客户数据来提供个性化的服务推荐。在生产环节，它可以优化生产计划并预测设备维护需求。而在供应链管理方面，企业大模型则能助力库存和物流的高效规划。这些应用不仅增强了企业的运营效率，还显著提升了服务质量。目前，我国已有众多行业领先企业开启了企业大模型建设，如中国农业银行的 ChatABC、网易有道的子曰、链家的 BELLE 等。

企业大模型的核心优势在于其高度的定制化和业务一体化。它能够根据企业的特定需求进行精准训练和优化，从而提供更符合企业实际情况的解决方案。同时，该模型还能与企业的现有系统和流程无缝对接，实现全面的业务整合，进而提升整体工作效率和业务水平。此外，企业大模型还具备出色的适应性和持续优化能力，能够随着企业业务的发展和变化不断进行自我更新和优化，始终保持高效和准确。

总的来说，企业大模型以其出色的定制化、业务一体化和持续优化能力，正成为现代企业实现智能化转型、提升工作效率的得力助手。

5. 个人大模型

个人大模型是人工智能领域中的创新产物，它以个性化和用户体验为核心，致力于为个人提供精准、贴心的智能服务。

这类模型被广泛应用于个性化推荐、智能助手及个人健康管理等多个场景。例如，它可以根据用户的购物历史和浏览记录，为用户推荐心仪的商品；作为智能助手，帮助管理日常安排，及时提醒重要事务；而在健康管理方面，个人大模型则能结合个人健康数据，提供个性化的保健建议。例如，清华大学和智谱 AI 联合研发的 ChatGLM-6B 是一个开源的、支持中英双语的对话语言模型，个人用户可以在消费级显卡上进行本地部署。

个人大模型的优势在于其高度的个性化和交互学习能力。它不仅能根据个人的喜好和需求提供定制化的服务，还能通过与用户的持续互动，不断优化自身的服务能力，更加精准地满足用户需求。此外，这类模型还非常重视用户的隐私和数据安全，通过多种技术手段来确保用户信息的安全，让用户能够放心使用。

总的来说，个人大模型凭借其个性化、交互性和安全性等特点，正逐渐成为提升我们生活品质和服务体验的关键技术之一。

1.3.3 按照应用场景分类

应用场景是指在具体的实际情境或领域中，大模型可以被用来解决特定问题或提供特定服务的场合或情境。换句话说，应用场景描述了大模型在哪些具体的情境下可以发挥作用，解决问题或提供价值。具体来说，大模型的应用场景可以分为 7 类，见表 1-5。

表 1-5　按照应用场景分类的大模型类型

模型分类	描　述	主要功能	应用领域
知识工作型	处理知识管理、信息检索和知识推理等任务	1. 文本理解和推理能力 2. 知识图谱融合 3. 信息检索和知识发现 4. 智能问答和知识分享 5. 辅助决策和分析	教育、研究、信息检索、专业咨询等
智慧办公型	提升办公效率、智能化协作和信息管理	1. 智能助手功能 2. 智能协作与沟通 3. 信息管理与知识检索 4. 智能决策支持	企业办公、团队协作、项目管理等
业务赋能型	辅助解决企业实际业务问题，优化业务流程	1. 业务流程优化 2. 生产工艺优化 3. 售后服务提升 4. 市场销量预测 5. 生产计划优化	各个行业的业务流程优化、生产、销售、服务等
创意娱乐型	为创作者、艺术家和娱乐行业提供创新和有趣的解决方案	1. 创意激发与辅助 2. 内容生成与优化 3. 虚拟角色设计与表演 4. 音视频处理与编辑 5. 情感交互体验 6. 虚拟现实与增强现实	电影制作、游戏开发、艺术创作、虚拟主播等

（续）

模型分类	描 述	主要功能	应用领域
技术支撑型	为企业和组织提供技术支持和解决方案	1. 技术方案设计与优化 2. 统一模型基座 3. 代码生成 4. 系统集成与优化 5. 问题诊断与解决	技术创新、数字化转型、信息化建设等
决策支持型	提供决策支持和优化方案	1. 数据分析与预测 2. 多因素综合考量 3. 智能推荐与优化 4. 风险评估与管理 5. 决策可视化与解释	企业管理、金融投资、医疗健康等
安全保障型	提供安全增强和风险管理功能	1. 安全威胁检测与预警 2. 恶意代码检测与清除 3. 访问控制与权限管理 4. 数据加密与隐私保护 5. 安全合规与监管 6. 安全审计与报告	网络安全、信息安全、数据安全等

1. 知识工作型大模型

知识工作型大模型在处理知识密集型任务中展现出显著优势。它们不仅能够深入理解文本信息，还能融合知识图谱等结构化数据，为用户提供全面的知识服务。在教育、研究、信息检索等领域，这类模型通过智能问答、知识分享等功能，帮助用户快速获取所需知识，辅助决策和分析，从而极大地提升了工作效率和决策水平。例如，在教育领域，知识工作型大模型能够为学生提供个性化的学习路径和知识推荐，助力个性化教育的实现。

2. 智慧办公型大模型

智慧办公型大模型专注于提升办公效率和智能化协作。它们通过智能助手功能，协助用户处理日常办公事务，如会议安排、日程管理等，极大地减轻了工作负担。同时，这类模型还能支持团队协作与沟通，提供智能化的知识检索和整理服务，帮助用户高效获取所需信息。在企业办公、团队协作等场景中，智慧办公型大模型的应用不仅提高了工作效率，还促进了团队协作和沟通的高效进行。

3. 业务赋能型大模型

业务赋能型大模型深入企业业务流程，助力企业优化各个环节，提升业务效率和创新能力。通过业务流程优化、生产工艺改进、市场销量预测等功能，这类模型帮助企业解决实际问题，提升竞争力。例如，在制造业中，业务赋能型大模型可以分析生产工艺数据，提出优化方案，提高生产效率和产品质量；在销售领域，它们可以预测市场需求和销量走势，为企业制定精准的营销策略提供支持。

4. 创意娱乐型大模型

创意娱乐型大模型为创意产业注入新的活力。它们通过生成创意内容、优化创作过程等方式，激发创作者的灵感，丰富娱乐体验。在电影制作、游戏开发等领域，这类模型的应用不仅提升了创作效率，还为用户带来了更加丰富多样的娱乐内容。同时，创意娱乐型大模型还能结合虚拟现实、增强现实技术，打造沉浸式的娱乐体验，为用户带来前所未有的娱乐享受。

5. 技术支撑型大模型

技术支撑型大模型为企业和组织提供全方位的技术支持。它们通过技术方案设计与优化、统一模型基座等功能，帮助企业解决复杂的技术问题，提升技术创新能力。在数字化转型、信息化建设等领域，这类模型的应用不仅推动了企业技术的升级换代，还为企业带来了更高效、智能的解决方案。同时，技术支撑型大模型还能通过代码生成、系统集成与优化等功能，助力企业实现技术资源的最大化利用。

6. 决策支持型大模型

决策支持型大模型通过数据分析、智能推荐等功能，为用户提供全面的决策支持和优化方案。在企业管理、金融投资等领域，这类模型的应用不仅提高了决策效率和质量，还帮助用户规避了潜在的风险。通过智能推荐和风险评估等功能，决策支持型大模型能够为用户提供更加全面和有效的决策建议，助力用户实现目标。同时，它们还能通过决策可视化与解释等功能，帮助用户更直观地理解决策内容和过程。

7. 安全保障型大模型

安全保障型大模型专注于提供安全增强和风险管理功能。它们通过安全威胁检测、恶意代码清除等功能，保障系统和数据的安全性。在网络安全、信息安全等领域，这类模型的应用为用户提供了强大的安全保障和风险管理的支持。通过数据加密、隐私保护等功能，安全保障型大模型还能够保护用户敏感信息不被泄露。同时，它们还能提供安全合规与监管等功能，确保业务操作符合相关法规要求。

1.3.4 按照部署方式分类

按照部署方式分类，大模型可以分为云侧大模型和端侧大模型（见表1-6），它们各自具有不同的特点和应用场景。

表 1-6 按照部署方式分类的大模型类型

模型分类	部署方式	特 点	优 势
云侧大模型	云侧部署	部署在云端服务器,利用云计算资源和弹性伸缩特性	1. 强大的计算资源 2. 弹性伸缩 3. 集中管理
端侧大模型	端侧部署	部署在终端设备或边缘计算节点,本地进行数据处理和模型推理	1. 实时响应 2. 隐私保护 3. 离线支持

1. 云侧大模型

云侧大模型是部署在云端服务器上的大模型,利用云计算资源和弹性伸缩等特性,提供高性能的计算和存储能力。用户可以通过网络连接访问和调用云端大模型的服务,实现集中管理和运行。云侧大模型通常用于处理大规模数据、进行深度学习模型训练以及进行复杂的数据处理和分析任务。

在应用场景方面,云侧大模型适用于大数据分析、深度学习模型训练以及自然语言处理等领域。通过利用云端服务器强大的计算资源和灵活的扩展能力,用户可以更轻松地处理复杂的数据任务,加速模型训练过程,并实现实时数据分析和处理。总体来说,选择云侧大模型部署可以帮助用户获得更强大的计算和存储支持,提高数据处理和分析的效率和性能。

2. 端侧大模型

端侧大模型部署在终端设备或边缘计算节点上,实现在本地端进行数据处理和模型推理,以减少数据传输延迟和保护数据隐私安全。这种部署方式具有快速响应、低延迟和数据隐私保护的优势,适合对实时性和安全性要求较高的场景,如智能物联网设备、智能家居和智能无人车等领域。通过在本地部署大模型,用户可以实现即时推理和数据隐私保护,从而更好地满足特定需求和应用场景的要求。

1.4 大模型技术的典型应用

1.4.1 ToC 端的典型大模型应用

大模型在 ToC[○]端的应用日益广泛,它们以强大的数据处理和生成能力,为消费者带来了前所未有的便利与创新体验。从智能助手到个性化推荐,从语音交互到自动翻译,大模型的身影无处不在。本节将简要介绍大模型在 ToC 领域的一些典型应用,并通过具体案例,展示它们是如何深入人们日常生活,提升用户体验,并引领智能化生活新趋势的。通过这些

○ ToC(To Consumer)是指企业面向最终消费者提供产品或服务。

实例，我们可以看到大模型技术为现代消费者带来的巨大价值和潜力。

1. AI 绘图

随着人工智能技术的不断进步，AI 绘图已经成为艺术和科技交汇点上的一个亮点。这种技术利用深度学习和大模型，能够根据用户的输入或特定参数，自动生成富有创意和艺术美感的图像。

比如 Midjourney，一款在 2022 年面世并迅速走红的 AI 绘画工具。其创始人大卫·霍尔茨（David Holz）利用生成对抗网络（Generative Adversarial Network，GAN）和风格迁移技术，创造了一个能根据用户输入的关键字，通过人工智能快速产出相对应图片的系统。用户只需要在 Midjourney 平台上输入想要的图像描述或者关键词，系统便能在一分钟内生成一幅与之相关的图像。例如，在应用界面输入"身着机甲的少年在洁白的月光下轻轻地摸着一条黄色的狗 极高分辨率 游戏 cg 在赛博朋克城市 月亮 夜晚"所生成的高分辨率图像如图 1-14 所示。

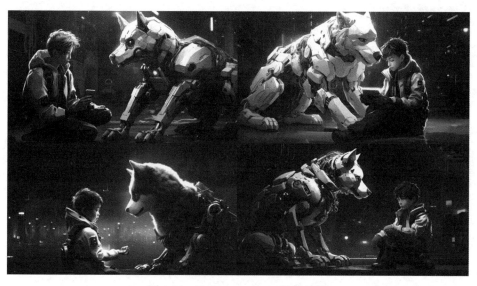

图 1-14　Midjourney 的 AI 绘图示例

目前国内尚未出现与 Midjourney 对应的知名应用，但国内已有不少平台在 AI 绘画方面取得了显著成果。例如，字节跳动等公司推出的 AI 绘画平台，采用了大规模生成对抗网络技术。这类平台能够根据用户输入的文本描述，快速生成与之相匹配的高质量图像，广泛应用于创意设计、广告制作等领域。图 1-15 所示为豆包大模型的 AI 绘图示例。

基于大模型的 AI 绘图应用正逐渐改变着艺术创作和设计的传统模式。它们不仅提高了创作效率，还为艺术家和设计师们提供了更广阔的创意空间。然而，随着技术的不断发展，我们也需要关注其带来的伦理、法律和审美等方面的挑战，以确保 AI 绘画能在尊重原创和人类艺术的基础上健康发展。

图 1-15　豆包大模型的 AI 绘图示例

2. 旅游攻略

基于大模型的旅游攻略应用正逐渐成为旅游行业的新宠。这类应用利用强大的数据处理和分析能力，为用户提供个性化的旅游建议和精准的行程规划，极大地提升了旅游体验。

国内旅游巨头携程便是这一领域的佼佼者。携程借助大模型技术，深度挖掘用户的历史数据和行为模式，从而精准把握用户的旅游偏好。当用户登录携程平台时，系统会根据其过往的浏览记录、购买历史以及个人设置等信息，为其推荐最合适的旅游路线和活动。这种个性化推荐不仅提高了用户满意度，还促进了旅游产品的销售额。此外，携程的大模型应用还能智能生成多种行程规划方案，用户只需要输入旅行目的地和出行时间，系统便能自动生成详细的行程安排，包括交通、住宿、餐饮和景点游览等各个环节，大大节省了用户规划行程的时间和精力。

在国际市场上，TripAdvisor 也积极运用大模型技术为用户提供个性化的旅游指南。作为全球知名的旅游评论网站，TripAdvisor 汇集了来自世界各地的用户评价和旅游建议。通过大模型技术，TripAdvisor 能够对这些海量的用户评价进行深度分析，提炼出有价值的旅游信息，为用户提供更加全面、实用的旅行指南。同时，根据用户的个人喜好和需求，TripAdvisor 还能定制独一无二的旅行体验，满足用户对于个性化旅游的追求。

这些基于大模型的旅游攻略应用不仅提升了用户的旅游体验，还推动了旅游行业的创新发展。它们通过深度挖掘用户数据，精准把握用户需求，为用户提供更加贴心、便捷的旅游服务。随着技术的不断进步和应用场景的不断拓展，我们有理由相信，基于大模型的旅游攻略应用将会在未来发挥更加重要的作用，为用户带来更加美好的旅行体验。同时，这类应用也将成为旅游行业发展的新引擎，推动整个行业向更加智能化、个性化的方向发展。

3. 情感陪伴

随着大模型技术的不断发展，基于大模型的情感陪伴应用逐渐崭露头角，为用户提供了一种全新的情感支持和交流方式。这类应用利用大模型的强大语言处理能力，模拟人类对话，为用户提供温暖的情感陪伴和智能的聊天功能。

在国内外市场上，已经涌现出多款优秀的情感陪伴应用。国内方面，小冰便是一个典型的代表。小冰人工智能技术框架包括全栈自研的开放域情感交互、大语言模型等技术，为用户提供了深度的对话体验。它不仅能够理解用户的意图，还能够根据用户的情绪和需求，提供恰当的情感回应和支持。通过与用户进行深入对话，小冰建立了一种独特的情感连接，使得用户在使用过程中感受到了真挚的陪伴和关怀。

国外市场上，Replika 也是一款备受瞩目的情感陪伴应用。作为一款 AI 聊天机器人，Replika 利用先进的大模型技术，与用户进行自然、流畅的对话。它不仅能够学习用户的语言和喜好，提供个性化的回应，还能够理解用户的情绪，回应用户的情感需求，如图 1-16所示。这使得 Replika 成为一款能够提供情感支持和陪伴的智能伙伴，让用户在孤独或需要倾诉时找到了一个可以依靠的对象。

图 1-16　Replika 的情感陪伴示例

这些情感陪伴应用的成功，得益于大模型的强大能力。大模型具备出色的语言理解和生成能力，能够模拟人类的语言习惯和情感表达，从而为用户提供更加真实、自然的对话体验。同时，这些应用还结合了深度学习技术，不断从用户的反馈和互动中学习，提高自身的智能化水平，以更好地满足用户的需求。

4. 多语言翻译

在全球化日益加深的今天，多语言翻译应用成为人们跨越语言障碍、实现顺畅沟通的重要工具。基于大模型的多语言翻译应用，以其强大的语言处理能力和高效的翻译速度，受到了广泛关注和好评。

这类应用的核心在于利用大型语言模型的深度学习能力，通过对大量文本数据的训练，掌握语言的规律和知识，从而实现自然、流畅的文本翻译。大模型的多语言翻译能力不仅体现在简单的文本翻译上，还能应对复杂的语言表达和语境变化，提供更为精准的翻译结果。

在国内外市场上，谷歌翻译和百度翻译是这类应用的杰出代表。谷歌翻译以其强大的语言处理能力和广泛的语种支持而闻名。它利用大模型技术，对输入的文本进行深度分析，准确理解原文含义，并生成符合目标语言习惯的译文。谷歌翻译支持 109 种语言之间的即时翻译，无论常见的语种如英语、法语、德语，还是一些较为冷门的语言，谷歌翻译都能提供高质量的翻译服务。

百度翻译作为国内领先的翻译应用，同样展现出了强大的多语言翻译能力。它集成了先进的大模型技术，通过深度学习算法对语言进行建模，实现了高效准确的翻译。百度翻译支持 200 多种语言的互译，覆盖了全球大部分语种。用户只需要输入或上传待翻译的文本，百度翻译便能迅速给出对应的译文，大大提升了翻译的效率和准确性，如图 1-17 所示。

图 1-17　百度翻译的大模型翻译示例

这些基于大模型的多语言翻译应用，不仅为用户提供了便捷、高效的翻译服务，还在推动全球文化交流与合作方面发挥了积极作用。它们打破了语言壁垒，让人们能够更轻松地理解不同文化背景下的信息，促进了世界各国（地区）的相互了解与沟通。

5. 多模态生成

多模态生成应用也是面向消费者应用中的重点。这类应用结合了文本、图像、视频等多种模态的信息，通过大模型进行深度学习和处理，实现了视频剪辑、特效添加、视频自动生成等智能化操作，极大地丰富了数字媒体内容创作的手段和可能性。

多模态生成大模型的核心在于其能够理解和融合多种类型的信息。例如，在视频剪辑方面，这类模型可以自动识别视频中的关键帧和精彩片段，根据内容、节奏和情感等因素智能地进行剪辑和编排，从而生成更具吸引力和观赏性的视频作品。同时，模型还能根据视频内容自动推荐和添加合适的特效，如滤镜、转场和字幕等，进一步提升了视频的表现力和感染力。

在国内外市场上，抖音和快手等短视频平台是多模态生成大模型应用的佼佼者。这些平台利用先进的大模型技术，为用户提供了一站式的视频创作和分享服务。具体来说，它们通过深度学习算法对海量视频数据进行分析和学习，掌握了视频内容的特征和用户偏好，从而能够精准地推荐适合的特效和剪辑方式。此外，这些平台还支持视频自动生成功能，用户只需要提供简单的输入或选择，即可快速生成高质量的短视频作品。

抖音和快手等短视频平台的成功，不仅得益于其强大的技术实力，更在于它们对用户需求和市场趋势的敏锐洞察。图 1-18A 为抖音的语音生图功能，语音输入为 "一位穿着西装站在窗前的职业西装男士"，图 1-18B～E 为抖音 2023 年火爆的图生图特效，上传图 1-18A 的图片，依据不同主题生成右边的不同图片，图 1-18B 为抖音特效 "三行情书"，图 1-18D 为抖音特效 "莫奈花园"。这些功能及特效的背后都是大模型的多模态生成能力。

图 1-18　抖音多模态生成功能示例

通过引入多模态生成大模型，这些平台极大地降低了视频创作的门槛和成本，让更多人能够轻松享受到数字媒体创作的乐趣和成就感。同时，这也为广告、电商等领域带来了新的营销和推广方式，推动了相关产业的创新和发展。

1.4.2　ToB 端的典型应用

随着人工智能技术的不断发展，大模型渗透到各行各业，展现出强大的生命力。在政策的大力推动下，不仅科技企业，连传统行业也开始尝试引入大模型技术，以提升效率和服务质量。在 ToB○领域，大模型的应用正逐渐从边缘走向核心，成为企业智能化升级不可或缺的一环。无论是客户服务自动化、供应链管理，还是市场分析预测，大模型都展现出了惊人的能力和潜力。接下来，我们深入探讨大模型在 ToB 端的具体应用。

1. 办公文档写作与处理

在数字化时代，企业的办公文档处理效率直接关系到企业运营的速度与质量。将大模型技术与企业统一的数据库或知识库结合，可以极大地提升企业办公文档的处理能力，同时保障文件的安全存储与管理，如图 1-19 所示。

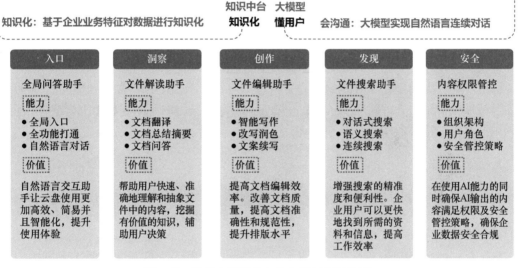

图 1-19　基于大模型的办公文档写作与处理

（1）文件编辑助手

大模型技术可以构建一个强大的文件编辑助手，它能够智能地辅助员工进行文件写作。通过深度学习和自然语言处理技术，这个助手可以根据用户输入的关键词或主题，自动生成文章的初稿，还能提供改写润色、文案续写等功能。这不仅大大提高了文档编写的效率，还能确保文案的质量和风格的一致性。

○　ToB（To Business）是指企业面向企业提供产品或服务。

（2）文件搜索助手

传统的文件搜索往往基于关键词匹配，而结合大模型的文件搜索助手则能实现更为智能的搜索方式，包括对话式搜索、语义搜索以及连续搜索。用户可以通过自然语言描述来寻找所需文件，搜索助手能够理解用户的查询意图，并返回最相关的文档结果。

（3）文件解读助手

在处理多语言文档或大量信息时，文件解读助手能够发挥巨大作用。它可以提供文档翻译功能，将外文文档快速、准确地翻译成用户所需的语言。同时，它还能生成文档的总结摘要，帮助用户快速了解文档核心内容。此外，用户还可以就文档内容进行知识问答，获取特定信息。

（4）全局问答助手

全局问答助手作为一个集成的智能服务入口，能够实现全功能的打通。员工可以通过自然语言对话的形式，随时向问答助手提问，无论关于文件操作、信息查询还是其他办公需求，问答助手都能提供即时的帮助。

（5）内容权限管控

在提供智能服务的同时，安全性也是企业不可忽视的重要方面。结合大模型的内容权限管控系统，可以按照企业的组织架构和员工角色进行精细化的权限管理。这样，企业可以确保敏感文件只被授权人员访问，有效防止信息泄露。同时，配备的安全管控策略能够实时监控和记录文件操作，为企业的数据安全提供坚实保障。

综上所述，大模型在 ToB 端的办公文档写作与处理不仅提升了文档处理的智能化水平，还通过精细化的权限管理确保了企业数据的安全。随着技术的不断进步，大模型将在企业办公领域发挥更加重要的作用。

2. 数字员工

大模型技术在 ToB 端的应用中最具创新性和实用性的应用之一就是打造数字员工。数字员工，作为虚拟存在的工作人员，能够为企业提供高效、便捷的服务，成为企业数字化转型的重要推动力。

数字员工的核心要素主要包括专业人设、专业能力和专业知识，如图 1-20 所示。这三个要素共同构成了数字员工的基础，并决定了其在企业运营中的作用和价值。

首先，专业人设是数字员工的基本属性。每个数字员工都有自己独特的专业人设，这不仅界定了其特定的能力和知识范围，还使得数字员工更加贴近实际业务场景。例如，一个设定为行政助理的数字员工，其人设将围绕行政管理的专业范畴进行构建，包括会议安排、文件处理、行程规划等任务。

其次，专业知识是数字员工不可或缺的一部分。这些知识可能包括公司的规章制度、设备管理办法以及各类资质证书信息等。通过深度学习和训练，数字员工能够熟练掌握这些知识，并在实际工作中准确应用。例如，一个了解公司规章制度的数字员工，可以在员工咨询相关政策时提供准确的信息和指导。

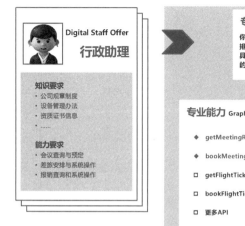
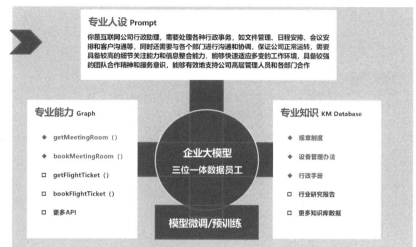

图 1-20　基于大模型的企业数字员工

最后，专业能力是数字员工实用价值的体现。这些能力可能涵盖会议室查询和预订、差旅安排和系统操作、报销查询和系统操作等多个方面。具备这些专业能力的数字员工，能够在日常工作中承担更多责任，提高企业的运营效率。

数字员工的优势在于其可定制性和可扩展性。企业可以根据不同业务场景的诉求，快速、低成本地定制出符合需求的数字员工。同时，随着技术的不断进步和应用能力的不断拓展，数字员工的功能也将越来越丰富，满足企业日益增长的需求。

此外，数字员工还能帮助企业构建和完善知识库。通过不断学习和积累经验，数字员工可以成为企业知识的重要载体和传播者，推动企业内部知识的共享和传承。

综上所述，大模型技术打造的数字员工在企业端具有广阔的应用前景。通过专业人设、专业知识和专业能力的有机结合，数字员工将为企业提供更加智能、高效的服务，助力企业实现数字化转型和升级。

3. 对话式驱动完成办公任务

通过打通大模型与企业现有的办公系统，可以为企业提供智能化的办公辅助服务，从而极大地提升工作效率和准确性。

基于大模型的对话式办公任务自动化如图 1-21 所示，这种智能化服务的核心在于通过对话方式唤起一个虚拟的数字员工。这个数字员工可以理解自然语言诉求，并将其转化为具体的操作指令。比如，当用户说"帮我预订下周去上海的机票"时，数字员工能够理解这一诉求，并自动转化为在差旅系统中预订机票的指令。

数字员工的支撑能力主要体现在三个方面：首先，它能够准确理解员工的自然语言诉求，并将其转化为计算机可执行的指令；其次，它能够调用外部系统的 API，实现与各种办公系统的无缝对接；最后，它能够将处理结果以自然语言或场景式卡片的形式输出，便于员工理解和使用。

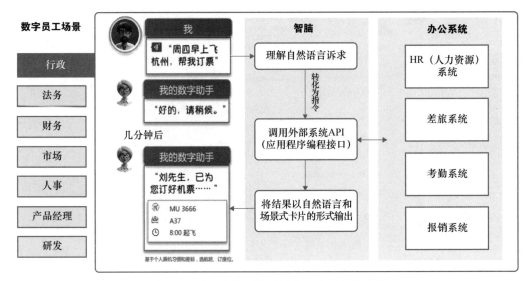

图 1-21　基于大模型的对话式办公任务自动化

这种对话式驱动完成办公任务的模式支持多种业务场景，包括行政、法务、财务、市场、人事、产品经理、研发等。无论行政人员需要预订会议室，还是法务人员需要查找相关法律法规，或财务人员需要处理报销单据，都可以通过对话方式轻松完成。

此外，这种模式还支持与多种办公系统的对接，如 HR 系统、差旅系统、考勤系统、报销系统等。这意味着，员工无须在多个系统间切换，只需要通过自然语言对话，就能完成各种跨系统的办公任务。

对话式驱动完成办公任务的优势显而易见：它不仅能大幅提高工作效率和准确性，还能为员工减轻烦琐的工作负担。同时，随着人力成本的降低，企业的经营效益也会得到相应提升。

4. 构建企业知识管理体

随着人工智能的不断发展，大模型技术在企业知识管理领域展现出了强大的创新能力和应用价值。通过构建企业知识管理体，大模型技术不仅改变了传统知识管理的模式，还为企业带来了更高效、智能的知识管理解决方案，如图 1-22 所示。

大模型在企业知识管理领域的创新应用如下：

（1）智能解析与知识库构建

大模型具备出色的智能解析能力，能够深度理解并归纳企业文档中的非结构化信息。这一技术可以自动生成企业专属的 AI 知识库，实现知识的自动归纳、构建、问答和推荐等全流程的自动化和智能化。这种智能解析与知识库构建的方式大大提高了知识管理的效率，同时也提升了用户体验。

图 1-22 基于大模型的企业知识管理体

（2）多模态知识管理

传统的知识管理往往侧重于文本资料的管理，而大模型技术则能够将多模态文档如图片、音频、视频等也纳入管理范畴。通过深度学习技术，大模型可以识别和理解这些多模态信息，从而为企业提供更全面的知识管理解决方案。

（3）场景化知识应用

大模型技术使得知识管理更加场景化。无论在营销、客服、行政还是在其他企业运营场景中，大模型都能提供精准的知识支持。例如，在营销场景中，大模型可以自动搭建、生成和整合营销知识资料，助力营销转化和赢单获客；在客服场景中，大模型能够提升客服的专业能力，实时推送匹配的客户咨询话术和解决方案。

（4）个性化知识推荐

基于大模型的企业知识管理体还能够实现个性化知识推荐。通过对用户行为和历史数据的分析，大模型可以精准推送用户可能感兴趣的知识内容，从而提高知识的利用率和员工的学习效率。

（5）跨语言与跨文化知识交流

大模型的多语言处理能力使得企业能够轻松实现跨语言与跨文化的知识交流。这对于全球化企业来说尤为重要，可以帮助它们更好地融入国际市场。

综上所述，大模型在企业知识管理领域的创新应用为企业带来了前所未有的便利和效益。通过智能解析、多模态管理、场景化应用、个性化推荐以及跨语言交流等功能，大模型正在引领企业知识管理的新时代。

5. AI 工具辅助办公

在当今快节奏的商业环境中，提高工作效率已成为企业持续发展的关键因素。随着人工智能技术的不断进步，基于大模型的 AI 工具正逐渐成为企业提升办公效率的重要助力。这些工具不仅智能化程度高，而且能够根据企业需求进行个性化定制，从而极大地提高了员工的工作效率和满意度。

在智能办公应用市场中，一系列基于大模型的 AI 工具正逐渐崭露头角。例如，360 智慧大脑为企业提供了一系列的 AI 工具，涵盖了会议纪要、文档处理、数据洞察、简报生成、翻译审校、标书撰写、报告撰写以及智能客服等多个方面，为企业员工提供了全方位的办公支持，如图 1-23 所示。

图 1-23　360 智慧大脑的 ChatDoc

会议纪要工具通过 ASR 技术识别会议录音，并精准区分不同发言者，再利用大语言模型智能总结会议要点和待办事项，确保会议内容准确无误地传递给每一位参会者。

ChatDoc 和 ChatExcel 工具则针对文档和数据处理需求，提供了高效的解决方案。ChatDoc 能够在用户上传的文档范围内，智能辅助用户进行总结和回答问题，大大提升了文档处理的效率和准确性。而 ChatExcel 则通过交互文档的方式，帮助用户轻松进行数据洞察和分析，为决策提供有力支持。

此外，简报生成工具能够实时收集各类新闻和消息，并通过专业模型进行智能总结，生成简洁明了的简报,便于员工快速了解行业动态。文档翻译工具则支持多种主流格式文档的快速翻译,如 PDF、Word 等,确保文档内容在翻译过程中格式不变,语义准确。

在文案撰写方面,智能审校工具能够对员工撰写的文案进行语法、用词纠错和表述准确性校对,有效提升文案质量。同时,标书撰写和报告撰写工具则基于专业模型,深入理解用户需求,辅助用户快速生成高质量的标书内容和报告大纲及内容。

智能客服作为企业与用户之间的桥梁,能够通过自然语言对话的方式快速解答用户问题,提升客户满意度和忠诚度。

综上所述,基于大模型的 AI 工具在办公领域的应用正日益广泛。这些工具不仅提高了员工的工作效率,还为企业带来了更多的商业机会和竞争优势。未来,随着技术的不断进步和应用场景的不断拓展,AI 工具将在企业办公中发挥更加重要的作用。

1.5　大模型的不足及面临的挑战

1.5.1　可靠性与稳定性有待提升

尽管大模型在人工智能领域取得了显著的进展,但可靠性与稳定性仍然是其面临的重要挑战之一。大模型的复杂性导致了其在处理某些任务时可能表现出不稳定的行为。

大模型的训练需要大量的数据和计算资源,这可能导致模型在某些特定情境下出现"过拟合"现象,即模型过于依赖训练数据中的特定模式,而无法泛化到未见过的数据上。这种过拟合现象会严重影响模型的可靠性,使其在处理新任务或新数据时表现不佳。

大模型的复杂性也意味着其内部结构和参数难以完全解释和理解。这使得模型在某些情况下可能产生不可预测的输出,尤其是在处理边缘案例或异常输入时。这种不可预测性降低了模型的稳定性,增加了其在实际应用中的风险。

大模型在部署和运行时也可能面临各种挑战,如硬件资源的限制、实时性能的要求等。这些挑战可能进一步影响模型的可靠性和稳定性,使其难以满足某些关键任务的需求。

1.5.2　数学和逻辑推理能力相对不足

尽管大模型在多个领域取得了显著进展,其数学和逻辑推理能力却相对不足,这成为制约其进一步发展的一大瓶颈。

大模型在数学运算方面的精确度往往不如传统的数学方法。虽然大模型可以通过学习来掌握一定的数学规则,但在处理复杂的数学问题时,其精度和效率常常受到限制。这可能是由于大模型在处理数学问题时,更多地依赖于对数据的统计和模式识别,而非严格的逻辑推理和证明。

大模型在逻辑推理方面也存在局限性。逻辑推理需要遵循一定的规则和原则,从已知的事实出发,通过演绎或归纳的方法得出结论。然而,大模型在处理逻辑推理问题时,往往难以完全遵循这些规则和原则。例如,在面对一些精心设计的逻辑推理题目时,大模型可能会给出与正确答案相去甚远的回答。这可能是因为大模型在推理过程中，容易受到数据噪声、模型偏差等因素的影响，导致推理结果的不准确。

大模型在处理复杂的逻辑关系和推理链时也会遇到困难。逻辑推理往往需要处理多个条件、假设和变量之间的关系，以及它们之间的相互影响。然而，大模型在处理这种复杂的逻辑关系时，可能会出现混淆、遗漏或误解的情况。这可能导致推理结果的错误或不完整。

1.5.3 形式语义理解能力需要加强

尽管大模型在自然语言处理领域取得了显著进展，但在形式语义理解能力方面仍存在一定的缺陷。这种缺陷不仅影响了模型对复杂语言结构和句式的准确理解，还限制了模型在跨领域或专业领域的应用。

大模型在处理复杂的语言结构和句式时，往往会出现理解偏差或误解的情况。由于语言的多样性和复杂性，有些句子可能包含多重含义或隐含信息，这需要模型具备深入的语言理解和分析能力。然而，目前的大模型在处理这类问题时，往往只能理解表面的意思，难以捕捉到深层次的语义信息。

大模型在处理跨领域或专业领域的语言时，也面临着较大的挑战。不同的领域或专业往往有着独特的术语和表达方式，这需要模型具备跨领域的知识储备和理解能力。然而，由于大模型的训练数据通常来源于通用的语料库，缺乏针对特定领域的训练和优化，因此在处理跨领域或专业领域的语言时，往往会出现理解不准确或无法识别的情况。

大模型在处理含有歧义或模糊性的语言时，也表现出一定的困难。在实际应用中，语言往往具有不确定性和模糊性，有些句子可能存在多种解释或含义。大模型在处理这类问题时，由于缺乏足够的上下文信息和推理能力，往往难以确定最准确的解释或含义。

1.5.4 黑盒模型缺乏可解释性

大模型作为现代机器学习的巅峰之作，其深度和复杂性为我们带来了前所未有的性能提升，特别是在处理复杂数据和模式识别方面。然而，这种深度和复杂性也带来了一个显著的问题：黑盒特性导致的缺乏可解释性。

黑盒模型的核心问题在于其决策和推理过程难以被理解和解释。深度学习模型，尤其是那些包含大量参数和复杂网络结构的大模型，其内部的工作机制往往像是一个封闭的盒子，我们无法直观地了解模型是如何从输入数据中提取特征、进行推理并做出最终决策的。这使得我们在面对模型的输出结果时，难以判断其是否基于合理的逻辑和正确的依据。

缺乏可解释性对大模型的应用产生了多方面的影响。在医疗、金融等领域，决策的透明性和可解释性是至关重要的。由于黑盒模型的决策过程不透明，我们难以对其决策结果进行验证和审查，这增加了模型在这些领域应用的难度和风险。此外，缺乏可解释性也使得模型的调试和优化变得更加困难，因为我们无法准确地找到模型性能不佳的原因，也就无法有针对性地进行改进。

此外，黑盒模型还带来了安全和隐私方面的隐患。由于我们无法了解模型内部的工作机制，也就难以评估模型是否可能泄露敏感信息或受到攻击。在面对对抗性样本攻击等新型威胁时，黑盒模型可能更容易受到攻击和破坏。

1.5.5　参数与数据难以稳定增长

大模型通常需要大量的数据进行训练，以优化其性能。然而，大模型参数与数据难以稳定增长的问题成为一个显著的缺陷。

- **计算资源的限制**：随着模型参数量的增加，模型在训练和推理过程中所需的计算资源也会急剧上升。这包括内存、处理器、GPU 等硬件资源。然而，这些资源往往是有限的，特别是在实际部署和应用中。因此，当模型参数增长到一定程度时，由于资源限制，很难再实现稳定的增长。
- **数据收集与处理的挑战**：数据的获取、标注和处理对于大模型的训练至关重要。然而，随着数据量的增加，数据收集的成本和难度也会上升。此外，数据的质量问题也可能成为制约因素，如噪声数据、不平衡数据集等。这些因素都可能导致数据难以稳定增长，从而影响模型的训练效果。
- **模型复杂度与过拟合**：随着模型参数量的增加，模型的复杂度也在提高。这可能导致模型更容易出现过拟合现象，即模型在训练数据上表现良好，但在未见过的数据上表现较差。过拟合会削弱模型的泛化能力，使得模型性能难以持续提升。

1.5.6　计算资源开销高昂

大模型在多个领域中都展现出了强大的能力，但与之相伴的是计算资源高昂的开销，这成为大模型的一个显著缺陷。

大模型的参数数量通常非常庞大，这意味着在训练和推理过程中需要消耗大量的计算资源。随着模型规模的扩大，所需的计算资源也呈指数级增长。然而，现实中计算资源的增长往往难以满足这种需求，这就导致了参数与数据难以稳定增长的困境。此外，数据采集和处理的成本也随着数据量的增加而急剧上升，进一步加剧了这一问题。

由于计算资源有限，大模型在训练过程中可能无法充分学习数据的特征，导致模型性能不佳。此外，高昂的计算资源开销也意味着模型在实际应用中的部署成本较高，限制了其广泛应用的可能性。此外，由于训练和推理速度受限，大模型在处理实时任务或大规模数据时可能会遇到延迟和性能下降的问题。

1.6　大模型的四个发展趋势

大模型的未来发展趋势充满了广阔的前景和无限的机遇。接下来，对大模型的主要发展趋势进行说明。

1.6.1 行业大模型引领暗数据价值涌现

在数字化时代，数据被誉为新的"石油"，而暗数据则如同深海中未被发掘的富矿，蕴藏着无穷的价值。这些被遗忘在角落的数据，包括未标注、未解析以及非结构化的信息，一直沉睡在庞大的数据海洋中。然而，随着行业大模型的崛起，这些暗数据的价值正逐渐被唤醒。

行业大模型以其强大的数据处理和分析能力，正成为挖掘暗数据价值的先锋。它们如同拥有超凡洞察力的探险家，能够深入数据的海洋，探寻那些被忽视的信息宝藏。这些模型运用深度学习技术，整合并分析海量的非结构化数据，从而将暗数据转化为对企业有价值的洞察和机遇。

科技巨头们已经敏锐地嗅到了行业大模型背后的巨大商机。他们深知，谁能率先掌握行业大模型，深度挖掘行业和企业暗数据的价值，谁就能在这场数据争霸中脱颖而出。因此，各大企业纷纷投入巨资，研发和应用针对特定行业的专业化大模型，以期在激烈的市场竞争中占据先机。

1.6.2 多模态大模型引领行业新趋势

多模态大模型的出现，打破了传统数据处理的壁垒。过去，不同模态的数据往往被孤立地处理和分析，而现在，多模态大模型能够将它们完美地融合在一起，实现数据的全方位解读。这一创新不仅提升了数据处理的效率，更为我们打开了一个全新的信息世界。

随着多模态大模型的广泛应用，各行各业都迎来了翻天覆地的变革。在零售领域，消费者可以通过虚拟试穿、智能推荐等功能，享受到前所未有的购物体验；在自动驾驶领域，车辆能够更精准地感知周围环境，确保驾驶的安全与舒适。这些变化都得益于多模态大模型的强大支持。

展望未来，多模态大模型将继续拓展其应用领域，成为科技发展的核心驱动力。我们可以预见，在未来的医疗、教育、娱乐等各个领域，多模态大模型将发挥更加重要的作用，推动智能化应用的进步和发展。

1.6.3 端云大模型融合

端云大模型融合，顾名思义，是将云端强大的数据处理能力与端侧设备的即时交互性完美结合的一种创新模式。这种融合打破了传统数据处理方式的束缚，将云端的深度分析和端侧的快速响应融为一体，从而实现了智能服务质的飞跃。想象一下，当企业需要迅速响应市场变化时，端云大模型融合能够即时提供精准数据支持，助力企业迅速做出决策，抢占市场先机。

这一趋势的兴起，源于企业对实时响应、个性化需求和数据隐私保护的全方位追求。端云大模型融合不仅满足了这些需求，更以其卓越的性能和灵活性，成为企业提升竞争力的新引擎。无论提供个性化的用户服务，还是保护敏感数据的安全与隐私，端云大模型融合都展现出了无可比拟的优势。

混合架构作为实现端云大模型融合的关键技术，发挥着举足轻重的作用。它整合了云端和端侧的资源，确保了二者之间的高效协同。在混合架构的支撑下，端云大模型融合得以在复杂的业务场景中游刃有余，为企业带来前所未有的智能体验。

1.6.4 智能体模式引领大模型落地

智能体是指能自主活动的软件或者硬件实体，它具备在所处环境中自主感知信息，并根据这些信息做出决策，以实现特定目标或任务的能力。智能体的关键特性包括自主性、感知能力和决策能力。自主性指智能体能够在没有外部干预的情况下控制其行为；感知能力指智能体能够通过传感器或数据输入来感知其环境的状态；决策能力则指智能体能够处理感知到的信息，并根据一定的决策机制做出响应的行动。

智能体模式以其独特的自治性、反应性、预动性和社会性，让大模型不再是冷冰冰的算法和数据，而是变成了能够与环境互动、自主决策的智能存在。它们能够根据环境变化灵活调整策略，实时响应各种情况，这种高效协同的工作方式无疑为大模型的应用带来了巨大的便利。

想象一下，当大模型以智能体的形式活跃在我们的生活中时，它们可以是我们的个人助理，帮我们安排日程、提醒重要事项，也可以是智能家居的控制中心，自动调节室内温度、控制灯光亮度。在更复杂的应用场景，如自动驾驶，智能体能够实时感知周围环境，做出快速而准确的决策，确保我们的行车安全。

智能体模式的魅力不仅仅在于它为大模型提供了灵活的应用方式，更在于它赋予了大模型以生命和活力。这些智能体不再是简单的数据处理工具；而是我们生活中的伙伴和助手，它们能够理解我们的需求，提供个性化的服务，让我们的生活变得更加便捷和智能。

第 2 章
大模型产品生态圈

本章全面描述了大模型产品生态圈。大模型产品是推动产业进步的关键，融合了尖端技术与实际应用。本章介绍了国内外知名大模型产品，如 GPT 系列、BERT 模型、文心一言等，展示了多样性和竞争态势。同时，本章深入剖析了大模型技术在不同行业的应用，并梳理了国内外重要的大模型研究机构与团队，对主要的大模型产品进行了性能比较分析，为实际应用选型提供参考。

2.1　大模型产品概述

在人工智能领域，大模型的发展正日新月异，国内外均涌现出众多引人注目的产品。然而，在技术创新和应用方向上，国内外显现出不同的侧重点。

国外的大模型产品更倾向于技术和架构的创新。这些创新构成了许多商用产品的基础，例如，广受欢迎的 ChatGPT，其迭代升级正是基于 OpenAI 的 GPT 系列大模型进行训练和发布的。GPT，即生成式预训练转换器，展现了一种全新的语言模型生成方式，能够生成与人类写作风格相仿的文本。其网络结构借鉴了 Transformer 模型中的 Decoder 部分，形成了一种单向模型，这意味着它只能利用上文的信息来预测下一个词。与此同时，谷歌推出的 BERT 模型则代表了另一种技术路径。作为一种基于双向编码的预训练模型，BERT 在诸如文本分类、命名实体识别以及句子关系判断等自然语言处理任务中表现出卓越的性能。其网络结构模仿了 Transformer 的 Encoder 部分，因此它能够进行双向处理，即同时参考文本的前后信息来进行预测和判断。

相比之下，国内的大模型产品则更加偏向于应用层面的创新。国内企业通常会根据自身的数据资源，结合国外大模型领域的最新研究成果或开源框架，开发出既具有通用能力又面向特定垂直应用的大模型产品。例如，百度的文心大模型就是一个典型的代表。它基于产业级知识增强大模型构建，不仅涵盖了基础通用大模型，还包括了针对重点领域和任务设计的大模型。通过创新性的知识增强技术，文心大模型实现了从单模态到跨模态、从通用到专用的多维度突破，为用户提供了一个包含模型层、工具与平台层的全面解决方案，从而显著降低了人工智能技术的开发和应用门槛。

鉴于国内外大模型的迭代速度非常快，新的产品不断涌现，本书仅选取了一些具有较大影响力的产品进行介绍。为了凸显国内外在大模型领域的差异，我们特别关注了国内那些具有较强产业和行业应用影响力的大模型产品，而对于国外的大模型，我们则更侧重于介绍那些对全球大模型技术和架构具有引领作用的模型。通过这样的对比，我们可以更清晰地看到国内外在大模型发展上的不同路径和特色，以及各自的优势和贡献。

2.1.1　国外知名大模型产品

国外的知名大模型产品主要由一些领先的技术公司和研究机构开发，包括 OpenAI、谷歌 DeepMind、Meta、Facebook（现为 Meta）AI Research（FAIR）等。这些模型在自然语言处理、图像识别、游戏以及其他人工智能领域展示了出色的性能。以下将深入分析几个国外知名的大模型产品，包括 OpenAI 的 GPT 系列、谷歌的 BERT 和 T5、Meta 的 Llama 等，探讨它们的特点、优势、应用场景，以及它们如何助力企业提升效率和优化产品体验。

1. OpenAI 的 GPT 系列

OpenAI 的 GPT 系列模型以其强大的文本生成能力而闻名。GPT 系列是一个基于 Transformer 的自回归语言模型，具有超过千亿个参数，通过在大量文本数据上进行预训练，它能够理解和生成自然语言文本，可以应用于各种自然语言处理（NLP）任务，如问答、摘要生成、文本分类等。

自 2018 年首次亮相以来，GPT 系列产品已经成为 NLP 领域的一个标志性成就。GPT 系列模型的发展不仅反映了人工智能技术的快速进步，也展示了如何通过机器学习模型处理和理解人类语言的可能性（见图 2-1）。

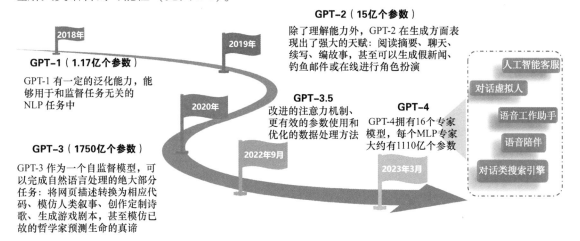

图 2-1　OpenAI 的 GPT 系列模型演进

（1）初始阶段：GPT 的诞生

GPT 的诞生源于对改进语言模型的迫切需求。在此之前，大多数语言模型主要依赖于监督学习的框架，需要大量标注数据。然而，这种方法存在明显的局限性，尤其是在数据稀缺或标注成本高昂的场景中。OpenAI 的研究团队在 2018 年提出了一种新的思路，即通过无监督学习先在大规模的文本数据上训练通用的语言模型，然后再对其进行微调，以适应具体的任务。这种方法的革命性在于它打破了传统 NLP 任务依赖大量标注数据的限制，大大扩展了模型的应用范围和效能。

GPT 模型基于 Transformer 架构，这是一种专门为处理序列数据设计的深度学习模型架构。Transformer 的核心优势在于其"自注意力机制"，该机制能够处理输入数据中的每个元素，并计算它们之间的关系。这种处理方式使得 GPT 能够更好地理解文本中的各种复杂关系，如语义连贯性和语境相关性。

（2）GPT-2 的推出：扩展规模和能力

2019 年，OpenAI 发布了 GPT-2，这是 GPT 的进一步发展。GPT-2 的模型参数从 GPT 的 1.17 亿增加到了 15 亿。更多的参数意味着模型能够捕捉到更复杂的语言特征和细微的表达差异，从而生成更加自然和准确的文本。GPT-2 在发布时因其生成文本的逼真程度引起了广泛关注，甚至引发了关于 AI 伦理和安全的讨论。

GPT-2 的成功不仅体现在其能够生成连贯长文本的能力上，还在于它能够在多种语言任务上表现出色，包括翻译、摘要、问答等。这一点证明了预训练加微调（Pre-training and Fine-tuning）模型的强大潜力，为后续模型的发展奠定了基础。

（3）GPT-3：AI 领域的里程碑

GPT-3 是 OpenAI 基于 Transformer 架构开发的第三代自然语言处理模型。它于 2020 年推出，拥有 1750 亿个参数，是当时世界上最大的语言模型。GPT-3 的最大特点在于其巨大的模型规模和广泛的数据训练基础，这使得 GPT-3 在理解和生成自然语言方面达到了前所未有的水平。GPT-3 能够处理从简单的文本生成到复杂的语言理解和推理等各种任务，而且能够适应各种格式和风格的文本。在内容创作方面，GPT-3 可以生成文章、故事、诗歌等，内容质量接近专业人类作家。语言翻译方面，虽然不是专门的翻译工具，但是 GPT-3 在多语种的文本翻译任务上也表现出色。问答系统方面，GPT-3 能够提供准确的信息检索和问答服务，支持构建高效的客服和咨询应用。编程辅助方面，令人惊讶的是，GPT-3 甚至能够生成编程代码，帮助开发者快速实现想法。

（4）GPT-3.5：精细化优化与专门功能的增强

在 GPT-3 作为 AI 领域的一个里程碑后，OpenAI 继续推动其模型的进化，这一过程中产生了 GPT-3.5。该版本于 2022 年 9 月发布，在 GPT-3 的基础上进行精细化的优化，旨在提高模型在特定任务上的性能和效率。GPT-3.5 在技术上采用了更先进的训练技巧和算法调整，包括改进的注意力机制、更有效的参数使用和优化的数据处理方法等。这些技术的提升使得 GPT-3.5 在处理语言任务时更为高效，同时保持了 GPT-3 的多功能性。尽管 GPT-3.5 在参数量上没有显著增加，但它在特定领域的表现有了明显提升。例如，它在代码生成、文本摘要和语言翻译等任务上展现出了更高的准确性和连贯性。这得益于在模型训练过程中更加精细的调整和更为专注的任务特定优化。

GPT-3.5 的优化不仅使其在学术和研究领域的应用更加广泛，也让它在商业应用中更具竞争力。企业和开发者利用 GPT-3.5 进行内容创作、自动化客户服务和复杂的数据分析，以此来提高操作效率和用户体验。

（5）GPT-4：超越前代的 AI 巨人

GPT-4 是 GPT-3 的继任者，虽然 OpenAI 对其具体参数和技术细节保持了一定的保密，但公开信息表明，GPT-4 在模型规模、性能以及任务泛化能力上都有显著提升。

GPT-4 在 GPT-3 的基础上，通过更加精细的训练数据处理和优化算法，实现了性能的进一步提升。这包括更好的理解上下文的能力、更准确的语言生成和更高的任务适应性。更加精准的文本理解和生成：GPT-4 在维持文本连贯性和逻辑性方面更加出色，能够生成更符合人类阅读习惯的内容。

增强的生成能力，GPT-4 能够生成更加精准、更加丰富和多样化的文本内容，进一步缩小了机器生成文本与人类写作之间的差距。更广泛的任务适应性，GPT-4 通过对更大数据集的训练，具备了更强的任务泛化能力。无论小说创作、学术文章撰写，还是专业领域的知识问答，GPT-4 都能够提供高质量的输出。优化的用户交互，GPT-4 在理解用户输入方面变得更加精准，可以根据上下文提供更加相关和有用的回答或建议，使得与用户的交互更加自然和高效。

2. 谷歌的 BERT、T5、PaLM 和 Gemini

谷歌在 NLP 领域的贡献同样显著，其推出的大模型 BERT、T5 和 PaLM 都是重要的里程碑。近期谷歌推出的 Gemini 更是号称迄今为止功能最强大、最通用的多模态大模型。

（1）BERT 大模型

BERT 是一个双向的、基于 Transformer 的预训练模型，通过堆叠多个 Transformer Encoder 构建而成，能够深入理解文本的语义信息，如图 2-2 所示。BERT 模型的出现不仅极大地改进了机器对语言的理解能力，而且在多个层面上解决了长期困扰 NLP 领域的核心问题。相较于之前依赖单向或浅层文本处理策略的模型，如谷歌的 Word2Vec 和 GloVe，BERT 通过其创新的双向训练机制，显著提高了文本理解的深度和准确性。

在 2018 年推出之前，大多数 NLP 模型的处理能力受限于它们只能从文本的一个方向学习语义，这导致了对上下文的理解不够全面。BERT 突破了这一限制，引入了基于 Transformer 的架构，该架构使得模型能够同时考虑到文本中每个词之前和之后的上下文，这种全方位的上下文理解能力是 BERT 的核心特点之一。

通过采用预训练和微调的策略，BERT 在多种 NLP 任务上取得了当时最佳的性能，包括问答系统、语言推断和情感分析等。这种预训练的方式首先在大规模文本数据上训练通用的语言模型，然后针对特定任务进行微调，使得 BERT 能够在广泛的应用场景中展示出其强大的适应性和效能。谷歌的这一技术突破一经公布，即引起了全球研究者和开发者的广泛关注，有效地推动了自然语言处理技术的研究和实际应用的进步。

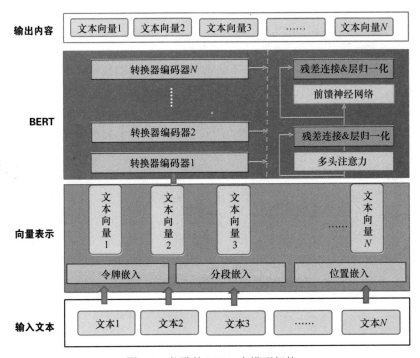

图 2-2　谷歌的 BERT 大模型架构

BERT 在多项 NLP 任务中表现出了卓越的性能，如情感分析、命名实体识别、问答等。其优势在于它能够双向地理解文本上下文，从而更准确地捕捉语义信息。在实际应用中，BERT 已被广泛用于搜索引擎优化、智能推荐系统等领域，显著提升了相关任务的准确性和效率。

（2）T5 大模型

T5 大模型由 Google Research 的团队在 2019 年开发并发布，代表了对 NLP 任务处理方式的根本性变革。T5 模型采取了一种创新的方法，将所有的 NLP 任务统一为一个框架——文本到文本的转换，如图 2-3 所示。这种方法的提出，不仅展现了在多项 NLP 任务上的强大能力，包括翻译、文本摘要、问答等，而且为自然语言处理领域提供了新的思路。

谷歌在推出 T5 之前已经开发了多个重要的 NLP 模型，包括 BERT 等。尽管这些模型极大地推动了语言模型的发展，但谷歌的研究者们意识到，传统的 NLP 处理方法通常涉及针对特定任务设计特定的模型架构，这种方式在实际应用中存在效率低下和泛化能力不足的问题。为了解决这些问题，谷歌提出了 T5 模型，旨在通过一个统一的框架处理所有文本相关任务，从而简化模型训练和提高任务适应性。

这种方法的灵活性使得 T5 能够轻松适应各种不同的应用场景。例如，在机器翻译领域，T5 模型通过生成目标语言的文本来完成翻译任务，其翻译质量和流畅性都得到了业界的广泛认可。

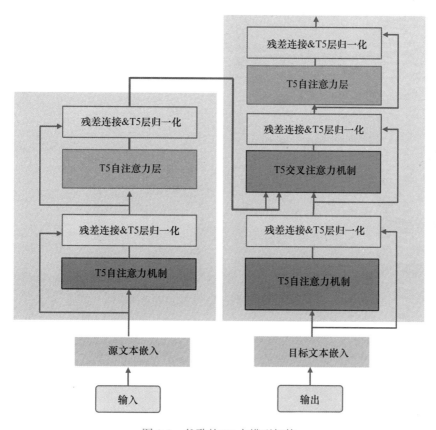

图 2-3　谷歌的 T5 大模型架构

（3）PaLM 大模型

PaLM 模型基于谷歌研发的 Pathways 分布式训练架构进行训练，该架构能够高效地处理大规模数据和模型。PaLM 系列模型拥有庞大的参数规模，其中最大的版本 PaLM-540B 拥有高达 5400 亿个参数。如此巨大的参数规模使得模型能够捕捉到更多的语言细节和上下文信息，从而提升其语言处理能力。

除了纯文本处理，谷歌还推出了 PaLM-E，这是 PaLM 的多模态版本。PaLM-E 不仅能处理文本，还能处理图像、音频、视频等多种类型的信息。它通过将视觉 Transformer 模型与 PaLM 语言模型相结合，实现了高达 5620 亿个参数的规模，从而成为一个能够横跨机器人、视觉和语言领域的"通才"模型。实验人员用 PaLM-E 成功地指挥机器人完成了长距离的移动操作任务，如图 2-4 所示。

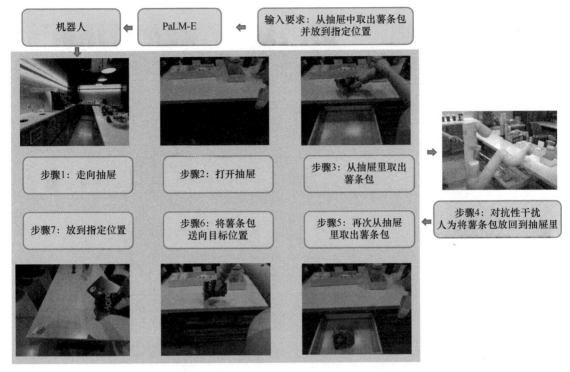

图 2-4　谷歌的 PaLM-E 指挥机器人完成移动操作任务实例

PaLM 系列模型在多个自然语言处理任务上表现出色,如聊天机器人、语言翻译、代码生成和图像分析等。其强大的语言生成和理解能力使得它成为谷歌在 AI 领域的重要成果之一。此外,PaLM-E 的多模态处理能力使其在机器人视觉、自然语言交互等复杂场景中具有广泛的应用前景。

(4) Gemini 大模型

谷歌的 Gemini 大模型产品是一款具备原生多模态特性的大模型,它同时支持文本、图像、视频和音频输入,并能生成文本和图片输出。Gemini 具有高度的语言理解能力,能够理解自然语言的语义和上下文信息,这使得它在处理复杂的语言任务时表现得非常出色。利用 Gemini 的多模态推理能力,老师手工绘制了一道关于滑雪者下坡的物理问题,同时给出了学生的手写答案,如图 2-5 所示。Gemini 不仅能够理解学生潦草的手写答案,还能准确解读题目的核心意义。该模型进一步将问题和解答过程转化为数学排版,精准识别出学生在解题过程中的错误推理环节。最终,Gemini 能提供一个经过缜密思考的正确答案。这一技术优势为教育领域带来了更广阔的发展空间与多样性。

Gemini 大模型在处理跨语言任务时表现出色,支持多种语言,并在情感分析、问答、摘要生成等多个任务上取得卓越表现。同时,Gemini 还具备高效率、可靠性和可扩展性,在谷歌的 TPU 上训练,运行速度快、成本低。

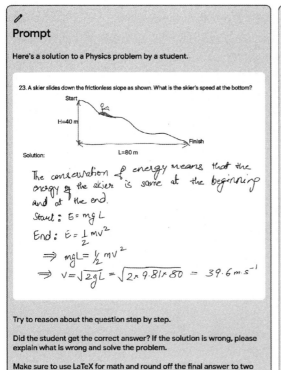

图 2-5　谷歌的 Gemini 识别手写内容并验证推理过程的实例

Gemini 的另一个重要特点是其高级编码能力。Gemini 1.0 可以理解、解释和生成世界上最流行的编程语言的高质量代码，包括 Python、Java、C++和 Go 等。图 2-6 所示为应用 Gemini 的多模态推理能力生成重新排列图例的 Matplotlib 代码。左上方为包含图片和文字的多模态提示，右侧为 Gemini 的输出回复及代码，而左下方是由 Gemini 生成的代码所绘制的图形。这种能力使得 Gemini 成为解决那些不仅需要编码能力而且也需要复杂数学和理论计算机科学知识的竞赛性编程问题的理想工具。

此外，Gemini 大模型还在持续的研究和开发中，谷歌希望通过不断的优化和改进，释放 Gemini 的新功能并解决当前局限性。总体而言，谷歌的 Gemini 大模型产品是一款功能强大、应用广泛的人工智能模型，具有巨大的潜力和前景。

3. Meta 的 Llama 系列

Meta（前身为 Facebook）在 AI 研究方面也有着重要的贡献。其推出的 Llama 系列大模型旨在提供高效的自然语言处理能力。图 2-7 所示为 Llama 系列大模型架构，Llama 架构采用前置层归一化、RMSNorm 归一化函数、SwiGLU 激活函数及旋转位置嵌入等创新技术，显著提升了自然语言处理任务的性能和稳定性。前置层归一化增强了训练过程的稳定性，RMSNorm 有效控制梯度流动，SwiGLU 激活函数通过门控机制自适应选择信息，而旋转位置嵌入则优化了文本位置信息的处理。这些特点使 Llama 在处理上下文理解和语义分析时更为精准高效。

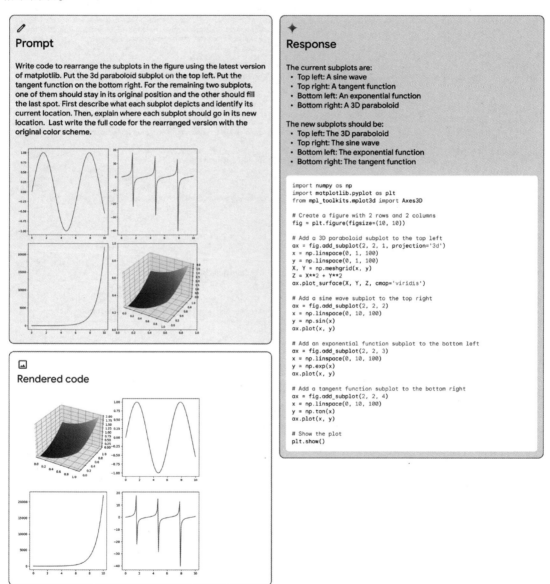

图 2-6 应用 Gemini 的多模态推理能力生成重新排列图例的 Matplotlib 代码

（1）Llama 大模型

Llama 是 Meta 公司早期推出的一款重要的人工智能模型。这款模型在发布时就已经展现出了与 OpenAI 的 ChatGPT 和谷歌的 Bard 聊天机器人模型相竞争的实力。Llama 作为一个预训练和微调生成式文本模型，其强大的自然语言处理能力为用户提供了高质量的对话体验。

在应用场景上，Llama 被广泛用于自然语言处理任务，如文本生成和对话系统等。其灵活的适用性和高效的处理能力使得它成为当时市场上的一款热门产品。此外，Llama 的推出也为 Meta 公司在 AI 领域的发展奠定了坚实的基础。

（2）Llama 2 大模型

Llama 2 是 Meta 公司在 2023 年 7 月发布的一款重要的大模型，是 Llama 的升级版。这款模型在参数规模上进行了显著提升，从 70 亿到 700 亿不等，从而使其具备了更强大的生成能力。同时，Llama 2 还采用了多种创新的训练技术和方法，如人类偏好评估、迁移学习、奖励模型等，这些技术的运用极大地提高了对话生成的质量和多样性。

在应用方面，Llama 2 被广泛应用于对话系统、智能客服和内容推荐等领域。其准确的回答、个性化的服务以及基于用户兴趣和历史行为的推荐功能，都使得 Llama 2 在市场上受到了广泛的欢迎。此外，Meta 还与微软和高通等公司进行了合作，进一步拓展了 Llama 2 的应用范围。

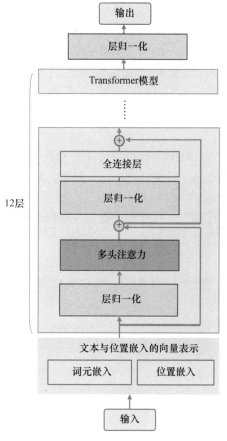

图 2-7　Meta 的 Llama 系列大模型架构

（3）Llama 3 大模型

Llama 3 是 Meta 公司在 2024 年 4 月推出的新款人工智能模型，被誉为迄今为止最强的开源大模型之一，其性能甚至可以与 GPT-4 相媲美。在技术上，Llama 3 实现了显著的突破，它采用了更为先进的预训练策略，使得其在理解自然语言方面的能力得到了显著提升。同时，优化后的解码器也使得生成的文本更具逻辑性与连贯性。

在应用上，Llama 3 被广泛应用于对话生成、问答系统以及文本创作等领域。其优质的对话和问答体验、辅助创作功能以及智能帮助和服务都使得它在市场上脱颖而出。值得一提的是，Llama 3 还配备了新版的信任和安全工具，这些工具不仅提升了模型的安全性和准确性，也为用户提供了更加可靠的服务。目前，Llama 3 已经集成于 Meta 旗下的多款产品中，如 Facebook（现为 Meta）、WhatsApp 和 Ray-Ban 智能眼镜等，为用户提供更加智能化的服务体验。

2.1.2　国内领先的大模型产品

与国外大模型赛道只有寥寥几个知名巨头企业不同的是，国内的大模型赛道可谓强者如云、百家争鸣。截至 2024 年 3 月，国内大模型赛道呈现繁荣景象，已有 117 家大模型完成备案。其中，知名产品如百度的文心一言、阿里云的通义千问等，在语言理解、生成方面表现出色。此外，智谱 AI 的智谱清言、抖音的云雀等也备受关注。这些大模型在各自领域展现了强大的应用能力，推动了国内 AI 技术的快速发展。接下来，对国内领先的大模型产品进行简单介绍。

1. 百度文心一言

百度文心一言是百度全新一代知识增强大语言模型，是百度在人工智能领域的重要成果之一。百度文心大模型中，除了自然语言处理大模型之外，还有视觉大模型 VIMER-StrucTexT 系列，跨模态大模型 ERNIE-ViLG、ERNIE-ViL，以及生物计算大模型等，如图 2-8 所示。这些垂直大模型共同构成了百度丰富而强大的文心大模型家族，为各类 AI 应用提供了强大的支持。

工具平台	数据标注与处理	大模型精调	大模型压缩	高性能部署	场景化工具
	行业大模型				
文心大模型	**自然语言处理**		**视觉**	**跨模态**	**生物计算**
	文心一言 ERNIE Bot		OCR图像表征学习 VIMER-StrucTexT	文档智能 ERNIE-Layout	化合物表征学习 HelixGEM
	对话 PLATO-XL	搜索 ERNIE-Search	多任务视觉表征学习 VIMER-UFO	文图生成 ERNIE-ViLG	蛋白质结构预测 HelixFold
	跨语言 ERNIE-M	代码 ERNIE-Code			
	语言理解与生成 ERNIE		视觉处理 多任务学习 VIMER-TCIR / 自监督视觉 表征学习 VIMER-CAE	视觉-语言 ERNIE-ViL / 语音-语言 ERNIE-SAT	单序列蛋白质结构预测 HelixFold-Single
	ERNIE 3.0	鹏城-百度·文心 / ERNIE 3.5 / ERNIE 4.0			

图 2-8　百度文心大模型

文心一言是基于百度文心大模型技术推出的生成式对话产品，它融合了数万亿数据和数千亿知识，通过预训练大模型、有监督精调、人类反馈强化学习等技术，实现了知识增强、检索增强和对话增强的技术优势。这使得文心一言在理解、生成和推理等方面都有着出色的表现。

百度在文心一言的研发上投入了大量的资源和时间。从 2019 年开始，百度就陆续发布了文心大模型 1.0、2.0 和 3.0，不断在语言理解、文本生成和跨模态语义理解等领域取得技术突破。2023 年 3 月 16 日，百度正式启动了文心一言的邀请测试，同年 8 月 31 日全面开放，迅速成为引领 AI 潮流的重要产品。

文心一言具备广泛的应用能力，它可以协助用户创作，高效便捷地帮助人们获取信息、知识和灵感。同时，文心一言还积极开放 API，支持插件接入，如"览卷文档""E 言易图"和"说图解画"等，进一步丰富了用户的使用体验。

总的来说，百度文心一言凭借其强大的技术实力、丰富的应用场景和不断的创新发展，已经成为国内大模型产品中的佼佼者，为用户提供了更加智能、便捷的服务。

2. 抖音云雀大模型

抖音云雀大模型是字节跳动公司自研的大规模预训练语言模型，该产品展现了强大的自然语言处理能力和广泛的应用场景。

云雀大模型采用了先进的深度学习技术，通过海量数据进行训练，拥有出色的语言理解、生成和推理能力。它能够根据用户指令进行内容创作，生成文案大纲、广告及营销文案等，同时还可进行智能问答，助力用户高效解决问题。云雀大模型的核心功能包括以下几个方面：

- **内容创作**：云雀大模型可以根据用户需求，生成各类文本内容，如文章、故事和诗歌等，其丰富的文字创作能力和知识储备能满足多样化的创作需求。
- **智能问答**：云雀大模型集成了海量知识库，能回答生活常识、工作技能等方面的问题，是用户解决各类场景问题的得力助手。
- **逻辑推理**：云雀大模型能够进行思维、常识和科学推理，通过分析问题的前提条件和假设，推理出答案或解决方案。
- **代码生成**：作为一款大语言模型，云雀大模型还具备代码生成能力，可高效辅助代码生产场景。

2023 年 8 月，字节跳动推出了基于云雀大模型开发的 AI 工具——豆包，提供了包括聊天机器人、写作助手以及英语学习助手等功能。这些功能得以实现的核心在于云雀大模型的多模态能力和强大的数据处理能力。例如，云雀大模型（后更名为"豆包大模型"）能够日均处理 1200 亿 Tokens 文本，生成 3000 万张图片，这为豆包提供了丰富的数据和强大的支持。豆包具备强大的文生图能力，如图 2-9 所示。

图 2-9　豆包的文生图能力

云雀大模型的应用场景广泛，不仅可用于内容创作和知识问答，还可应用于人设对话、代码生成等多个领域。其便捷的自然语言交互方式，使得用户能够高效地完成互动对话、信息获取和协助创作等任务。

3. 科大讯飞星火认知大模型

科大讯飞星火认知大模型是科大讯飞精心打造的一款通用认知大模型，具备卓越的自然语言理解能力，能够与用户进行自然对话，并准确回答各类问题。该模型不仅能处理超长文本，还能从中提炼关键信息，满足用户对于复杂文档的处理需求。更为出色的是，它拥有多任务处理能力，无论机器翻译、吟诗作词，还是逻辑推算、文案创作，都能轻松应对，展现出其多风格、多任务、长文本生成的强大功能。

科大讯飞星火认知大模型已经陆续推出多个版本，截至 2024 年 6 月，科大讯飞星火认知大模型已经具备多模交互、代码能力、文本生成、数学能力、语言理解、知识问答和逻辑推理等七大核心功能，如图 2-10 所示。

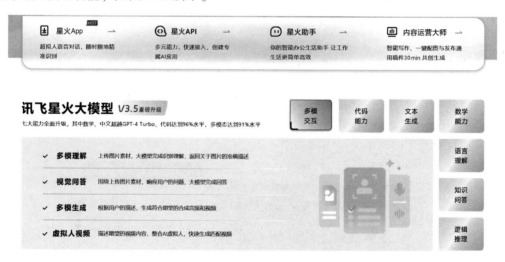

图 2-10　讯飞星火大模型 V3.5 的功能概述

此外，星火认知大模型在学习辅助领域的应用尤为突出，它已被成功应用于科大讯飞的学习机 T20 Pro 中，能够根据孩子的年龄阶段智能匹配教材和资源，提供个性化的学习计划和素质拓展课程，深受家长和教育工作者的好评。同时，该模型还支持智能生成 PPT、多语种翻译等实用功能，极大地提升了工作效率，满足了跨语种交流的需求。总的来说，科大讯飞星火认知大模型凭借其全面的技术特点和广泛的应用场景，展现了领先的技术实力和广阔的市场前景。

科大讯飞星火认知大模型的多功能性和实用性，使其在市场上备受瞩目。自推出以来，该模型就以其出色的自然语言理解、长文本处理能力和多任务处理功能，赢得了广泛关注和用户赞誉。特别是在学习机领域的创新应用，为 3~18 岁的孩子提供了全面而个性化的学习计划，进一步彰显了其巨大的实用价值和社会意义。可以说，科大讯飞星火认知大模型正以其卓越的技术性能和广泛的应用领域，引领着 AI 技术的发展潮流，为用户带来更加智能、便捷的生活和工作体验。

4. 360 智脑大模型

360 智脑大模型是 360 公司基于多年技术积累推出的重磅 AI 产品。它融合了 360 GPT 大模型、360 CV 大模型以及 360 多模态大模型的技术能力，展现出全面的智能处理和分析实力。具体介绍如下：

技术融合与多模态处理：360 智脑大模型集成了多种技术能力，特别是在跨模态生成方面表现突出。其参数规模达到千亿级别，能够处理包括文字、图像、语音和视频等多种形式的数据。这种多模态处理能力使得它在内容生成、智能交互等领域具有显著优势。

核心功能与应用场景：该模型具备生成创作、多轮对话、逻辑推理等十大核心能力，并涵盖数百项细分功能。这些功能使得 360 智脑在文学创作、智能客服、决策支持等多个方面都有广泛应用。此外，它还通过数字人、全端应用等成果落地，进一步拓展了其应用场景。

企业级服务与定制化：360 智脑大模型不仅服务于个人用户，还推出了企业级大模型战略。通过提供私有定制化 GPT 大模型，它能够帮助企业实现数字化转型和智能化升级。这种定制化服务使得企业能够根据自身需求，打造专属的 GPT 大模型，从而提升运营效率和决策能力。通过企业专有大模型的私有化部署，360 智脑大模型与企业知识库相结合，利用智能中枢调度模型、知识库和业务系统，落地企业智慧大脑，对行业知识、企业内部知识进行训练或微调，帮助企业打造定制化 GPT 大模型，赋能企业数字化转型和智能化升级，如图 2-11 所示。

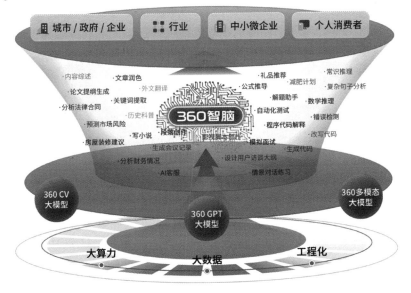

图 2-11　定制化 GPT 大模型

总的来说，360 智脑大模型以其强大的技术实力、丰富的应用场景和灵活的企业级服务，正推动着人工智能技术的广泛应用和发展。

5. 阿里云通义千问大模型

阿里云通义千问大模型是阿里云推出的一款重要的人工智能产品，该产品展现出了强大的自然语言处理能力和广泛的应用前景。通义千问支持 iOS、安卓、微信小程序等多客户端，如图 2-12 所示。

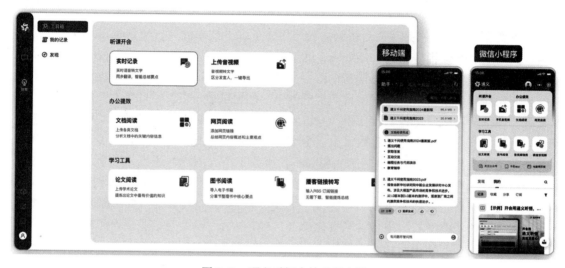

图 2-12 通义千问支持的客户端

在技术规格方面，通义千问大模型具有超大规模，其参数数量庞大，能够处理各种自然语言处理任务。通过海量的预训练数据学习，模型在理解、生成和推理等方面都有着出色的表现。此外，该模型还支持多种模态的输入，包括文本、图像等，进一步丰富了其应用场景。

在应用功能方面，通义千问大模型提供了丰富的 API，使得个人和企业用户可以轻松调用模型的能力，实现各种智能化应用。例如，通过模型提供的自然语言理解能力，用户可以轻松地实现智能问答、文本生成等功能。同时，该模型还支持多模态处理，为用户提供了更加多元化的交互方式。

在市场影响方面，阿里云通义千问大模型的推出，进一步推动了人工智能技术在各行各业的应用。其强大的自然语言处理能力和多模态处理能力，使得越来越多的企业和开发者开始关注和采用该模型。阿里云通过不断优化模型性能和扩展应用场景，为用户提供更加优质的服务。

6. 腾讯混元助手大模型

腾讯混元助手大模型是腾讯公司推出的一款重要的人工智能产品，它基于腾讯混元大模型技术构建，具有强大的自然语言处理能力和丰富的应用场景。腾讯混元大模型支持内部超过 400 个业务和场景接入（见图 2-13），并通过腾讯云对企业和个人开发者全面开放。

图 2-13　腾讯混元大模型支持接入的业务和场景

在技术能力方面，腾讯混元助手大模型拥有卓越的文本生成、逻辑推理和任务执行能力。该模型通过深度学习技术，在海量数据上进行预训练，使其能够充分理解并生成自然、流畅的语言。同时，它还具备出色的逻辑推理能力，能够根据用户提供的条件进行智能分析，并给出合理的结论或建议。这些技术能力使得腾讯混元助手大模型在处理各种自然语言任务时表现出色。

在应用功能方面，腾讯混元助手内置了 30 多种实用工具，如调研问卷、会议纪要和代码生成器等，能够满足用户在不同场景下的需求。例如，用户可以通过混元助手快速生成会议纪要，提高工作效率，或者利用代码生成器功能，快速编写出符合需求的代码片段。这些实用工具大大扩展了腾讯混元助手大模型的应用范围。

最后，腾讯混元助手大模型还展现了极高的可靠性和稳定性。在实际应用中，它能够持续为用户提供准确、高效的服务，赢得了用户的广泛赞誉。腾讯混元助手大模型凭借其强大的技术能力、丰富的应用功能和出色的可靠性，成为人工智能领域的一款优秀产品。

7. 华为云盘古 NLP 大模型

华为云盘古 NLP 大模型是华为云旗下的一款重要的人工智能产品，该产品展现出了卓越的自然语言处理能力和广泛的应用潜力。

盘古 NLP 大模型的一个显著特点是采用了"文本+代码"融合训练的方式，如图 2-14 所示。这种方法不仅支持从文本中提取信息，还能理解代码的语义和逻辑，以及代码与文本之间的关系。这种独特的训练方式赋予了盘古 NLP 大模型优秀的推理能力，使它能够更好地理解和处理复杂的任务和场景。

在性能表现上，盘古 NLP 大模型在权威的中文语言理解评测基准 CLUE 榜单上取得了显著成绩。它在总排行榜及分类、阅读理解单项均排名第一，刷新了三项榜单的历史记录。其总排行榜得分为 83.046，多项子任务得分也位居业界前列，显示出该模型在自然语言处理领域的领先地位。盘古 NLP 大模型是目前最接近人类理解水平（85.61）的预训练模型之一，这得益于其深度学习技术和大规模语料库的支持。

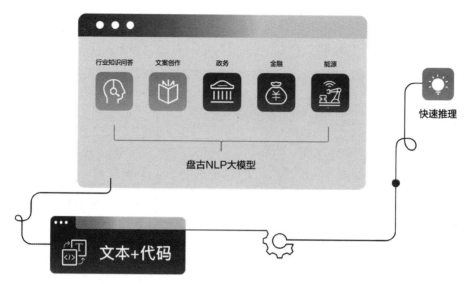

图 2-14　盘古 NLP 大模型的特点

此外，盘古 NLP 大模型在应用方面也展现出了广泛的实用性。它可以根据行业需求生成营销文案、公关稿件等，为企业提供个性化的内容生成服务。同时，该模型还可以进行文本摘要、信息抽取等任务，帮助企业从海量文本数据中快速提取关键信息，提高工作效率。

8. 联想天禧大模型

联想天禧大模型是联想集团推出的一款引领行业的重要 AI 产品。该产品通过深度学习技术，在大数据集上进行训练，实现了高度智能化的自然语言处理与理解能力。

图 2-15 所示为基于联想天禧大模型的天禧引擎技术架构，联想集团通过改革架构构建新的服务形态，将联想 AI 天禧大模型、个人智能体、本地知识库调用以及 AI 原生应用连接结合，支持联想集团的"四端一体"战略，即基于千禧大模型的个人智能体支持的 AIPC、AI 平板、AI 手机及 AIoT 的"四端一体"。

在技术规格方面，联想天禧大模型采用了先进的深度学习算法和大规模语料库进行训练，使其具备了出色的语言生成、理解和推理能力。它能够根据用户的输入，智能地生成流畅自然的回应，并提供个性化的建议和信息。

在应用功能方面，联想天禧大模型通过联想智能体小程序平台，为用户提供了丰富的 AI 应用生态。用户可以通过智能体小程序轻松接入各种 AI 服务，如智能问答、语音翻译、情感分析等，满足个人和企业的多样化需求。此外，联想天禧大模型还支持多模态交互，用户可以通过语音、文字、图像等多种方式与 AI 进行交互，获得更加自然便捷的使用体验。

总的来说，联想天禧大模型以其卓越的技术实力和丰富的应用场景，为用户带来了全新的 AI 体验。它通过深度学习技术和大规模语料库的训练，实现了高度智能化的自然语言处理与理解能力，并通过智能体小程序平台提供了广泛的 AI 应用服务。这款产品无疑将推动 AI 技术的进一步发展和普及。

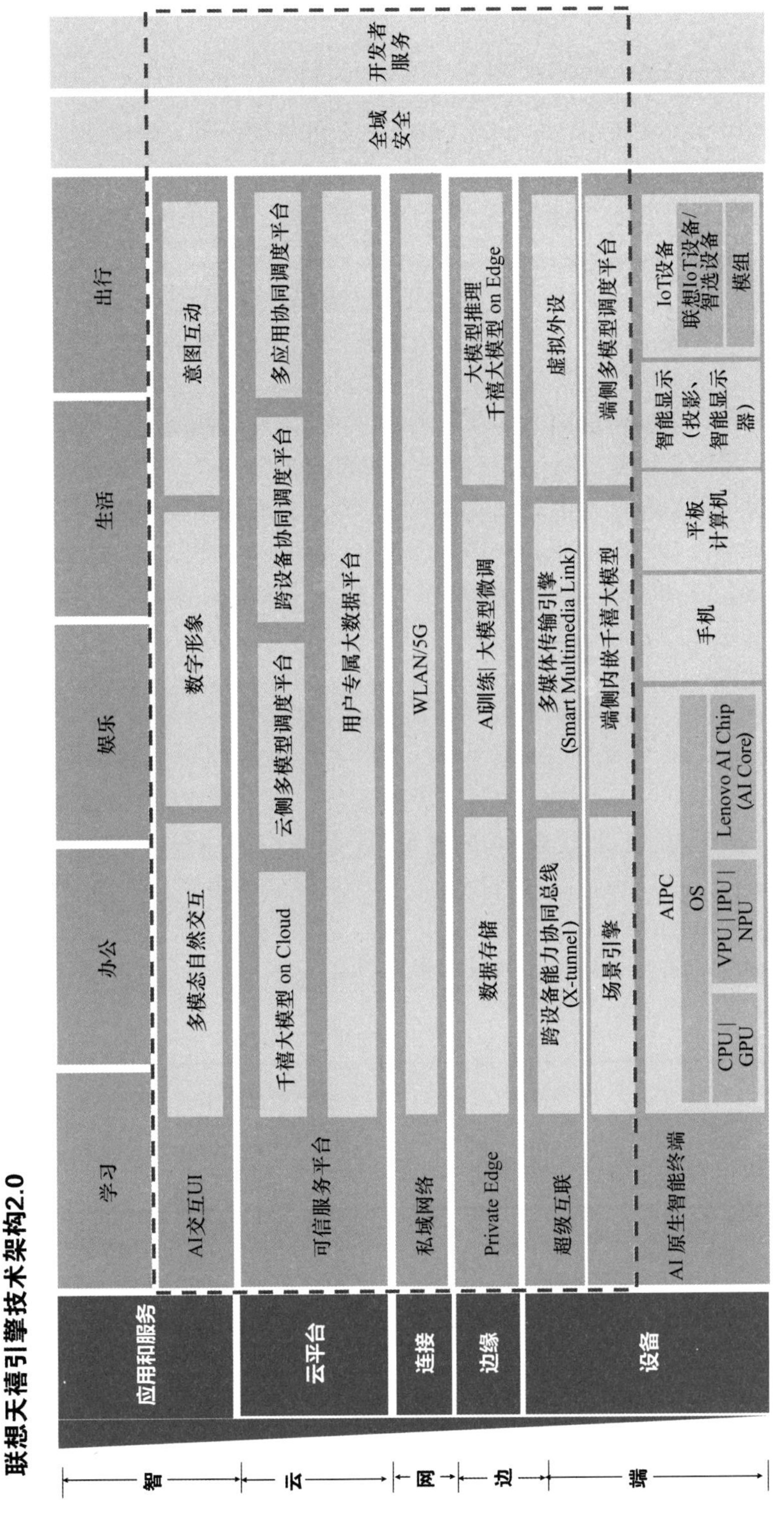

联想天禧引擎技术架构2.0

应用和服务	学习	办公	娱乐	生活	出行	
	AI交互UI	多模态自然交互	数字形象		意图互动	开发者服务
云平台	可信服务平台	千禧大模型 on Cloud	云侧多模型调度平台	跨设备协同调度平台	多应用协同调度平台	全域安全
			用户专属大数据平台			
连接	私域网络			WLAN/5G		
边缘	Private Edge	数据存储	AI训练 大模型微调		大模型推理 千禧大模型 on Edge	
	超级互联	跨设备能力协同总线 (X-tunnel)	多媒体传输引擎 (Smart Multimedia Link)		虚拟外设	
		场景引擎	端侧内嵌千禧大模型		端侧多模型调度平台	
设备	AI原生智能终端	AIPC OS	手机	平板计算机	智能显示（投影、智能显示器）	IoT设备 联想IoT设备/智能选设备 模组
		CPU|GPU VPU|IPU|NPU Lenovo AI Chip (AI Core)				

智 → 云 → 网 → 边 → 端

图2-15　基于联想天禧大模型的天禧引擎技术架构

9. 深度求索 DeepSeek 大模型

DeepSeek-V3 和 DeepSeek-R1 是由 DeepSeek 团队推出的两款大规模预训练语言模型，以其国产、免费、开源的特性，及其强大的性能，推动大模型向私有化部署和端侧转移，这不仅降低了 AI 技术的使用门槛，还促进了 AI 的普及和应用，DeepSeek 的推出，有望让更多企业和个人能够享受到 AI 带来的便利，推动 AI 技术的普惠发展。

DeepSeek-V3 和 DeepScck-R1 采用了创新的动态稀疏 MoE（混合专家模型）架构，这一架构在保持模型参数规模的同时，通过动态激活部分专家模块显著降低了计算负担，提升了模型的训练效率和推理速度。动态稀疏 MoE 架构是 DeepSeek-V3 和 DeepSeek-R1 的核心创新之一，在这种架构中，模型包含多个共享专家模块和路由专家模块，共享专家模块负责处理输入数据，而路由专家模块则通过 Top-K 路由机制动态选择并激活一部分专家模块来处理特定的输入，这种机制使得模型在推理时仅激活部分参数，而非全模型参数，从而显著减少了计算量，提高了能效。DeepSeek-V3 和 DeepSeek-R1 还引入了多头潜在注意力（Multi-Head Latent Attention，MLA）机制，通过引入潜在向量来优化注意力机制的计算方式，支持更长的上下文窗口，从而提升了模型对长文本的建模能力，这种机制不仅提高了计算效率，还增强了模型的泛化能力。

相比传统稠密架构，DeepSeek-V3 和 DeepSeek-R1 通过"小参数激活"实现了"大模型性能"，它们仅激活 5.5% 的参数（37B/671B），却能实现 SOTA（State of the Art，意为当前最先进的、目前最高水平的）性能，这种高效的参数激活策略使得 DeepSeek 在推理成本上具有显著优势，推理成本低至 0.0023 美元/百万 Token，比 GPT-3.5 低 40%。此外，DeepSeek 的能效提升了 3.7 倍，内存占用降低了 58%，这使得它在资源受限的环境中更具竞争力。

DeepSeek 大模型与主流大模型参数量和架构对比见表 2-1。

表 2-1　DeepSeek 大模型与主流大模型参数量和架构对比

模型	总参数量	激活参数量	架构
DeepSeek-R1	671B	37B	MoE
DeepSeek-V3	671B	37B	MoE
GPT-3	175B	175B	Dense
Qwen2.5 72B	72B	72B	Dense
Llama3.1 405B	405B	405B	Dense

2.2　国内外大模型研究机构与团队

2.2.1　国际知名大模型研究机构及团队

在全球范围内，多个知名研究机构和团队在大模型技术领域进行了深入的研究和开发，推动了人工智能技术的快速进展。以下是当前国际知名的大模型研究机构及团队：

1. OpenAI

OpenAI 是一家以实现人工智能领域安全和公益为目标的研究机构，由埃隆·马斯克（Elon Musk）、萨姆·奥尔特曼（Sam Altman）等人于 2015 年共同创立。该机构的使命是开发能够与人类智能相媲美的通用人工智能（AGI），并确保其技术的广泛分享和安全。在过去的几年里，OpenAI 取得了许多重要的成就，其中最引人瞩目的是其开发的 GPT 系列模型，尤其是 GPT-4，在自然语言处理领域取得了突破性进展，并被广泛应用于文本生成、对话系统、语义理解等任务。

作为一家致力于推动人工智能技术发展的研究机构，OpenAI 聚集了一支高素质的研究团队，包括计算机科学家、工程师、数学家等多个领域的专家。OpenAI 的 ChatGPT 团队毕业人数前 10 名高校均为世界顶尖名校（见图 2-16），这些研究人员在人工智能和深度学习

排名	毕业高校	毕业人数（人）
1	[美]斯坦福大学	14
2	[美]加利福尼亚大学伯克利分校	10
3	[美]麻省理工学院	7
4	[英]剑桥大学	5
5	[美]哈佛大学	4
5	[美]佐治亚理工学院	4
7	[美]卡内基梅隆大学	3
7	[中]清华大学	3
9	[美]莱斯大学	2
9	[波]华沙大学	2

图 2-16　OpenAI 的 ChatGPT 团队毕业人数前 10 名高校

领域拥有丰富的经验和深厚的专业知识，致力于攻克人工智能领域的关键难题，推动人工智能技术的不断进步。

OpenAI 的研究团队在深度学习和自然语言处理等领域做出了许多重要的贡献。他们不仅提出了一系列创新的模型和算法，还通过开源方式分享了大量的研究成果和代码库，促进了全球人工智能技术的发展和应用。同时，OpenAI 还积极参与学术界和工业界的合作和交流，与全球各地的研究机构和公司建立了广泛的合作关系，共同推动人工智能技术的研究和应用。

OpenAI 作为一家致力于推动人工智能技术发展的研究机构，不仅在技术创新方面取得了显著成就，还在推动人工智能技术的安全和公益应用方面发挥着重要作用。他们的研究团队汇集了全球顶尖的人才，致力于攻克人工智能领域的关键难题，推动人工智能技术的不断进步，为构建人类命运共同体和推动社会进步做出了重要贡献。

2. Google Brain

Google Brain（谷歌大脑）是谷歌的一个深度学习人工智能研究团队，它成立于 2011 年，最初由吴恩达（Andrew Ng）、杰夫·迪恩（Jeff Dean）和格雷格·科拉多（Greg Corrado）等人发起。自成立以来，Google Brain 就致力于推动机器学习技术的前沿发展，特别是在大规模神经网络模型方面的研究和应用。团队的目标是通过人工智能来改善人类的生活质量，并为谷歌的各种产品和服务增加价值。

在大模型的开发方面，Google Brain 也取得了显著成就。例如，团队参与了开发的 Transformer 模型，这一模型自 2017 年提出以来，就成为自然语言处理领域的核心技术，影响了后续的 BERT、GPT 等模型的开发。Transformer 模型的关键创新是"自注意力机制"，这使得模型在处理序列数据时能更有效地捕获长距离依赖，从而显著提高了各种语言处理任务的准确性。

在应用实现方面，Google Brain 团队的研究成果被广泛应用于谷歌的许多产品中，如搜索引擎、语音识别、图片识别和自动翻译等。例如：在 Google Photos 中，使用了深度学习来提高图片识别的准确性；在 Google Translate 中，通过采用神经机器翻译系统，显著提高了翻译的自然性和准确性。

2023 年 4 月，Google Brain 与国际知名的大模型研究机构 DeepMind 携手并进，共同组建了全新的谷歌 DeepMind 部门。这一强强联合不仅汇聚了两大团队在技术创新方面的诸多成就，更预示着它们在全球 AI 研究的前沿将扮演举足轻重的角色。谷歌 DeepMind 团队研发的 AlphaProof 和 AlphaGeometry 2 模型在 2024 年国际数学奥林匹克竞赛（IMO）中获得了银牌，正确求解 6 个问题中的 4 个，首次达到了与人类银牌得主相同的水平，如图 2-17 所示。这一成就在数学科研领域是史无前例的。

Google Brain 历来在推动人工智能技术的科研实践上走在前列，如今与 DeepMind 合力，必将进一步加速 AI 技术的进步，共同开创更加辉煌的未来。

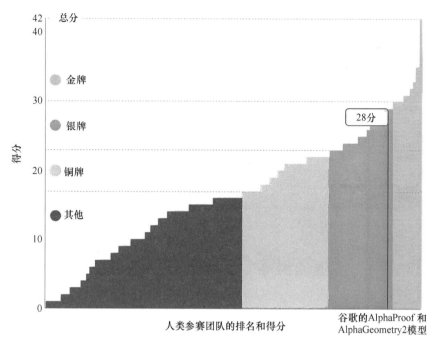

图 2-17　Google DeepMind 在 2024 年国际数学奥林匹克竞赛中的得分情况

3. Meta AI Research

Meta AI Research 是 Meta 旗下专注于人工智能研究的部门，成立于 2013 年，原名 Facebook AI Research（FAIR），由杨立昆（Yann LeCun）———一位深度学习和神经网络的先驱领导。作为全球领先的科技公司之一，Meta 致力于利用人工智能技术为用户提供更加个性化和智能化的服务，而 Meta AI Research 则是实现这一目标的重要支撑。

Meta AI Research 在人工智能领域取得了多项重要成就。Meta AI Research 团队推动了自然语言处理、图像识别等领域的发展，并通过开放源代码的形式分享了许多重要的研究成果，如 PyTorch 深度学习框架。这些成果不仅在学术界产生了深远的影响，也为工业界提供了重要的技术支持，推动了人工智能技术的快速发展和广泛应用。

Meta AI Research 团队对 Transformer 模型的研究和应用做出了显著贡献，尤其是在优化模型结构和训练过程方面。例如，Meta 开发的 RoBERTa 模型———一个基于 BERT 架构的改进版本，通过更精细的训练策略和更大的数据集，显著提高了模型在多个自然语言处理任务上的表现。这些研究不仅推动了模型性能的提升，也促进了深度学习技术在自然语言处理领域的应用。Meta AI Research 团队发布的 Meta AI 智能助手应用先进的大模型技术内置了 28 种不同人物角色（见图 2-18），有教师、销售人员、艺术家等，这些人物角色有着不同的性格、生活习惯、经验阅历和交流方式，用户可以根据个人偏好随意切换。

图 2-18　人物角色

Meta AI Research 拥有强大的研究团队和丰富的技术积累，取得了多项重要的科研成果，推动了人工智能技术的发展和应用。

4. MIT-IBM Watson AI Lab

MIT-IBM Watson AI Lab 是由麻省理工学院（Massachusetts Institute of Technology，MIT）和 IBM 合作成立的一家人工智能研究实验室，旨在推动人工智能领域的基础研究和商业应用。作为两个世界顶尖科技机构的联合力量，该实验室汇聚了来自不同领域的顶尖研究人员和工程师，致力于解决人工智能领域的重要问题，推动人工智能技术的发展和应用。

在大模型领域，MIT-IBM Watson AI Lab 的工作和贡献尤为突出。实验室的研究人员通过开发新型的强化学习模式，创建逼真的虚拟环境，以此挑战并推动现有人工智能技术的边界。例如，他们设计的"ThreeDWorld 运输挑战"项目，通过复杂的仿真环境来评估和提升 AI 在路径寻找、对象交互和任务规划等方面的智能水平。此外，实验室还研发了 GANPaint Studio 这一创新的图像处理工具，使用户能够以前所未有的自由度编辑图像，且效果逼真，这一成果展示了大模型在图像处理中的巨大潜力。近期，实验室公布了其最新研究成果：一个仅通过文本训练、从未接触过图片的大模型。研究人员通过提示该模型识别不同图像的特征或代码，引导其进行自我校正。这一大模型能够在原有设计图像的基础上实现稳定的逐步改进，如图 2-19 所示。这种从无到有的图像优化方式，对图像设计领域而言，无疑是一个巨大的进步。

MIT-IBM Watson AI Lab 不仅注重理论研究，更致力于将大模型技术转化为实际应用。实验室积极探索大模型在医疗、网络安全、自然语言处理等领域的实际应用，力求通过人工智能技术解决实际问题，提升社会各领域的工作效率和生活质量。同时，实验室的研究项目融合了多学科知识，通过与 IBM 及其他研究机构的合作，共同促进大模型技术的全面发展。

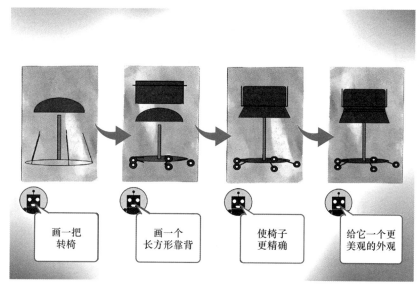

图 2-19　基于文本训练的大模型通过校正功能生成复杂的视觉图片

总的来说，MIT-IBM Watson AI Lab 以其在大模型领域的深入研究和卓越贡献，推动了人工智能技术的创新与应用。实验室的工作不仅拓展了人工智能的边界，还为未来的智能化社会奠定了坚实基础，其跨学科的研究方法和开放合作的姿态，也为全球人工智能研究树立了典范。

5. Stanford AI Lab（SAIL）

Stanford AI Lab（SAIL）即斯坦福大学人工智能实验室，作为全球人工智能研究的先驱之一，长期以来一直致力于人工智能技术的研究和教育。该实验室汇聚了来自各个领域的杰出研究人员和学生，致力于推动人工智能领域的发展和创新。

SAIL 汇集了来自世界各地的顶尖科学家，研究领域涵盖机器学习、计算机视觉、生物医学、神经科学等众多人工智能领域，尤其在机器学习、自然语言处理、机器人技术等多个人工智能子领域做出了重要贡献，见表 2-2。在机器学习领域，SAIL 的研究人员致力于开发新的机器学习算法和技术，包括深度学习、强化学习等，为人工智能系统的训练和优化提供了重要支持。在自然语言处理领域，SAIL 的研究人员致力于开发能够理解和生成自然语言的模型和系统，包括文本生成、机器翻译、语义理解等方面的研究，尤其是在大语言模型领域有极大的贡献。在机器人技术领域，SAIL 的研究人员致力于开发智能机器人系统，包括自主导航、视觉识别、动作规划等方面的研究，为人工智能与机器人的融合提供了重要支持。

表 2-2 Stanford AI Lab 的主要研究人员

编号	研究人员	研究领域 1	研究领域 2	研究领域 3	研究领域 4
1	Clark Barrett	以人为本的创造性人工智能			
2	Jeannette Bohg	机器人学	计算机视觉	经验机器学习	
3	Emma Brunskill	强化学习	统计或理论机器学习	计算教育	以人为本的创造性人工智能
4	Ron Dror	生物医学与健康	经验机器学习		
5	Stefano Ermon	统计或理论机器学习	经验机器学习	以人为本的创造性人工智能	计算机视觉 CV AI
6	Ron Fedkiw	计算机视觉			
7	Chelsea Finn	机器人学	经验机器学习	强化学习	计算教育
8	Emily Fox	统计或理论机器学习	生物医学与健康	经验机器学习	
9	Noah Goodman	自然语言处理与语音	计算认知与神经科学	计算教育	
10	Carlos Guestrin	统计或理论机器学习	以人为本的创造性人工智能	生物医学与健康	经验机器学习
11	Leonidas Guibas	计算机视觉	以人为本的创造性人工智能	机器人学	自然语言处理与语音
12	Thomas Icard	计算认知与神经科学	以人为本的创造性人工智能		
13	Dan Jurafsky	自然语言处理与语音			
14	Oussama Khatib	机器人学	以人为本的创造性人工智能	生物医学与健康	计算认知与神经科学
15	Mykel Kochenderfer	强化学习	经验机器学习	机器人学	
16	Sanmi Koyejo	统计或理论机器学习	生物医学与健康	以人为本的创造性人工智能	计算认知与神经科学
17	Anshul Kundaje	生物医学与健康	经验机器学习		
18	Monica Lam	自然语言处理与语音	以人为本的创造性人工智能		
19	Jure Leskovec	统计或理论机器学习	生物医学与健康		
20	Fei Fei Li	计算机视觉	机器人学	计算认知与神经科学	生物医学与健康
21	Percy Liang	自然语言处理与语音	统计或理论机器学习	经验机器学习	
22	Karen Liu	机器人学	强化学习	以人为本的创造性人工智能	

（续）

编号	研究人员	研究领域 1	研究领域 2	研究领域 3	研究领域 4
23	马腾宇	统计或理论机器学习	经验机器学习	自然语言处理与语音	强化学习
24	Chris Manning	自然语言处理与语音	经验机器学习		
25	Juan Carlos Niebles	计算机视觉			
26	Marco Pavone	机器人学	经验机器学习	以人为本的创造性人工智能	
27	Chris Piech	计算教育			
28	Chris Potts	自然语言处理与语音			
29	Chris Re	统计或理论机器学习			
30	Dorsa Sadigh	机器人学	以人为本的创造性人工智能	强化学习	经验机器学习
31	Ken Salisbury	机器人学	以人为本的创造性人工智能	生物医学与健康	
32	Silvio Savarese	计算机视觉			
33	Ellen Vitercik	统计或理论机器学习			
34	吴佳俊	计算机视觉	机器人学	计算认知与神经科学	以人为本的创造性人工智能
35	Dan Yamins	计算认知与神经科学	计算机视觉	以人为本的创造性人工智能	经验机器学习
36	Diyi Yang	自然语言处理与语音	以人为本的创造性人工智能	经验机器学习	
37	Serena Yeung	计算机视觉	生物医学与健康	经验机器学习	以人为本的创造性人工智能
38	James Zou	生物医学与健康	统计或理论机器学习	以人为本的创造性人工智能	经验机器学习

　　SAIL 作为全球人工智能研究的领军机构之一，不仅在理论研究方面取得了显著成就，而且在将人工智能技术应用于实际问题解决方面也展现出了巨大的潜力和影响力。SAIL 致力于推动人工智能技术的发展和应用，为推动人工智能技术的进步和社会发展做出了重要贡献。

2.2.2　国内大模型研究机构与团队

　　在大模型研究与开发领域，国内众多顶尖高校、科研机构以及科技公司都取得了显著成就。这些团队不仅推进了人工智能技术的理论研究，还加速了大模型技术在各行各业的应用。以下是几个在国内大模型研究领域具有代表性的机构与团队概况：

1. 百度研究院

百度研究院（见图 2-20）的 AI 技术为百度云提供了强大的支持，推出了多种 AI 服务，如语音识别、图像识别等，使企业能轻松集成 AI 功能。在产业链中，百度研究院既扮演研发推动者，不断推进基础与应用研究，又作为技术服务提供者，将研究成果转化为云服务和 API，助力企业智能化升级。

BLOG

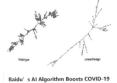

图 2-20 百度研究院

百度研究院与国内外研究机构既竞争又合作的关系，推动了其 AI 技术的快速发展。百度研究院已在多个 AI 领域取得国际领先成果，并通过百度云将技术广泛应用于金融、医疗、交通等行业。

展望未来，百度研究院将继续加大对 AI 基础与应用研究的投入，探索 AI 在自动驾驶、工业互联网等新兴领域的应用。同时，合作模式将更加多样化，包括与高校、科研机构及行业企业的深度合作，以加速技术创新和扩大 AI 技术应用范围。百度研究院在大模型研究和应用方面的卓越成就，将为 AI 技术的持续进步和企业智能化的深入发展奠定坚实基础。

2. 阿里巴巴达摩院

阿里巴巴达摩院是中国科技研究领域的佼佼者，汇聚全球科研精英，专注于基础科学与前沿技术研究，涵盖量子计算、机器学习、芯片技术等。在大模型、自然语言处理、视频技术及决策智能等应用技术研究上，阿里巴巴达摩院成果显著，不仅取得理论突破，还成功助力阿里巴巴集团业务提升效率和用户体验，如图 2-21 所示。

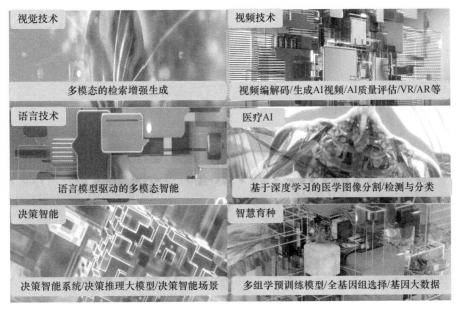

图 2-21　阿里巴巴达摩院的应用技术研究

阿里巴巴达摩院研发的高效能算法和模型能处理大规模数据集，进行复杂数据分析和模式识别。这些大模型在自然语言处理领域如文本生成、语言理解和机器翻译等表现卓越，提升了处理速度、准确性和适应性。

阿里巴巴达摩院的研究成果已广泛应用于阿里巴巴各项业务。例如：通过自然语言处理技术优化电商平台搜索引擎和推荐系统，提升用户购物体验；在客户服务中引入智能聊天机器人，实现 24h 咨询服务，提高客户满意度和操作效率。

此外，阿里巴巴达摩院在语音识别和图像识别技术方面也取得显著进步，应用于物流、支付平台及新零售领域，增强识别效率和安全性，为消费者提供更便捷、安全的购物体验。

阿里巴巴达摩院还积极与高校、科研机构合作，推动科技创新和人才培养。这种合作使阿里巴巴达摩院能够紧跟科研动态，吸引高端人才，同时将企业需求反馈给学术界，促进科研成果的实际应用。

3. 腾讯 AI Lab

腾讯 AI Lab 是腾讯公司设立的人工智能实验室，专注于多个前沿科技领域的研究与应用。腾讯 AI Lab 的主要研究领域涵盖计算机视觉、自然语言处理、语音技术和机器学习等方面，如图 2-22 所示。在计算机视觉领域，其致力于让计算机更深入地理解真实世界，并具备创造可视内容的能力，包括超大规模图像分类、人像分析以及视频内容分析等。在自然语言处理方面，实验室旨在实现计算机系统以自然语言文本方式与外界交互，研究文本理解、生成和智能对话等技术。同时，语音技术的研究则聚焦于音频信号的高效处理与机器的自然语音交互。此外，机器学习也是腾讯 AI Lab 的重要研究方向，旨在从数据中自动学习规律并进行预测。

计算机视觉

让计算机更好地理解真实世界，并具备创造可视内容的能力。研究方向：超大规模图像分类/语义分割/描述生成，人像分析/检测/跟踪/识别/3D建模/生成，视频内容分析/分类/缩略/描述生成/搜索/推荐

自然语言处理

赋予计算机系统以自然语言文本方式与外界交互的能力，追踪和研究前沿的自然语言文本理解和生成技术，孵化下一代自然语言处理技术与商业应用场景。研究方向：文本理解、文本生成、智能对话、机器翻译

AI + 社交
完善人人交互体验 探索人机交互新模式

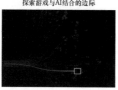

AI + 游戏
探索游戏与AI结合的边际

AI + 内容
满足用户、读懂世界、引导用户

AI + 数字人
打造多模态数字人 探索数字内容生成

语音技术

致力于音频信号高效、高质量地采集、增强、传输、回放，让机器能用语音与人进行更自然的交互。研究方向：音频编解码，麦克风阵列远场信号处理，语音分离与增强，声纹识别，语音识别，语音/歌声合成，语音转换

机器学习

从数据中自动分析并学习规律，利用规律对未知数据进行预测。研究方向：机器学习理论、元学习、联邦学习、图深度学习、生成学习、序列学习、自动化机器学习、强化学习等

图 2-22 腾讯 AI Lab 的主要研究领域

在应用层面，腾讯 AI Lab 积极探索 AI 与社交、游戏、内容以及数字人的结合。通过 AI 技术，实验室不仅致力于提升人与人之间的交互体验，还努力探索人机交互的新模式。在游戏领域，实验室试图找到游戏与 AI 的完美结合点。在内容方面，AI 被用来更好地理解用户需求，并引导用户发现更多有趣内容。值得一提的是，腾讯 AI Lab 在多模态数字人领域也有深入研究，旨在通过 AI 技术打造生动的数字人形象，并探索数字内容的全新生成方式。

在大模型方面，腾讯 AI Lab 也取得了显著成果。实验室利用大规模数据进行模型训练，提升了模型的准确性和泛化能力。这些大模型在自然语言处理、图像识别等领域展现出了强大的性能，为腾讯的 AI 产品和服务提供了强有力的技术支持。通过这些研究与应用，腾讯 AI Lab 不断推动 AI 技术的发展，为用户带来更智能、更便捷的体验。

4. 华为诺亚方舟实验室

华为诺亚方舟实验室是华为在人工智能领域的关键团队，主要研究机器学习、数据挖掘和计算机视觉等技术。该实验室的主要研究领域广泛，涵盖了计算机视觉、人工智能理论、搜索与推荐、语音和语言处理、决策与推理以及人机交互等多个方面，如图 2-23 所示。华为诺亚方舟实验室致力于提升 AI 的效率和效果，尤其在自然语言处理大模型的优化和应用上有深入探索。

图 2-23　华为诺亚方舟实验室的研究领域

在自然语言处理方面，诺亚方舟实验室开发的大模型展现出了先进的语言理解、文本生成和语义分析能力。经过算法优化和新模型开发，这些大模型能更精确地理解和生成人类语言，极大地提高了自然语言处理的效率和准确性。

诺亚方舟实验室在机器学习领域的研究也颇具成果，其中开发的算法能够高效处理大规模数据集，提供更精准的预测。这些研究不仅优化了华为的产品和服务，还推动了机器学习技术在医疗、金融等多个行业的应用。

在计算机视觉方面，诺亚方舟实验室在图像识别、视频分析等方面取得了显著成就。相关技术被广泛应用于华为的消费电子产品，以及安全监控、自动驾驶等领域。

此外，诺亚方舟实验室还专注于数据挖掘技术，开发了多种工具和方法来提取海量数据中的有价值信息，对华为的内部运营、产品开发决策以及市场趋势预测都有关键作用。

5. 深度求索 DeepSeek 研发团队

DeepSeek 研发团队由创始人梁文锋领衔，是一支平均年龄不足 30 岁的本土化青年科技队伍，成员超 75% 为 90 后，超过一半为 95 后，团队规模不到 140 人。团队坚持"只招 1% 的天才，去做 99% 中国公司做不到的事情"的招聘理念，成员几乎全部来自清华大学、北京大学、中山大学等国内顶尖高校，鲜有海外留学背景，管理者多为在读博士或毕业不久的年轻工程师。

在技术创新方面，团队通过 MLA 架构革新了 Transformer 模型，用潜在向量替代传统注意力机制，使模型显存使用率降低 40% 的同时，模型性能却提升显著。GRPO（Group

Relative Policy Optimization）算法的提出则通过智能训练场技术，实现模型训练成本的大幅优化，该算法的相关成果由邵智宏、朱琪豪等核心成员完成。团队还构建了支持长文本建模的动态稀疏 MoE 架构，仅激活 5.5% 参数即可达到 SOTA 性能。

作为中国 AI 领域的创新代表，DeepSeek 研发团队坚持开源共享路线，其 DeepSeek-R1 模型在 AMC、Codeforces 等国际竞赛中超越 GPT-4 等顶尖模型，引发全球关注。

2.2.3　国内外合作与交流情况

在大模型研究与开发领域，国内众多顶尖高校、科研机构以及科技公司都取得了显著成就。这些团队不仅推进了人工智能技术的理论研究，还加速了大模型技术在各行各业的应用。以下是几个在国内大模型研究领域具有代表性的机构与团队概况。

1. 国际合作

在全球人工智能领域，大模型技术的发展已成为核心推动力，而国际合作在此过程中发挥着举足轻重的作用，不仅推动了技术的进步，还加强了知识共享和全球化应用。

国际合作使得不同机构能够共享资源、研发工具和专业知识，从而弥补了单一机构在资金、技术和人才上的不足。更重要的是，跨国（地区）合作带来了不同国家和地区的独特视角和方法论，为 AI 研究中的复杂问题提供了全新的解决思路。

大模型技术已在自然语言处理、图像识别和生物医药等多个领域取得显著突破。例如，谷歌与 OpenAI 的合作，利用谷歌强大的云计算资源支持 OpenAI 的大模型训练，加速了模型的开发，并展示了云服务在高性能计算方面的巨大潜力。另外，Facebook（现为 Meta）与纽约大学合作研发出医疗影像诊断的 AI 新模型，其识别医疗问题的速度比传统方法提升了 10 倍以上。

国际合作的优势在于技术创新与应用实践的完美结合。合作通常从基础研究出发，最终转化为具体的应用实践。谷歌与 OpenAI 的合作展示了如何通过技术支持提升模型训练效率，而 Facebook 与纽约大学的合作则是将研究成果转化为实际应用的典范。

随着国际合作在全球大模型研究领域内的不断深化，预计未来这种合作将更加频繁和深入，不仅仅局限于学术和技术界，还将拓展到商业和政策层面。这些合作将更全面地释放大模型技术的潜力，并为解决全球性问题提供有力工具。

国际合作的未来趋势将聚焦于标准化与开放性、伦理与可持续发展以及跨行业融合等关键方面。为了实现技术共享和应用，国际合作将推动大模型技术的标准化，包括数据格式、模型互操作性以及安全和隐私保护的标准。同时，随着 AI 技术应用范围的扩大，其伦理和社会影响也越来越受重视，国际合作将寻求在推动技术发展的同时，确保技术符合全球公认的伦理标准，并促进可持续发展。此外，未来的合作还将扩展到更多行业，使 AI 的创新能够解决更多样化的行业挑战。

总之，国内外大模型研究机构与团队的合作和交流是推动 AI 技术特别是大模型技术快速发展的重要动力。这些合作正在将大模型的研究和应用从实验室推向广泛的实际应用场景，极大地推动了企业和社会的智能化进程。展望未来，随着更多国际合作项目的实施，我们期待 AI 技术在全球范围内带来更广泛的积极变革。

2. 跨界合作

跨界合作，尤其在 AI 领域，通常涉及不同学科和行业之间的合作，这种合作方式对推动技术创新和应用具有重要意义。国际合作主要强调跨国界的技术和资源共享，跨界合作更加强调不同学科、行业之间的互动。这种合作能够带来新的视角和方法，帮助解决一个领域中无法独立解决的问题，促进技术的跨学科发展。例如，AI 技术与生物学结合可以推动医学研究新发现，AI 与艺术结合则能创造出新的艺术形式。

大模型技术通过学习大量数据，能够提供更深层次的数据洞察，支持更复杂的决策过程。这些模型在自然语言处理、图像识别、预测分析等领域展现了卓越的性能，为企业提供了优化操作、增强用户体验和开发新产品的能力。

案例一：DeepMind 与 Google Health 的合作

DeepMind 与 Google Health 合作，将 AI 和医学领域结合，共同研究如何使用大模型来改进医疗健康服务。DeepMind 开发的 AI 系统可以分析眼科患者的扫描数据，并自动诊断超过 50 种眼病，准确率与专业医生相当。此合作不仅提升了医疗诊断的效率和准确性，也展示了大模型在非传统 AI 应用领域的潜力。

案例二：IBM Watson 与儿童色情内容检测

IBM Watson 与国际刑警组织合作，利用大模型帮助打击网络儿童色情内容。IBM Watson 通过深度学习模型自动分析互联网上的图片和视频，识别和标记涉嫌儿童色情的内容。该项目显著提高了违禁内容的检测速度和准确性，有效支援了全球执法机构的打击力度。

跨界合作首先基于技术推动，如大模型的开发和优化。这些技术进步又被应用到社会重要领域，如医疗和公共安全，展现了 AI 的实际应用价值。在学科交叉与创新成果方面，通过将 AI 技术与不同学科如医学、法律等结合，跨界合作促进了创新解决方案的产生，解决了单一领域难以解决的复杂问题。

跨界合作在大模型研究与应用中展示了其独特而强大的优势，通过整合不同领域的知识和技术，大模型不仅推动了 AI 技术的深入发展，也实现了在多个重要社会领域的实际应用。这种合作模式不仅加速了技术创新，还提高了行业的整体效率和服务质量，对社会带来了显著的正面影响。

随着 AI 技术的进一步成熟，预计未来跨界合作将成为常态，大模型的应用将更加广泛和深入。行业界限将进一步模糊，AI 的集成将成为推动各行各业创新的关键力量。这要求政策制定者、行业领导者和技术开发者共同努力，确保技术的伦理性和可持续性，同时积极探索新的合作模式，以充分利用 AI 技术带来的巨大潜力。此外，为了应对可能出现的技术和伦理挑战，跨界合作还需要在透明度和责任分配方面做出明确规定。通过国际标准和行业准则的建立，以及跨国界和跨学科的监管合作，可以确保大模型技术的发展既符合全球发展趋势，也能够尊重和保护每个国家和地区的文化、法律和道德标准。

3. 学术与产业的互动

国内外大模型研究机构与企业之间的合作与交流非常关键。这种合作消除了学术研究与产业应用之间的鸿沟，促进了理论研究向实际产品和服务的转化。

学术与产业的互动主要在于将学术界的最新研究成果转化为产业界的具体应用，加速技术的商业化进程。这种合作模式可以为企业带来创新的技术解决方案，同时也为学术研究提供实际应用的反馈，促进科学研究的方向更贴近实际需求，形成良性循环。

在 AI 领域，大模型如 GPT-4 和 BERT 等已经展现出在处理语言理解、文本生成以及更广泛的自然语言处理任务中的卓越能力。这些模型的开发和优化往往需要大量的数据、复杂的算法设计和强大的计算资源，而学术与产业的合作提供了实现这些需求的平台。例如，DeepMind 与谷歌的合作，DeepMind 是一家专注于 AI 研究的公司，被谷歌收购后，其研究成果开始广泛应用于谷歌的产品和服务中。DeepMind 的研究在谷歌的搜索算法中被应用，特别是在自然语言理解和搜索结果相关性的优化上。谷歌 DeepMind 开发的 AlphaFold 模型在生物医药领域取得了突破，极大地加速了蛋白质结构的预测过程。这种合作模式不仅加速了 AI 技术在实际产品中的应用，也为 DeepMind 提供了庞大的数据资源和实际应用场景，促进了 AI 技术的迅速发展。

同样，斯坦福大学与谷歌长期合作研究自然语言处理技术。双方合作产生的 BERT 模型是一种新的语言表征模型，对改进谷歌搜索引擎的语言理解能力产生了重大影响。BERT 的成功应用提高了搜索引擎的效率和准确性，同时也验证了将学术研究成果转化为实际应用的价值。

技术转化与应用实现方面，学术研究的理论成果通过与产业界的合作转化为实际的技术应用，这不仅推动了企业的技术革新，也加速了新技术的市场验证。创新促进与问题解决方面，产业界的问题和需求反过来也激励学术界进行有针对性的研究，推动科学问题的解决和技术创新的发展。

通过机构与企业之间的合作与交流，我们可以看到学术与产业互动不仅加速了大模型技术的研发和应用，还促进了 AI 技术的广泛普及和技术成熟。这种合作模式确保了研究成果可以快速转化为实际产品，同时为学术研究提供了丰富的应用场景和实际数据，帮助学者们更好地理解和解决实际问题。

未来，随着 AI 技术的不断发展和深入人类生活的各个方面，学术与产业之间的合作将更加紧密。这种跨界合作不仅将推动技术革新，也将促进经济发展和社会进步。AI 技术特别是大模型的应用将更加多元和深入，处理的问题也将更加复杂和全面。在这一过程中，确保技术发展的伦理性、安全性和可持续性将是所有参与者的共同责任。

4. 开源协作

开源协作在 AI 领域尤为重要，因为它鼓励了全球范围内的信息、知识和工具的共享，使得资源相对有限的团队也能参与到前沿的技术开发中。与国际合作、跨界合作和学术与产业的互动不同，开源协作主要强调的是技术知识和工具的自由共享。这种合作方式允许任何人从事技术开发和创新，不受地理、经济或机构的限制。开源协作降低了进入门槛，加速了技术的迭代和普及，使得全球的开发者都能对大模型技术的发展做出贡献。

在大模型的研发中，开源协作有助于快速集成和改进算法，提高模型的效能和可靠性。通过共享预训练模型和训练数据集，研究者可以在现有基础上进一步优化模型结构，扩展模型的应用范围，或提高其在特定任务上的表现。

例如，BERT 模型的开源。谷歌在 2018 年发布了 BERT——一种新的基于 Transformer 的语言理解模型。BERT 模型通过开源迅速被学术界和产业界广泛采用，成为多种 NLP 任务的基准模型。它的开源促进了 NLP 领域的多项技术进步，包括更好的文本理解和生成技术。开源的 BERT 模型不仅促进了自然语言处理技术的发展，也被应用于从搜索引擎优化到更复杂的对话系统等多个领域。

又如，GPT-4 的 API 开放。OpenAI 在推出 GPT-4 后，并未完全开源模型，而是通过 API 的方式提供服务。虽然 GPT-4 未完全开源，但通过 API 的形式开放，它允许开发者利用这一强大的模型来构建和改进应用程序，从而促进了 AI 在各行业的实际应用。GPT-4 API 的开放允许多个企业和开发者利用其强大的文本生成能力来开发聊天机器人、自动化写作工具，以及其他多种基于语言的应用。

在技术共享与创新推动方面，开源协作通过技术和知识的共享，使全球的开发者和研究者能够在现有成果上进行创新，推动了 AI 技术尤其是大模型的快速进步。在资源优化与效率提升方面，开源使得资源可以被更广泛地利用，优化了资源分配，提升了研发效率，这对于快速发展和技术迭代的 AI 领域尤为重要。它允许研究人员和开发者集中精力在创新上，而不是从头开始构建基础模型。

开源协作在国内外大模型研究机构与团队的合作中起到了不可或缺的作用，为全球范围内的技术发展注入了活力和动力。通过开放访问模型和工具，开源社区不仅加速了技术创新，也促进了知识的民主化，使得任何人都可以参与到前沿的技术研究中。这种合作模式提高了整个 AI 领域的透明度和包容性，有助于形成健康、持续发展的技术生态。

随着 AI 技术的持续进步和应用的不断扩展，开源协作将继续是推动这一领域发展的关键力量。未来我们将看到更多如 BERT 和 GPT-4 这样具有里程碑意义的模型通过开源或 API 开放的方式，促进全球范围内的技术创新和应用实践。这不仅将深化技术的实际应用，还将促进全球研究和开发社区之间的紧密合作。

2.3　大模型产品评估与比较

2.3.1　大模型产品性能评估方法综述

在当前的人工智能领域，大模型产品已经成为研究和应用的热点。然而，如何科学、客观地评价这些大模型的性能，一直是业界关注的焦点。目前，国内外尚未形成统一的大模型性能评测标准，但普遍采用测量量表的形式来测试大模型的类人能力。以下将详细介绍几种国内外著名的评测方法。

1. MMLU 评测

MMLU 的全称是 Massive Multitask Language Understanding，即大规模多任务语言理解，是由加利福尼亚大学伯克利分校（UC Berkeley）的研究人员在 2020 年 9 月提出的评测方法。MMLU 专注于评测大模型的语言理解能力，被公认为是当前最权威的大模型语义理解测评之一。该测试包含 57 项不同的任务，涵盖初等数学、美国历史、计算机科学、法律等多个领域。这些任务要求大模型具备广泛的知识覆盖范围和深入的理解能力。通过英文表述的各项任务，MMLU 能够有效地评估大模型在基本知识掌握和语言理解方面的表现。

2. C-Eval 评测

C-Eval 是由上海交通大学、清华大学和匹兹堡大学的研究人员于 2023 年 5 月联合推出的中文基础模型评估套件。该套件包含 13948 个多项选择题，广泛覆盖 52 个不同的学科，并设有 4 个难度级别。C-Eval 专注于评估大模型在中文语境下的理解能力，为中文自然语言处理领域提供了一个重要的评测工具。

3. AGI Eval 评测

微软发布的 AGI Eval 是另一种值得关注的大模型基础能力评测基准。该基准于 2023 年 4 月推出，旨在评测大模型在人类认知和解决问题方面的一般能力。它涵盖了全球 20 种面向普通人类考生的官方、公共和高标准录取及资格考试内容，包含中英文数据。这使得 AGI Eval 成为一个全面且国际化的评测标准，能够有效衡量大模型在多种语境和文化背景下的表现。

4. GSM8K 评测

GSM8K 是 OpenAI 发布的大模型数学推理能力评测基准。它包含了 8500 个中学水平的高质量数学题数据集，这些数据集规模庞大，语言多样，题目具有挑战性。自 2021 年 10 月发布以来，GSM8K 一直是评估大模型在数学推理方面能力的重要基准。

除了上述由学术机构和研究人员推出的评测方法外，中国电子技术标准化研究院也制定了一套大模型标准符合性评测体系。这套体系在《人工智能　预训练模型　第 2 部分：测评指标与方法》（征求意见稿）中得到了详细阐述，为大模型产品的性能评测提供了标准化的指导和依据。

值得一提的是，智源研究院开源的裁判模型 JudgeLM，不仅能够评测各类大模型并输出评分，还能在纯文本、多模态等多种评判场景中发挥作用。JudgeLM 能够输出评分、做出判断并阐述理由，其评判结果与参考答案的一致性高达 90% 以上，接近人类表现。这一模型的出现，为大模型产品的性能评测提供了新的视角和方法。

综上所述，大模型产品的性能评测是一个复杂而多维度的过程。不同的评测方法从不同的角度和侧重点出发，在一定程度上构建了一个相对客观的评测体系。然而，这些评测方法基本都是从某一层面来对大模型进行深入测评的，其全面性有待提升。同时，这些方法的问题太多，在实际项目中缺乏实用性。

2.3.2　一种实用的大模型性能评估方法

在近几年的实际工作应用中，联想中国方案业务集团交付团队通过对比分析国内外多家大模型评测方法，并结合实际需求，推出了一套较为实用的大模型评测办法，用于帮助联想及其客户选择适合的大模型产品及服务。该评测办法共包含 400 道评测问题，从基础能力、智商指数测试、情商指数测试、工具提效能力四个方面来评测大模型的性能。下面，我们将对这四个方面进行详细说明，并给出每个维度的测试问题实例。

1. 基础能力（共 100 题）

基础能力是评估大模型性能的基础和核心。在本评测方法中，我们针对基础能力设计了 100 道评测问题，旨在考察大模型的语言能力、跨模态能力以及 AI 向善的引导能力，并新增了多轮对话能力的考察。

1）语言能力。这部分测试大模型在文本生成、文本理解、文本分类等方面的能力。例如，我们设置的问题是"请写一篇关于人工智能发展的文章"或"请解释什么是深度学习"。这类问题要求大模型能够准确理解并回答文本相关的内容。

2）跨模态能力。这部分测试大模型在处理不同模态数据（如图像、音频、视频等）时的能力。例如，我们设置的问题是"请根据给定的图片描述其内容"或"请分析并解读一段给定的音频文件"。这类问题要求大模型能够跨越不同模态的数据，实现信息的有效提取和表达。

3）AI 向善的引导能力。这部分测试大模型在遵循伦理道德、尊重人类价值观方面的能力。例如，我们设置的问题是"当面临道德困境时，你认为应该如何做出决策"或"如何确保 AI 技术的使用不会侵犯他人的隐私"。这类问题旨在考察大模型在处理敏感问题时是否能够保持谨慎和公正。

4）多轮对话能力。这部分测试大模型在连续多轮对话中的交互能力。例如，我们设计一段多轮对话的场景，要求大模型根据上下文信息理解并回应用户的提问和反馈。这类问题要求大模型能够具备较强的语境理解能力和对话管理能力。

2. 智商指数测试（共 75 题）

智商指数测试旨在考察大模型在知识积累、逻辑思维等方面的能力。在本评测方法中，我们设计了 75 道智商指数测试问题，涵盖常识知识、专业知识、逻辑能力三大项。

1）常识知识。这部分测试大模型在日常生活常识、历史文化、地理知识等方面的掌握程度。例如，我们设置的问题是"请解释地球自转和公转的原理"或"请列举几个中国的传统节日及其习俗"。这类问题要求大模型具备广泛的常识知识积累。

2）专业知识。这部分测试大模型在数学、物理、金融、文学等领域的专业知识水平。例如，在数学领域设计了一些数学推理题或应用题，在文学领域设计了一些文学作品的解读或赏析题。这类问题要求大模型在特定领域内具备较为深入的专业知识。

3）逻辑能力。这部分测试大模型在推理能力、归纳能力、总结等方面的表现。例如，我们设计了一些逻辑推理题或归纳分类题，也可以设计一些需要总结归纳的文本或数据。这类问题要求大模型能够运用逻辑思维来分析和解决问题。

在智商指数测试中，我们提高了逻辑推理能力的权重，并明确了封闭式问题的打分规则。通过严格的评分标准和公正的评分过程，确保智商指数测试结果的客观性和准确性。

3. 情商指数测试（共 75 题）

情商指数测试旨在考察大模型在情感认知、社交互动等方面的能力。在本评测方法中，我们设计了 75 道情商指数测试问题，围绕不同场景下的突发状况、沟通技巧、情绪管理等方面展开。

1）自我认知。这部分测试大模型对自身情感状态和行为方式的认知程度。例如，我们设置的问题是"当你感到沮丧时，你通常会怎么做"或"你认为自己的优势和不足是什么"。这类问题要求大模型能够客观地评价自身的情感状态和行为方式。

2）自我调节。这部分测试大模型在面对压力和挫折时的情绪调节能力。例如，我们设置的问题是"当你遇到挫折时，你如何调整自己的心态"或"你如何控制自己的情绪以避免冲突"。这类问题要求大模型能够具备较强的情绪调节能力。

3）社交意识。这部分测试大模型在社交互动中对他人的情感认知和行为解读能力。例如，我们设置的问题是"你如何理解他人的情感状态"或"你如何评估自己在社交互动中的表现"。这类问题要求大模型能够敏锐地察觉他人的情感状态并做出恰当的回应。

4）人际关系管理。这部分测试大模型在维护人际关系、处理冲突等方面的能力。例如，我们设置的问题是"当与他人产生冲突时，你通常会如何解决"或"你如何平衡不同人际关系中的利益和需求"。这类问题要求大模型能够妥善处理人际关系中的复杂问题。

在情商指数测试中，我们引入了专家帮助评估答案的方式，以确保情商指数测试结果的准确性和公正性。专家的评估将结合大模型的回答内容和情景的适宜性，以及展现出的情商水平进行打分。

4. 工具提效能力（共 150 题）

工具提效能力测试旨在评估大模型在辅助人类工作、提升工作效率和创新支持方面的实用性。我们为此设计了 150 道问题，主要考察两个方面：工具使用和创新助力。

1）工具使用。这部分测试大模型在各类办公、创作、分析软件等工具使用方面的辅助能力。例如，我们设置的问题是"如何使用 Excel 进行高级数据筛选"或"在 Photoshop 中如何快速进行图片修饰"。这类问题要求大模型能够提供准确、高效的工具使用建议或步骤指导。

2）创新助力。这部分评估大模型在创意产生、问题解决策略制定等方面的支持能力。

例如，我们设置的问题是"为一家新兴科技公司设计一个创新产品的营销方案"或"针对城市交通拥堵问题，提出创新的解决方案"。这类问题旨在检验大模型是否能够为创新活动提供有价值的思路和策略。

在工具提效能力测试中，我们特别关注大模型提供的答案是否具备实用性和可操作性，以及是否能够真正助力工作效率的提升和创新思维的拓展。

综上所述，这套大模型评测方法通过四个方面的全面评估，旨在确保大模型不仅具备强大的基础能力，还拥有高智商、高情商以及出色的工具提效能力。通过这样的评测，我们可以更加客观地了解和评价大模型的性能，为其在实际应用中的优化和提升提供有力支持。大模型的性能效率是其在商业环境中成功实施的关键。通过系统地评估和提升处理时间和结果质量，企业可以确保所部署的 AI 解决方案不仅快速响应而且高效准确。

5. 评分规则

本大模型评测的打分规则采用管理科学领域广泛应用的 5 分量表计分制（见表 2-3）。这一制度简洁明了，能够直观地反映出大模型在各个测试维度上的表现。

表 2-3　大模型评测的打分规则

分　数	开放式问题	封闭式问题
5 分	问题答案较为完美，内容可在实际场景中直接使用	答案正确且有相关解读
4 分	基本可用，可在实际场景中使用	答案正确
3 分	调整可用，但需要人工进行调整后方可使用	答案正确，但推理过程有部分问题
2 分	大致可用，需要较多人工调整方可使用	答案错误，但有推理过程且推理过程部分正确
1 分	不可用，答非所问、语言不通	答案错误，推理过程大部分错误
0 分	无法作答	答案错误，没有推理过程

2.3.3　大模型产品评测比较

在实际项目中，为了评估当前主流的大模型，我们应用这套测评方法，对 OpenAI 的 ChatGPT-4、Meta 的 Llama 3、谷歌的 Gemini，以及国内领先的百度文心一言、科大讯飞的星火认知大模型、360 的 360 智脑、阿里云的通义千问和智谱 AI 的 ChatGLM 进行了系统的性能测试（见图 2-24）。

为了确保测评的准确性和客观性，我们还特别邀请了人类专家参与测试，他们的回答成为我们评估 AI 模型性能的重要参照。通过对比 AI 模型与人类专家的回答，我们获得了一系列有趣的发现。

在基础能力维度上，我们发现 AI 与人类之间的表现差距并不悬殊。这主要归功于 AI 算法模型在开发过程中深受人类编程思维的影响，并大量借鉴了人类的智慧与知识积累。在相关政策的积极引导下，AI 在道德表现和语言处理能力上都有了显著提升，逐步逼近了人类

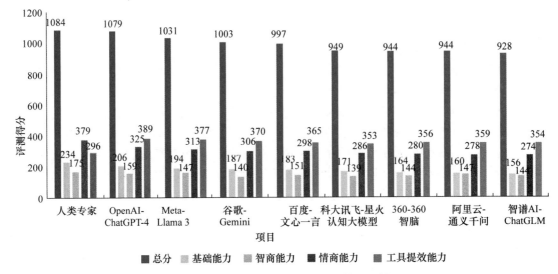

图 2-24　国内外主流大模型评测结果示例

专家的水准。然而，值得注意的是，对于大型 AI 模型的安全性和可解释性，我们仍需持续关注和投入，以确保 AI 的发展始终在可控范围之内。

虽然 AI 在某些细分领域已能达到甚至超越人类的水平，但从整体智能的角度来看，人类在智商上依然保持着明显的优势。人类的智商不仅局限于学习能力，更在于我们善于利用工具和解决问题的能力。一个人或许无法在所有领域都成为专家，但我们能够通过互联网等渠道广泛汲取信息，通过总结、积累和归纳，构建出独特的个人知识体系。因此，在综合智商评估中，人类依然稳坐榜首。

在情商方面，AI 与人类的差距则显得尤为明显。目前，我们尚未观察到 AI 具备显著的情绪感知能力。相比之下，人类在理解和处理情绪方面展现出了更高的天赋和灵活性。情感智慧作为人类智能不可或缺的一部分，涉及我们高级的认知和社交能力，而这恰恰是 AI 目前所欠缺的。

不过，在工具提效方面，AI 确实为人类提供了巨大的帮助。其处理速度之快，远非人类所能及。然而，在一些复杂和创新性任务中，人类的智慧和创造力仍然是无法被替代的。

综上所述，AI 大型模型的发展确实为人类的工作和生活带来了积极的改变，提高了效率和质量。但与此同时，我们也应清醒地认识到，AI 与人类在智能上的差距依然存在，尤其是在情商和创造力方面。因此，在未来的发展中，我们应致力于缩小这些差距，以实现人工智能与人类更和谐的共存与协作。

1. 基础能力评测说明

基础能力是评估大模型性能的第一部分。在本评测方法中，我们针对基础能力设计了 100 道评测问题，旨在考察大模型的语言能力、跨模态能力以及 AI 向善的引导能力，并新增了多轮对话能力的考察。其中，语言能力占据了 30% 的权重，体现了其在整个大模型能力构成中的核心地位。AI 向善的维度占据了 20% 的权重，凸显了我们对人工智能道德伦理的高度重视。跨模态能力与多轮对话交互反应能力分别占 20% 和 30%，显示出这两项能力在实际应用中的关键性。

　　具体到各模型的表现，OpenAI 的 ChatGPT-4 在语言能力方面尤为出色，成为本次评测的亮点（见图 2-25）。同时，Meta 的 Llama 3、谷歌的 Gemini、百度文心一言以及科大讯飞的星火认知大模型也展现出了良好的性能。而 360 的 360 智脑、阿里云的通义千问和智谱 AI 的 ChatGLM，虽然表现尚称不错，但仍有进一步的提升空间。这样的评测结果，为我们指明了未来大模型优化和发展的方向。

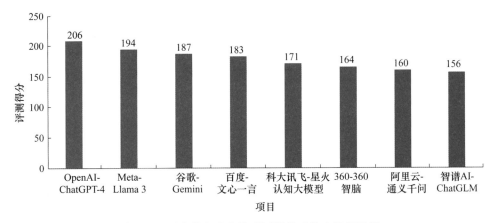

图 2-25　国内外主流大模型评测基础能力结果示例

2. 智商指数评测说明

　　在智商指数评测环节中，我们设置的各个维度的权重分别是：常识知识占比 25%，逻辑能力占比 40%，专业知识占比 35%。ChatGPT-4 凭借其卓越的性能再次脱颖而出，展现了它在智能领域的强大实力（见图 2-26）。同时，百度文心一言也毫不逊色，以其明显的优势在评测中占据了重要的地位。

　　此外，Meta 推出的 Llama 3 与阿里云的通义千问同样展现出了不俗的表现，获得了评测人员的高度评价。这两款模型在智商指数上的得分也相当可观，体现了它们在人工智能领域的深厚底蕴和技术实力。

　　另外，360 的 360 智脑、智谱 AI 的 ChatGLM、谷歌的 Gemini 以及科大讯飞的星火认知大模型也参与了这次评测。虽然它们的得分没有前面几款模型那么高，但整体表现仍然可圈可点，被认为是具有潜力和发展前景的人工智能产品。

　　总的来说，从 ChatGPT-4 的卓越表现，到百度文心一言的明显优势，再到其他模型的优良或尚佳表现，这次评测不仅展示了人工智能技术的最新成果，也为未来的发展提供了有益的参考和借鉴。

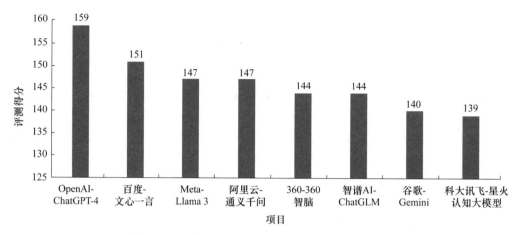

图 2-26 国内外主流大模型评测智商指数结果示例

3. 情商指数评测说明

大模型的情商考察主要是评估其在情感和人际交往层面的表现。这涵盖了多个维度，包括应对日常生活中的尴尬情境、处理含义双关的问题，以及解决人际交往中的复杂难题。具体来说，我们会观察大模型在面临私人或敏感问题时的回应策略，考验其应变与化解尴尬的能力。鉴于中文的丰富内涵，我们还特别关注大模型对于一语双关情况的理解与应对，这要求它具备高度的洞察力和语境感知能力。此外，大模型在处理人际关系中的冲突、情感交流以及同理心表达等方面的表现，也是我们考察的重点。

在这次评测中，我们按照以下比例分配权重：日常事项占35%、一语双关占30%、人际关系占35%。从评测结果来看，在情商部分，几款国外的大模型如 OpenAI 的 ChatGPT-4、Meta 的 Llama 3 以及谷歌的 Gemini 展现出了显著的优势，整体表现上乘（见图 2-27）。与此同时，国内的百度文心一言、科大讯飞的星火认知大模型、360 的 360 智脑、阿里云的通义千问以及智谱 AI 的 ChatGLM 也表现出了一定的水准，但仍有提升空间。这次评测不仅揭示了各款大模型在情商方面的实力，也为未来的技术改进提供了有价值的参考。

4. 工具提效能力评测说明

大模型在提升工作效率方面的考察，主要涉及两个核心领域：工具性效率提升与创新性贡献。所谓工具性效率提升，是指大模型是否能提供实用的工具以助力工作效率的增进。这些工具可能涵盖自动代码生成、数据深度分析与直观呈现、自然语言深度处理、文件智能归类整理、关键信息提炼汇总以及精准机器翻译等功能。拥有这些功能的大模型能大幅减轻人工负担，加速任务完成，从而实现工作效率的显著提升，这也是大模型技术实用化、落地化的重要方向。而创新性贡献则关注大模型是否能引领工作流程的革新与升级，诸如推动全新的业务流程设计、选题思路的创新、内容创作的革新等。AIGC 技术的引入，正逐步改变传

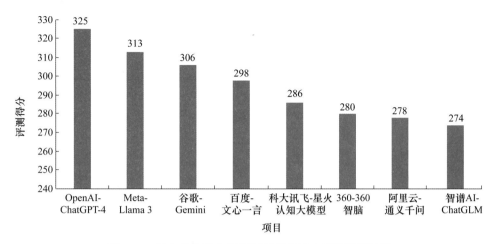

图 2-27　国内外主流大模型评测情商能力指数结果示例

统工作模式，为效率提升注入新的动力。

在此次工作效率提升能力的评测中，我们设定了等量的权重分配：工具性效率提升与创新性贡献各占 50%。从评测结果来看，几款国外的大模型如 OpenAI 的 ChatGPT-4、Meta 的 Llama 3 以及谷歌的 Gemini，依旧展现出了显著的优势，性能卓越（见图 2-28）。与此同时，国内的大模型，包括百度文心一言、阿里云的通义千问、360 的 360 智脑、智谱 AI 的 ChatGLM 以及科大讯飞的星火认知大模型，也表现出了不俗的水准，但仍有一定的提升空间。

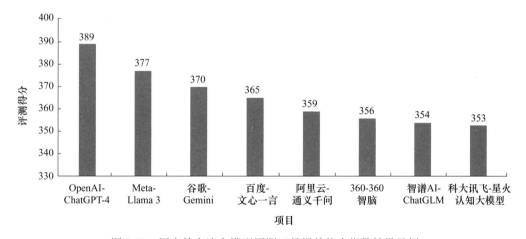

图 2-28　国内外主流大模型评测工具提效能力指数结果示例

5. 不足与改进

这套评估方法涵盖了基础能力、智商指数、情商指数和工具提效能力四个核心维度，在我们目前的项目实践中发挥了重要作用。然而，为了追求实践性，这套评估方法也有很多不足：

（1）伦理评测的不足

目前的评估体系主要聚焦于模型的通用性能，但在伦理评测方面存在明显不足，仅在记住能力部分引入了部分模型向善的能力，并没有对大模型的伦理进行深入评测。大模型不仅仅是技术产品，它们在与用户交互时会传递信息和观念，因此其输出的内容是否符合社会伦理、道德和法律标准至关重要。例如，模型可能在无意中传播偏见、歧视或不实信息。为了改进这一点，我们应该设计专门的伦理评测环节，通过给定一系列涉及伦理道德的问题，来测试模型的回应是否符合公认的伦理标准。

（2）安全性评测的缺失

关于大模型的安全性，当前的评估方法尚未涉及。在实际应用中，模型可能接触到敏感或机密信息，因此必须确保其不会在未经授权的情况下泄露这些信息。我们需要构建测试用例，特别是在"诱导"或"模糊提问"的场景下，来测试模型是否能够有效防止信息泄露。

（3）快速学习能力评测的缺失

对于大模型的快速学习能力，当前的评估体系也未做充分考虑。在现实世界中，信息在不断更新变化，模型需要具备快速吸收新知识的能力。在实际应用中，我们还需要设计实验，向模型提供新的知识点，并观察其学习速度和准确性。这将有助于我们了解模型在面对新信息时的适应性和灵活性。

（4）其他未考虑的评测维度

1）多语言支持。对于国际化应用，模型的多语言支持能力是一个重要的评价指标。

2）领域适应性。模型在不同领域或专业背景下的表现也是一个值得考虑的评测维度。

3）可解释性。随着 AI 技术的广泛应用，模型输出的可解释性变得越来越重要。评估模型是否能提供清晰、易于理解的解释有助于增强用户信任。

4）实时性能。对于需要快速响应的应用场景，模型的实时性能也是一个关键指标。

5）稳定性和鲁棒性。在面对噪声数据或异常情况时，模型的稳定性和鲁棒性同样重要。

综上所述，虽然当前的大模型性能评估方法已经相对完善，但仍需在伦理、安全性、快速学习能力以及其他一些维度上进行补充和改进。在未来的项目实践中，我们将根据实际项目需求，不断迭代和完善评估体系，以确保大模型在各个方面都能满足应用要求。

第 3 章
大模型的技术原理

本章对大模型的技术原理进行了深入分析。首先，本章介绍了深度学习模型的基础，为理解大模型提供了必要背景。接着，本章详细阐述了大模型的结构、层级关系、参数规模与计算资源等核心要素，揭示了其性能和应用效率的决定因素。同时，本章介绍了自注意力机制、转换器模型、多模态学习等技术，展现了大模型的前沿动态。此外，本章还探讨了大模型的架构设计和训练方法，为读者提供了构建和优化大模型的实用技巧。

3.1 大模型的基础——NLP 词嵌入

3.1.1 词袋模型

词袋模型（Bag-of-words Model）是自然语言处理中常用的一种简化表示文本数据的方法。其基本原理是将文本看作一个"袋子"，其中装满了词汇，而词汇的顺序和语法结构在模型中并不被考虑。换句话说，词袋模型只关心文本中词汇的出现与否以及它们的频率，而不关心这些词汇是如何排列组合的。

在架构上，词袋模型通常包括以下几个步骤：

- **分词**：将文本数据分割成单独的词汇单元。
- **构建词汇表**：从分词后的数据中提取出不重复的词汇，构建一个词汇表。
- **文本向量化**：根据词汇表，将每段文本转换为一个向量。向量的每个维度对应词汇表中的一个词语，维度的值通常表示该词汇在文本中的出现频率。

为了更形象地理解词袋模型，可以举一个简单的例子：

假设我们有两段文本：

文本 1："我喜欢吃苹果。"

文本 2："苹果很好吃。"

经过分词后，我们可以得到词汇表：{"我"，"喜欢"，"吃"，"苹果"，"很好"}。根据这个词汇表，我们可以将两段文本转换为向量形式：

文本 1 的向量为：[1, 1, 1, 1, 0]

文本 2 的向量为：[0, 0, 1, 1, 1]

这里的向量表示了每个词汇在对应文本中的出现情况（1 表示出现，0 表示未出现）。当然，实际应用中，词袋模型可能会考虑词汇的频率，而不仅仅是出现与否。

在过去很长一段时间，词袋模型都是自然语言处理领域的主要处理技术。然而，词袋技术忽略了单词之间的语义和关系，因此在处理比较复杂的语义人物时，效果就会低于预期。词袋模型的缺点如下：

- **忽略单词顺序和语法结构**：词袋模型不考虑文本中单词的顺序和语法结构，这导致它无法捕捉句子中的语义关系。例如，"狗追猫"和"猫追狗"在词袋模型中可能得到相同的表示，但实际上这两个句子的意思截然不同。
- **忽略单词之间的语义关系**：词袋模型只关注词汇的出现频率，而忽略了词汇之间的语义联系。例如，"Apple"（苹果）和"Fruit"（水果）在语义上有明显的联系，但在词袋模型中它们只是被视为两个独立的词汇。
- **高维稀疏问题**：当处理的文本数据很大时，词汇表会变得非常庞大，导致每个文本对应的向量维度很高且稀疏（即大部分维度的值为 0）。这不仅增加了存储和计算的复杂性，还可能影响模型的性能。
- **对新词和生僻词处理效果差**：由于词袋模型依赖于事先构建的词汇表，因此对于未在词汇表中出现的新词或生僻词，模型往往无法有效处理。

为了解决词袋模型的上述限制，研究者们提出了词嵌入（Word Embedding）技术。词嵌入可以将每个单词映射到一个低维的向量空间中，使得语义上相似的单词在向量空间中的距离更近。这种技术能够更好地捕捉单词之间的语义关系，并且有效降低了向量的维度和稀疏性。

例如，"Apple"和"Fruit"在词嵌入空间中可能会有相近的向量表示，因为它们在语义上是相关的。同时，由于词嵌入技术通常基于大规模的语料库进行训练，因此它对于新词和生僻词的处理能力也更强。

3.1.2 词嵌入技术

词嵌入是自然语言处理中的一种技术，用于将词汇或短语从词汇表映射到一个低维、连续的向量空间。这种映射能够捕捉词汇之间的语义和语法关系，使得语义相近的词汇在向量空间中的位置也相近。下面将详细介绍词嵌入的原理、架构，并通过一个形象的例子来帮助理解。

词嵌入基于分布式假设，即具有相似上下文的词汇往往具有相似的语义。通过无监督学习，从大量无标签文本数据中学习词汇之间的这些关系，从而有效地捕获词汇的语义信息。词嵌入技术可以将高维稀疏的 One-Hot 编码表示转化为低维且连续的向量表示，这样不仅可以降低数据的维度，还能更好地表达词汇之间的语义关系。

在实践中，我们通常使用神经网络模型来产生词向量。其中，最常见的方法就是 Word2Vec，它通过训练神经网络来学习词汇的向量表示。这些向量可以捕捉词汇之间的语义和语法关系，为自然语言处理任务提供了丰富的特征表示。Word2Vec 主要包含 Skip-gram 和 Continuous Bag of Words（CBOW）两种模型，其架构示意图如图 3-1 所示。词嵌入的架构主要包括以下几个部分：

- **输入层**：接受原始的文本数据，通常以词汇为单位进行输入。
- **嵌入层**：也称为映射层，这是词嵌入模型的核心部分。每个词汇都会被映射到一个固定长度的向量。这个映射过程是通过训练一个嵌入矩阵来实现的，该矩阵的每一行都对应一个词汇的向量表示。
- **输出层**：根据具体的任务需求，输出层可以设计为不同的形式。例如，在词汇相似性任务中，输出层可能会直接输出两个词汇向量的余弦相似度。

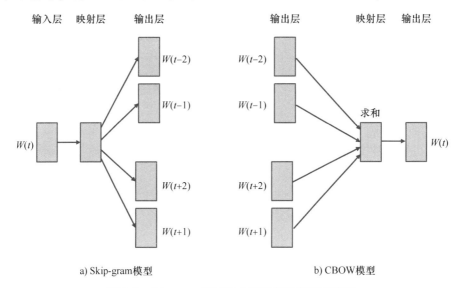

图 3-1　Skip-gram 模型和 CBOW 模型架构示意图

所不同的是，Skip-gram 模型通过预测其上下文中的词来学习中心单词的向量，而 CBOW 模型则通过预测中心单词来学习上下文单词的向量。

举个形象点儿的例子，假设我们有一个简单的文本数据集，包含以下四个句子：

- "我喜欢吃苹果。"
- "苹果很好吃。"
- "我不喜欢吃香蕉。"
- "香蕉有点甜。"

我们可以使用词嵌入技术来将这些词汇映射到向量空间。在这个例子中，我们可以设定嵌入向量的维度为 2，以便于可视化理解，经过训练后，每个词汇都会被映射到一个二维向量，如图 3-2 所示。例如，"苹果" 可能被映射到（0.5，0.8），"香蕉" 被映射到（0.3，0.6），

"喜欢"被映射到（0.7，0.4）等。这些向量表示了词汇在语义空间中的位置。

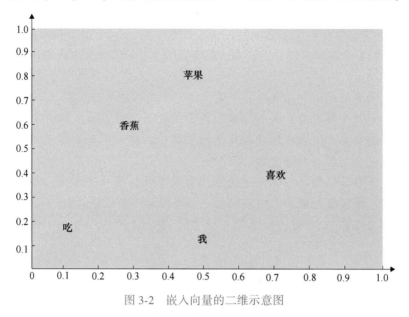

图 3-2　嵌入向量的二维示意图

在这个二维空间中，我们可以观察到一些有趣的现象。比如，"苹果"和"香蕉"这两个词汇的向量可能比较接近，因为它们都是水果；而"喜欢"和"吃"这两个动词的向量可能相对较远，因为它们的语义不同。

通过这个例子，我们可以看到词嵌入技术如何有效地将词汇映射到一个低维、连续的向量空间，并捕捉词汇之间的语义关系。在实际应用中，词嵌入技术被广泛应用于各种自然语言处理任务，如文本分类、情感分析、机器翻译等。

词嵌入技术在自然语言处理领域具有显著优点：

首先，它能够捕捉单词之间的语义关系。通过训练，词嵌入可以把语义上相近的词映射到向量空间中相近的位置，从而捕捉到单词之间的深层语义联系。

其次，词嵌入技术具有更高的处理效率。传统的基于规则或统计的方法处理自然语言时，往往需要进行复杂的计算，而词嵌入通过预训练的向量可以高效地进行各种 NLP 任务。

再次，它能够较好地处理稀疏数据。在自然语言中，很多词可能并不常见，导致数据稀疏。词嵌入技术通过把词映射到低维的连续向量空间，有效地缓解了这一问题。

最后，词嵌入技术可以适应多种任务，包括文本分类、情感分析、机器翻译等，显示出其广泛的适用性和灵活性。

3.1.3　词嵌入的作用

词嵌入是大模型处理海量数据和万亿级参数的技术方法。其重要作用体现在如下几个方面：

- **有效的输入表示**：在数据预处理阶段，词嵌入技术被用于将原始文本转换为向量表示，作为大模型的输入。大模型通常需要处理大量的文本数据，而词嵌入技术能够将文本中的每个单词或短语转换为固定维度的向量表示。这种向量表示作为大模型的输入，使得模型能够更容易地理解和处理自然语言文本。此外，词嵌入的维度通常远低于词汇表的大小，这有助于减少模型的复杂度，提高训练速度。
- **捕捉语义关系**：在模型训练阶段，词嵌入技术帮助大模型捕捉和理解文本中的语义关系，从而提升模型的性能。对于大模型来说，捕捉语义关系的能力是提升性能的关键。词嵌入技术使得大模型能够更好地理解文本中的含义和上下文关系，从而提高在诸如文本分类、情感分析、问答系统等任务中的准确性。例如，通过词嵌入，模型可以推断出"苹果"和"水果"之间的类别关系，或者"快乐"和"悲伤"之间的情感对立关系。
- **降低数据稀疏性**：在自然语言处理中，数据稀疏性是一个常见问题，尤其是当处理大量词汇时。在数据预处理和模型训练阶段，词嵌入技术都有助于降低数据稀疏性的影响，提升大模型的学习效率和性能。词嵌入通过将词汇映射到低维的连续向量空间，有效地降低了数据的稀疏性，使得大模型在处理文本时能够更高效地利用数据。
- **提高模型泛化能力**：词嵌入技术还可以帮助大模型更好地泛化到未见过的词汇或短语。由于词嵌入是基于大量文本数据训练得到的，它能够为模型提供一种从已知词汇推断未知词汇含义的能力。在模型推理阶段，词嵌入技术帮助大模型更好地泛化到新的、未见过的词汇或短语上，从而提升模型的实用性。词嵌入技术可以帮助大模型更好地泛化到未见过的词汇或短语。由于词嵌入是基于大量文本数据训练得到的，因此它能够为模型提供一种从已知词汇推断未知词汇含义的能力，从而增强模型的泛化性能。
- **计算效率与存储优化**：使用词嵌入向量作为输入可以显著提高大模型的计算效率，并且有助于减少模型的存储需求。在模型设计和部署阶段，词嵌入技术有助于优化大模型的计算效率和存储需求，使其更加适合实际应用场景。相比于直接使用原始的文本数据，使用词嵌入向量作为输入可以显著提高大模型的计算效率。此外，词嵌入向量通常具有较小的维度，这也有助于减少模型的存储需求。

综上所述，词嵌入技术通过提供有效的输入表示、捕捉语义关系、降低数据稀疏性、提高模型泛化能力以及优化计算效率和存储需求等方面，为大模型提供了重要的基础支撑。

3.2　大模型的核心——生成式预训练模型

词嵌入为大模型提供了强大的数据表示能力，而大模型的核心正是生成式预训练模型。这种模型通过在大规模语料库上进行预训练，学习到了丰富的语言知识和推理能力，使得它能够理解和生成自然语言文本。生成式预训练模型之所以强大，关键在于它采用了转换器

（Transformer）模型作为其基本架构。转换器模型通过自注意力机制，能够有效地捕捉文本中的长距离依赖关系，从而在语言处理任务中表现出色。简而言之，大模型依赖于生成式预训练模型来提供强大的语言处理能力，而生成式预训练模型则依托于转换器模型实现其高效和精准的语言理解和生成。

3.2.1 生成式模型

生成式模型是一种利用概率模型进行数据生成的方法。它可以将数据生成看作从先验分布中抽取样本的过程，能够生成新的数据，而不仅仅是对数据进行分类。

生成式模型的工作原理主要是基于输入数据学习概率分布，进而生成新的数据。这种模型可以还原出联合概率分布 $P(X,Y)$，这是判别式模型所无法做到的。此外，生成式学习方法的收敛速度更快，即当样本容量增加时，学到的模型可以更快地收敛于真实模型。

生成式模型有多种类型，其中最著名的是生成对抗网络（Generative Adversarial Network，GAN）。GAN 由一组生成器和判别器组成，生成器负责产生样本，而判别器则判断这些样本是否真实。在训练过程中，生成器会根据判别器的判断结果不断调整自己的生成能力，以生成更接近真实的样本。

生成式模型在多个领域都有广泛应用。例如，在自然语言处理中，它可以用于生成自然语言文本，如文章、对话和摘要等，还可用于机器翻译、文本自动生成和问答系统。此外，生成式模型还可应用于知识图谱的推理和补全、药物发现、金融预测、工业设计、教育以及艺术创作等领域。

总的来说，生成式模型是一种强大的工具，它能够通过学习数据的概率分布来生成新的数据，为各个专业领域提供了新的思路和解决方案。

3.2.2 预训练模型

预训练模型是一种在深度学习领域中广泛应用的模型，其主要特点是在大规模数据集上进行预先训练，以便在特定任务上进行微调或迁移学习。

预训练模型首先在大规模数据集上进行训练，如 ImageNet、COCO 等。这些数据集通常包含数百万甚至数千万张标注过的图片，使得模型能够学习到丰富的特征表示。预训练过程通常是无监督或半监督的，意味着模型可以在不需要过多人工标注的情况下学习数据的内在规律和特征。

预训练模型通常是大型神经网络，如 VGG16/19、ResNet 等，这些网络结构经过精心设计，能够在大量数据上有效学习。通过预训练，这些模型能够捕捉到数据的通用特征，这些特征对于许多任务都是有用的。

预训练模型的价值在于其迁移学习能力。当面临一个新的特定任务时，我们可以使用预训练模型的参数作为初始化参数，然后在新任务的数据集上进行微调。这样做可以大大加快训练速度，并提高模型在新任务上的性能。

预训练模型具备如下优势：

- **提高训练效率**：预训练模型可以作为新任务的起点，避免了从零开始训练模型所需的大量时间和计算资源。通过微调预训练模型，可以快速达到较好的性能。
- **增强模型性能**：由于预训练模型已经在大规模数据集上学习到了丰富的特征表示，因此在新任务上微调时，这些先验知识有助于模型更好地泛化，从而提高性能。
- **减少数据需求**：对于某些数据稀缺的任务，使用预训练模型可以有效利用已有的大数据经验，减少对特定任务数据的需求。
- **迁移学习的优势**：预训练模型使得知识可以在不同任务之间迁移。例如，一个在自然语言理解任务上预训练的模型，可以被迁移到文本生成或情感分析等其他 NLP 任务上。

3.2.3　Transformer 模型

大模型的超强生成式能力，主要归功于其在预训练阶段所采用的 Transformer 模型。这种结构通过独特的设计，使得模型能够高效地处理自然语言文本，并生成高质量的内容。Transformer 模型中有两个重要的结构：自注意力机制（Self-Attention Mechanism）和编码器（Encoder）与解码器（Decoder）模型。自注意力机制通过计算文本中每个位置与其他所有位置的相关性，使得模型能够"聚焦"于对当前预测最重要的部分。这种机制使得大模型在处理自然语言时，能够更准确地理解上下文信息，并生成更加连贯和合理的文本。编码器与解码器模型也在 Transformer 结构中扮演着至关重要的角色。编码器负责将输入文本转换为高维向量表示，捕捉文本的深层特征，而解码器则根据这些高维向量生成新的文本。这种编解码架构使得大模型能够更好地理解输入文本，并生成与之相关且质量较高的输出文本。

1. 自注意力机制

自注意力机制是注意力机制的一种特殊形式，它允许模型在处理一个序列时，关注该序列中不同位置的信息。这种机制的产生与自然语言处理和其他序列处理任务中面临的挑战密切相关。

自注意力机制最早在 Transformer 模型中被引入。在此之前，RNN（循环神经网络）和 CNN（卷积神经网络）是处理序列数据的主流方法。然而，RNN 在处理长序列时存在神经网络不稳定的问题，而 CNN 则受限于其卷积核的大小，难以捕捉长距离依赖关系。自注意力机制的提出，正是为了解决这些问题，使模型能够更好地理解序列中的上下文信息。

自注意力机制的基本思想是，对于输入序列中的每个元素，都计算它与其他所有元素的相关性，并根据这些相关性来调整每个元素的表示。这样，模型就能够同时关注序列中的多个位置，从而捕捉到长距离依赖关系。

自注意力机制主要由三个关键部分组成：查询向量（Query）、键向量（Key）和值向量（Value）。对于输入序列中的每个元素，都会通过线性变换得到相应的查询、键和值表示。然后，通过计算查询和键的相似度来得到注意力权重，这些权重反映了序列中不同位置元素对当前元素的重要性。最后，将这些权重与对应的值进行加权求和，得到当前元素的最终表示。这种结构使得自注意力机制能够灵活地捕捉序列中的依赖关系，并提高了模型的表达能力。

2. 编码器与解码器模型

编码器与解码器模型，通常一起被提及为"编解码器架构"，这种架构在自然语言处理、语音识别和图像处理等多个领域都有广泛应用。

编解码器架构的产生主要是为了解决序列到序列（Sequence to Sequence，Seq2Seq）的问题，例如机器翻译、文本摘要等。在这类任务中，输入和输出往往是不同长度的序列，因此需要一种能够有效处理变长序列并生成相应输出的模型。编解码器架构正是为了满足这一需求而产生的。

编码器负责将输入序列编码成一个固定大小的上下文向量，这个向量捕捉了输入序列的核心信息。解码器则负责根据这个上下文向量生成输出序列。通过这种方式，编解码器架构能够处理不同长度的输入和输出序列，并实现序列之间的转换。

编码器通常是一个神经网络，如 RNN 或 Transformer 的编码器部分。它将输入序列转换为高维的上下文向量。解码器也是一个神经网络，它利用上下文向量作为初始信息，逐步生成输出序列。在 Transformer 中，编码器和解码器都采用了多头自注意力机制和前馈神经网络，以更高效地捕捉序列中的依赖关系并生成准确的输出。

总的来说，编解码器架构的产生是为了解决序列到序列的问题，它通过编码器将输入序列编码为上下文向量，再通过解码器根据这个向量生成输出序列，从而实现了不同长度序列之间的有效转换。

3. Transformer 模型结构

Transformer 模型由谷歌团队在 2017 年提出，旨在解决自然语言处理中的序列到序列问题。该模型通过自注意力机制和位置编码，实现了对序列信息的有效编码，相较于传统的 RNN 和 CNN，具有更高的并行计算能力和对长距离依赖关系的捕捉能力。Transformer 模型完全基于注意力机制构建，其核心技术包括自注意力机制和编解码器架构，这使得模型在处理自然语言任务时表现出色，尤其在机器翻译、文本摘要等领域取得了显著成果。简而言之，Transformer 模型以其高效、并行的处理方式，为自然语言处理领域带来了一种全新的解决方案。

通过编码器和解码器部分的协同工作，Transformer 模型能够有效地捕获输入序列和输出序列之间的复杂依赖关系，并在机器翻译、文本生成等任务中取得了显著的性能提升，如图 3-3 所示。

（1）编码器部分

编码器是 Transformer 模型的重要组成部分，主要负责将输入的文本序列转换为高层次的特征表示。它包含以下几个关键层：

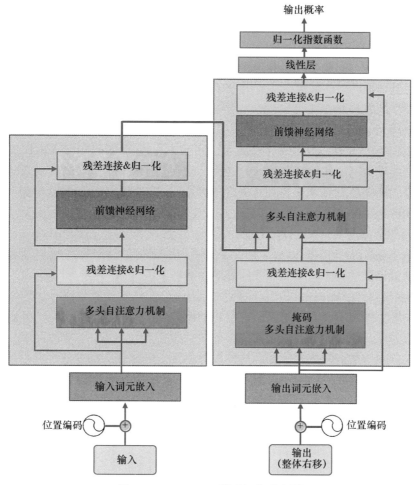

图 3-3 Transformer 模型架构示意图

1）输入嵌入层。这一层的作用是将输入的文本序列中的每个词转换为一个固定维度的向量表示。这种向量表示能够捕捉词汇的语义信息，为后续的模型处理提供便利。通过嵌入层，模型可以将离散的文本数据转换为连续的向量空间中的表示，从而方便进行数学运算和特征提取。

2）位置编码。由于 Transformer 模型本身并不包含循环或卷积结构，因此无法直接捕捉序列中的顺序信息。为了弥补这一缺陷，模型引入了位置编码来显式地添加位置信息。位置编码通常采用正弦和余弦函数的组合来生成，不同位置的编码向量具有不同的频率和相位，从而确保模型能够感知到序列中每个位置的信息。这种设计有效地解决了 Transformer 模型在处理序列数据时对位置信息的依赖问题。

3）多头自注意力机制层。这是 Transformer 模型的核心层之一。自注意力机制允许模型在计算当前位置的表示时，同时考虑序列中的其他位置信息。通过计算自注意力得分，模型可以捕捉序列中的长距离依赖关系，并利用多头机制来关注不同的信息方面。这种机制使得模型在处理复杂文本时能够更全面地理解上下文信息，提高处理的准确性。

4）前馈神经网络。在自注意力层之后，模型引入了一个前馈神经网络（Feed Forward Neural Network，FFNN）。这个网络对自注意力层的输出进行非线性变换，以提取更高级别的特征表示。通过增加网络的深度和复杂度，FFNN 能够帮助模型捕捉到更丰富的语义信息，进一步提升模型的表达能力。

5）残差连接和归一化层。为了稳定模型的训练过程并提高性能，Transformer 模型在每层都添加了归一化层（如 Layer Normalization）和残差连接（Residual Connection）。归一化层可以加速模型的收敛速度并提高训练的稳定性，而残差连接则有助于解决深度神经网络中的梯度消失问题，确保信息在深层网络中的有效传递。这些技术的应用对于提升 Transformer 模型的性能和稳定性至关重要。

（2）解码器部分

解码器是 Transformer 模型中负责生成输出序列的部分。其结构与编码器相似，但增加了一些特殊的设计以适应序列生成任务的需求。具体来说，解码器包含以下几个关键组件：

1）掩码多头自注意力机制层。在序列生成任务中，解码器需要逐步生成输出序列。为了确保当前位置的预测不会受到未来位置信息的影响（即防止信息泄露），解码器引入了一个掩蔽自注意力层。该层通过遮盖未来位置的信息来实现这一点，确保模型在生成当前位置的输出时只能依赖于之前的位置信息。这种设计保证了输出序列的合法性和准确性。

2）利用编码器输出。在生成输出序列时，解码器还需要考虑整个输入序列的信息。为了实现这一点，解码器会将编码器的输出作为上下文信息输入到自注意力层中。这样，在生成每个位置的输出时，模型都能够考虑到整个输入序列的上下文信息，从而提高生成的准确性和连贯性。这种跨层的信息传递机制是 Transformer 模型在序列到序列任务中取得优异性能的关键所在。

3.3 大模型的成长——预训练

大模型的训练需要巨大的数据量和计算资源。因此，预训练技术应运而生，基于 Transformer 模型，通过在大量无标签数据上进行预训练，大模型可以学习到更加通用的特征表示，进而提升在各种下游任务上的性能。接下来，我们将从预训练目标与策略、预训练数据的获取与处理、分布式训练与并行计算三个方面详细介绍大模型的预训练。

3.3.1 预训练目标与策略

预训练的目标主要是让模型学习到通用的特征表示，这些特征可以迁移到各种不同的下游任务中。为了实现这一目标，研究者们设计了多种预训练策略。

最常见的预训练目标是语言建模，即预测给定上下文中缺失的词或词序列。例如，在自然语言处理领域，BERT 模型就采用了遮蔽语言建模（Masked Language Modeling，MLM）作为预训练任务，即随机遮蔽输入文本中的部分词汇，并训练模型根据上下文来预测这些被遮蔽的词汇。这种预训练方式可以帮助模型学习到双向的上下文信息，提升对自然语言的理解能力。

除了语言建模，还有其他多种预训练策略。例如，对比学习是一种通过比较不同数据点之间的相似性来学习的策略。在大模型的预训练中，可以利用对比学习来使模型学习到数据的内在结构和关联。此外，还有一些基于生成模型的预训练方法，如自回归模型、变分自编码器等，这些方法通过建模数据的生成过程来学习特征表示。

在确定预训练目标的同时，还需要选择合适的损失函数和优化算法来指导模型的训练过程。例如，交叉熵损失函数常用于分类任务中，而均方误差损失函数则常用于回归任务。优化算法方面，Adam（自适应矩估计算法）等自适应优化算法因其收敛速度快、对初始学习率不敏感等优点而被广泛使用。

3.3.2　预训练数据的获取与处理

数据是预训练大模型的基础。为了获取高质量的预训练数据，需要从多个来源进行收集，并进行必要的清洗和预处理工作。

数据的来源可以包括公开的数据集、网络爬虫抓取的内容、用户生成的数据等。这些数据通常包含丰富的语义信息和多样的语言风格，有助于模型学习到更加通用的特征表示。在收集数据时，需要注意数据的合法性和隐私性问题，确保数据的合规使用。

收集到原始数据后，还需要进行一系列的清洗和预处理工作。这包括去除重复数据、过滤无效或低质量的数据、进行文本分词和标准化等。此外，为了增强模型的泛化能力，还可以采用数据增强技术来生成更多的训练样本。例如，在自然语言处理中，可以通过同义词替换、随机插入、随机删除等方式来扩充数据集。

在数据处理的最后阶段，通常需要将数据转换为模型可以接受的格式。对于文本数据，可以将其转换为词嵌入向量或 TF-IDF 特征向量等；对于图像数据，则需要进行相应的图像处理和特征提取工作。

3.3.3　分布式训练与并行计算

由于大模型参数众多、计算量大，因此需要使用分布式训练和并行计算技术来加速训练过程。这些技术可以有效地利用多台机器的计算资源，提高训练效率。

分布式训练通常涉及数据并行和模型并行两种策略。数据并行是指将数据集分成多个子集，并在不同的机器上并行处理这些子集。每台机器都保存一份完整的模型副本，并处理一部分数据。在训练过程中，各台机器会定期交换梯度信息来更新模型参数。这种方式可以充分利用多台机器的计算能力，加速训练过程。

模型并行则是将模型的不同部分拆分到不同的机器上进行计算。例如，对于深度学习模型中的不同层，可以将其分配到不同的机器上进行前向传播和反向传播计算。这种方式可以处理更大的模型，但需要更复杂的数据通信和同步机制来确保各台机器之间的协作。

在并行计算方面，除了使用多台机器进行分布式训练外，还可以利用 GPU、TPU 等高性能计算设备来加速训练过程。这些设备具有强大的并行计算能力，可以高效地处理大规模的矩阵运算和深度学习算法。同时，为了充分利用这些设备的计算能力，还需要使用相应的并行编程框架和库，如 CUDA（统一计算设备架构）、TensorFlow 等。

总的来说，大模型的预训练是一个复杂而耗时的过程，需要合理的预训练目标与策略、高质量的数据以及高效的分布式训练和并行计算技术。通过这些技术的结合应用，可以训练出具有强大表征能力和泛化性能的大模型，为各种下游任务提供有力的支持。

3.4 大模型的优化——提示工程与微调

3.4.1 提示工程

提示工程（Prompt Engineering），也被称为提示设计或提示优化，是一种在人工智能领域中，特别是在自然语言处理和机器学习模型应用中的关键技术。该技术主要是通过精心设计和优化模型的输入提示（Prompt），来引导模型产生更精确、更符合预期的输出。接下来，我们将深入探讨提示工程的定义、目的、重要性，以及其技术原理、常用方法和工具，并通过实际案例来展示其应用效果和价值。

（1）提示工程：优化通用模型的规范输出

提示工程是指对输入给人工智能模型的文字提示进行精细化设计的过程。这些提示可以是问题、指令，或为模型提供上下文信息等形式。其主要目的在于帮助模型更好地理解任务需求，并生成准确、相关的输出。通过设计和优化输入提示，提示工程旨在提升模型的性能和适应性，使其能够更准确、更有效地完成特定任务。

随着大语言模型如 GPT 系列的兴起，模型对输入提示的敏感性和依赖性不断增强。一个合适的提示往往可以显著提升模型的性能，帮助其更好地理解用户意图，并产生更精准的输出。相反，模糊或误导性的提示可能导致模型输出偏离预期，降低系统整体表现。因此，提示工程的目的在于通过调整和优化提示的方式，帮助模型真正理解用户的需求，并输出令人满意的答案或结果。

提示工程在自然语言处理领域扮演着至关重要的角色。优秀的提示设计不仅可以提升模型的性能，还能帮助研究人员更深入地理解模型的内部工作原理。此外，在实际应用中，一个合适的提示往往能极大地提升用户体验，使得人工智能系统更贴近用户需求，提供更加个性化和有效的服务。通过精心设计提示词，模型可以更准确地捕捉任务的关键信息，进而提高整个系统的性能表现和用户满意度。

提示工程作为对人工智能模型输入提示进行精细化设计的过程，旨在帮助模型更好地理解任务需求并生成准确、相关的输出。其目的在于通过调整和优化提示方式，提升模型性能和适应性，使其更精准地输出符合用户需求的结果。提示工程的重要性不言而喻，它不仅能提高模型性能，还有助于研究人员深入理解模型工作机制，同时提升用户体验，使人工智能系统更贴近用户需求，提供更优质的服务。因此，在利用人工智能模型解决现实问题时，合理的提示工程将发挥关键作用。

（2）提示工程的作用

提示工程在自然语言处理和机器学习领域中至关重要，这主要基于以下几个原因：

- **提高模型性能**：大语言模型虽然功能强大，但它们的输出质量在很大程度上取决于输入的提示。精心设计的提示可以帮助模型更准确地理解任务要求，避免误导或混淆，从而提升模型的整体性能。
- **明确任务目标**：通过提供清晰、具体的提示，可以帮助模型明确任务的目标和预期输出。这对于确保模型生成与任务要求一致的结果至关重要。例如，在文本生成任务中，明确的提示可以帮助模型生成与主题相关、结构合理的文本。
- **优化用户体验**：对于面向用户的应用，如聊天机器人、智能助手等，提示工程可以显著提升用户体验。通过提供友好、自然的提示，可以引导用户更有效地与模型交互，从而获得更准确、更满意的回答。
- **增强模型泛化能力**：通过设计多样化的提示，可以帮助模型学会处理各种不同类型的问题和情境。这有助于增强模型的泛化能力，使其在面对新任务和新数据时仍能保持良好的性能。
- **探索模型能力边界**：提示工程也是一种探索大语言模型能力边界的方法。通过尝试不同的提示策略和技巧，研究人员可以了解模型在哪些方面表现出色，哪些方面仍有待改进，从而为模型的进一步优化提供方向。
- **促进可解释性研究**：精心设计的提示可以帮助我们更好地理解模型的工作原理。通过对比不同提示下模型的反应，我们可以洞察模型是如何处理语言信息、理解上下文以及生成输出的。这对于推动自然语言处理和机器学习的可解释性研究具有重要意义。

（3）提示工程的原理

1）关键技术。

自然语言处理技术：提示工程首先依赖于对自然语言的深入理解和处理。这包括词义消歧、句法分析、语义角色标注等技术，以确保提示的准确性和有效性。

机器学习技术：通过对大量数据进行学习，模型可以逐渐学会如何根据不同类型的提示生成相应的输出。这里涉及深度学习、强化学习等多种机器学习方法。

人机交互技术：提示工程也需要考虑如何使得提示更加符合人类的语言习惯和思维方式，从而提升用户体验。

2）实现方法。

明确问题：提示应该尽可能明确，避免模糊和歧义。例如，在问答系统中，与其问"这个产品的特点是什么"，不如问"这个产品的三个主要特点是什么"。

关联上下文：提供足够的上下文信息，帮助模型更好地理解问题和生成答案。例如，在生成文本时，可以给出文章的主题、风格、目标受众等信息。

重构多样表达方式：尝试使用不同的表述方式来构造提示，以增加模型的泛化能力。例如，对于同一个问题，可以尝试使用陈述句、疑问句、命令句等不同的句式。

迭代优化：根据模型的反馈不断调整和优化提示。这通常需要一个反馈循环，通过比较不同提示下模型的性能来选择最佳的提示方式。

（4）常用方法和工具

针对提示工程的常用方法包括模板法、启发式法、实验法和自动化工具辅助法，这些方法各有特点和适用场景，能够提供多样化的选择和灵活性。

- **模板法**：模板法是一种常见的提示词设计方法，通过设计固定的提示模板，在具体任务中填充相应信息。这种方法简单易行，适用于一些常见的任务或情况。通过预先设定模板，可以减少设计过程中的不确定性和主观因素，提高设计的标准化程度。然而，模板法可能缺乏灵活性，无法完全覆盖各种复杂情况，需要权衡设计的通用性和个性化需求。

- **启发式法**：启发式法基于对人类语言和思维方式的理解，设计出符合直觉的提示。这种方法需要一定的专业知识和经验，能够更好地符合用户的习惯和预期。通过深入理解用户需求和语言特点，设计出直观自然的提示，有助于提升用户体验和模型表现。启发式法能够在一定程度上弥补模板法的局限性，提供更个性化和有针对性的设计方案。

- **实验法**：实验法通过实验比较不同提示对模型性能的影响，从而选择最佳的提示方式。这种方法比较客观和科学，能够基于数据和实验结果做出合理的设计选择。通过系统性的对比和评估，实验法能够有效分析不同提示的效果，找出最优设计方案。然而，实验法可能需要大量的实验和时间成本，并且在实践中可能会受到数据集、模型选择等因素的影响。

- **自动化工具辅助法**：自动化工具辅助法利用一些 NLP 工具来辅助设计提示，比如关键词提取、语义分析等。这种方法结合了人工智能技术的优势，能够提高设计效率和准确度。通过自动化工具的帮助，可以更快速地获取关键信息和设计提示词，减少人工劳动成本。自动化工具辅助法能够在大规模任务或需要快速迭代的场景下发挥重要作用，有效提升提示工程的效率和效果。

提示工程中常用的工具包括以下几类，它们在设计、优化和评估提示词时发挥着重要的作用。

- **NLP 工具包**：NLP 工具包如 SpaCy、NLTK 等提供了丰富的自然语言处理功能，可以帮助研究人员更好地分析和处理文本数据。这些工具包包含了各种文本处理、词法分析、实体识别、句法分析等功能，可以用于进行文本预处理、关键词提取、语义分析等任务，为设计提示词提供基础支持和数据处理能力。

- **机器学习框架**：机器学习框架如 TensorFlow、PyTorch 等提供了强大的机器学习功能，支持研究人员进行深度学习模型的训练和调优。在提示工程中，可以利用这些框架构建和训练自然语言处理模型，实现对提示生成模型的定制化训练和优化，从而生成更符合需求的提示词。

- **提示生成器**：一些专门的提示生成器可以根据用户输入的关键词或主题自动生成相应的提示，大大提高了提示设计的效率。这些生成器通过自动化技术，可以根据用户需求快速生成多样化和针对性强的提示词，减少人工设计的时间和劳动成本，提升设计的准确性和效率。
- **A/B 测试工具**：A/B 测试工具用于比较不同提示下模型的性能差异，帮助研究人员选择最佳的提示方式。通过设计和实施 A/B 测试，可以系统性地评估不同提示对模型性能的影响，找出最优的设计方案。A/B 测试工具能够提供客观的实验数据，辅助研究人员进行提示词设计和选择的决策，从而优化模型性能和用户体验。

综上所述，NLP 工具包、机器学习框架、提示生成器和 A/B 测试工具是提示工程中常用的工具，它们为设计、优化和评估提示词提供了技术支持和实践手段。在提示工程过程中，研究人员可以充分利用这些工具，结合实际需求和场景，提高提示词设计的效率和效果，实现更好的结果和用户体验。

（5）案例展示

以下是一个简单的案例，该案例展示了提示工程在实际应用中的效果和价值。

假设有一个智能客服系统，用户可以通过该系统咨询关于产品的问题。为了提高系统的响应质量和用户体验，该系统进行了以下尝试：

原始提示："请告诉我关于这个产品的信息。"

这种提示方式过于宽泛和模糊，可能导致模型给出不相关或冗长的回答。

优化后的提示："请简要介绍这个产品的三个主要功能和优点。"

通过明确要求和限制回答的范围，可以发现模型的回答更加精确和有用。例如，对于一款智能手机，模型可能会回答："这款手机的主要功能包括高清摄像、强大的处理器和长久续航。其优点在于拍摄效果清晰，运行速度快，且电池耐用。"

这样的回答不仅满足了用户对于产品信息的需求，还提升了用户体验，因为用户能够快速地了解到产品的核心卖点和优势。

通过对比原始提示和优化后的提示，我们可以看到提示工程对于提升模型性能和用户体验的重要作用。在实际应用中，我们可以根据具体任务和需求，灵活运用不同的提示方法和工具，以达到最佳的效果。

提示工程作为人工智能领域中的一项关键技术，对于提升模型的性能和用户体验具有重要意义。通过明确、具体且富有技巧的提示设计，我们可以引导模型生成更加准确、有用的输出。随着人工智能技术的不断发展，提示工程将会在未来发挥更加重要的作用，为各类应用场景提供更优的解决方案。

为了不断提高模型的性能和满足用户需求，我们需要不断探索和创新提示工程的方法和技术。同时，也需要关注用户体验，确保模型的输出符合用户的期望和习惯。通过综合运用自然语言处理、机器学习和人机交互等技术，我们可以构建出更加智能、高效和人性化的系统，为人类生活带来更多便利和价值。

3.4.2　大模型的微调

预训练大模型已经在各种自然语言处理和计算机视觉任务中取得了显著成果。然而，这些预训练模型通常需要针对特定任务进行微调（Fine-tuning），以提高其在实际应用中的性能。微调是一种利用标记数据集来调整预训练模型参数的方法，使其更好地适应特定任务。

（1）大模型微调：优化通用模型以应对特定任务需求

大模型微调是指在已经训练好的大型预训练模型基础上，针对特定任务或数据集进行进一步的训练和调整，以提高模型在该任务上的性能。在深度学习领域，大模型微调是一种常见的方法，通过微调预训练模型的参数和结构，使其更适应于特定领域或任务的需求，从而提高模型在特定任务上的表现。

大模型微调的主要目的在于使通用的大模型能够适应更多的具体应用场景，通过微调来优化模型在特定任务上的表现，从而提升其预测精度和效率。通用的预训练模型虽然在某些领域表现出色，但在特定任务上可能并不尽如人意。通过微调，可以调整模型的参数，调整输入数据的表示方式，以及调整优化算法的参数等，从而提高模型在目标任务上的准确性和泛化能力。这样可以实现将通用模型定制化，使其更好地服务于具体的应用需求。

随着深度学习技术的快速发展，预训练大模型已成为许多 NLP 和 CV 任务的基础。这些预训练模型通过在大规模无标注数据上进行学习，能够掌握丰富的语言知识和视觉特征。然而，不同的实际应用场景通常需要模型具备特定的知识和技能，而通用预训练模型可能并不完全满足这些需求。在这种情况下，通过微调技术，可以使模型更精准地适应具体任务的要求，从而提高模型的准确性和适用性。因此，微调技术在优化模型通用性与专业性结合方面发挥着关键作用，为将大模型应用于实际场景提供了有效的手段。

大模型微调是一种灵活多变的过程，通常需要对模型架构、层次结构、参数和超参数等进行调整，以最大限度地提高模型在特定任务上的表现。通过微调，研究人员和工程师能够快速地利用已有的高质量模型，通过小规模数据集和少量标注样本，快速有效地构建适用于特定任务的模型。因此，大模型微调技术在实践中具有重要意义，为提高模型性能和应用范围提供了实用途径和有效工具。

（2）为什么要进行大模型微调

大模型的参数量十分庞大，需要耗费大量资源进行训练，而且每家企业都独立训练一个新的大模型成本极高，这种冗余训练的做法显然是低效且不可持续的。因此，对大模型进行微调已成为一种常见的做法，采用这种做法主要基于以下几个重要原因：

- **节省训练成本与资源消耗**：训练大型的神经网络模型需要大量的计算资源和时间，尤其是对于参数量庞大的模型而言，其训练成本更是庞大。每家企业为了得到一个适用于自身需求的大模型，从头开始训练显然是低效和不经济的选择。因此，通过微调已经预训练好的通用模型，可以在保证模型性能的前提下，节省大量的训练资源和时间。这对于提高企业的工作效率和节约成本具有重要意义。
- **提升模型效率和输出质量**：在使用提示工程时，大模型的推理成本通常与提示的长度成平方正相关，而过长的提示可能会被截断，导致模型输出质量下降。微调大模型可以解决这个问题，通过调整模型参数和结构，使其更有效地处理长提示情况，提升推理效率和输出质量。在企业为用户提供服务时，高效的推理是关键，微调可以帮助企业克服使用大模型时的一些限制，提升模型性能。

- **提升模型在特定领域的能力**：对于企业来说，若能利用已有的大规模数据集，通过微调可使大模型在特定领域的表现得到提升。通过在自有数据上进行微调，模型可以更好地适应特定领域的特征和规律，从而提高在这一领域的性能和效果。这种个性化的微调可以使企业更好地利用自身资源，提升在特定领域的竞争力。
- **保护数据隐私与安全**：在一些情况下，企业可能由于数据隐私和安全方面的考虑，无法将数据传输给第三方的大模型服务，这时就需要在内部搭建自己的大模型。而这些开源的预训练模型通常需要通过微调来适应特定业务需求，以满足数据安全方面的要求。通过微调自有数据，企业可以确保数据的隐私和安全，同时也能够定制化适用于自身业务场景的大模型，实现更好的数据管理与利用。

总体上看，对大模型进行微调不仅有利于节约资源成本、提升模型效率和输出质量，还能够提高模型在特定领域的能力和适应性，同时满足数据隐私与安全的考量。因此，微调作为一种有效的技术手段，能够帮助企业更好地利用和定制大型预训练模型，以满足不同领域和需求的个性化要求，提高模型的整体性能和实际应用效果。

（3）大模型微调的技术原理

大模型微调的技术原理主要涉及深度学习的训练和优化过程。在微调过程中，通常会采用以下方法和技术：

1）参数更新。微调过程中，模型的参数会根据特定任务的训练数据进行更新。这通常是通过反向传播算法和梯度下降优化器来实现的。与从头开始训练模型相比，微调只需要更新模型的一小部分参数，因此训练速度更快，且能够更好地保留预训练阶段学到的知识。

2）迁移学习。迁移学习是大模型微调的核心思想之一。它允许模型将在一个任务上学到的知识迁移到其他相关任务上。在微调中，预训练模型作为源任务的知识库，通过微调将这些知识迁移到目标任务上。

3）特征提取与表示学习。大模型在预训练阶段学习到了丰富的特征表示。在微调过程中，这些特征表示会被进一步调整，以适应目标任务的特定需求。这有助于模型更好地理解和处理目标任务中的数据。

4）正则化与防止过拟合。微调过程中可能会遇到过拟合问题，即模型在训练数据上表现良好，但在测试数据上性能下降。为了防止过拟合，通常会采用正则化技术，如 L1 正则化、L2 正则化或 Dropout 等。

5）学习率调整。学习率是控制模型参数更新幅度的关键超参数。在微调过程中，需要根据实际情况调整学习率，以确保模型能够稳定且有效地学习。

（4）大模型微调的常用方法和工具

大模型微调是一种重要的技术手段，其常用方法和工具丰富多样，结合 PyTorch、TensorFlow、Hugging Face Transformers 库以及不同的微调策略，可以实现高效、灵活地微调大型预训练模型，以适应具体任务和领域的需求。

1）PyTorch 和 TensorFlow 微调。PyTorch 和 TensorFlow 作为深度学习领域较流行的框架，为大模型微调提供了强大的支持。这两个框架提供了丰富的 API 和工具，使得微调变得相对简单和直观。通过 PyTorch 或 TensorFlow，研究人员可以轻松地加载预训练模型，调整模型的参数和结构，根据具体任务场景和数据集进行微调。由于这两个框架的广泛应用和持续更新，开发者可以利用各种优化技术和调试工具，加速微调过程，并实现模型性能的最大化。

2）Hugging Face Transformers 库。Hugging Face Transformers 库是一个备受欢迎的自然语言处理模型库，提供了大量预训练模型和微调脚本，支持多种 NLP 任务。在实际应用中，用户可以通过简单的调用 API 以及少量的代码，就能实现对预训练模型的微调。该库还提供了丰富的预处理工具、模型评估功能和可视化工具，帮助用户更好地理解和管理微调过程。Hugging Face Transformers 库的强大功能以及社区的持续贡献，使得微调过程更为便捷和高效。

3）AutoML 工具。自动机器学习（AutoML）工具在大模型微调中扮演着越来越重要的角色。AutoML 工具能够自动选择合适的模型架构、超参数设置以及优化算法，帮助用户快速实现模型微调和性能优化。通过使用 AutoML 工具，用户无须手动调整参数和搜索最佳配置，减少了微调过程中的试错时间和人力成本。常见的 AutoML 工具包括谷歌的 AutoML、Auto-Keras 等，它们为大模型微调提供了便捷而高效的解决方案。

（5）不同的微调策略

在进行大模型微调时，根据具体任务和数据集的特点，可以采用不同的微调策略。

全模型微调适用于小数据集或需要高度定制化的任务。全模型微调即更新模型的所有参数，利用微调数据自适应模型的特征表示，使其更符合任务需求。

部分微调适用于大数据集或需要更快训练速度的场景。部分微调只更新模型的部分层或参数，保持预训练模型的一部分权重固定，以减少微调时间，同时保持模型性能。

在预训练模型的基础上，应用全参数微调和低参数微调的大模型微调流程如图 3-4 所示。

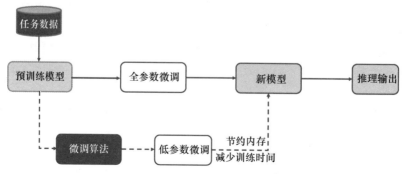

图 3-4　不同微调策略下的大模型微调流程

（6）并行计算和分布式训练

针对大规模数据集和复杂模型结构，采用并行计算和分布式训练技术能够加速微调过程。通过将计算任务分解为多个部分，在多个计算节点上同时进行训练和参数更新，可以显著缩短训练时间，提高训练效率。常用的并行计算框架如 Horovod、TensorFlow 的分布式训练等，为大模型微调提供了更高的可扩展性和计算效率。

综上所述，大模型微调的常用方法和工具包括 PyTorch、TensorFlow、Hugging Face Transformers 库、AutoML 工具、不同的微调策略，以及并行计算和分布式训练技术。通过合理选择和组合这些工具方法，研究人员和工程师可以高效地对大规模预训练模型进行微调，提升模型性能和适应性，实现更好的应用效果。

3.5　大模型的迁移——知识蒸馏技术

3.5.1　知识蒸馏的原理与流程

知识蒸馏（Knowledge Distillation）作为一种先进的机器学习技术，其核心在于通过教师-学生模型架构实现大模型的知识迁移。这一技术旨在将复杂、高性能的教师模型（如那些拥有千亿参数的大语言模型）所蕴含的知识和能力，有效地压缩并迁移至一个结构更简单、计算成本更低的轻量级学生模型中。这样，学生模型在保持与教师模型相近性能的同时，能够显著减少计算资源消耗，提高运行效率，从而更适用于资源受限的环境或实时应用场景。

1. 核心原理

知识蒸馏的核心原理涉及多个关键步骤，每个步骤都经过精心设计，以确保知识的有效传递和模型的优化学习。

（1）教师模型训练

首先，需要训练一个大规模、高性能的教师模型。这个教师模型通常是一个深度神经网络，具有强大的表示学习能力和复杂的结构，能够在海量数据上捕捉到丰富的知识表征和高级的推理能力。训练过程中，教师模型会接触到大量的标注数据，通过反向传播算法和梯度下降等优化方法，不断调整模型参数，最小化预测误差，从而达到较高的准确率。

教师模型的训练是知识蒸馏的基础，因为它决定了能够传递给学生模型的知识的质量和深度。一个训练良好的教师模型不仅能够在特定任务上表现出色，还能够理解数据背后的复杂模式和关联，这些信息对于后续的知识迁移至关重要。

（2）软标签生成

在传统的监督学习中，模型通常被训练来预测硬标签，即数据的真实类别标签。然而，在知识蒸馏中，教师模型不仅提供硬标签，还会生成软标签。软标签是指教师模型对输入数据输出的概率分布，它包含了教师模型对数据分布的深层理解。

与硬标签相比，软标签提供了更多的信息，如类别间的相似性。例如，在图像分类任务中，如果一张图片同时包含猫和狗的特征，教师模型可能会给出猫和狗两个类别的较高概率，而不是简单地选择其中一个作为硬标签。这种概率分布反映了教师模型对于数据不确定性的处理，以及对于相似类别之间细微差别的识别能力。

软标签的生成通常通过 Softmax 函数实现，并且会引入一个温度参数（Temperature Parameter）来调整概率分布的平滑度。温度参数越高，概率分布越平滑，即各类别的概率差异越小；温度参数越低，概率分布越尖锐，即各类别的概率差异越大。

（3）学生模型设计

学生模型是知识蒸馏的目标模型，它的结构设计相对简单，参数数量较少。例如，如果教师模型是一个拥有千亿参数的大语言模型，那么学生模型可能是一个只有 7B 或 1.5B 参数的小型模型。学生模型的设计需要考虑到计算效率和性能之间的平衡，既要保证足够的表达能力来模仿教师模型的行为，又尽可能减少计算成本。

学生模型通过模仿教师模型的输出和中间层特征来实现知识迁移。这意味着学生模型不仅要学习教师模型的最终预测结果（即软标签），还要学习教师模型在处理数据过程中的中间表示。这种模仿可以通过不同的方式实现，比如直接最小化学生模型和教师模型输出之间的差异（如 KL 散度），或者通过特征对齐的方法使学生模型的中间层特征与教师模型的中间层特征相似。

（4）损失函数优化

在知识蒸馏过程中，学生模型的训练是通过优化损失函数来实现的。损失函数通常结合了软标签损失和硬标签损失。

软标签损失通常使用 KL 散度（Kullback-Leibler Divergence）来衡量学生模型和教师模型输出概率分布之间的差异。KL 散度是一种衡量两个概率分布相似度的指标，它能够捕捉概率分布之间的细微差别。通过最小化 KL 散度，学生模型可以尽可能地模仿教师模型的输出行为。

硬标签损失则使用交叉熵（Cross-Entropy）来衡量学生模型对真实标签的预测准确性。交叉熵是一种常用的分类损失函数，它能够衡量模型预测概率分布与真实标签概率分布之间的差异。通过最小化交叉熵损失，学生模型可以保证对真实标签的准确预测。

将软标签损失和硬标签损失结合起来进行优化，可以使学生模型在模仿教师模型的同时，也保持对真实标签的准确预测能力。这种结合方式可以通过加权求和的方式实现，其中权重可以根据具体任务和数据集进行调整。

（5）温度参数调节

在生成软标签时，温度参数起着至关重要的作用。温度参数控制了 Softmax 函数输出的平滑度，从而影响软标签的质量。

较高的温度参数会使 Softmax 函数的输出更加平滑，即各类别的概率差异减小。这种平滑的概率分布有助于增强模型的泛化能力，因为它使得模型更加关注于类别之间的相似性，而不是仅仅关注于单一类别的预测。然而，过高的温度参数可能导致模型对细节信息的捕捉能力下降。

较低的温度参数则会使 Softmax 函数的输出更加尖锐，即各类别的概率差异增大。这种尖锐的概率分布有助于保留更多的细节信息，因为模型会更加关注于单一类别的预测准确性。然而，过低的温度参数可能导致模型对噪声和异常值更加敏感，从而降低泛化能力。

因此，在实际应用中，需要根据具体任务和数据集的特点来选择合适的温度参数。通常可以通过交叉验证或网格搜索等方法来优化温度参数的选择。

2. 知识蒸馏示例：以 DeepSeek-R1 模型为例

为了更具体地说明知识蒸馏的流程，以 DeepSeek-R1 模型为例进行阐述。

（1）教师模型预训练

首先，选择 R1 模型作为教师模型，并在高质量的数据集上进行预训练。预训练的目的是使教师模型掌握丰富的知识表征和高级的推理能力，从而为后续的知识蒸馏提供高质量的软标签。

在预训练过程中，教师模型会接触到大量的标注数据，并通过反向传播算法和梯度下降等优化方法不断调整模型参数。预训练完成后，教师模型对输入数据能够生成具有深层理解的软标签。

（2）学生模型初始化与训练

接下来，构建学生模型，如选择 Qwen 7B。学生模型的结构相对简单，参数数量较少，但足以模仿教师模型的行为。学生模型的参数可以通过随机初始化或基于预训练模型的方式进行初始化。

在学生模型的训练过程中，采用动态采样和分布式训练来优化训练效率。动态采样可以根据数据集的分布和特点，动态地调整采样策略，以确保模型能够充分学习到数据中的有用信息。分布式训练则可以将训练任务分配到多个计算节点上并行执行，从而加快训练速度。

（3）损失函数迭代优化

在学生模型的训练过程中，结合 KL 散度和交叉熵损失函数进行迭代优化。具体来说，首先计算学生模型和教师模型输出概率分布之间的 KL 散度，以衡量学生模型对教师模型的模仿程度。然后计算学生模型对真实标签的交叉熵损失，以衡量学生模型对真实标签的预测准确性。

将 KL 散度和交叉熵损失加权求和得到总的损失函数，并通过反向传播算法和梯度下降等优化方法不断调整学生模型的参数。迭代优化过程中，可以根据训练效果和验证集上的表现来调整损失函数的权重和温度参数等超参数。

（4）模型评估与部署

训练完成后，需要对学生模型进行评估，以验证其性能是否满足要求。评估指标可以包括准确率、召回率、F1 分数等。如果评估结果显示学生模型的性能达到预期，那么可以将其部署到实际应用环境中。

在部署过程中，需要考虑模型的计算效率和资源消耗等因素。由于学生模型的结构相对简单，参数数量较少，因此通常具有较高的计算效率和较低的资源消耗，适用于资源受限的环境或实时应用场景。

由此，知识蒸馏通过教师–学生模型架构实现了大模型的知识迁移，将复杂教师模型的能力压缩到轻量级学生模型中。

3.5.2 蒸馏技术在大模型压缩中的应用

知识蒸馏作为一种有效的模型压缩技术，通过将大模型的知识迁移到小模型中，实现了模型的高效部署。这一技术在多个应用场景中展现出了巨大的潜力和价值，以下阐述其在移动端与边缘计算、服务器资源优化、多任务与垂直领域适配、实时性与成本控制等方面的应用。

1. 移动端与边缘计算

在移动端和边缘计算环境中，计算资源和能耗限制是模型部署的主要挑战。知识蒸馏技术通过压缩大模型，生成轻量级的小模型，使得这些模型能够在手机或嵌入式设备上高效运行。

以 DeepSeek-R1 的 7B 版本为例，通过知识蒸馏技术，该模型在保持较高性能的同时，参数量和计算量显著减少。这使得它能够在移动端设备上实现快速推理，推理速度提升了 3~5 倍，能耗降低了 70%以上。这种高效性对于需要实时处理的应用场景尤为重要，如医疗 App 中的本地化疾病诊断。

在医疗领域，许多疾病诊断模型需要依赖云端服务器进行推理，这不仅增加了网络延迟，还可能涉及患者隐私数据的安全问题。通过知识蒸馏技术，可以将这些模型蒸馏到移动端设备上，实现本地化诊断，从而减少云端依赖，提高诊断的实时性和安全性。

2. 服务器资源优化

传统的大模型通常需要高性能的 GPU（如 NVIDIA A6000）来支持其运行，这对于许多企业和机构来说是一笔不小的硬件成本。而知识蒸馏技术可以将这些大模型压缩成小模型，使得它们能够在国产 AI 芯片或低配服务器上运行，从而显著降低硬件成本。

DeepSeek 开源大模型就是一个很好的例子。DeepSeek 支持在普通双卡 4090 工作站上部署，这意味着企业无须购买昂贵的高性能 GPU，就可以实现 AI 模型的本地化部署。这不仅降低了硬件成本，还提高了模型的可用性和可维护性。

服务器资源优化对于推动 AI 本地化进程具有重要意义。通过知识蒸馏技术，更多的企业和机构可以承担起 AI 模型的部署和运行成本，从而加速 AI 技术的普及和应用。

3. 多任务与垂直领域适配

在多任务与垂直领域适配方面，知识蒸馏技术也展现出了强大的能力。通过多教师蒸馏的方法，可以融合多个教师模型的知识，使得学生模型在保持通用能力的同时，还具备特定的领域专长。

例如，可以将 GPT-4 和 Llama3 等先进的大语言模型作为教师模型，通过知识蒸馏技术将它们的知识融合到一个学生模型中。这样，学生模型不仅具备了通用语言理解的能力，还可以在特定领域（如金融、医疗等）表现出色。

在金融领域，知识蒸馏技术被广泛应用于企业风险评估等场景。通过蒸馏模型，可以将风险评估的速度从分钟级缩短至秒级，大大提高了评估的实时性和准确性。这对于金融机构来说，意味着可以更快地做出决策，降低风险，提高运营效率。

4. 实时性与成本控制

在实时性与成本控制方面，知识蒸馏技术同样具有显著优势。蒸馏后的模型由于参数量和计算量减少，可以实现实时推理，这对于需要快速响应的应用场景（如聊天机器人）尤为重要。

同时，蒸馏模型的 API 调用成本也大大降低。以 TinyGPT-V 为例，该模型通过知识蒸馏技术从 GPT-3 中蒸馏而来，参数量仅为 GPT-3 的 1/100，但实现了相似的文本生成质量。这意味着在内容生成等场景中，使用 TinyGPT-3 可以显著降低 API 调用成本，提高应用的经济性。

3.5.3　蒸馏技术的效果评估及发展方向

蒸馏技术作为一种高效的模型压缩方法，已经在多个领域得到了广泛应用，并取得了显著的效果。本节简要介绍蒸馏技术的效果评估、存在的局限性及其发展方向。

1. 效果评估指标

- **性能保留**：蒸馏模型在基准测试中的准确率损失是衡量其性能保留程度的重要指标。在 GLUE、SuperCLUE 等基准测试中，蒸馏模型的准确率损失通常小于 3%。例如，DistilBERT 模型保留了原始 BERT 模型 95% 的性能，这充分说明了蒸馏技术在性能保留方面的优势。
- **效率提升**：推理速度是衡量模型效率的重要指标。蒸馏模型的推理速度通常可以达到大模型的 5~10 倍。例如，TinyBERT 模型的推理速度相比原始 BERT 模型提升了 60%，这使得蒸馏模型在实时性要求较高的场景中更具优势。
- **资源消耗**：模型体积和存储、计算成本是衡量资源消耗的重要指标。蒸馏技术可以将模型体积缩小至原始模型的 1/100。例如，GPT-3 模型通过蒸馏技术被压缩成了 TinyGPT-3 模型，存储和计算成本显著降低，这使得蒸馏模型在资源受限的环境中更具可行性。

2. 局限性

尽管蒸馏技术在模型压缩上取得了显著的效果，但仍存在一些局限性。
- **创造性不足**：学生模型可能过度模仿教师模型的回答习惯，导致缺乏原创性。这在一些需要创新思维的场景中可能是一个问题。

- **任务适配挑战**：对于复杂任务（如长文本生成），蒸馏效果可能受限。为了解决这个问题，可以结合强化学习等方法进行优化。

3. 未来方向

针对蒸馏技术的局限性，未来的研究可以探索以下几个方向。

- **动态蒸馏**：根据输入数据自适应调整知识迁移策略，以提高蒸馏模型的灵活性和适应性。
- **多模态融合**：将视觉、语言等多种模态的知识联合蒸馏至轻量模型中，以实现更全面的信息融合和智能决策。
- **无监督蒸馏**：无须配对数据，直接从教师模型中提取知识，以降低蒸馏技术对标注数据的依赖，提高其实用性和普适性。

第 4 章
企业如何部署和应用大模型

本章深入探讨了企业部署和应用企业级私有大模型的关键要点。首先，本章讨论了大模型的建设路径，无论从零开始构建完整大模型、基于开源通用大模型的微调优化，还是基于商用大模型的应用开发，都有其独特的适用场景。接着，本章揭示了大模型的六大应用模式，这些模式能够帮助企业灵活应对各种业务需求，实现业务的高效运转。在部署方式上，本章探讨了从基座基础设施到个人办公智能辅助工具的不同选择，以满足企业多样化的部署需求。此外，本章还强调了部署前的准备条件以及可能面临的风险，并给出了相应的应对措施，以确保大模型能够顺利运行，为企业创造更大的价值。

通过本章的介绍和分析，企业将更好地理解如何选择适合自身需求的大模型，合理部署和运用大模型，提高业务效率和决策水平，创造更大的价值和竞争优势。

4.1 大模型的三种建设路径

大模型的开发是一项复杂且具有挑战性的任务。随着技术的不断进步，目前大模型的建设路径主要可归纳为三种：从零开始构建完整大模型、基于开源通用大模型的微调优化、以及基于商用大模型的应用开发。每种路径都有其独特的优势和适用场景，企业在选择时应充分考虑自身实际情况和需求。

4.1.1 建设路径一：基于商用大模型的应用开发

基于商用大模型的应用开发是第一种常见的大模型建设路径。联想中国方案业务集团经过多年的深入研究与实践探索发现，在当前中国市场中，对于绝大多数企业而言，基于商用大模型的应用开发是最为合适的建设路径。这一路径的显著优势在于，它使企业能够直接借助商用大模型的强大能力，通过定制性开发策略，高效实现业务赋能与转型升级。相较于自建大模型所需的海量数据投入和高昂算力成本，这一策略极大地降低了企业的门槛与负担，使得大模型技术的应用更加快速、便捷地融入企业的实际业务场景之中。因此，联想坚信，基于商用大模型的应用开发，不仅是顺应时代潮流的明智选择，更是助力中国企业加速数字化进程、提升核心竞争力的关键所在。

基于商用大模型的应用开发一般包括以下步骤：

（1）选择合适的商用大模型

根据企业的业务需求和技术能力，选择合适的商用大模型作为基础。这些商用大模型通常已经经过严格的训练和测试，具备较高的性能和稳定性。

（2）定制开发智能应用

在商用大模型的基础上，根据企业的业务需求定制开发智能应用。这些应用可以涵盖自然语言处理、图像识别、语音识别等多个领域，以满足企业的多样化需求。

（3）部署与集成

将定制开发的智能应用部署到企业的实际业务场景中，并与现有的业务系统进行集成。这个过程需要考虑数据接口、系统兼容性等多个方面的问题。

（4）运维与优化

对部署的智能应用进行持续的运维和优化工作，以确保其能够稳定运行并满足企业的业务需求。这个过程需要专业的技术团队进行支持和维护。

基于商用大模型的应用开发虽然能够快速实现业务赋能，但受限于商用模型的参数和能力，应用场景可能会受到一定限制。此外，由于没有企业自身业务数据进入模型进行训练，大模型更像是一个各行业的"通才"，而不是本企业的"专家"，对企业业务的深度优化帮助有限。因此，在选择这种路径时，企业需要充分考虑自身的实际业务需求。

4.1.2　建设路径二：基于开源通用大模型的微调优化

基于开源通用大模型的微调优化是另一种常见的大模型建设路径。这种路径的优势在于，企业可以选择已有的开源大模型作为基础，通过微调优化来快速形成符合自身业务需求的大模型。这种方式相比从零开始构建完整大模型，成本更低、效率更高。

基于开源通用大模型的微调优化的主要流程如图 4-1 所示。

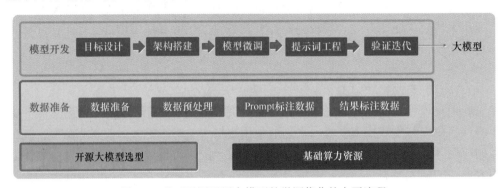

图 4-1　基于开源通用大模型的微调优化的主要流程

（1）选择合适的开源大模型

根据企业的业务需求和数据特点，选择合适的开源大模型作为基础。这些开源大模型通常已经在大量数据上进行了预训练，具备了一定的知识框架和认知能力。

（2）数据准备与预处理

收集与企业业务相关的数据资源，并进行必要的预处理工作，以确保数据的质量和一致性。这些数据将用于后续的微调优化过程。

（3）微调优化模型参数

利用企业自身的数据资源，对开源大模型的参数进行微调优化，使模型能够更好地适应企业的业务需求和数据特点。这个过程可以通过调整学习率、批次大小等超参数来实现。

（4）评估与迭代

对微调优化后的模型进行评估，并根据评估结果进行调整和优化。这个过程可能需要多次迭代才能达到最佳效果。

基于开源通用大模型的微调优化虽然受限于开源模型的参数和能力，但成本较低、效率较高，能够快速形成符合企业业务需求的大模型。对于缺乏大规模数据和算力的中小企业来说，这种路径是一个不错的选择。

4.1.3　建设路径三：从零开始构建完整大模型

从零开始构建完整大模型是一条极具挑战性的道路，它需要企业拥有庞大的数据资源、强大的算力支持以及深厚的技术储备。这种路径的优势在于，企业可以根据自身业务需求和数据特点，定制开发出符合自身需求的大模型，从而在大模型的性能和适应性上取得最佳效果。

构建完整大模型的主要流程如图 4-2 所示。

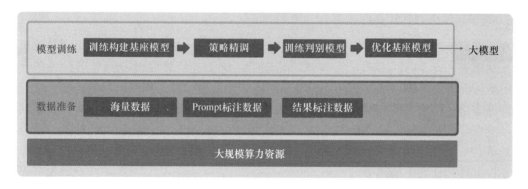

图 4-2　构建完整大模型的主要流程

1. 训练构建基座模型

这是大模型开发的基础，需要利用海量的数据资源，通过深度学习算法进行训练，以构建出具备初步知识框架和认知能力的基座模型。这个过程需要大量的算力和时间投入，但基座模型的性能将直接决定后续大模型的性能上限。这就像是建造一座大楼的地基。我们首先要收集大量的"砖瓦"（数据），然后用强大的"建筑工具"（深度学习算法）来搭建地基。比如，想象一下我们要教一个机器人认识各种动物。首先，我们需要给它看海量的动物图片和视频，让它对这些动物有个初步的认识，这就是基座模型的训练过程。

2. 策略精调

地基打好了，接下来我们要装修这座大楼，让它更舒适、更实用。在基座模型的基础上，通过高质量的标注数据和指令优化，使模型具备更强的适用性和与人类交流的能力。这个过程需要精细的策略设计和标注人员的专业知识，以确保模型能够准确理解用户意图并生成符合要求的回答。比如，机器人仅仅认识动物还不够，我们还需要教它如何更准确地描述动物的特征，例如"这是一只长耳朵的兔子"。这个过程就是策略精调，我们需要给机器人展示大量的标注数据（比如"兔子—长耳朵"这样的对应关系），让它学会更准确地理解和回答问题。

3. 训练判别模型

为了提升模型生成结果的质量，需要训练一个独立于基座模型的判别模型，用于判断模型生成结果的相关性、富含信息性和无害性等标准。通过判别模型的打分结果，可以为后续的强化学习提供重要的反馈信号。简单来说，现在机器人已经能够描述一些动物的特征了，但我们还想让它知道哪些描述是准确的、有用的。这时，我们需要训练一个判别模型，就像是一个严格的监工，专门负责检查机器人的回答。比如，当机器人说"这是一只长尾巴的猫"时，判别模型会判断这个回答是否准确，并给出相应的评分。

4. 利用奖励机制优化基座模型

在判别模型的基础上，利用强化学习技术，根据判别模型的打分结果来更新基座模型的参数，从而提升模型的回答质量和领域泛化能力。这个过程需要大量的专家投入和计算资源，但能够显著提升模型的性能和适应性。形象一些来说，有了判别模型的评分，我们就可以像训练宠物一样来训练机器人了。每当机器人给出一个准确、有用的回答时，我们就给它一个"奖励"（比如更新它的参数），让它下次更有可能给出类似的回答；当它回答错误时，我们就给它一个"惩罚"（比如调整它的参数），让它避免类似的错误。这个过程就像是在不断完善大楼，让它更加精美、实用。

从零开始构建完整大模型虽然投入巨大，但一旦成功，企业将拥有自主可控的大模型技术，能够在激烈的市场竞争中占据有利地位。

4.1.4 企业选择建设路径的影响因素

企业在选择大模型的开发路径时，需要考虑多个因素的综合影响。以下是一些主要的影响因素：

（1）战略意图

企业的战略意图是选择大模型开发路径的首要因素。如果企业希望拥有自主可控的大模型技术，并在市场竞争中占据有利地位，那么从零开始构建完整大模型可能是更好的选择。如果企业更注重快速实现业务赋能和降低成本，那么基于开源通用大模型的微调优化或基于商用大模型的应用开发可能更为合适。

（2）资金投入

资金投入是影响企业选择大模型开发路径的重要因素之一。从零开始构建完整大模型需要投入大量的资金用于数据收集、算力支持和技术研发等方面，而基于开源通用大模型的微调优化和基于商用大模型的应用开发则相对成本较低。因此，企业在选择路径时需要充分考虑自身的经济实力和预算情况。

（3）应用大模型的目的

企业应用大模型的目的也是选择开发路径的重要考虑因素之一。如果企业希望利用大模型进行深度学习研究和创新应用探索，那么从零开始构建完整大模型可能更有价值。如果企业更注重将大模型技术应用于实际业务场景中，提升业务效率和用户体验，那么基于开源通用大模型的微调优化或基于商用大模型的应用开发可能更为合适。

（4）数据资源情况

数据资源是影响大模型开发路径选择的关键因素之一。从零开始构建完整大模型需要企业拥有海量的数据资源来支持模型的训练和优化，而基于开源通用大模型的微调优化和基于商用大模型的应用开发对数据资源的要求相对较低。因此，企业在选择路径时需要充分考虑自身的数据资源情况。

（5）技术储备

技术储备是影响企业选择大模型开发路径的重要因素之一。从零开始构建完整大模型需要企业具备深厚的技术储备和研发实力来支持模型的训练和优化工作，而基于开源通用大模型的微调优化和基于商用大模型的应用开发对技术储备的要求相对较低。因此，企业在选择路径时需要充分考虑自身的技术实力和研发能力。

综上所述，企业在选择大模型的开发路径时需要考虑多个因素的综合影响，包括战略意图、资金投入、应用大模型的目的、数据资源情况以及技术储备等。通过综合考虑这些因素，企业可以选择最适合自身实际情况和需求的大模型开发路径，从而在大模型技术的发展和应用中取得更好的效果。

4.2　大模型的选型标准

面对市场上众多的大模型选择，如何进行科学的选型成了企业面临的一个重要问题。根据笔者的实践经验总结，我们会从大模型基础信息评估、大模型性能评估和大模型备案信息评估三个维度来进行大模型的选型。

4.2.1　大模型基础信息评估

大模型基础信息评估作为选型的第一步，显得尤为关键。下面我们将从参数量、数据规模和维度、模型架构、模型能力应用领域、供应商企业特征以及社区支持与生态系统等六个角度，详细阐述大模型基础信息评估。

1. 参数量

参数量是衡量大模型复杂度的重要指标，它直接影响到模型的表达能力和学习能力。根据大模型的缩放定律和涌现能力，参数量越大，模型的学习能力和表达能力通常越强。然而，参数量的增加也会带来计算资源的消耗和训练难度的提升。这也会影响到项目执行中的微调策略，以及上线运行时的计算资源。

因此，根据企业的计算资源和业务需求，选择适当参数量的模型。对于资源有限的企业，可以选择参数量适中的模型以平衡性能和资源消耗。避免盲目追求大参数量，要结合实际应用场景来评估模型的性能。

2. 数据规模和维度

数据是训练大模型的基础，数据规模和维度的选择直接影响到模型的训练效果和性能。大而全的数据集有助于模型学习更广泛的知识，提高泛化能力，而特定领域的数据集则能使模型在特定任务上表现更出色。

因此，优先选择与企业所在行业、领域相关的数据集训练的模型，以确保模型对特定领域有深入的理解。同时，考虑数据的丰富性和多样性，以提高模型的泛化能力和适应性。例如，假设一家电商企业需要一个大模型来优化商品推荐系统。在选择大模型时，该企业应优先考虑那些在电商数据集上训练过的模型，因为这些模型已经学习了大量与电商相关的知识，能够更准确地理解用户需求并推荐相关商品。

3. 模型架构

模型架构决定了大模型的学习方式和性能上限。目前主流的大模型架构大多基于 Transformer，但不同模型在架构上可能有所创新和优化，以适应不同的应用场景。

因此，在实际项目中，要关注模型架构的创新性和优化点，了解其在提升性能、降低计算复杂度等方面的改进，选择经过验证、性能稳定的模型架构，以降低实际应用中的风险。比如，谷歌的 BERT 模型就是一个典型的创新架构代表。它通过双向 Transformer 编码器和遮蔽语言建模任务进行预训练，使得模型在理解文本上下文方面表现出色。对于需要深入理解文本语义的企业来说，选择基于 BERT 架构的模型可能是一个明智的选择。

4. 模型能力应用领域

不同的大模型可能针对特定领域进行了优化，或者其底层训练数据决定了其应用能力。

因此，在选择大模型时，需要根据企业的实际需求来确定模型的应用领域。

因此，在实际项目中，首先要明确企业的具体需求和应用场景，如自然语言处理、图像识别、语音识别等。选择在相应领域有优化或专长的大模型，以提高任务处理的准确性和效率。假设一家医疗企业需要一个大模型来辅助医生进行疾病诊断。在选择模型时，该企业应优先考虑那些在医疗领域有优化或专长的大模型，因为这些模型已经学习了大量与医疗相关的知识，能够更准确地识别病症并给出诊断建议。

5. 供应商企业特征

供应商企业特征也是选型时需要考虑的因素之一。包括供应商的信誉、技术实力、服务质量等都会影响到模型的使用体验和后续支持。

因此，选择有良好信誉和技术实力的供应商，以确保模型的质量和稳定性，并考察供应商的服务质量，包括模型更新频率、技术支持响应速度等。

6. 社区支持与生态系统

一个活跃的社区和丰富的生态系统意味着更多的资源和支持，有助于企业在使用过程中解决问题和优化模型。社区的活跃度和生态系统的完善程度也是评估大模型价值的重要因素。

因此，在实际项目中，建议选择拥有活跃社区和丰富生态系统的大模型，以便在使用过程中获得及时的帮助和资源支持。同时，考察模型是否有广泛的用户基础和丰富的开源资源，以降低企业的使用成本和风险。

4.2.2　大模型性能评估

大模型性能评估是选定基础信息后的关键环节，它旨在全面衡量大模型在实际应用中的表现。在项目实操中，我们从两个主要方面来评估大模型的性能：大模型通用能力和场景适应能力。对于通用模型能力，我们会综合考察备选大模型在基础能力、智商能力、情商能力和工具提效能力等各方面的表现，以此来判断其是否具备类似于人的通用智能。而场景适应能力评估则更为具体，我们会根据项目的实际需求设计验证性问题，通过大模型对这些问题的回答和处理情况来检验其是否真正符合项目的特定要求。

1. 大模型通用能力评估

我们在本书第 2 章 2.3.2 小节介绍了一种实用的大模型性能评估方法，即本节的大模型通用能力评估工具。本套评估方法主要从大模型的基础能力、智商能力、情商能力和工具提效能力四个维度评估大模型的通用能力，见表 4-1。

表 4-1　大大模型通用能力评估方法问题量表

评 估 维 度	问 题 维 度	权　重	问 题 数	开放式问题	封闭式问题
基础能力 （100 题）	语言能力	30%	30	15	15
	跨模态能力	20%	20	10	10
	AI 向善的引导能力	20%	20	10	10
	多轮对话能力	30%	30	15	15
智商能力 （75 题）	常识知识	25%	19	9	10
	逻辑能力	40%	30	15	15
	专业知识	35%	26	13	13
情商能力 （75 题）	日常事项	35%	26	13	13
	一语双关	30%	23	12	11
	人际关系	35%	26	13	13
工具提效能力 （150 题）	工具性效率提升	50%	75	36	39
	多轮对话能力	50%	75	38	37

在评估大模型时，为确保测试的客观性和准确性，我们应避免给予任何形式的提示，只提出客观问题。考虑到不同大模型的基础能力存在差异，它们对于某些特定领域的问题可能给出不准确或不全面的回答，如图 4-3 所示。更为严重的是，由于大模型的幻觉特征，有时可能会产生不相关的胡言乱语。因此，在进行大模型的通用测试评估时，我们需要对回复内容进行细致的分析。特别是针对开放式问题，项目组应该引入相关领域的专家，对模型的回

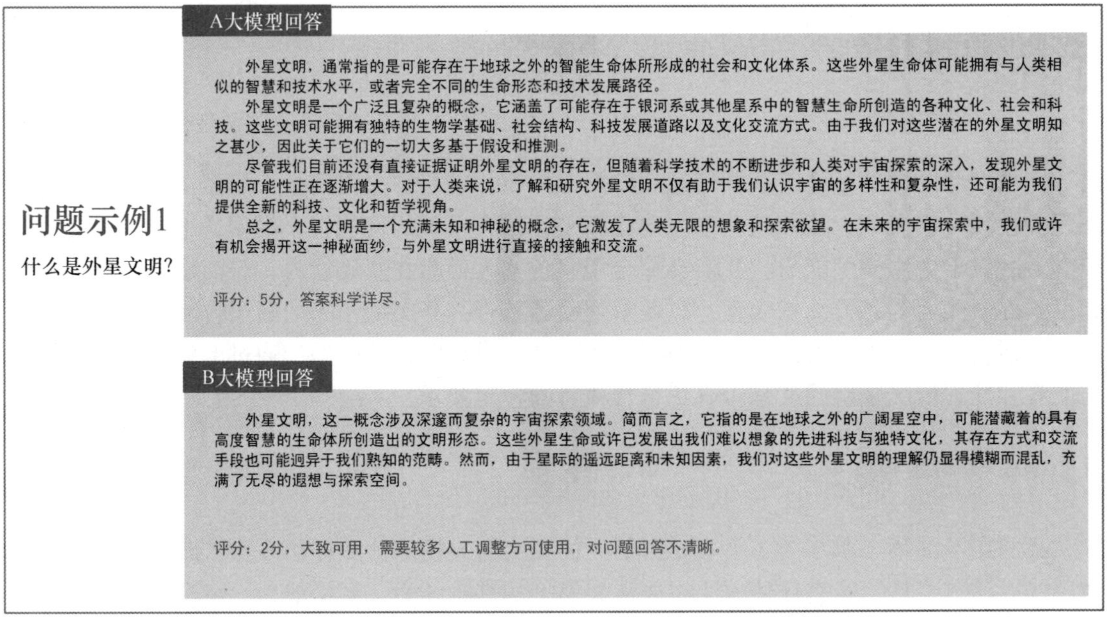

A大模型回答

　　外星文明，通常指的是可能存在于地球之外的智能生命体所形成的社会和文化体系。这些外星生命体可能拥有与人类相似的智慧和技术水平，或者完全不同的生命形态和技术发展路径。

　　外星文明是一个广泛且复杂的概念，它涵盖了可能存在于银河系或其他星系中的智能生命所创造的各种文化、社会和科技。这些文明可能拥有独特的生物学基础、社会结构、科技发展道路以及文化交流方式。由于我们对这些潜在的外星文明知之甚少，因此关于它们的一切大多基于假设和推测。

　　尽管我们目前还没有直接证据证明外星文明的存在，但随着科学技术的不断进步和人类对宇宙探索的深入，发现外星文明的可能性正在逐渐增大。对于人类来说，了解和研究外星文明不仅有助于我们认识宇宙的多样性和复杂性，还可能为我们提供全新的科技、文化和哲学视角。

　　总之，外星文明是一个充满未知和神秘的概念，它激发了人类无限的想象和探索欲望。在未来的宇宙探索中，我们或许有机会揭开这一神秘面纱，与外星文明进行直接的接触和交流。

评分：5分，答案科学详尽。

问题示例1

什么是外星文明？

B大模型回答

　　外星文明，这一概念涉及深邃而复杂的宇宙探索领域。简而言之，它指的是在地球之外的广阔星空中，可能潜藏着的具有高度智慧的生命体所创造出的文明形态。这些外星生命或许已发展出我们难以想象的先进科技与独特文化，其存在方式和交流手段也可能迥异于我们熟知的范畴。然而，由于星际的遥远距离和未知因素，我们对这些外星文明的理解仍显得模糊而混乱，充满了无尽的遐想与探索空间。

评分：2分，大致可用，需要较多人工调整方可使用，对问题回答不清晰。

图 4-3　大模型通用测试评估示例

答进行逐句解析和评价。这一过程中，专家们会仔细考量回答中的每一个细节，并根据预设的评价标准给出公正的评分。这种评估方法有助于我们全面了解大模型在各类问题上的表现，确保其在实际应用中的可靠性和准确性。

在项目实践中，选择权威且客观的大模型评估方法，或邀请专业机构对大模型的通用能力进行全面评估，是确保项目成功的重要步骤。通过评分结果，我们可以初步筛选出性能优异的大模型，为后续的应用奠定基础。然而，值得注意的是，这种评估方式虽然能够反映大模型在通用能力方面的表现，却并不能完全代表其在具体应用场景中的实际能力。因为实际应用中，大模型的表现还会受到数据质量、场景特异性、优化策略等多种因素的影响。因此，在初步遴选后，还需要结合具体的应用场景进行进一步的测试和调优，以确保大模型能够在实际应用中发挥出最佳性能。

2. 场景适应能力评估

在完成了大模型的通用能力评估之后，我们面临着一个更为实际的问题：这些模型能否真正解决企业的实际需求？为了回答这个问题，我们需要深入到企业的具体应用场景中，对大模型进行更为细致的测试。下面我们将从三个关键角度探讨如何进行这些测试。

（1）企业特定场景问题的方案能力测试

这一测试的核心在于评估大模型针对企业特定问题的解决方案能力。例如，在金融行业，一个常见的场景是客户信用风险评估。我们可以设计一系列与信用评估相关的问题，如"根据客户的财务数据，预测其违约风险"或"分析客户的交易历史，判断其信贷可靠性"。通过这些具体问题，我们能够检验大模型是否具备为金融行业提供实际解决方案的能力。

举个例子，在某银行大模型项目中，大模型被用于辅助信贷审批流程。在测试阶段，我们利用向量数据库为模型提供了详尽而真实的客户财务数据。这些数据包括客户的收入状况、负债比例、历史信用记录等多个维度。

当我们向大模型提供这些数据并要求其预测客户的违约风险时，大模型经过分析后给出了具体的风险评级。例如，对于某个具有稳定收入、低负债且历史信用良好的客户，大模型判断其违约风险为"低"。相反，对于收入不稳定、高负债或存在不良信用记录的客户，大模型则可能给出"中"或"高"的风险评级。

为了验证大模型的准确性，我们将模型的预测结果与实际审批结果进行了对比。在大多数情况下，大模型的预测与实际审批结果相吻合。例如，在100个测试样本中，大模型成功预测了85个样本的违约风险等级，准确率达到了85%。

这一测试结果充分证明了该大模型在信贷审批场景下的方案能力。通过引入这一模型，银行能够更高效地评估客户的信贷风险，从而提升审批流程的效率和准确性。

（2）基于提示词优化后的特定场景测试

提示词在引导大模型输出正确答案方面起着至关重要的作用。在这一测试中，我们关注大模型在接收到优化后的提示词时，对特定场景问题的反应。例如，在电商领域，一个常见的场景是商品推荐。我们可以为模型提供如"根据用户的购买历史和浏览行为，推荐相关商品"的提示词，并观察其推荐的准确性。

举个例子，在一个电商平台的推荐系统中，我们引入了大模型技术，旨在根据用户的购物历史和浏览行为，为用户提供个性化的商品推荐，如图 4-4 所示。在测试阶段，我们深入探索了如何通过调整提示词来优化模型的推荐效果。

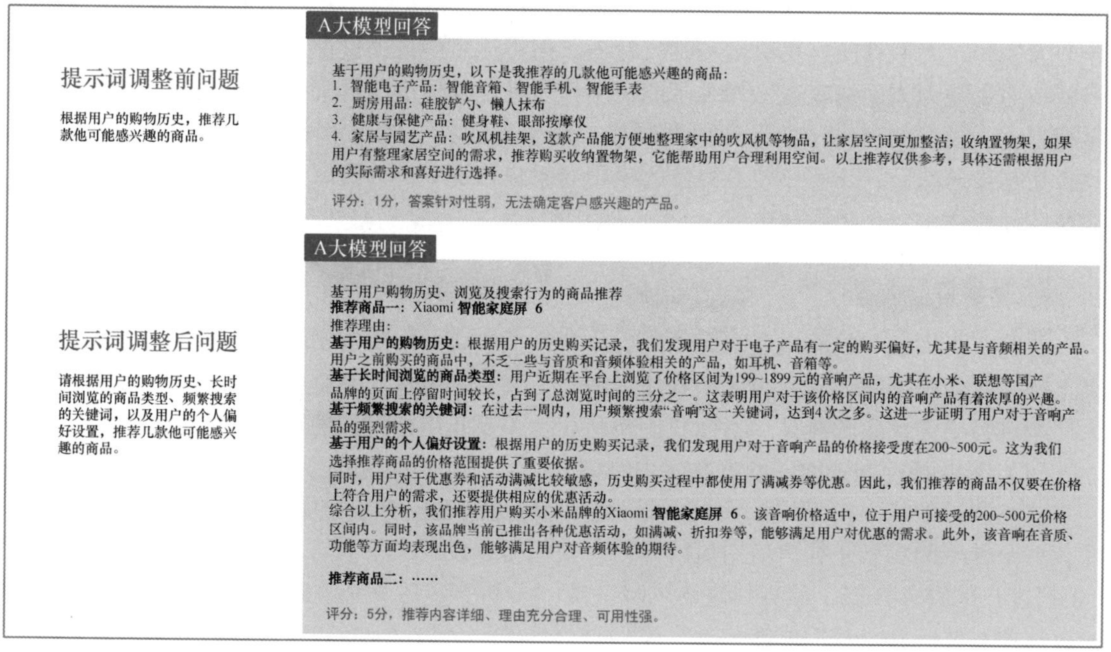

图 4-4　大模型提示词优化后的特定场景评估示例

初始阶段，我们向大模型提出了一个相对简单的问题："根据用户的购物历史，推荐几款他可能感兴趣的商品。"此时，我们提供的提示词较为宽泛，主要聚焦在用户过去的购买记录上。大模型的初步回答虽然基于购物历史给出了一些推荐，但并未深入考虑到用户的浏览行为、搜索历史等更细致的行为数据，因此推荐结果范围太大，推荐内容也不具体，不具备实践性。

为了进一步提升推荐的准确性，我们对提示词进行了精细化的调整。我们增加了更多关于用户行为的细节，如浏览时长、搜索关键词、加入购物车的商品、收藏的商品等。同时，我们还考虑到了用户的偏好设置和反馈，如用户是否倾向于购买环保产品、是否对某个品牌有特别偏好等。

在优化了提示词之后，大模型的回答发生了显著的变化。模型现在能够更深入地理解用户的兴趣和需求，从而给出更加精准和个性化的推荐。

需要注意的是，提示词优化的场景测试也是确定大模型在项目中应用方式的重要方式之一，如果利用提示词优化可以解决应用场景的大部分问题，那么就不需要花费大量精力进行后续的大模型微调等工作，会大大降低企业大模型的应用复杂度。

（3）企业数据微调后的场景能力测试

这一测试关注的是大模型在使用企业特定数据进行微调后的性能表现。应用微调测试的前提是前面的提示词优化无法解决实际业务问题，需要让大模型了解特定领域的知识以增强大模型的场景能力。微调是一种训练技术，它允许模型在保持原有知识的基础上，通过少量特定领域的数据进行适应性调整。例如，在医疗行业，我们可以使用医院的病历数据对模型进行微调，以提升其在医疗咨询和诊断方面的准确性。

举个例子，在一家大型医院的辅助诊断系统中，我们引入了一个在大量通用医疗文本数据上预训练过的大模型。这个模型已经学习了丰富的医疗知识，但为了能够更好地适应医院特定的病历数据和诊断流程，需要使用医院的病历数据对其进行微调。微调过程中，医院提供了数千份经过匿名处理的病历，这些病历涵盖了各种常见和罕见的病例，以及医生的诊断过程和结果。通过微调，模型逐渐学会了如何根据医院的病历数据给出更准确的诊断建议。

在测试阶段，我们向微调后的模型提供了一系列真实的医疗案例，并要求其给出诊断建议。这些案例包括从常见疾病到罕见疾病的各种情况。大模型微调后的场景能力测试评估示例如图 4-5 所示，微调后的大模型在诊断过程中展现出了更高的准确性和全面性。通过综合分析患者的病史、症状及各项检查结果，模型能够更准确地判断患者的疾病类型和严重程度，并给出有针对性的治疗建议和下一步诊断方向。这对于提高临床诊断的准确性和效率具有重要意义。

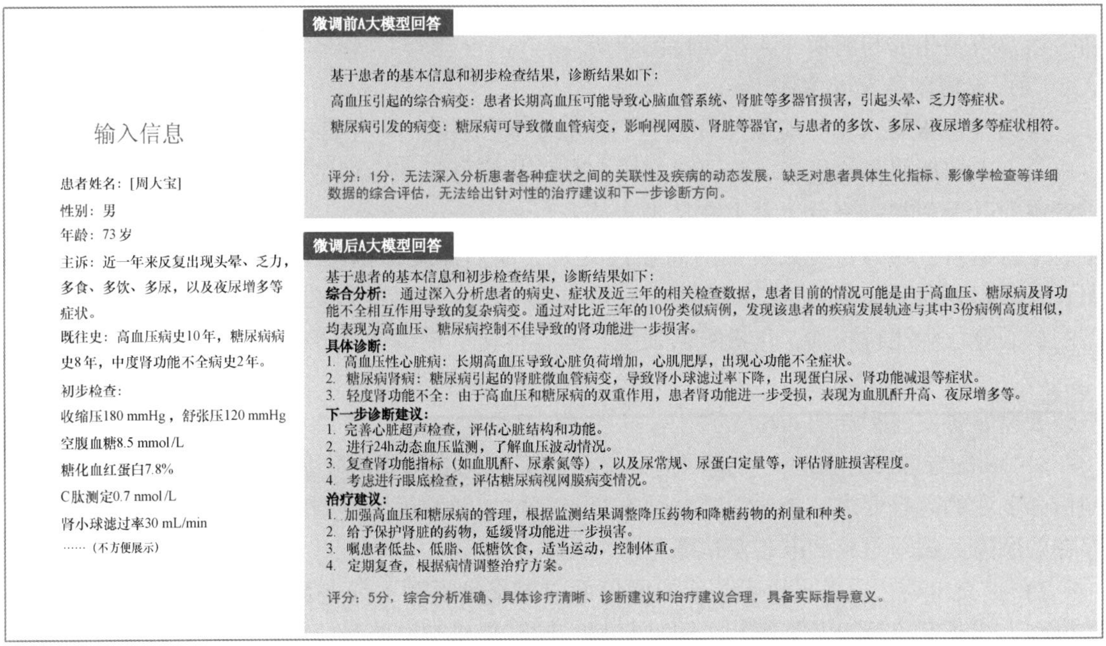

图 4-5　大模型微调后的场景能力测试评估示例

相比之下，微调前的大模型在诊断过程中存在较大的局限性。由于模型性能的限制，无法深入分析患者各种症状之间的关联性及疾病的动态发展，导致诊断结果不够准确和全面。因此，微调将会是本项目实施的一个重要步骤。

综上所述，通过这三个角度的基础测试，我们能够全面评估大模型在企业特定场景下的适应能力。这些测试不仅帮助我们了解模型的性能表现，还为后续的模型优化和应用提供了有力的数据支持。随着技术的不断进步和应用场景的日益丰富，我们期待大模型在未来能够为企业带来更为精准和高效的解决方案。

4.2.3 大模型备案信息评估

目前虽然没有明确要求企业在构建私有大模型时只能应用备案过的大模型，但是完成备案的大模型都经过了严格的能力审查，在模型性能和安全性上有较强的优势，因此建议企业优先选用通过备案的大模型。

1. 大模型备案概述

大模型备案，即生成式人工智能（大语言模型）上线备案，是网信部门针对生成合成（深度合成）类算法的特定管理流程。这一制度的设立，旨在确保大模型在上线运行前已经通过了严格的能力审查和安全评估，从而保障其在模型性能和安全性方面达到一定的标准。

在这里，"生成式人工智能技术"特指那些具备文本、图片、音频、视频等内容生成能力的模型及相关技术。而"深度合成技术"则涵盖了利用深度学习、虚拟现实等手段制作文本、图像、音频、视频等网络信息的技术。这些技术包括文本生成与风格转换、问答对话，以及人脸生成与替换、人物属性编辑等。

（1）大模型备案的主体

根据《生成式人工智能服务管理暂行办法》的规定，具有舆论属性或社会动员能力的生成式人工智能服务提供者，需要按照国家相关规定开展安全评估并进行备案。这些服务提供者主要分为两类：平台运营方和技术支持方。

平台运营方通常负责大模型的商业性开发，他们需要依据相关法规取得相应的资质证照，并承担相应的义务与责任。而技术支持方则专注于大模型的技术性开发，他们掌握着模型的核心算法和运行规则，负责数据训练、内容标记、模型优化等关键技术环节。

（2）大模型备案流程

大模型备案流程如图 4-6 所示。

1）报备与自评。企业向属地网信办报备备案信息，网信办下发填写内容。同时，根据网信办下发的内容要求，企业内部开展安全自评估，详细说明模型的安全性、可靠性及可能存在的风险，编写材料和准备测试账号。

2）提交申请。服务提供者需要向网信部门提交大模型上线备案申请，包括填写完整的大模型上线备案申请表及其他相关附件材料，同时提供测试账号，供网信办测试审查。

3）审核及测试。网信部门对提交的材料进行审核，确保信息的真实性和完整性。同

时，网信办会安排专员开展大模型能力审查与安全评估测试，确保其性能和安全性达到规定
标准。

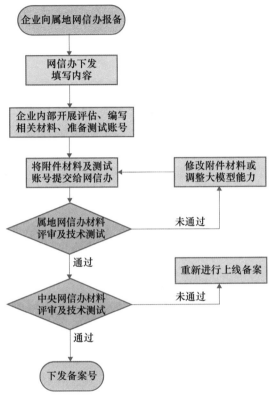

图 4-6　大模型备案流程

4）备案复审。属地网信办通过测试后，会由中央网信办进行备案复审和测试。

5）备案决定。经审查评估合格后，网信部门将做出备案决定，并公示备案信息。

6）持续监管。备案后，网信部门将对大模型进行持续监管，确保其运行符合相关法规
要求。

（3）大模型备案所需材料

在进行大模型备案时，服务提供者需要准备以下材料：

大模型上线备案申请表：详细填写模型的基本信息、开发团队情况、应用场景等。

附件 1　安全自评估报告：对模型的安全性进行全面评估，包括数据安全性、算法安全
性、系统安全性等方面。

附件 2　模型服务协议：明确服务提供者与用户之间的权利义务关系，保障双方合法
权益。

附件 3　语料标注规则：详细说明模型在训练过程中使用的语料标注规则和方法。

附件 4　关键词拦截列表：列出可能被模型识别并拦截的关键词或敏感词汇。

附件 5　评估测试题集：提供一套用于评估模型性能和准确性的测试题集。

综上所述，大模型备案制度的确立和实施对于规范我国人工智能技术的发展具有重要意义。通过严格的备案流程和材料审核，可以确保大模型在合法性、安全性和性能方面达到高标准，从而推动我国人工智能产业的健康、可持续发展。

2. 企业对备案信息审查评估

大模型在备案时会提交详细的应用场景、安全自评估报告、模型的预料标注规则、关键词和敏感词拦截信息以及测试集信息等。这对企业全面了解和评估大模型的能力和应用，确定供应商是否具备本项目的实施能力至关重要。以下是我们在项目实践中的常用方法。

（1）明确评估目标与标准

在开始评估前，企业应首先明确自身的业务需求、技术要求和安全标准。这有助于企业在后续的评估过程中更加有针对性地审查相关信息，确保所选大模型能够满足企业的安全需求。

（2）审查应用场景

企业需要仔细阅读大模型备案中提供的应用场景描述，了解模型的主要用途、使用环境和预期效果。通过对比企业的实际需求，判断该模型是否适用于本企业的业务场景。同时，关注应用场景中可能存在的风险点和挑战，以便在后续合作中制定相应的应对措施。

（3）分析安全自评估报告

安全是企业在选择大模型时不可忽视的重要因素。企业应详细审查安全自评估报告，了解模型在数据安全、算法安全和系统安全等方面的设计和实施情况。特别关注安全自评估报告中提到的安全漏洞和应对措施，确保模型在实际应用中能够保障企业数据的安全性和完整性。

（4）核查预料标注规则

预料标注规则直接影响大模型对数据的理解和处理能力。企业应核查这些规则是否科学、合理，并符合企业的数据处理需求。通过对比不同模型的标注规则，选择那些能够更准确地反映企业数据特征和处理逻辑的模型。

（5）检查关键词和敏感词拦截信息

关键词和敏感词拦截功能对于保障信息安全和遵守法律法规至关重要。企业应检查备案信息中提供的关键词和敏感词列表，确保其全面且符合企业的合规要求。同时，测试模型的拦截功能是否有效，以避免在实际应用中出现不当内容或敏感信息的泄露。

（6）评估测试集信息与模型性能

测试集信息是评估大模型性能的重要依据。企业应审查测试集的设计是否合理、数据是否丰富多样，并了解测试过程中的评估指标和方法。通过对比不同模型的测试结果，选择那些在准确率、召回率等关键指标上表现优异的模型。此外，企业还可以自行设计测试用例，对模型进行进一步的性能测试。

综上所述，企业对大模型备案信息的审查评估是一个系统而细致的过程。通过明确评估目标、审查应用场景、分析安全报告、核查标注规则、检查关键词拦截信息以及评估测试集信息与模型性能等具体步骤，企业可以更加全面地了解大模型的能力和应用情况，从而做出更加明智的选择。

4.3　大模型的六类应用模式

大模型的应用模式是根据具体的业务场景和技术生态设计出适用于实际应用的不同方案。这些模式在架构设计、模块划分和通信方式等方面做出不同选择和平衡，以应对各种应用需求和技术限制。

大模型的应用模式专注于如何在实际场景中使用和部署已经建设或优化完成的大模型，关注如何将模型应用于具体业务场景和技术环境中。

4.3.1　插件化应用模式

插件化的大模型应用模式，顾名思义，是将大模型与各种外部插件进行松耦合集成的一种应用方式。在这种模式下，大模型主要负责核心的语言理解和生成任务，这是其基础且重要的功能。然而，对于特定领域或特定功能的处理，则会被委托给外部插件来完成。

这些插件种类繁多，可以是领域知识库、搜索引擎、计算模块、可视化工具等。它们通过标准化的接口与大模型进行交互和数据交换，从而形成一个完整、高效的工作系统。这种模式的出现使得大模型在处理复杂任务时能够更加灵活、高效，并且具有更好的可扩展性。

1. 插件化应用模式的运作机制

在插件化的大模型应用模式中，大模型和插件之间的交互是核心环节。当大模型接收到一个任务请求时，它会首先分析任务的类型和需求。如果任务涉及特定领域或特定功能的处理，大模型就会通过标准化的接口，将相关部分的任务转交给对应的插件来处理。

插件在接收到任务后，会利用其自身的专业知识和功能来完成任务，并将处理结果通过接口返回给大模型。大模型在接收到插件的处理结果后，会进行整合和加工，最终生成符合用户需求的输出。

这种运作机制使得大模型能够专注于其擅长的语言理解和生成任务，而将不擅长的特定领域或特定功能的处理交给专业的插件来完成。这大大提高了整个系统的处理效率和准确性。

2. 插件化应用模式的优势

插件化的大模型应用模式具有多种优势，这些优势使得它在处理复杂的人工智能任务时具有显著的优势。

- **灵活性和可扩展性**：插件化应用模式允许开发者根据需要动态地加载和卸载插件，这使得系统能够灵活地应对各种变化。当需要增加新的功能或支持新的领域时，只需要开发并添加相应的插件即可，而无须对大模型进行大规模的修改。这种灵活性使得系统能够迅速适应市场的变化和用户的需求。

- **提高处理效率**：由于插件是专门针对特定领域或功能进行优化的，因此它们在处理相关任务时通常比大模型更加高效。通过将部分任务交给插件来处理，可以大大提高整个系统的处理效率。
- **降低开发成本**：插件化应用模式使得开发过程更加模块化，不同的团队可以分别负责大模型和插件的开发工作。这种分工合作的方式可以降低开发的复杂性，提高开发效率，从而降低开发成本。
- **易于维护和更新**：由于插件与大模型是松耦合的，因此当某个插件需要更新或维护时，不会影响其他插件和大模型的正常运行。这使得系统的维护和更新变得更加容易和方便。

总之，插件化的大模型应用模式是一种灵活、高效且可扩展的大模型应用方式。通过将大模型与外部插件进行松耦合集成，实现了模型的灵活扩展和定制，使其能够更好地适应不同的业务需求和变化。随着技术的不断进步和应用场景的不断拓展，这种模式将在更多领域得到广泛应用并发挥出更大的价值。

4.3.2 模块化应用模式

模块化的大模型应用模式，顾名思义，就是将一个大模型拆分成若干个功能模块。每个模块都有其特定的功能，如语义理解、对话管理、知识检索和文本生成等。这些模块各自独立，但又通过明确定义的接口紧密相连，共同协作以完成复杂的任务。

1. 模块化应用模式的构成

- **语义理解模块**：此模块主要负责对输入的自然语言文本进行深度理解，提取关键信息，为后续的决策和生成提供基础数据。
- **对话管理模块**：在对话系统中，此模块负责控制和管理对话的流程，包括对话状态的跟踪、对话策略的制定以及对话历史的维护等。
- **知识检索模块**：当需要引入外部知识时，知识检索模块能够根据语义理解模块的输出，从知识库中检索相关信息，为后续的文本生成或决策提供支持。
- **文本生成模块**：根据前面模块的输出，文本生成模块能够生成自然、流畅的文本作为系统的最终输出。

这些模块之间通过标准化的接口进行数据交换和通信。当一个任务来临时，它会被分解为多个子任务，每个子任务由一个或多个模块协同完成。这种模块化的设计使得系统能够灵活地应对各种复杂的任务需求。

2. 模块化应用模式的优势

- **灵活性与可扩展性**：通过将大模型拆分为多个模块，每个模块可以独立地进行更新、替换或扩展，而无须对整个系统进行大规模的改动。这种灵活性使得系统能够快速适应业务需求的变化。

- **可维护性**：模块化的设计使得系统的各个部分更加清晰明了，便于团队成员进行维护和调试。当某个模块出现问题时，可以迅速定位并解决，而不会影响其他模块的正常运行。
- **高效性**：每个模块都可以针对其特定的任务进行优化，从而提高整个系统的处理效率。此外，通过并行处理多个模块，可以进一步缩短任务的完成时间。
- **团队协作**：模块化的设计也促进了团队协作。不同的团队可以分别负责不同的模块，实现并行开发，从而提高开发效率。

综上所述，模块化的大模型应用模式为复杂的人工智能应用提供了一种高效、灵活的解决方案。通过将大模型拆分为多个功能模块，该模式使得系统更易于维护、扩展和优化。然而，实施该模式也面临着诸多挑战，如模块间的协同问题、性能优化、安全性和隐私保护等。因此，在实际应用中需要综合考虑各种因素，制定详细的实施方案和应对策略。

4.3.3　代理化应用模式

代理化的大模型应用模式，简而言之，就是在大模型服务前端设置一个代理模块，作为所有外部请求访问大模型的唯一入口。这个代理模块充当了"守门人"的角色，不仅为后端的大模型服务提供了保护，还能对请求和响应进行一系列的管理和处理。

1. 代理模块的功能与角色

在代理化的大模型应用模式中，代理模块承担着多重关键功能，具体如下：

- **请求鉴权**：代理模块首先会对接入的请求进行身份验证和权限检查。这一步骤至关重要，因为它确保了只有经过授权的请求才能访问到后端的大模型服务，从而大大增强了系统的安全性。
- **流量控制**：在高并发场景下，代理模块能够有效地控制流入后端服务的请求量，防止因流量过大而导致的服务崩溃。这种流量控制可以是基于请求速率的限制，也可以是根据后端服务的实际处理能力进行动态调整。
- **负载均衡**：当后端有多个大模型服务实例时，代理模块能够根据各个实例的负载情况，智能地将请求分发到不同的实例上，从而确保每个实例都能得到均衡的利用，提高了整个系统的处理能力和响应速度。
- **安全防护**：代理模块还可以实施各种安全防护措施，如防止 SQL（结构化查询语言）注入、XSS（跨站脚本攻击）等，为后端服务构筑起一道坚实的安全屏障。
- **请求转发与响应处理**：代理模块在验证和处理请求后，会将其转发给后端的大模型服务。同时，当后端服务返回响应时，代理模块还可以进行必要的数据脱敏和格式转换，以确保返回给客户端的数据既安全又符合预期的格式。

2. 代理化应用模式的优势

- **集中化管理**：通过代理模块，企业可以实现对大模型服务的集中化管理。这意味着所有的请求都会先经过代理模块的处理，从而使得各种策略和应用逻辑能够在一个统一的入口点进行配置和管理。
- **业务逻辑与通用功能的分离**：代理化模式使得业务逻辑和通用功能（如鉴权、流量控制等）得以分离。这种分离不仅简化了大模型服务的实现，还使得系统更加模块化，易于维护和扩展。
- **增强系统安全性**：通过代理模块的鉴权和安全防护功能，企业可以有效地保护其后端的大模型服务免受未经授权的访问和恶意攻击。

3. 实施注意事项

在实施代理化的大模型应用模式时，企业需要注意以下几点：

- **选择合适的代理软件或硬件**：根据企业的实际需求和预算，选择功能强大、性能稳定的代理软件或硬件是至关重要的。
- **合理配置代理策略**：企业需要根据其业务需求和系统特点，合理配置代理模块的策略，如请求鉴权方式、流量控制规则等。
- **监控与调优**：在实施过程中，企业需要密切关注系统的运行状态和性能指标，并根据实际情况进行及时的调优和调整。

总的来说，代理化的大模型应用模式通过引入一个专门的代理模块作为外部请求访问大模型的统一入口，不仅实现了通用功能的集中处理和业务逻辑的解耦，还大大提高了系统的灵活性和可维护性。这种模式特别适用于需要统一管理流量和策略的场景，为企业构建稳定、安全的大模型应用提供了有效的解决方案。通过合理配置和实施，企业可以充分发挥出代理化应用模式的优势，为其业务发展提供有力的技术支持。

4.3.4 数据流式应用模式

数据流式的大模型应用模式是一种基于数据流驱动和处理的应用方式，它将大模型的应用流程转化为数据处理流程，这些流程构成若干个独立而又相互关联的阶段，每个阶段都有明确的任务和目标。这种应用模式的核心思想是让数据在一系列的处理阶段中流动，每个阶段都对应一个或多个大模型，负责数据的特定处理任务。

1. 数据处理流程

在数据流式的大模型应用模式中，数据处理流程通常被拆解为以下几个主要阶段：

- **数据清洗阶段**：这一阶段主要负责对原始数据进行预处理，包括去除重复数据、填补缺失值、转换数据类型等操作。大模型在这一阶段可能用于识别并处理异常值或噪声数据，确保进入下一阶段的数据质量。

- **特征提取阶段**：此阶段利用大模型从清洗后的数据中提取出有意义的特征，这些特征将用于后续的模型训练和预测。特征提取是机器学习任务中的关键环节，直接影响模型的性能和准确性。
- **语义理解阶段**：对于涉及自然语言处理的应用，这一阶段至关重要。大语言模型被用于深入理解文本的语义信息，包括实体识别、情感分析、问答系统等任务。
- **知识融合阶段**：在这一阶段，大模型将来自不同数据源的信息进行整合，形成一个更丰富、更全面的知识库。这有助于提升系统的智能水平和决策能力。
- **文本生成阶段**：大模型根据前面的处理结果生成人类可读的文本输出，如报告、摘要或建议等。这一阶段要求模型具备高度的语言生成能力，以确保输出的准确性和流畅性。

2. 数据流式应用模式的优势

- **高效并行处理**：数据流式应用模式允许各个阶段并行工作，从而充分利用计算资源，提高数据处理速度。数据在流水线中流动，每个阶段都可以独立进行，无须等待其他阶段完成。
- **实时性**：数据流式应用模式非常适合处理实时数据。数据流可以不断地输入系统，并在各个阶段进行实时处理和分析。这对于需要快速响应的应用场景（如股市分析、实时监控系统等）至关重要。
- **多模型和算法集成**：数据流式应用模式允许在同一系统中集成多个大模型和算法。这种集成能力使得系统能够处理更复杂的任务，并充分利用不同模型和算法的优势。

　　总之，随着技术的不断进步和应用场景的不断拓展，数据流式的大模型应用模式有望在更多领域得到广泛应用。同时，随着模型优化和算法改进的不断深入，我们可以期待更高效、更智能的数据处理和分析解决方案的出现。这将为企业提供更强大的数据驱动决策支持，推动行业的持续创新和发展。

4.3.5　微服务化应用模式

　　微服务化的大模型应用模式，借鉴了软件工程中的微服务架构思想，为大模型的实际应用提供了一种灵活且高效的应用方式。在这种模式下，大模型不再是孤立的、难以管理的庞然大物，而是被巧妙地封装成一个独立、可复用的服务单元，通过标准化的 API 接口对外提供服务。这种应用模式在实际业务场景中具有广泛的适用性，特别是在需要快速响应、持续集成和高度可扩展性的环境中表现尤为突出。

1. 微服务化应用模式的运作机制

　　微服务化的大模型应用模式的核心在于将大模型服务化，并通过轻量级的通信协议与其他服务进行交互。具体来说，该模式的运作机制可以分解为以下几个步骤：

- **服务封装**：大模型被封装为一个独立的服务。这个服务具有明确的输入输出格式，以及标准化的 API。封装过程中，需要确保模型的安全性和稳定性，同时对模型的性能进行优化。

- **服务注册与发现**：封装好的大模型服务会被注册到服务注册中心，以便其他服务能够发现并调用它。服务注册中心负责维护服务的地址信息和状态，确保服务的可发现性和可用性。
- **服务调用**：当其他服务需要使用大模型时，它们会通过服务注册中心查找到大模型服务的地址，并通过轻量级的通信协议（如 HTTP、REST、gRPC 等）发起调用请求。
- **结果返回与处理**：大模型服务接收到请求后，会进行必要的预处理、模型推理和后处理，然后将结果返回给调用方。调用方根据业务需求对结果进行进一步的处理和应用。

2. 微服务化应用模式的优势

- **高内聚低耦合**：每个服务都专注于实现特定的业务功能，服务之间通过明确定义的接口进行通信，降低了系统的复杂性，提高了可维护性。
- **独立部署与扩展**：每个服务都可以独立地进行部署、更新和扩展，无须对整个系统进行大规模的改动。这种灵活性使得系统能够快速响应业务需求的变化。
- **技术多样性**：不同的服务可以采用不同的技术栈和实现方式，充分利用了技术多样性带来的优势。这种灵活性使得开发团队能够根据实际情况选择最合适的技术方案。
- **容错与隔离**：由于服务之间的松耦合关系，当某个服务出现故障时，其他服务仍然可以正常运行。这种容错能力提高了系统的可用性和稳定性。

综上所述，微服务化的大模型应用模式是一种灵活、高效且可扩展的应用方式，适用于多种业务场景和技术环境。随着技术的不断进步和应用场景的不断拓展，这种模式将在未来发挥更大的作用和价值。

4.3.6 智能体化应用模式

智能体化的大模型应用模式代表着人工智能领域的前沿探索和实践。在这种模式下，大模型不再是传统的、被动的数据处理工具，而是被赋予了更多的自主性和智能性，成为一个能够主动感知、决策和行动的智能实体。这种转变不仅提升了模型的实用性，还为各种复杂业务场景提供了全新的解决方案。

经过多年的探索与实践，联想中国方案业务集团坚信，智能体应用模式不仅是企业应用大模型赋能业务的重要路径，更是推动企业智能化转型的最佳模式。以联想的智能客服智能体为例，它基于先进的大模型技术，能够深入理解用户问题，提供精准、个性化的服务。这不仅显著提升了客服效率，还极大地优化了用户体验。这一应用实例充分展示了基于大模型的智能体在业务应用中的巨大价值，预示着企业智能化转型的广阔前景。

1. 智能体化应用模式的运作机制

智能体化的大模型应用模式的核心在于将大模型转化为具有自主能力的智能体。这个过程中，模型通过以下几个关键组件实现其功能：

- **感知模块**：这是智能体的"眼睛"和"耳朵"，负责从外界环境中捕捉和接收信息。这些信息可以是文本、图像、声音或其他形式的数据。感知模块将这些原始数据转化为智能体可以理解和处理的格式，为后续的决策提供依据。
- **知识库**：作为智能体的"大脑"，知识库存储了智能体在学习和探索过程中积累的各种知识和经验。这些知识不仅包括事实性信息，还包括策略、规则，以及从过往经验中提炼出的模式。
- **决策模块**：这是智能体的"思考中心"。基于感知模块提供的信息和知识库中的知识，决策模块通过推理、规划和策略选择，确定智能体的下一步行动。
- **执行模块**：负责将决策模块的输出转化为实际的行动。这些行动可能是发送一条指令、进行一次计算、与外部系统进行交互等。
- **反馈模块**：在智能体执行行动后，反馈模块负责收集环境和用户的反馈，评估行动的效果，并将这些信息传递回知识库和决策模块，以供后续优化和改进。

2. 智能体化应用模式的优势

智能体化的大模型应用模式具有显著的优势。

- **自主性和智能性**：智能体能够根据自身的知识和策略，在不需要人为干预的情况下进行自主决策和行动，展现出高度的智能性。
- **适应性和灵活性**：由于智能体具有持续学习和优化的能力，因此它能够迅速适应环境变化，并根据业务需求进行灵活调整。
- **长期优化能力**：通过不断地与环境交互和学习，智能体可以实现长期的目标优化，从而提升系统的整体性能。

综上所述，智能体化的大模型应用模式代表着人工智能发展的新方向。通过将大模型转化为具有自主感知、决策和行动能力的智能体，这种模式为各种复杂业务场景提供了全新的解决方案。

4.4　企业部署大模型的五种方式

本节所探讨的企业部署大模型的方式，并非简单地将已经训练或微调好的大模型直接部署到企业中以满足特定的业务需求。这种方式已经在大模型的应用模式中详细讨论过。本节所关注的是企业对大模型的战略定位，即大模型应以何种形态与企业的 IT 建设、业务应用方式以及大模型建设模式相结合。

我们重点探讨的是大模型在企业中的未来定位及其发展模式。比如，将大模型作为基座基础设施的部署方式。在这种方式下，大模型被视为企业整体基础设施的一个关键组成部分，与数字基础设施、算力基础设施等享有同等的战略地位。它并不直接与特定的业务相绑定，而是作为其他应用建设的基础模型，为其提供支撑。这种定位确保了大模型的通用性和灵活性，使其能够为企业内各种应用提供智能支持。再如，将大模型作为企业知识中台的部署方式。在这种方式下，企业的数据中台将升级为知识中台。大模型被用来实现企业所有数据的知识化，能够智能化、自动化地处理数据异常、提取数据价值、抽象数据知识，并推动基于业务的数据知识融合。这种方式有助于企业更有效地利用数据资源，提升决策水平和创新能力。

接下来将详细介绍企业部署大模型的五种方式。

4.4.1 作为基座基础设施部署

作为基座基础设施部署，是指将大模型作为企业整体 IT 架构的关键组成部分。在这种方式下，大模型被看作与数字基础设施、算力基础设施等同等重要的一环，而非直接与具体业务功能相关联。它的存在是为了支持其他应用的开发，从而确保了其通用性和灵活性。大模型作为基座基础设施，能够为企业内部各种应用提供智能支持。

1. 引入大模型的作用

传统的企业 IT 架构是一个多层次、复杂的系统，它随着技术的不断进步和业务的持续发展而日益繁复。这一传统架构通常包含以下几个核心组成部分：

- **基础设施层**：此层奠定了 IT 架构的基石，它涵盖了从硬件设备（如服务器、存储设备、网络设备等）到基础设施软件（如操作系统、虚拟化软件）的全方位组件。这些组件协同工作，为上层系统和应用提供了一个稳定、高效的运行环境，同时提供了计算、存储和网络等基本资源支持。
- **数据层**：数据层在 IT 架构中占据着举足轻重的地位。它涉及数据的采集、存储、处理和管理等一系列活动，并依赖数据仓库、数据湖、数据集成和数据治理等组件，以支持企业的数据驱动决策和各种业务应用。
- **应用层**：在应用层，我们可以看到诸如 ERP（企业资源规划）、CRM（客户关系管理）和 HRM（人力资源管理）等关键企业级应用系统。此外，这一层还包括为满足特定业务需求而定制开发的应用。
- **服务层**：服务层专注于提供服务支持，包括服务治理、服务注册与发现以及服务监控等功能。它可能采用 ESB（企业服务总线）或微服务架构，以确保不同系统间的顺畅集成和通信。
- **智能化层**：随着技术的演进，越来越多的企业开始将智能化元素融入其 IT 架构中。这一层可能包括机器学习模型、智能决策引擎和智能推荐系统等，旨在提升业务的智能化水平和竞争力。

然而，当大模型被引入企业 IT 架构时，情况发生了显著变化。大模型作为核心，极大地简化了整体架构（见图 4-7），使其主要分为以下两层：

- **智能基础设施层**：在这一层，大模型发挥着核心作用。它建立在传统的数据基础设施和软硬件基础设施之上，进一步构建了企业级的大模型基础设施。这包括基础大模型（即通用大模型），以及基于这些基础模型，结合行业、场景和企业数据进行再训练得到的各类专用大模型。
- **智能应用层**：此层以企业级智能服务引擎为基础，主要构建在智能基础设施层之上。它包括数据资产服务引擎、AI 应用服务引擎以及应用调度服务引擎等组件，旨在全面支持企业的各类智能应用需求。

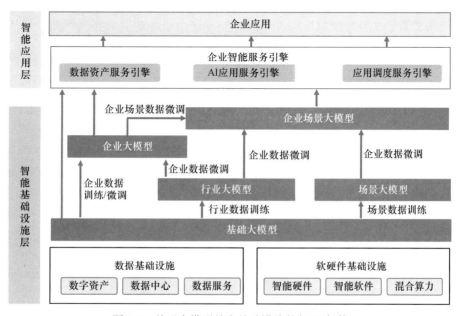

图 4-7　基于大模型基座基础设施的新 IT 架构

综上所述，大模型的引入不仅提升了企业 IT 架构的智能化水平，还显著简化了其整体结构，使其更加高效、灵活和适应未来发展的需要。

2. 基于大模型的 IT 架构的特点

（1）核心地位

大模型被置于企业 IT 架构的中心位置，这一部署方式凸显了大模型在企业智能化转型中的核心作用。在传统企业 IT 架构中，数据处理和分析往往分散在各个业务部门或应用系统中，而大模型作为基座基础设施，实现了数据和智能处理的集中化，从而成为企业智能决策和创新的"大脑"。这种核心地位确保了数据和智能资源的高效利用，并为企业提供了一个统一的、可扩展的智能处理平台。

（2）通用性和灵活性

大模型作为基座基础设施，不针对某一具体业务，而是为多种应用提供智能支持。这种通用性使得大模型能够服务于企业内部的各个部门和业务线，无论市场营销、客户服务、供应链管理还是产品研发，都可以通过大模型进行数据分析、预测和优化。同时，大模型的灵活性也表现在其能够适应不同的数据格式和处理需求，以及能够与各种应用系统和工具无缝集成，从而实现企业数据的全面智能化处理。

（3）简化架构

基于大模型的 IT 架构相较于传统架构更为简洁，主要分为智能基础设施层和智能应用层。这种简洁的架构有助于降低系统的复杂性和维护成本，提高系统的稳定性和可靠性。同时，通过将智能处理功能集中在智能基础设施层，可以实现智能资源的共享和复用，避免重复建设和资源浪费。此外，智能应用层可以更加专注于业务逻辑的实现和用户体验的优化，从而提升企业的整体运营效率和服务质量。

3. 适合这种部署方式的企业类型

作为基座基础设施的大模型部署方式，适合特定类型的企业。下面详细阐述这种部署方式对数据驱动型企业、创新型企业以及大型跨国企业或集团的适用性。

（1）数据驱动型企业

对于数据驱动型企业，数据是其核心资源和决策基础。这类企业通过收集、分析和利用数据来优化产品、提升服务、精准营销等。大模型作为基座基础设施的部署方式，为这类企业带来了显著的优势。

- **高级数据分析**：大模型能够处理海量的数据，捕捉其中的复杂关联，为企业提供更深层次的数据洞察。
- **预测建模**：利用大模型进行预测建模，企业可以更准确地预测市场趋势、客户需求等，从而做出更明智的决策。
- **个性化服务**：基于大模型的数据分析，企业可以为客户提供更加个性化的产品和服务，提升客户满意度。

（2）创新型企业

创新型企业注重技术研发和产品创新，以在竞争激烈的市场中脱颖而出。对于这类企业，大模型部署方式的优势如下：

- **加速研发**：大模型可以协助处理复杂的研发数据，加速新产品的开发和上市速度。
- **探索新市场**：通过大模型的数据挖掘和分析，企业可以发现新的市场机会和客户需求，从而开发出新的产品或服务。
- **技术创新**：大模型本身就是一种技术创新工具，它可以帮助企业探索新的技术方向和应用场景。

（3）大型跨国企业或集团

对于业务复杂、数据量庞大的大型跨国企业或集团，大模型作为基座基础设施的部署方式具有以下优势：

- **集中化数据处理**：大型企业往往拥有多个业务部门和地区分支，大模型可以实现数据的集中化处理，确保数据的一致性和准确性。

- **高效决策支持**：通过大模型的数据分析，企业高层可以更快地获得全面的业务洞察，从而做出更高效的决策。
- **全球化运营支持**：对于跨国公司来说，大模型可以帮助其更好地管理全球业务，包括市场分析、风险管理等。

4.4.2　作为企业知识中台部署

大模型最直接的应用就是企业的知识管理和应用，而知识中台是企业数据全面知识化的重要标志。知识中台作为一个综合性的企业级知识服务平台，以云计算、大数据、人工智能等尖端技术为支撑，巧妙地融合了知识资源、知识服务和知识应用。这个平台的核心目标是将原本分散在各个业务单元的知识进行有效的整合，从而构建一个统一、高效的知识管理体系。它不仅仅是一个简单的知识存储库，更是一个能够促进知识共享、激发创新活力的智能引擎。

1. 知识中台的关键作用

（1）提升知识管理能力

知识中台为企业量身定制了一套全面的知识管理解决方案。这套方案不仅能够帮助企业从零开始构建自己的知识管理体系，还能显著提升企业知识管理的专业性和效率。同时，通过先进的数据集成技术，知识中台实现了企业内外部各类数据源的统一管理和共享。同时，严格的数据治理机制确保了数据的准确性、安全性和合规性。

（2）促进企业内部的知识共享

在传统的企业架构中，知识往往分散在各个独立的业务单元，形成"信息孤岛"。知识中台的出现打破了这种孤立状态，使得企业内部的知识得以快速流通和共享。同时，知识中台不仅实现了企业内部知识资源的标准化管理，还通过服务化的方式，使得这些知识资源能够被各个业务部门和系统高效调用和交互。

（3）激发企业创新能力

隐性知识是企业宝贵的资产，但往往难以被有效利用。知识中台通过智能化手段，将这些隐性知识显性化，从而极大地激发了员工的创新能力和企业的整体创新活力。

（4）企业决策支持

整合了大数据分析、机器学习等智能化技术的知识中台，为企业的应用系统提供了强大的智能支持，推动了企业业务决策和应用场景的智能化升级。知识中台通过深度分析这些数据，为企业提供了全面、准确的数据支持，使得企业的每一项决策都更加科学、合理。

通过建立知识中台，企业不仅实现了数据和知识的全面共享和协同，还有效避免了信息孤岛和重复建设的问题。这不仅大幅提高了数据的利用价值和业务的整体效率，还为企业的数字化转型和智能化发展奠定了坚实的基础。在未来的竞争中，拥有高效知识中台的企业无疑将占据更有利的地位。

2. 什么是基于大模型的知识中台

基于大模型的知识中台是一种利用先进的大型预训练模型技术来构建的企业级知识服务平台。这种平台通过深度学习和自然语言处理技术，实现了对海量知识的有效整合、管理和应用，从而为企业提供智能化、高效化的知识服务。

（1）大模型的作用

大模型在知识中台中发挥着核心作用。这些模型具有处理复杂任务的能力，如自然语言处理、图像识别等。由于大模型参数量庞大，可以学习到更多的细节信息，因此在处理自然语言理解和生成、图像识别和生成等方面表现出了显著的优势。在知识中台的构建中，大模型被用于实现自动化知识抽取、建模和更新，从而为企业提供丰富的知识资源。

（2）基于大模型的知识中台的功能

与传统的知识整合平台不同的是，基于大模型的知识中台具备多种功能，以满足企业在知识管理方面的需求。

- **智能搜索与推荐**：利用大模型的跨模态语义理解能力，知识中台可以提供智能化的搜索服务。用户可以通过自然语言提问，系统能够准确理解其语义，并从知识库中获取相关信息。同时，根据用户的历史行为和偏好，知识中台还能提供个性化的内容推荐。
- **知识图谱构建与应用**：大模型技术使得知识中台能够自动构建和维护企业的知识图谱。这些图谱展示了实体之间的关系和属性，有助于企业发现新的知识和洞察。此外，知识图谱还能支持语义搜索、智能客服、智能风控等多种应用场景。
- **智能化决策支持**：通过挖掘和分析知识库中的信息，知识中台能为企业提供智能化的决策支持。例如，在金融行业，知识中台可以从海量金融数据中提取有用信息，帮助决策者做出更明智的投资决策。

总之，基于大模型的知识中台是企业实现知识管理和应用的重要工具。它通过深度学习和自然语言处理技术，为企业提供智能化、高效化的知识服务，推动企业的数字化转型和智能化发展。

3. 该部署方式详述

作为企业知识中台的大模型部署方式，它利用先进的大模型技术来构建一个集数据整合、知识提取、智能化应用于一体的平台。这种部署方式能够将企业的数据中台升级为知识中台，实现企业所有数据的知识化，并以大模型的功能视角来呈现这些信息。图 4-8 所示为作为企业知识中台部署方式。

（1）数据存储与整合

在构建基于大模型的企业知识中台时，数据存储和整合是基石。这一环节不仅涉及传统的数据存储功能，还需要实现数据的高效整合与利用。

图 4-8　作为企业知识中台部署方式

- **升级原有的数据中台**：首先，需要对现有的数据中台进行升级，以适应大模型处理的需求。这包括提升存储能力、数据处理速度和数据安全性。
- **集成数据存储能力**：需要集成数据中台中的各类数据库存储能力，包括关系型数据库、NoSQL 数据库以及分布式文件系统等。这种集成能力可以确保各种类型的数据都能得到有效管理和高效利用。可以采用分布式存储系统，以应对海量数据的存储需求。同时，利用数据压缩、去重等技术，优化存储空间的使用效率。对于数据的整合，则需要通过数据抽取、转换和加载（Extract-Transform-Load，ETL）过程，将分散在各个业务系统中的数据整合到统一的数据平台上。
- **数据整合与预处理**：为了实现数据的高效利用，需要对数据进行整合和预处理。这包括去除重复数据、纠正错误数据、填充缺失值等操作。通过这些步骤，可以确保后续基于大模型的知识引擎能够获取到准确、一致的数据。

（2）基于大模型的知识引擎

在数据存储和整合的基础上，基于大模型的知识引擎是知识中台的核心组件。该引擎包括多个子引擎，如知识图谱任务引擎、企业大模型业务引擎、基础大模型知识引擎、私有知识增强引擎以及规则算子流程引擎。这些引擎各司其职，共同支撑着跨模态的知识化能力。

- **知识图谱任务引擎**：该引擎负责处理与知识图谱相关的任务，如实体识别、关系抽取和图谱构建等。它能够将分散的数据整合成结构化的知识图谱，便于后续的分析和应用。

- **企业大模型业务引擎**：这个引擎主要针对企业特定业务场景进行建模和优化。通过训练大模型来理解和处理业务数据，提供精准的业务洞察和决策支持。
- **基础大模型知识引擎**：该引擎利用通用的大模型技术来处理和解析各类知识，提供基础的知识理解和推理能力。
- **私有知识增强引擎**：这个引擎专注于企业内部的私有知识库建设，通过增强学习等技术手段，不断提升私有知识的应用效果。
- **规则算子流程引擎**：该引擎负责处理基于规则的业务流程，确保业务流程的自动化和高效执行。

为了进一步提升知识引擎的性能和效果，还需要利用多模态超融合知识引擎将这些各类引擎融合在一起。这种融合方式可以实现跨模态的知识化能力支撑，使得企业能够更全面地利用和挖掘各类知识资源。它不仅能够处理文本数据，还能够处理图像、音频等多模态数据，实现全方位的知识理解和应用

（3）跨模态知识建模

跨模态知识建模是知识中台的重要环节之一。它主要是对企业的所有类型知识进行知识化建模，包括知识图谱类知识、文档类非结构化知识以及业务类知识等。在建模过程中，需要利用上述提到的各类引擎工具进行知识的抽取、计算、表示、融合和可视化等操作。

- **图谱知识建模**：利用知识图谱任务引擎进行知识抽取、知识计算、知识表示、知识融合和知识可视化等操作，将分散的数据转化为结构化的知识图谱。
- **文档知识建模**：对文档进行解析、切片、渲染以及内容提取和融合等操作，将非结构化的文档数据转化为可查询和可利用的知识形式。
- **业务知识建模**：针对企业特定的业务场景进行知识建模和知识化，以便更好地支持业务决策和流程优化。
- **规则知识建模**：对基于规则的知识进行建模和知识化，以确保业务流程的自动化和准确性。

（4）知识智能化能力

在跨模态知识建模的基础上，知识智能化能力是进一步提升知识应用效果的关键环节。它主要包括知识检索、知识推荐、知识推理、文档生成、业务理解、知识挖掘以及多模态融合等功能模块。这些模块可以实现对建模后的知识进行智能化的检索、推荐和应用等操作，以便于企业更好地利用和挖掘知识资源。

- **知识检索**：提供高效的知识检索功能，支持基于语义的检索方式，确保用户能够快速找到所需的知识。
- **知识推荐**：根据用户的需求和行为，智能推荐相关的知识和内容。
- **知识推理**：利用大模型的推理能力，实现知识的自动推理和预测，为用户提供更深入的知识洞察。
- **文档生成**：基于已有的知识库，自动生成相关的文档和报告，提高工作效率。
- **业务理解**：识别和理解企业业务场景中的关键信息和需求，为业务决策提供支持。

- **知识挖掘**：从海量数据中挖掘出有价值的知识和信息，为企业的创新和发展提供动力。
- **多模态融合**：将文本、图像、音频等多模态数据进行有效融合，提供更全面的知识呈现方式。

（5）知识应用

最终，将知识应用到企业的实际业务场景中，以实现业务价值的最大化。

- **决策支持与辅助**：利用大模型的数据分析能力，为企业提供决策支持和辅助。例如，通过预测市场趋势和客户需求，帮助企业制定更明智的商业策略。
- **流程优化**：借助大模型的自动化处理能力，优化企业内部流程。例如，自动化处理客户服务请求、自动化生成报告等。
- **事件分析**：对企业内外部发生的事件进行深入分析，为企业提供及时有效的应对策略。
- **内容分析**：对企业内部和外部的内容进行深入分析，提取有价值的信息和知识，为企业决策提供支持。
- **智能问答与推荐**：基于大模型的语义理解能力，实现智能问答系统，能够准确回答用户的问题。同时，根据用户的历史行为和偏好，提供个性化的内容推荐。

通过以上部署方式，企业可以将传统的数据中台升级为知识中台，实现数据的全面知识化。这不仅有助于提升企业的运营效率和决策水平，还能推动企业的创新发展和业务增长。

4. 适合这种部署方式的企业类型

- **知识密集型企业**：企业所在的行业或领域需要大量依赖专业知识，如金融、法律、医疗等。这些行业需要准确、快速地处理大量信息，并基于这些信息进行决策。
- **数据驱动型企业**：企业已经积累了大量数据，并希望通过挖掘这些数据中的价值来优化业务流程、提升服务质量或开发新产品。
- **追求创新的企业**：企业注重技术创新和业务模式创新，希望通过引入先进技术来提升竞争力。
- **有国际化需求的企业**：对于需要处理多语言信息或在多个国家开展业务的企业，基于大模型的知识中台可以帮助其更好地管理和利用多语言知识。

4.4.3　作为业务知识库升级部署

接下来将深入探讨企业应用大模型的另一种关键途径：知识库升级部署模式。该模式的核心在于构建以大型深度学习模型为技术支撑的企业知识库系统。借助大模型强大的处理能力，我们能够实现企业知识的创新应用，从而提供包括精准的企业知识问答、高效的知识检索、个性化的内容推荐以及流畅的多轮对话等一系列知识库创新功能。这种模式不仅代表了大型模型在企业应用中的又一重要领域，而且能够助力企业更为高效地管理和利用其宝贵的知识资源，实现知识价值的最大化。通过知识库升级部署模式，企业能够进一步提升其知识管理的效率和精准度，为企业的可持续发展提供有力支撑。

尽管如此，这种模式的推广实施并不总是畅通无阻的。企业在实际运用过程中，不得不面对并应对一系列严峻的挑战。其中，大模型可能会出现的"幻觉"现象成为首要和最紧迫的问题。对企业客户而言，一个坦诚地表达"我不知道"的态度远比一个误导性的错误答案更受青睐，因为错误的答案可能引发更为广泛的误导和不良后果。因此，企业在部署大模型时，必须着重考虑如何有效降低模型产生"幻觉"现象的风险，这已成为一项不容忽视的重要议题。

此外，企业在实践中还需要应对如何处理"内部专有知识"的挑战。这些专有知识由于承载了企业的核心竞争力和敏感信息，因此不适宜直接作为大模型预训练与精调的数据源。业界主流的方案是引入 RAG（Retrieval-Augmented Generation，检索增强生成）策略，此策略旨在实现保护企业专有知识的同时，进一步提高大模型在实际应用中的效能。

此外，在部署大模型的过程中，企业还需要特别关注知识的权限管理与隐私保护这两个至关重要的方面。企业内部不同部门和角色之间的权限设置纷繁复杂，因此，如何确保知识的安全访问和合规性，成为每个致力于智能化转型的企业必须认真对待的课题。

最终，实现全流程的知识管理也是企业追求高效运营的重要目标之一。通过结合大模型的生成能力与各种管理工具的运用，企业可以有效实施知识的全生命周期管理，从而进一步提升运营效率，并推动企业的创新与发展进程。

综上所述，作为业务知识库升级部署的大模型应用模式，不仅要求企业具备前瞻性的战略规划，还需要精细化的技术实施与运维能力。在接下来的章节中，我们将深入探讨这一模式，以及如何解决上述提到的关键问题，助力企业在智能化转型的道路上稳步前行。

1. 企业知识库概述

（1）企业知识库的定义

企业知识库是一个系统化的信息存储和管理平台，旨在集中存储、整理、分享和应用企业内部的知识资源。这些知识资源包括文档、数据、经验、案例、最佳实践等，它们是企业运营过程中积累的重要资产。企业知识库不仅是一个信息仓库，更是一个能够助力企业决策、促进知识共享与创新、提高员工工作效率的重要工具。

（2）传统企业知识库的建设方式与局限性

传统企业知识库通常以文档管理系统或内容管理系统为基础，通过人工上传、整理和分类文档来构建。这种方式虽然在一定程度上实现了知识的集中管理，但仍存在以下局限性：

- **知识更新缓慢**：传统方式下，知识的更新主要依赖人工操作，这往往导致知识库中的内容滞后于企业实际的发展情况。当企业环境或业务流程发生变化时，知识库可能无法及时反映这些变化。
- **知识分类和检索效率低下**：传统知识库通常依赖关键词或标签进行检索，但这种方式往往无法准确捕捉到文档的内在联系和上下文信息。此外，随着知识库规模的扩大，分类和检索的复杂性也会急剧增加。

- **用户参与度低**：由于缺乏有效的激励机制和互动平台，传统知识库往往难以激发员工的参与热情。员工可能不愿意主动分享自己的知识和经验，导致知识库中的内容质量参差不齐。
- **难以应对多媒体内容**：随着企业信息化水平的提高，越来越多的知识以图片、视频等多媒体形式存在。传统知识库在处理这些多媒体内容时往往力不从心，无法满足现代企业对知识管理的多样化需求。

2. 基于大模型的知识库升级介绍

下面将详细介绍大模型在知识库升级中的应用场景，以及它是如何赋能企业知识库的。

（1）大模型在知识库升级中的应用场景

大模型，尤其是自然语言处理领域的大型预训练模型，具有强大的文本理解、生成和推理能力。在知识库升级中，大模型主要应用于以下几个场景：

- **自动化知识抽取**：传统的知识库构建往往需要人工从大量文档中抽取关键信息，然后整理成结构化的数据。这个过程不仅耗时耗力，而且容易出错。大模型可以通过自然语言理解技术，自动从文本中提取出实体、属性以及实体之间的关系，从而大大加速了知识库的构建过程。
- **智能问答系统**：基于大模型的智能问答系统可以理解用户的自然语言问题，并从知识库中获取相关信息，最终回答用户的问题。这种系统不仅可以提高客户服务的效率，还可以提供个性化的信息推荐和解决方案。
- **知识推理与补全**：大模型能够根据已有的知识库进行推理，发现新的知识或关系。例如，在一个关于产品的知识库中，大模型可以根据产品的属性和关系推理出其他可能相关的属性或产品。此外，当知识库中的某些信息缺失或不完整时，大模型还可以通过上下文信息来补全这些缺失的信息。
- **语义搜索**：传统的基于关键词的搜索方式往往无法准确理解用户的查询意图，而基于大模型的语义搜索则可以更好地理解用户的查询，并从知识库中检索到更精确的结果。这种搜索方式不仅提高了搜索的准确性，还增强了用户体验。

（2）大模型如何赋能企业知识库

大模型的应用为企业知识库带来了前所未有的变革。具体来说，大模型通过以下几个方面赋能企业知识库：

- **提升知识库的智能化水平**：大模型具备强大的自然语言处理能力，能够理解和分析非结构化的文本数据，从而自动提取关键信息并将其转化为结构化的知识。这使得知识库的构建更加智能化和自动化，大大降低了人工干预的成本。
- **增强知识库的丰富性和准确性**：通过大模型的自动化知识抽取功能，企业可以从海量的文本数据中快速提取出有用的信息，并将其添加到知识库中。这不仅丰富了知识库的内容，还提高了知识的准确性。因为大模型在处理自然语言时的精度和效率都远高于传统的人工处理方式。

- **优化用户查询体验**：基于大模型的语义搜索和智能问答系统能够更准确地理解用户的查询意图，并提供更精确的搜索结果和个性化的信息推荐。这大大提高了用户查询的效率和满意度，从而优化了用户的整体体验。
- **促进企业内部的知识共享与协作**：通过大模型构建的智能知识库可以作为一个集中的知识共享平台，促进企业内部不同部门和员工之间的知识交流与协作。员工可以通过这个平台快速获取所需的信息和知识，提高工作效率和创新能力。

3. 基于大模型的业务知识库升级的部署模式

基于大模型的业务知识库升级部署往往有两种模式。

（1）基于大模型知识引擎的知识库升级部署

大模型知识引擎已成为企业知识库升级的重要驱动力。通过引入大模型作为知识认知引擎，对知识库的全流程进行重构和赋能，从而全面提升知识管理的效率和质量。整个知识库的知识构建流程包含知识构建、知识存储和知识消费三个阶段。下面详细阐述基于大模型知识引擎的知识库升级模式（见图 4-9）。

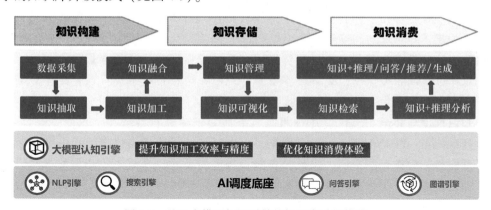

图 4-9　基于大模型知识引擎的知识库升级模式

1）知识构建阶段。知识构建是知识库升级的首要环节。在这一阶段，企业将各种知识资源进行有效整合和分类，以便后续的知识管理和应用。基于大模型知识引擎的知识库升级模式，通过引入大模型知识引擎的深度学习和自然语言处理能力，对知识构建过程进行了全面优化。

具体来说，企业可以利用大模型知识引擎对海量文档进行自动拆解和解析，提取出文档中的关键信息，如段落、图片、公式、表格等。同时，大模型知识引擎还可以根据企业内部的知识图谱需求，自动抽取三元组信息，帮助构建和完善知识图谱。这种自动化的知识构建方式不仅提高了效率，还保证了知识的准确性和完整性。

此外，大模型知识引擎还可以根据企业的业务需求，对知识进行智能分类和标签化。通过对知识的深入理解和分析，大模型知识引擎能够自动识别知识的主题和关键词，从而为后续的知识检索和应用提供有力支持。

2）知识存储阶段。知识存储是知识库升级的关键环节。在这一阶段，企业需要将构建好的知识进行有效存储和管理，以便随时调用和查询。基于大模型知识引擎的知识库升级模式，通过引入向量库和图数据库等先进技术，实现了对知识的多维度存储和高效检索。

具体来说，企业可以利用大模型对文档进行向量化表示，将文档的语义信息转化为向量空间中的点。这样，在检索时就可以通过计算向量之间的相似度来找到相关的文档。同时，企业还可以将知识图谱中的实体和关系存储到图数据库中，以便进行复杂的知识查询和推理。

此外，为了进一步提高知识的检索效率和准确性，企业还可以利用大模型对知识进行融合和关联。通过将不同来源、不同类型的知识进行关联和整合，企业可以构建出一个更加全面、准确的知识网络。这个知识网络不仅可以支持传统的关键词检索，还可以支持基于语义的复杂查询和推理。

3）知识消费阶段。知识消费是知识库升级的最终目的。在这一阶段，企业需要将存储的知识应用到实际业务中，为企业的决策和发展提供支持。基于大模型知识引擎的知识库升级模式，通过提供丰富的知识消费场景和智能化的交互方式，实现了知识的最大化利用。

具体来说，企业可以利用大模型提供的知识搜索、推理、问答、生成等功能，快速找到所需的知识信息。同时，大模型还可以根据用户的查询意图和上下文信息，提供智能化的推荐和解释。这种智能化的交互方式不仅可以提高用户的使用体验，还可以帮助企业更好地理解和应用知识。

此外，在知识消费阶段，企业还可以利用大模型进行知识图谱的可视化展示和推理分析。通过将知识图谱以图形化的方式呈现出来，用户可以更加直观地了解知识之间的关系和脉络。同时，大模型还可以根据用户的需求和问题，进行复杂的推理分析，为企业提供更加精准和深入的知识支持。

（2）基于传统知识库问答与检索升级的部署

私有知识是企业在运营过程中积累的宝贵资产，对于保持竞争优势至关重要。然而，如何处理和利用这些私有知识是一个挑战。

基于大模型的传统知识库问答与检索升级的部署模式不对企业知识库的知识生成和管理进行升级优化，而是针对企业的知识应用部分进行优化，也就是基于大模型技术升级企业知识库的人机交互模式的升级，如图 4-10 所示。

1）数据处理与存储模块。数据处理与存储模块是整个部署方案的基础。该模块通过集成 LangChain 的 Index 接口，支持多种外部数据的导入，如 Word、Excel、PDF 和 txt 等常见文档。对于非结构数据，模块会进行文本提取和文本拆分，得到多条文本块。随后，通过调用向量模型，这些文本块会被转化为相应的向量表示。最后，这些文本块及其对应的向量会被存储到搜索引擎中，便于后续的检索和问答。

对于结构化数据，利用开源大语言模型生成 SQL，从数据库中读取相应数据。此外，如果需要查询网络获取实时信息，模块还支持通过 Index 接口读取 URL（统一资源定位系统）网址的信息，或通过搜索引擎接口查询网络实时信息。

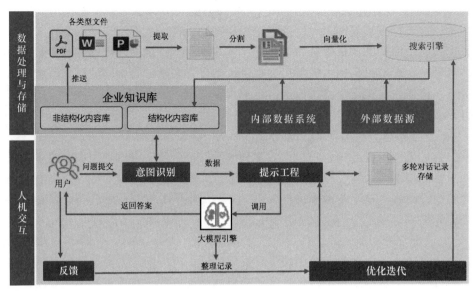

图 4-10　基于传统知识库问答与检索升级架构示例

2）意图识别模块。意图识别模块负责解析用户输入的问题，并自动选择合适的数据来源来回答用户的问题。该模块集成类似 LangChain 的 Router Chain（路由链）接口，通过对用户输入问题进行语义判断，确定用户意图和所需知识的类型。这有助于确保问答系统的准确性和高效性。

3）提示工程模块。提示工程模块在问答系统中扮演着重要角色。它集成类似 LangChain 的 Prompt 接口，对各类不同任务、不同场景、不同语种的 Prompt 进行管理和调优。这有助于确保大语言模型能够准确理解用户意图并生成恰当的回答。同时，模块还集成 LangChain 的 Memory（内存记忆）接口，将用户的问题和答案存储在数据库中，形成用户问答的历史（History）信息。这些信息可以作为多轮对话任务的大语言模型推理依据，提高问答系统的连续性和一致性。

4）大模型引擎。大模型引擎是整个部署方案的核心。它可以集成类似 LangChain 的 Model 接口调用开源大语言模型。该模块负责接收用户输入的问题，并基于意图识别模块确定的用户意图和数据来源，调用相应的向量模型进行检索或推理。通过大语言模型的强大能力，问答系统能够准确理解用户意图并生成高质量的回答。

5）反馈及优化迭代模块。反馈及优化迭代模块负责收集用户反馈并分析问答系统的性能表现。通过记录有问题的答案和分析方案存在的问题，模块能够及时在知识库和提示工程上进行调优。这种持续优化迭代的过程有助于确保问答系统的准确性和稳定性不断提升。

综上所述，基于大模型的传统知识库问答与检索升级的部署方案通过集成多个关键模块和技术接口，实现了对传统知识库问答与检索功能的全面升级。这种升级方案不仅提高了问答系统的准确性和高效性，还为企业提供了更加智能化、个性化的知识服务体验。

4. 适合这种部署方式的企业类型

并非所有企业都适合进行基于大模型的业务知识库升级，以下几类企业因其特殊的业务需求和发展阶段，更适合选择基于大模型的业务知识库升级。

（1）知识密集型企业

这类企业如咨询公司、法律服务机构、教育机构等，其核心竞争力在于专业知识和经验的积累与传承。基于大模型的知识库能够高效地整合和提炼大量专业知识，提高知识检索和应用的效率，进而提升企业服务质量和响应速度。

（2）数字化转型中的传统企业

面对数字化转型的压力，传统企业需要寻找新的增长点。通过引入基于大模型的知识库，这些企业可以更有效地管理和利用历史数据和业务知识，加速数字化转型的进程，同时提升决策支持的智能化水平。

（3）对知识管理有高要求的新兴企业

对于新兴的科技公司或创新型企业，高效的知识管理是快速响应市场变化和创新需求的关键。基于大模型的知识库不仅能帮助企业快速整合外部信息，还能通过智能分析提供决策支持，推动企业不断创新。

（4）追求创新与技术前沿的企业

这类企业通常处于行业领先地位，对新技术和新方法有着强烈的探索欲望。采用基于大模型的知识库升级，可以帮助企业保持在技术前沿，通过智能数据分析预测市场趋势，从而保持或增强竞争优势。

4.4.4　作为智能体部署

作为智能体部署是大模型应用于企业智能化建设的重要应用方式。

1. 智能体概述

在人工智能领域，智能体（Agent）是一个重要且广泛使用的概念。随着技术的不断进步，特别是大模型技术的迅猛发展，智能体，尤其是基于大模型的智能体，已成为当前研究的热点。接下来将详细阐述智能体和基于大模型的智能体的相关概念及其组成模块。

（1）智能体：能够自主行动并感知环境的智能系统

智能体是一个能够在特定环境中自主行动以实现其设计目标的计算实体。这个实体可以是软件程序、机器人或者一个更为复杂的系统。智能体通常具有一定的感知、思考、决策和执行能力，能够根据环境的变化调整自身的行为，以达成预定任务或目标。在分布式系统、多智能体系统、机器人技术等领域，智能体都有着广泛的应用。智能体通常被设计为具有一定的自主性，能够根据自身的规则和目标，在没有人类直接干预的情况下，独立地进行决策和行动。

智能体的核心特点之一是感知能力。它们能够通过各种传感器或信息获取手段，收集并理解周围环境的数据。这些数据可能包括温度、湿度、光线等物理信息，也可能是用户输入、网络数据等更为复杂的信息流。智能体通过处理这些数据，建立起对环境的实时感知，从而为其自主决策提供依据。

除了感知能力，智能体还具备强大的行动能力。它们能够根据感知到的环境信息，以及预设或学习到的策略，执行相应的动作或操作。这些动作可能包括物理运动、数据处理、信息交互等多种形式，旨在实现智能体的预设目标或任务。

智能体的自主性是其最为显著的特征之一。它们能够在没有人类直接控制的情况下，根据环境的变化和自身的状态，独立地做出决策并执行相应的动作。这种自主性使得智能体能够适应各种复杂和动态的环境，有效地完成各种任务。

总的来说，智能体是一种能够自主行动并感知环境的智能系统，它们通过感知、决策和行动等环节的紧密配合，实现了在复杂环境中的智能化行为。随着技术的不断发展，智能体将在更多领域发挥重要作用，成为未来智能化社会的重要组成部分。

（2）基于大模型的智能体

基于大模型的智能体是智能体的一种新形式，它利用了大型预训练模型（如 GPT、BERT 等）的强大表征学习能力。大模型通常具有海量的参数和强大的泛化能力，能够理解和生成自然语言文本，甚至在某些情况下表现出一定的推理和创造能力。基于大模型的智能体因此具备了更加复杂的数据处理、语言理解、对话生成等能力，使得它在自然语言处理、智能问答、情感分析等领域具有广泛的应用前景。比如，ChatGPT 就是一种基于大模型的智能体。ChatGPT 是一个基于自然语言处理技术的聊天机器人，它能够通过自主感知用户的输入，理解其语义，并做出相应的回应。ChatGPT 具有反应性，能够根据用户的提问或对话内容迅速给出回答。同时，它也具备一定的社会性，可以与用户进行自然的交互，提供有用的信息和建议。虽然 ChatGPT 在直接的物理行动上不具备主动性，但它在对话中可以主动提供信息、解释和建议，因此也可以看作具有主动性。

基于大模型的智能体具有如下特点：

- **卓越的语言处理能力**：基于大模型的智能体能够更准确地理解人类语言，包括复杂的语义关系、隐喻和暗示等。这使得智能体在与人类交互时更加自然、流畅，极大地提升了用户体验。
- **强大的推理与创造能力**：由于大模型具备出色的文本生成和语境理解能力，基于大模型的智能体能够在给定信息的基础上进行逻辑推理、故事创作等高级语言处理任务。这种能力使得智能体在智能问答、内容创作等领域具有显著优势。
- **高度自主的学习能力**：大语言模型通常具备从海量文本数据中学习的能力。基于大模型的智能体因此能够从与环境的交互中不断汲取新知识，优化自身的决策和行为策略。这种学习能力使得智能体能够持续进步，适应不断变化的任务需求。
- **广泛的适用性**：基于大模型的智能体不仅局限于特定的任务或领域。通过适当的微调或提示工程，它们可以迅速适应不同的应用场景，展现出极高的灵活性和可扩展性。

2. 基于大模型的智能体部署架构

目前，针对基于大模型的智能体部署架构，业界没有统一的标准。OpenAI 提出了一个基本的四维概念结构：规划（Planning）、记忆（Memory）、工具使用（Tool Use）和行动（Action）。这四部分可以清楚地体现基于大模型的智能体的主要功能。但是在企业端实际部署执行的基于大模型的智能体，需要有更清晰的组织形式。根据成功的落地经验总结的基于大模型的智能体的概念架构如图 4-11 所示。一个完整的基于大模型的智能体通常由以下几个关键模块组成：

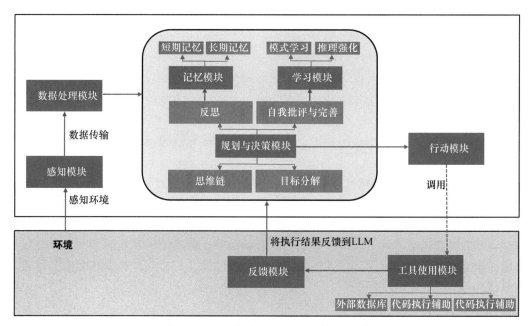

图 4-11　基于大模型的智能体的概念架构

（1）感知模块

该模块负责从环境中收集信息，包括文本、语音、图像等多种数据类型。感知模块需要将这些原始数据转化为计算机可理解的格式，为后续的处理提供基础。

（2）数据处理模块

这是基于大模型的智能体的核心部分。它利用预训练的大模型对感知到的数据进行深度处理，包括语言理解、上下文推理、情感分析等。大模型处理模块能够捕捉到数据中的深层语义信息，为智能体的决策和行动提供智能支持。

（3）规划与决策模块

在接收到大模型处理模块的输出后，规划与决策模块会根据预设的目标和规则制定出最优的行动策略。规划与决策模块是基于大模型的智能体进行任务分解、策略制定和路径规划的关键部分。它使得智能体能够处理复杂的任务，通过将其拆分为更小、更可管理的子目标来逐步完成。

1）子目标分解。对于给定的复杂任务，规划与决策模块首先会将其分解为一系列更小的、可实现的子目标。这些子目标通常是具体、可衡量的步骤，有助于智能体逐步推进并最终完成任务。例如，如果一个任务是"制作一份意大利面"，规划与决策模块可能会将其分解为"准备食材""煮面条""制作酱料"等子目标。

2）反思与完善。在执行任务的过程中，规划与决策模块还具备自我批评和反思的能力。这意味着智能体能够评估其历史动作的有效性，识别错误，并从这些错误中学习。通过反思，智能体可以在后续步骤中调整策略，以改善最终结果的质量。这种能力使得基于大模型的智能体更加灵活和适应性强。规划与决策模块涉及强化学习、规划算法等多种技术，以确保智能体能够在复杂环境中做出明智的决策。

（4）记忆模块

记忆模块为基于大模型的智能体提供了存储和回忆信息的能力，这对于持续学习和任务执行至关重要。

1）短期记忆。短期记忆主要涉及上下文学习，即智能体能够利用模型的短期记忆来理解和回应当前的情境。例如，在对话中，智能体需要记住先前的讨论内容，以便进行连贯的交流。

2）长期记忆。长期记忆则允许智能体保留和召回长期信息。这通常通过外部向量存储和检索来实现，使得智能体能够跨会话和任务持久地保存和访问信息。

（5）行动模块

行动模块负责执行规划与决策模块制定的行动策略，包括生成自然语言回复、控制机器人动作、触发其他系统响应等。行动模块需要与外部环境紧密交互，确保智能体的行为能够有效地影响并适应环境。

（6）学习模块

基于大模型的智能体的一个重要特点是具有学习能力。学习模块负责从智能体的交互经验中提取知识，不断优化大模型的参数和决策策略。这使得智能体能够在实践中不断进步，更好地适应各种复杂场景。

（7）工具使用模块

工具使用模块使基于大模型的智能体能够调用外部资源来增强其自身的能力。当模型的内部知识不足以完成任务时，智能体可以学习调用外部 API 来获取额外信息。这些信息可能包括外部的向量数据库、基于知识图谱的企业知识库、实时数据、代码执行引擎或访问专有信息源等。通过整合这些外部资源，智能体能够更全面地理解任务环境并做出更明智的决策。

3. 作为智能体部署方式的价值

在人工智能领域，大模型与智能体的结合正引领着新一轮的技术革新。大模型，尤其是大语言模型，在智能体技术中扮演着举足轻重的角色，它极大地提升了智能体的感知、决策和执行能力，使其能够更加智能、高效地完成任务。大模型能够有效提升智能体的感知、决策和执行能力。

- **感知能力的提升**：大模型强大的文本处理能力极大地提升了智能体的感知能力。通过大模型，智能体可以更准确地理解用户的意图和需求，无论在对话系统、智能客服还是在智能家居等场景中，智能体都能更敏锐地捕捉到用户的细微情感变化和潜在需求。
- **决策能力的增强**：在决策方面，大模型为智能体提供了丰富的背景知识和推理能力。智能体可以利用大模型中的知识库进行逻辑推理、上下文分析和问题解答，从而做出更为明智的决策。例如，在自动驾驶领域，结合大模型的智能体可以更好地预测路况和行人行为，提高驾驶的安全性。
- **执行能力的优化**：大模型通过提供精准的指令理解和任务解析，帮助智能体优化其执行能力。在接收到用户指令后，智能体可以利用大模型快速理解任务要求，并规划出最有效的执行路径。这种优化在执行复杂任务或需要高度协同的多智能体系统中尤为显著。

4.4.5　作为个人办公智能辅助工具部署

大模型具备强大的自然语言处理、数据分析和预测能力，为办公自动化和智能化提供了有力支持。本节将详细探讨大模型作为个人办公智能辅助工具的部署，分析其应用功能以及部署过程中需要注意的问题。

1. 大模型在办公场景中的应用功能

（1）自动化文档处理

在办公环境中，文档处理是一项烦琐且重要的任务。大模型能够自动对文档进行分类、摘要生成和关键信息提取，极大地提高了文档处理的效率。例如，通过自然语言处理技术，大模型可以识别文档中的主题、关键词和段落结构，自动生成摘要，帮助用户快速了解文档内容。此外，大模型还可以根据文档内容自动进行分类标签的添加，便于用户进行文档管理和检索。

（2）智能写作助手

撰写报告、邮件和演讲稿等文本内容是办公中的常见任务。大模型可以作为智能写作助手，为用户提供写作建议和语法校对。通过分析大量文本数据，大模型能够学习到优秀的写作风格和技巧，为用户提供高质量的写作参考。同时，大模型还可以实时检查语法错误和拼写错误，提高文本的质量和准确性。

（3）日程管理与提醒

在快节奏的办公环境中，日程管理和提醒功能至关重要。大模型可以自动分析用户的邮件、聊天记录等信息，识别出重要的会议、事件和任务，并自动添加到用户的日程表中。此外，大模型还可以根据用户的习惯和偏好，智能地设置提醒时间和方式，确保用户不会错过任何重要事件。

（4）数据分析与可视化

办公环境中经常需要对大量数据进行分析和可视化展示。大模型具备强大的数据处理和分析能力，可以帮助用户快速挖掘数据中有价值的信息和趋势。同时，大模型还可以根据用户需求生成各种图表和报告，直观地展示数据分析结果，便于用户做出决策。

（5）个性化推荐与搜索

在信息爆炸的时代，如何高效地获取所需信息成为一个重要问题。大模型可以根据用户的搜索历史、浏览习惯和兴趣偏好，智能地推荐相关资料和信息。同时，大模型还可以优化搜索算法，提高搜索结果的准确性和相关性，帮助用户快速找到所需信息。

2. 这种部署方式需要注意的问题

在部署大模型作为个人办公智能辅助工具时，尤其需要注意的问题是数据安全和隐私保护。由于大模型需要处理大量的用户数据以进行学习和预测，因此必须确保这些数据的安全性和隐私性。以下是需要特别注意的几个方面：

- **数据保护**：必须采取严格的数据保护措施，确保用户数据不被非法访问、篡改或泄露。这包括使用强密码保护、加密技术和访问控制等手段来保护数据的机密性和完整性。
- **合规性**：在部署大模型时，必须遵守相关的数据保护和隐私法规，如欧盟的《通用数据保护条例》（GDPR）等。这要求组织在收集、存储和处理用户数据时遵循合法、公正和透明的原则，并确保用户对其个人数据的处理有明确的知情权和同意权。
- **透明度和可解释性**：大模型的决策过程应该是透明和可解释的，以便用户理解模型是如何处理其数据的。这有助于建立用户对模型的信任，并减少对数据滥用和误用的担忧。
- **数据最小化原则**：在收集用户数据时，应遵循数据最小化原则，即只收集实现特定目的所必需的最小数据集。

4.5　企业部署应用大模型的前提

成功部署和应用大模型并非易事，它需要企业在多个方面做好充分的准备。以下是企业成功部署应用大模型应当关注的几个前提条件。

4.5.1　战略决策层支持

任何技术的引入和应用，都离不开企业高层的战略决策和坚定支持。战略决策层的支持，对于大模型的成功部署和应用，起着至关重要的作用。

联想集团，作为中国企业智能化转型的引领者和赋能者，通过十余年的数字化和智能化转型实践，总结了一套完整的智能化转型方法论。2024 年的新书《企业智能化转型方法与实践：联想启示录》中，详细介绍了智能化转型的战略框架和顶层设计，明确指出了智能化转型应以三大价值为指引：运营价值、战略价值，以及行业与社会价值。

因此，企业在进行大模型相关技术的引进时，应当遵循《企业智能化转型方法与实践：联想启示录》中的战略指引，以这三大价值为指引，确保大模型的应用能够支持企业的智能化转型。高层战略决策者的支持在此过程中尤为重要，首先体现在资金保障上，要确保大模型研发、部署和维护所需资金充足。更重要的是，他们需要对大模型技术带来的变革有深刻理解，将其视为提升业务效率、创造更大价值的动力，而非单纯视为成本。

战略决策层的支持还表现在资源分配和政策倾斜上，确保大模型项目获得必要的人力、物力和时间资源，创造有利环境。这种支持也传递出积极变革的信号，鼓励员工接受并适应变革，为大模型的成功应用铺平道路。

此外，战略决策层对大模型项目的耐心和长期投入至关重要。大模型的优化往往需要时间和持续迭代，需要高层有足够的耐心和毅力，确保项目稳步推进。

4.5.2　业务需求清晰明确

在部署大模型前，企业首先要明确业务需求。这包括识别哪些业务场景适合大模型优化，以及具体解决哪些问题。清晰的需求能确保大模型设计精准，实现最佳效果，并便于后续效果评估与调整。

业务需求明确有助于企业目标聚焦，避免偏离方向，同时能优化资源配置，确保高效利用。此外，它提供了评估基准，确保大模型的实际效果得到客观评价。

企业需要深入调研，了解业务流程中的痛点和需求；进行需求分析，筛选有价值且可实现的需求；最终明确具体、可量化的业务目标，指导大模型工作。

总之，明确业务需求是部署大模型的关键。只有深入调研、精准分析并明确目标，企业才能确保大模型的成功应用，并为企业带来更大的商业价值。

4.5.3　数据质量和数据治理体系完备

大模型的训练和优化离不开高质量的数据。企业在部署大模型前，必须确保数据质量达标，包括数据的准确性、完整性、一致性和时效性。数据的准确性是基础，影响模型预测的准确性；完整性保证模型能够应对各种情况；一致性确保模型训练过程中不会产生混淆；时效性反映数据的最新状态。

此外，完备的数据治理体系也至关重要。它确保数据合规、安全、可追溯，为大模型提供可靠的数据基础。合规性意味着企业需要遵守数据保护法规，避免法律风险；安全性保障数据不被泄露或非法获取；可追溯性则有助于定位问题，提高数据可信度。

因此，数据质量和数据治理体系的完备性是企业成功部署大模型的前提。企业需要投入资源进行数据清洗、校验、标准化和安全防护，不断优化数据治理体系以应对市场变化和技术挑战。只有如此，企业才能充分利用大模型潜力，为业务发展带来更大价值。

4.5.4 技术团队及能力建设匹配

成功部署大模型，关键在于建立一个专业的技术团队。这个团队不仅需要精通大模型的训练和优化技术，还需要深入理解业务需求，并将其转化为技术实现。此外，团队还需要具备持续学习和创新的能力，以跟上技术发展的步伐。

首先，团队成员需要具备扎实的专业技能，如深度学习、自然语言处理等，并能熟练使用相关工具和框架。其次，团队成员要能够准确理解业务需求，并将其转化为具体的技术方案。最后，团队应具备持续学习和创新的能力，及时跟进新技术的发展。

为了建设这样的团队，企业需要重视人才引进和培养，引进具备相关技能的人才，并对现有员工进行系统的培训。同时，建立合理的激励机制和良好的团队文化，激发团队成员的积极性和创造力。此外，加强与其他部门的协作，确保项目的顺利实施。

4.5.5 硬件基础设施和技术支持

大模型训练与应用对硬件和技术支持有着严格的要求。企业需要确保拥有足够的计算、存储和网络资源。

计算资源是关键，企业需要配备高性能的处理器、GPU 或 TPU 等设备。存储资源同样重要，需要确保大容量、高速的存储系统来管理数据。此外，网络带宽和延迟也需要关注，保证数据传输效率和准确性。

系统稳定性与可靠性是基础，企业需要确保系统高可用性和容错性，并定期进行维护升级。专业的技术支持必不可少，需要具备解决大模型相关问题的能力，并与业务部门保持紧密沟通。此外，完善的监控与调优机制也是关键，通过实时监控和性能分析，及时发现并解决问题，进一步提升大模型的性能和稳定性。

4.5.6 数据隐私和合规性机制保障

随着数据保护法规的强化，企业在部署大模型时必须重视数据隐私和合规性。这关乎遵守法律、维护客户信任，以及确保大模型应用合法合规。

企业需要确保数据的收集、存储和使用都符合法律要求，避免任何形式的泄露或滥用。这不仅是为了遵守法规，更是为了赢得客户信任，维护品牌形象。

企业需要建立合规性机制，合规性机制涵盖数据的收集、使用、存储和转移。企业需要明确告知用户数据用途，遵循"最小必要"原则，确保数据的安全存储和合法转移。同时，定期进行合规性审查，实时监控潜在风险。

技术方面，采用差分隐私、联邦学习等技术，保护用户隐私。管理方面，完善内部制度，明确各部门职责，加强员工培训和考核，提高全员对数据隐私和合规性的认识。

综上所述，数据隐私和合规性机制是企业成功部署大模型的关键前提。只有在确保用户隐私和合规性的基础上，企业才能充分发挥大模型在业务创新中的潜力，实现可持续发展。

4.6　企业大模型建设中的风险与应对举措

企业在建设大模型项目时，也会遇到很多风险。接下来详细介绍企业大模型建设中的风险与应对举措。

4.6.1　数据泄露和隐私问题的防范措施

企业大模型建设中，数据安全和隐私保护至关重要。敏感数据不仅关乎训练模型的质量，更牵动着企业的商业机密和客户的隐私。一旦泄露，企业可能面临法律追责和声誉损失。

为防范风险，企业需要采取以下措施：

- **建立数据安全制度**：明确数据分类、存储、传输和使用规范，特别标注敏感数据并加强保护。制定数据处理流程，规范员工行为，避免误操作或恶意泄露。
- **加强技术防护**：利用防火墙、入侵检测系统等防止外部攻击；数据加密确保数据即使被窃取也难以解密；数据脱敏和匿名化技术保护敏感信息不被泄露后利用。
- **实施严格访问控制**：建立用户身份认证机制，确保只有认证用户可访问系统；通过权限管理分配不同访问权限；数据访问审计机制记录用户行为，便于迅速定位安全问题。

4.6.2　模型偏差和鲁棒性的风险管理策略

在构建企业大模型时，模型偏差和鲁棒性是必须关注的风险点。

首先，针对模型偏差，企业需要采取以下策略：

- **设立验证与监控机制**：定期使用独立的验证数据集来评估模型性能，并监控模型在实际运行中的表现，确保准确性和公正性。
- **使用多样化数据集**：收集来自不同背景、特征和来源的数据，使模型能够学习更广泛的知识和模式，减少偏差。
- **引入领域知识和专家意见**：结合专家对问题的见解，将他们的知识和经验融入模型，提高模型的准确性和可靠性。

其次，对于模型鲁棒性，企业可以采取以下策略：

- **采用对抗性训练**：通过模拟各种可能的干扰和攻击，训练模型在面对这些挑战时仍能保持稳定，提高鲁棒性。
- **运用数据增强技术**：通过对原始数据进行变换和扩充，增加数据多样性，帮助模型学习更多特征和模式，提高泛化能力和鲁棒性。
- **持续更新和优化模型**：随着环境和数据的变化，定期重新训练模型、调整参数、引入新特征，保持模型的竞争力和鲁棒性。

总之，企业需要全面考虑模型偏差和鲁棒性的风险，通过建立验证监控机制、使用多样化数据集、引入领域知识、采用对抗性训练、数据增强技术和持续更新优化等措施，降低风险，提高大模型在实际应用中的性能和稳定性。

4.6.3 建立对新技术变化的快速响应机制

面对人工智能技术的快速进步，企业需要建立对新技术变化的快速响应机制，以保持大模型的竞争力。

首先，设立专门的研发团队或实验室，负责跟踪新技术，预测其对大模型的影响，并及时向决策层报告。这些团队不仅要有深厚的技术实力，还需要具备市场洞察能力。其次，建立灵活的技术引入和整合流程。当新技术出现时，迅速评估其潜在价值，并调整研发计划以整合新技术。同时，确保新技术引入不影响现有系统的稳定性。再次，应加强与外部合作伙伴和学术界的交流与合作。参与行业活动，建立联系，获取创新资源。与高校、研究机构合作，共同推动新技术研发，降低自主研发风险。最后，培养员工对新技术的敏感度和应用能力。通过技术培训、分享会等活动，提高员工对新技术的认知和应用能力，鼓励员工积极参与新技术的探索和实践。

4.6.4 注重通信与沟通的透明度和规范性

在企业大模型的建设过程中，通信与沟通的透明度和规范性对于项目的成功至关重要。

首先，透明度是团队协作的基石。通过透明的沟通，每个团队成员都能清晰地了解项目的目标、进度和遇到的问题，从而能够更加高效地协同工作。为了实现透明度，企业可以建立开放、平等的沟通氛围，鼓励员工积极分享信息、表达观点，并利用现代化的即时通信工具实现信息的实时共享。此外，定期的项目进展会议也是提升透明度的重要手段，它能让所有成员了解项目的最新进展和下一步的计划。

其次，规范性是确保信息准确传递的关键。通过制定明确的沟通流程和标准，企业可以确保信息在传递过程中不被误解或曲解。为了实现规范性，企业可以制定一套详细的沟通流程，明确哪些信息需要通过正式渠道传递，哪些信息可以通过非正式渠道讨论。同时，使用标准化的沟通模板也能大大提高信息的准确性和一致性。此外，企业还应定期对员工进行沟通规范的培训，确保他们能够遵循企业的沟通标准。

4.6.5 制定突发事件的危机处理预案

在企业大模型的建设过程中，不可避免地会遇到各种潜在的危机和挑战，如技术故障、数据安全问题、外部攻击等。为了确保企业能够在面临这些突发事件时迅速、有效地做出反应，制定一套完善的危机处理预案至关重要。

首先，组建应急响应团队，包含技术、安全、法务和公关等专业人员。团队需要建立协作机制，定期接受培训和演练，确保在危机发生时能迅速响应。

其次，制定详细的应急处理流程。这包括事件发现与报告、初步评估与处置、深入分析与解决、恢复与验证，以及总结与改进等环节。明确流程能确保企业迅速定位问题，采取有效措施，防止事态扩大。

再次，定期进行应急演练和培训，模拟真实场景，提高团队应对能力和协作效率。演练后进行全面评估，针对问题改进预案。

最后，加强外部合作与信息共享。与安全机构、技术供应商等建立合作关系，共同应对危机；通过信息共享平台获取最新威胁信息和解决方案，提高防御能力和响应速度。

4.6.6　建立模型退役和替换策略

在企业大模型的建设与运营过程中，随着技术的不断进步和业务需求的变化，原有的大模型可能会逐渐无法满足现有的需求，或者出现更高效、更先进的模型。因此，制定明确的模型退役和替换策略显得尤为重要。

首先，持续监控与评估是关键。企业应设立监控机制，跟踪模型性能和业务需求。通过实时监控模型运行效率和准确率，及时发现潜在问题；定期评估模型是否满足当前业务需求，做出必要调整。

其次，制订退役和替换计划。一旦发现现有模型不足，应立即启动替换计划。选择适合的新模型，综合考虑性能、成本和兼容性；进行数据迁移和全面测试，确保新模型稳定可靠；分阶段部署新模型，关注上线后的运行情况。

再次，加强部门间沟通与协作。明确各部门职责，避免工作重叠；定期沟通分享进展，调整计划；汇报管理层，争取支持。

最后，进行风险评估与应对。技术风险（如系统不兼容、性能不稳定）需要充分调研和测试；业务风险（如流程变化）需要提前梳理和调整；法律风险需要确保操作合规，避免数据泄露和侵权问题。

总之，建立模型退役替换策略是大模型建设的重要一环。通过持续监控、制订计划、加强协作和风险评估，企业可以确保模型持续有效，适应业务变化。

第 5 章
企业大模型项目的实施方法

本章详细介绍了企业大模型项目的实施方法，从项目规划到工程化部署，为读者提供了一个全面而系统的指导方案。

项目规划涉及需求分析、目标设定、功能选择及工具挑选，为构建稳定高效大模型奠定基础。随后，准备数据、构建基础模型，并通过微调优化性能，确保模型贴合企业需求。提示工程指导精确制定任务、优化提示词和参数调整，提升应用效果。最后，工程化部署涵盖界面设计、测试部署及后期维护，确保模型稳定运行，为企业创造持续价值。通过学习本章，读者将掌握大模型项目全流程，支持企业智能化升级。

5.1　项目规划

项目规划是企业大模型项目实施的关键起始阶段，它涉及对项目整体方向、目标、功能、应用模式以及技术选型的全面考量。以下是对项目规划各阶段的详细论述。

5.1.1　项目需求分析

项目需求分析是启动任何项目的关键的第一步，尤其是对于企业大模型项目这样复杂且涉及多方面的工程来说，更是不可或缺。它是项目规划阶段的基石，为后续的项目设计、开发和实施提供了明确的方向和约束。在这一阶段，项目团队需要全面、深入地了解利益相关者的需求和期望，以确保项目的成果能够满足各方的实际需要。

1. 需求分析的主要步骤

- **确定利益相关者**：项目团队需要识别并列出所有与项目相关的利益相关者，包括企业高管、业务部门员工、最终用户等。这些利益相关者将直接或间接影响项目的需求和目标。

- **收集需求信息**：项目团队需要通过多种途径收集利益相关者的需求信息。这包括问卷调查、面对面访谈、原型评估、焦点小组讨论、观察用户行为等方法。在这一过程中，项目团队需要保持开放和耐心的态度，鼓励利益相关者表达他们的真实想法和期望。
- **整理和分析需求**：收集到原始需求信息后，项目团队需要对其进行整理和分析。这一阶段的目标是识别出真正的需求，排除那些表面或误导性的信息。同时，项目团队还需要对需求进行优先级排序，以便在后续开发过程中合理分配资源。
- **确认和验证需求**：项目团队需要与利益相关者确认整理后的需求，以确保双方对项目的期望和目标达成一致。这可以通过签订需求规格说明书或需求确认书等方式来实现。

2. 需求分析的关键点

在进行项目需求分析时，项目团队需要关注以下几个关键点：
- **业务需求**：这是从企业整体战略和业务目标出发，明确项目需要解决哪些具体问题，以及如何提升业务流程的效率。
- **用户需求**：用户需求主要关注最终用户对产品的期望和偏好。这包括产品的易用性、可靠性、性能等方面。为了获取准确的用户需求，项目团队可以采用用户画像、用户旅程地图等工具来深入了解用户的心理和行为。
- **技术需求**：技术需求主要关注实现项目目标所需的技术条件和资源。这包括硬件、软件和网络环境等方面的要求。项目团队需要与 IT 部门紧密合作，确保所选技术方案能够满足项目的实际需求并具备可扩展性。
- **法规与合规性需求**：随着数据保护和隐私安全等法规的日益严格，项目团队需要确保项目符合相关法律法规的要求。数据的收集、存储、处理和传输等方面都需要严格遵守相关法规，以避免潜在的法律风险。

3. 需求分析的挑战与对策

在进行项目需求分析时，项目团队可能会面临以下挑战：
- **需求变更频繁**：由于市场环境的变化或利益相关者自身需求的调整，项目需求可能会发生频繁变更。为了应对这一挑战，项目团队需要建立灵活的需求管理机制，包括定期回顾和更新需求文档、与利益相关者保持紧密沟通等。
- **需求冲突与模糊性**：不同的利益相关者可能对项目有不同的期望和需求，这可能导致需求之间的冲突或模糊性。为了解决这一问题，项目团队需要采用多种方法（如原型评估、场景模拟等）来明确和验证需求，并与利益相关者进行多轮沟通和确认。
- **技术实现的限制**：有时候，利益相关者的期望可能超出了当前技术的实现能力。在这种情况下，项目团队需要与利益相关者进行充分沟通，解释技术实现的限制并寻求可行的替代方案。

为了应对这些挑战，项目团队可以采取以下对策：

- **建立明确的需求管理流程**：包括需求的收集、整理、分析、确认和变更等环节，以确保需求的准确性和一致性。
- **采用敏捷开发方法**：通过迭代开发和持续反馈来应对需求变更和模糊性，从而提高项目的灵活性和适应性。
- **加强与利益相关者的沟通**：定期召开项目会议、使用协作工具等方式来保持与利益相关者的紧密沟通，以便及时发现和解决问题。

5.1.2 确定项目目标

在明确需求分析的基础上，确定项目目标是企业大模型项目实施方法的关键一步。项目目标为整个项目团队提供了一个清晰的方向，是项目实施过程中决策和行动的准则。制定合理、明确且可衡量的项目目标，能够确保项目的顺利推进，提高项目的成功率。

1. 制定项目目标的原则

在制定项目目标时，需要遵循一系列原则，这些原则有助于确保所设定的目标是合理、有效和可行的。以下是对这些原则的详细解释。

- **与整体战略一致**：项目目标的设定必须紧密结合企业的整体战略规划和长远发展目标。确保项目目标能够反映出企业对于市场定位、业务拓展以及未来发展的设想和期望。通过保持一致性，项目将更有可能为企业的整体增长和成功做出贡献。
- **具体且明确**：目标必须被清晰、明确地阐述，不能含糊不清或存在歧义。一个明确的目标还可以帮助团队成员在项目执行过程中保持专注，减少误解和偏差。
- **可衡量性**：为了确保项目进度的可追踪性和项目成果的可评估性，目标必须具备可衡量的标准。这些标准可以是关键绩效指标（Key Performance Indicator，KPI），如销售额、用户增长率、客户满意度等，也可以是项目里程碑的完成情况。通过设定明确的衡量标准，项目管理团队能够客观地评估项目的进展和成效，及时发现问题并做出相应调整。
- **可实现性**：制定项目目标时，必须考虑到实际可用的资源和团队的能力。一个不切实际的目标，无论多么宏伟都难以实现，并可能导致团队士气的下降和资源的浪费。因此，需要根据现有的人力、物力、财力和时间等条件来合理设定目标，确保在预定的时间和成本范围内能够达成。

2. 确定项目目标的步骤

（1）深入理解需求分析

在进行项目需求分析时，需要深入挖掘和了解项目的具体需求、背景以及期望达成的效果。这包括与项目相关方进行深入沟通，明确项目需要解决的核心问题和主要挑战。通过详细的需求调研和分析，我们可以更加清晰地定义项目的目标和范围，从而确保项目的成功实施。

（2）对接企业战略

将项目目标与企业的整体战略紧密结合是至关重要的。这意味着，在制定项目目标时，我们需要全面了解企业的发展战略和长期规划，确保项目的成果能够支持并推动企业的长远发展。通过与企业战略的对接，我们可以确保项目的实施不仅解决了当前的问题，还为企业的未来发展奠定了坚实的基础。

（3）制定具体目标

基于深入的需求分析和对企业战略的理解，我们可以制定出具体、明确的项目目标。这些目标应该是具体、可衡量的，能够清晰地表达出项目期望达成的成果。通过设定明确的目标，我们可以为项目的实施提供明确的方向，并确保团队成员对项目的期望有清晰的认识。

（4）量化衡量标准

为了确保项目目标的可衡量性，我们需要为项目目标设定具体的量化指标。这些指标可以是准确率、效率提升百分比、成本节约额等，能够客观地反映项目的实施效果和成果。通过设定量化衡量标准，我们可以对项目的进展和成果进行客观的评估，及时调整项目策略以确保项目的成功。

（5）评估可行性

在制定项目目标后，我们需要对其可行性进行全面的评估。这包括评估现有资源和能力是否足以支持项目的实施，以及项目目标是否在合理的时间和成本范围内可以实现。通过可行性评估，我们可以确保项目目标的制定是切合实际的，避免在实施过程中出现资源不足或时间延误等问题。

（6）设定时间表

为项目目标的达成设定明确的时间表是项目管理中的重要环节。通过设定具体的时间节点和里程碑，我们可以对项目的进度进行有效的监控和管理。时间表应包括项目的开始时间、关键任务的完成时间以及项目的整体完成时间等要素，以便团队成员能够清晰地了解项目的进度要求，确保项目按计划推进。

5.1.3 确定应用模式

在企业大模型项目的实施方法中，选择正确的应用模式是至关重要的。应用模式决定了大模型项目如何在实际业务场景中应用，并直接影响项目的成功与否。在选择应用模式时，需要从多个维度进行深入分析和考量。

1. 业务场景适应性

首先，要考虑所选应用模式是否适应企业的具体业务场景和需求。不同的业务场景可能需要不同的应用模式来最大化模型的效用。如第 4 章 4.3 节所述，根据企业的实际业务需求选择如下应用模式：

- **插件化应用模式**：这种模式适合需要将大模型功能快速集成到现有系统或平台中的场景。如果企业的业务场景需要迅速增强现有系统的智能处理能力，而无须对整体架构进行大的改动，插件化应用模式将是一个理想的选择。

- **模块化应用模式**：当企业需要在大型系统中嵌入智能功能，且希望该功能能够与其他系统模块紧密集成时，模块化应用模式更为合适。这种模式能确保智能模块与整个系统的无缝衔接，提高整体运行效率。
- **代理化应用模式**：对于需要在大模型和用户之间建立一个中间层的场景，代理化应用模式非常有用。它可以帮助处理复杂的用户请求，提供额外的安全性和控制层。
- **数据流化应用模式**：在数据处理和分析密集型的业务场景中，数据流化应用模式能够实时处理大量的数据流，并提供即时的分析和反馈。这对于需要实时监控和响应的业务至关重要。
- **微服务化应用模式**：当企业需要构建灵活、可扩展且易于维护的系统时，微服务化应用模式是首选。它将大模型功能拆分成多个小型服务，每个服务都独立运行和更新，从而提高了系统的整体灵活性和可维护性。
- **智能体化应用模式**：对于需要高度自动化和智能化的业务场景，智能体化应用模式能够提供自主决策和学习的能力。它适用于复杂的、需要持续优化的任务。

2. 用户友好性

对于软件开发者而言，选择一个用户友好的应用模式显得至关重要，因为这直接关系用户的接受度、使用频率以及整体满意度。除了业务场景的适应性，用户友好性已经成为衡量一个应用模式成功与否的关键因素。一个易于理解和使用的应用模式能够加速用户的接受度和使用频率。

用户友好性不仅仅是一个"好看"的界面或者简单的操作流程，它还涉及用户在使用软件或服务时的整体感受。一个用户友好的应用模式应该能够直观地引导用户完成他们的目标，无须过多的学习和适应。这种直观性和易用性可以极大地加速用户的接受度和使用频率，从而推动产品的普及和成功。

当用户面对一个大模型类产品或服务时，他们往往希望能够在最短的时间内上手并体验到产品的核心价值。如果应用模式设计得过于复杂或者不符合用户直觉，那么用户很可能会因为挫败感而选择放弃。反之，一个简洁、明了的应用模式不仅可以降低用户的学习成本，还能增强用户的忠诚度和口碑传播。

对于面向个人办公的大模型产品或应用服务，用户友好性尤为重要。这类大模型产品或应用服务的用户群体个性化，技术熟练程度不一，因此，选择那些直观、易上手的应用模式是关键。插件应用模式或智能体应用模式就显得简单直观。

对于个人用户来说，插件应用模式的优点在于它提供了极大的灵活性和定制性。用户可以根据自己的需求来选择安装哪些插件，从而打造一个符合自己使用习惯的大模型产品或应用服务。而智能体应用模式为用户提供了一个自然的交互界面，用户可以通过语音或文字与智能体进行交互，获取所需的信息或服务。对于很多非技术用户来说，这种无须深入了解技术细节就能轻松使用的应用模式是非常友好的。

与面向个人用户的大模型产品或应用服务不同，企业内部基于大模型的应用系统更注重的是效率、稳定性和集成性。因此，模块应用模式或者微服务应用模式成为较好的选择。企业内部系统往往需要处理大量的数据和复杂的业务流程。模块化的应用模式允许开发者将系统划分为多个独立的功能模块，每个模块负责处理特定的业务逻辑。这种模式的好处在于它提高了系统的可维护性和可扩展性。当企业需要添加新的功能或修改现有功能时，只需要针对特定的模块进行开发，而不需要对整个系统进行大规模的改动。

微服务应用模式将一个大型的应用划分为多个小的、独立的服务，每个服务都运行在自己的进程中，并使用轻量级通信协议进行通信。这种模式的优点在于它提高了系统的可扩展性、可靠性和灵活性。每个微服务都可以独立地进行部署、升级和扩展，从而满足企业内部不断变化的需求。

3. 可扩展性

随着业务的发展和需求的变化，应用模式的可扩展性至关重要。一个灵活的应用模式应该能够轻松地适应新的数据和功能需求，而无须进行大规模的架构改动。

可扩展性是应用模式在面对不断增长的数据和功能需求时，能够保持高效、稳定运行的能力。在企业大模型项目中，这种能力尤为重要。因为随着业务的拓展，企业可能需要处理更多的数据，支持更多的用户，或者添加新的功能模块。一个具有良好可扩展性的应用模式，可以在这些变化发生时，以最小的成本和最短的时间做出适应，从而确保企业的业务连续性和市场竞争力。在可扩展性方面，微服务应用模式和数据流应用模式的优势就比较突出。

微服务应用模式具有松耦合、高内聚的特性，每个服务都是独立的、可部署的单元，负责特定的业务功能。这种独立性使得每个服务都可以根据需要进行单独的扩展和更新，而不会影响其他服务。当某个服务的负载增加时，可以轻松地增加更多的实例来处理请求，从而实现水平扩展。同样，当需要添加新的功能时，只需要开发并部署新的微服务即可，无须对整个系统进行大规模的改动。

数据流应用模式则特别适用于那些需要处理大量实时数据并快速做出响应的场景。在这种模式下，数据是流动的，可以不断地从各种数据源中获取并处理。这种模式的可扩展性主要体现在对新数据源和业务逻辑变化的快速适应上。

随着业务的发展，企业可能需要接入更多的数据源，或者调整现有的数据处理逻辑。数据流应用模式允许企业在不中断现有服务的情况下，轻松地添加新的数据源或修改处理逻辑。这是因为数据流是动态的，可以随时调整数据流的方向和处理方式。这种灵活性使得企业能够实时响应市场的变化，快速做出决策。

4. 其他考虑因素

- **安全性**：在选择应用模式时，必须考虑数据的安全性和隐私保护。特别是在处理敏感数据时，应确保所选模式符合相关的数据保护法规和标准。

- **维护成本**：不同的应用模式可能具有不同的维护成本。例如，微服务应用模式可能需要更多的运维资源来管理多个服务实例，而模块应用模式则可能在系统升级时面临更大的挑战。
- **技术兼容性**：确保所选的应用模式与企业现有的技术栈和基础设施兼容，以减少实施过程中的技术障碍。

5.1.4 确定项目开发内容

1. 大模型应用开发框架

企业大模型的开发是建立在大模型的开发基础上的，因此要根据企业的实际应用场景来评估大模型的开发框架。一个相对完整的企业大模型应用开发框架如图 5-1 所示，包括企业大模型、插件、RAG 及与用户交互的智能体。实际项目中需要根据项目需求来确定各部分的开发内容。

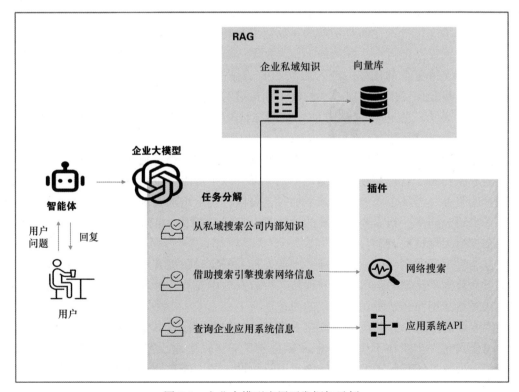

图 5-1　企业大模型应用开发框架示例

（1）企业大模型

企业大模型是整个开发框架的核心。它不仅是自然语言处理的基础，更是实现企业级智能化应用的关键。在构建过程中，我们需要根据企业的实际应用场景和需求，对大模型进行微调和提示工程，使其对企业信息有清晰的认知。

微调（Fine-tuning）是一个重要的步骤，它能够让大模型更好地适应企业特定的数据和环境。通过微调，可以调整模型的参数，使其在处理企业相关数据时更为准确。同时，提示工程（Prompt Engineering）也是不可或缺的一环。通过精心设计的提示词，我们可以引导大模型更准确地理解和回应用户的需求。

微调和提示工程的目标之一就是使得大模型需要具备任务分解的功能。大模型的任务分解能力是指其能将复杂任务分解为系统可执行的简单步骤。针对智能体输入的任务，大模型会从三个方面进行分解：首先，通过向量数据库搜索企业内部知识，快速找到相关信息；其次，利用搜索引擎获取更广泛的网络信息和资源；最后，通过 API 插件直接查询企业应用系统，获取实时数据。这种任务分解能力使大模型能够灵活应对各种复杂任务，高效、准确地收集和处理信息，从而提升企业运营效率和智能化水平。简而言之，大模型通过整合企业内部、网络和应用系统资源，将复杂任务分解为可执行步骤，实现高效决策和行动。

（2）智能体

智能体作为与大模型和用户直接交互的界面，扮演着至关重要的角色。它负责将用户的需求转化为大模型可以理解的任务。为了实现这一目标，智能体需要具备自然语言理解和生成的能力，以便准确地捕捉用户的意图，并将其转化为具体的查询或操作指令。

在实际应用中，智能体可能是一个智能聊天机器人，也可能是一个智能助手应用。无论形式如何，它都需要具备高度的灵活性和可扩展性，以适应不断变化的用户需求和企业环境。

（3）RAG

RAG（检索增强生成）技术的核心在于"检索"和"生成"两个环节的紧密结合。这种技术特别适用于知识密集型任务，如问答系统、文档生成、智能助手等。在这些应用场景中，RAG 能够通过检索外部知识库的信息来增强模型的生成能力，使得生成的文本或答案更加准确、丰富。

RAG 技术在多个自然语言处理任务中都有广泛的应用前景。例如，在问答系统中，RAG 可以帮助机器更准确地理解用户的问题，并从庞大的知识库中检索相关信息，最终生成准确的答案。在文档生成和智能助手等领域，RAG 同样能够发挥巨大的作用，提升生成内容的质量和多样性。

（4）插件

在开发大模型项目中，外部工具的使用是提升模型功能和效率的关键。这些工具可以帮助大模型或智能体利用外部资源来执行任务，从而提高整体的性能和准确性。以下是一些常用的外部插件工具：

- **信息检索工具**：这类工具可以帮助大模型从互联网上搜索相关信息，以丰富其知识和推理能力。例如，可以使用搜索引擎 API 来获取最新的网络信息。
- **内部业务系统 API**：对于企业内部的大模型应用，往往需要与企业的业务系统进行集成。通过使用内部业务系统的 API，大模型可以获取到实时的业务数据，从而进行更准确的分析和决策。

- **开发工具库**：如 Transformers、Ollama 等工具库，这些库提供了丰富的功能和接口，支持多款大模型的开发和应用。它们可以帮助开发者更高效地实现模型训练、推理等任务。
- **代码补全工具**：对于编程相关的大模型应用，代码补全工具是非常有用的。例如，GitHub Copilot、TabNine 等工具可以根据开发者正在编写的代码上下文，智能地推荐接下来的代码片段，从而提高开发效率。
- **任务管理工具**：在开发大模型项目时，任务管理工具可以帮助团队更好地协作和跟踪项目进度。例如，使用 Trello、Jira 等工具来分配任务、记录问题和追踪项目进度。
- **数据可视化工具**：为了更好地理解和分析大模型的数据，可以使用数据可视化工具（如 Tableau、Power BI 等）来创建直观的图表和报告。
- **自动化测试工具**：为了确保大模型的稳定性和准确性，可以使用自动化测试工具进行持续的集成测试。例如，使用 Selenium、Appium 等工具来模拟用户操作并检查模型的响应。

这些外部插件工具可以根据具体的项目需求进行选择和配置，以提升大模型项目的开发效率和模型性能。同时，随着技术的不断发展，新的工具也会不断涌现，为开发者提供更多的选择和便利。

2. 确定项目开发步骤

一般来说，大模型项目的开发过程包括数据准备与基础大模型集成、RAG 数据增强引擎的开发与集成、外部插件的设计、开发与集成、智能体的设计、开发与集成、微调大模型与提示工程等主要步骤。但是在大模型项目的实施过程中，各个开发阶段并非一成不变且必须执行的步骤，而是需要根据项目的实际目标、业务需求以及其他限制条件来灵活确定。

5.2 开发环境搭建

搭建一个高效、稳定的开发工具环境对企业大模型项目的实施尤为重要。接下来，本节将详细论述如何搭建一个适用于企业大模型应用的开发工具，以支持大模型项目中的数据处理、机器学习类模型训练、向量数据库构建、知识图谱构建、企业知识整理、外部插件开发、智能体开发等多项工作。

5.2.1 开发环境搭建的基本原则

在企业大模型项目的实施方法中，开发环境搭建是项目初期的关键步骤。开发环境的选择将直接影响项目的开发效率、稳定性和后期维护成本，因此必须慎重考虑。在选择过程中，应综合考虑以下几个重要方面：

1. 技术成熟度

技术的成熟度是选择和搭建开发环境时首要考虑的因素之一。一个经过验证并在实际应用中表现出稳定性的技术架构，能够大大降低项目中的技术风险。为此，项目团队应该对候选的技术架构进行充分的调研和评估。

- **市场验证**：考察该技术是否在类似规模或类型的项目中得到过成功应用，并了解其稳定性和性能表现。
- **版本更新与迭代**：关注技术的版本更新频率和迭代历史，以评估其持续发展的潜力和对新兴技术趋势的适应性。
- **错误处理和容错机制**：一个成熟的技术架构应该具备完善的错误处理和容错机制，以确保在系统出现故障时能够快速恢复。

2. 团队熟练度

项目团队对所选技术的熟悉程度也是一个重要因素。如果团队已经具备相关技术背景和经验，将大大缩短项目的学习曲线和开发周期。

- **现有技能匹配**：评估团队现有技能是否与候选技术相匹配，以及是否需要额外的技能培训。
- **学习成本**：预计团队掌握新技术所需的时间和资源投入，并权衡这是否符合项目的时间表和预算。

3. 成本与效益

在选择和搭建开发环境时，成本与效益的分析是必不可少的。项目团队需要确保所选技术和工具的成本符合项目预算，并且能够带来预期的效益。

- **许可费用**：了解候选技术的许可费用结构，包括一次性购买费用、订阅费用或按使用量计费等方式。
- **硬件和基础设施成本**：评估运行所选技术所需的硬件和基础设施投资，以及相关的维护和升级成本。
- **长期效益**：分析所选技术是否能够在项目生命周期内持续带来效益，包括提高开发效率、降低维护成本等。

4. 社区支持与文档完善度

一个活跃的技术社区和完善的文档支持对于项目的顺利实施至关重要。在选择和搭建开发环境时，应重点考虑这一点。

- **社区活跃度**：考察技术社区的规模、活跃度和响应速度，以确保在遇到问题时能够及时获得帮助和支持。
- **文档丰富性**：评估技术文档的详细程度、准确性和易读性，以便团队成员能够快速上手并解决常见问题。

- **培训资源和教程**：了解是否有丰富的培训资源和教程可供团队成员学习参考，以加速技术掌握过程。

5.2.2 软硬件基础设施建设

1. 建设方法

（1）需求分析

在搭建基础设施之前，首先要对大模型项目的需求进行深入分析，以确定项目的规模、数据量、计算复杂度、实时性要求等。通过需求分析，可以确定所需的硬件和软件配置。

（2）硬件选型与配置

根据需求分析的结果，选择合适的硬件设备。这包括高性能计算机、GPU/TPU 加速设备、存储设备、网络设备等。在配置硬件时，需要注意各个设备之间的兼容性和性能匹配。

（3）软件选择与安装

根据项目的需求，选择合适的操作系统、数据处理软件、机器学习框架等。在安装软件时，要确保各个软件之间的兼容性和稳定性。

（4）系统集成与测试

将选定的硬件和软件集成在一起，进行系统测试。测试的目的是确保整个系统的稳定性和性能满足项目需求。在测试过程中，需要关注系统的响应时间、吞吐量、错误率等指标。

（5）优化与调整

根据测试结果，对系统进行优化和调整。这可能包括调整硬件配置、优化软件参数、改进数据处理流程等。通过不断优化和调整，可以提高系统的性能和稳定性。

（6）部署与运维

将优化后的系统部署到生产环境中，并进行持续的运维管理。这包括监控系统的运行状态、处理故障和问题、定期备份数据等。

2. 硬件选型建议

（1）处理器

选择高性能的多核处理器，如 Intel Xeon 或 AMD EPYC 系列，以支持大规模数据处理和复杂的计算任务。

（2）内存

根据项目的需求，选择足够容量的内存，以确保数据的高效处理。对于大型模型训练任务，可能需要更大的内存容量。

（3）存储设备

选择高速且可靠的存储设备，如 SSD（固态硬盘）或 NVMe 驱动器，以提高数据读写速度。同时，考虑使用 RAID（磁盘阵列）技术来提高数据存储的可靠性。

（4）GPU/TPU

对于深度学习等计算密集型任务，建议选择高性能的 GPU 或 TPU 来加速计算。NVIDIA 的 GPU 在深度学习领域具有广泛的应用和良好的性能表现。

（5）网络设备

选择高速、稳定的网络设备，以确保数据传输的效率和稳定性。考虑使用千兆网卡或更高速的网络设备来满足大规模数据传输的需求。

3. 软件选型建议

（1）操作系统

推荐选择稳定、安全的操作系统，如 Linux 发行版中的 Ubuntu、CentOS 等。这些操作系统具有良好的稳定性和安全性，同时提供了丰富的软件包管理工具，便于安装和管理各种软件。

（2）数据处理软件

对于大规模数据处理任务，推荐使用 Apache Spark 或 Hadoop 等分布式处理框架。这些框架提供了高效的数据处理和分析能力，能够处理 TB 级别以上的数据。

（3）机器学习框架

TensorFlow 和 PyTorch 是当前较流行的深度学习框架。TensorFlow 在工业界的应用较为广泛，而 PyTorch 在学术界的受欢迎程度较高。根据项目需求和团队熟悉程度选择合适的框架。

（4）数据库管理系统

对于结构化数据的存储和管理，推荐使用 MySQL、PostgreSQL 等关系型数据库。这些数据库管理系统提供了稳定的数据存储和查询功能。

（5）版本控制系统

Git 是目前最流行的版本控制系统之一，推荐使用 Git 来管理代码版本和促进团队协作。同时，可以考虑使用 GitHub、GitLab 等在线平台来托管和协作项目代码。

5.2.3　开发平台与软件选择

在大模型开发环境的搭建过程中，开发平台与软件的选择是至关重要的一环。合理的选择能够提升开发效率，降低运维成本，并确保模型的安全性和稳定性。以下将详细阐述开发平台与软件选择的具体方法和操作步骤。

1. 模型服务平台的选择与使用

（1）AutoML 工具

AutoML（自动化机器学习）工具如谷歌 Cloud AutoML 可以简化模型训练和调优过程。选择 AutoML 工具时，应考虑其易用性、支持的数据类型、模型类型和调优算法等。使用 AutoML 工具时，我们需要上传数据集并选择目标变量、选择合适的模型类型和参数设置、启动训练过程并监控模型的性能，以及使用调优功能来改进模型性能。

（2）模型部署与管理平台

Kubeflow、MLflow 等平台用于模型的部署、监控和管理。选择这类平台时，应考虑其支持的模型类型、部署流程的灵活性、监控功能的完善性以及与其他工具的集成能力。使用模型部署与管理平台时，我们需要将训练好的模型打包成可部署的格式、在平台上创建一个新的部署项目并配置相关参数、将模型部署到目标环境（如 Kubernetes 集群），以及配置监控和日志记录功能，以便跟踪模型的性能和问题。

2. 向量数据库与知识图谱软件的选择与应用

（1）向量数据库的选择

向量数据库如 FAISS、Annoy 等支持高效的向量检索。选择向量数据库时，应考虑其性能、可扩展性、支持的向量类型和检索算法等因素。应用向量数据库时，我们需要将数据转换为向量格式并导入数据库中，配置相似性搜索参数以优化检索效果，以及使用数据库提供的 API 或查询语言进行向量检索。

（2）知识图谱构建工具的选择

知识图谱构建工具如 Neo4j、OrientDB 等图形数据库以及 Dgraph 等分布式图形数据库可以帮助我们构建和管理复杂的知识图谱。选择这类工具时，应考虑其图形数据模型的灵活性、查询语言的强大性、可扩展性和与其他系统的集成能力。应用知识图谱构建工具时，我们需要定义数据模式和实体关系，导入数据并构建知识图谱，使用查询语言（如 Cypher、Gremlin 等）进行复杂的数据查询和分析，配置图形可视化工具，以便更直观地展示和分析知识图谱。

5.3 数据准备及基础大模型构建

5.3.1 数据准备

数据准备是企业大模型项目实施过程中至关重要的一环，涉及数据的收集、清洗、转换、标注等多个步骤。这一阶段的成功与否将直接影响后续模型训练的效果和应用价值。下面将从数据来源与类型、数据预处理以及与传统智能化项目数据操作的差别等方面进行详细论述。

1. 数据来源与类型

在构建大模型之前，首先要明确所需数据的来源。数据的来源广泛，可以从多个渠道获取，主要包括以下几个方面：

- **企业内部数据库**：企业内部的数据是最直接、最相关的数据来源。这些数据包括销售记录、客户信息、产品详情、市场反馈等，对于训练符合企业实际需求的大模型至关重要。通过挖掘这些数据的价值，可以更好地理解客户行为、市场趋势和业务流程，从而优化决策。

- **公开数据集：** 为了丰富数据的多样性和提高模型的泛化能力，可以利用公开数据集进行补充。这些数据集通常来源于政府机构、学术研究或行业组织，涵盖了各种领域和场景。使用公开数据集时，需要注意数据的质量和相关性，确保其对模型训练有积极作用。
- **合作伙伴提供的数据：** 在与其他企业或机构合作时，可以共享或交换数据资源。这些数据资源包含特定领域的专业知识或独特视角，有利于提升大模型的性能和准确性。
- **网络爬虫获取的数据：** 通过网络爬虫技术，可以从互联网上抓取与特定主题相关的数据。这些数据可以为企业大模型提供更广泛的背景信息和实时动态，但需要注意遵守相关法律法规和网站的使用条款。

从数据类型来看，企业大模型所需的数据可以是结构化的表格数据、半结构化的文本数据（如 XML、JSON 格式），以及非结构化的图像、音频、视频等多媒体数据。不同类型的数据在模型训练中起到不同的作用，因此需要有针对性地收集和处理。

2. 数据预处理

数据预处理是数据准备阶段的核心环节，其目的是将原始数据转化为适合模型训练的格式和质量。以下是数据预处理过程中的主要操作步骤。

（1）数据清洗

1）去除重复数据。确保数据集中每条记录都是唯一的，避免重复信息对模型造成干扰。

2）处理缺失值。根据数据的实际情况和业务需求，选择合适的填充方法（如均值填充、中位数填充、众数填充等）或删除含有缺失值的记录。

3）识别并处理异常值。利用统计方法 [如 Z 分数（Z-score）、四分位距（Interquartile Range，IQR）等] 识别异常值，并根据实际情况进行修正或删除。

4）数据类型转换。将非数值型数据转换为数值型，以便于模型处理。例如，将分类变量转换为独热编码（One-hot Encoding）或标签编码（Label Encoding）。

（2）数据变换

1）特征缩放。通过归一化、标准化等方法调整特征的尺度，使其在同一量级上，提高模型的训练效率和准确性。

2）特征选择。根据相关性分析、方差分析等方法选择对模型预测有重要影响的特征，降低模型复杂度。

（3）数据标注

对于大模型的有监督微调任务，需要对数据进行标注。标注的准确性将直接影响模型的训练效果，因此需要制定明确的标注规范和质量控制流程。可以采用人工标注、半自动标注或基于规则的自动标注等方法进行数据标注工作。对于大规模数据集，可以考虑采用众包平台进行标注，以提高效率和降低成本。

（4）数据划分

将数据集划分为训练集、验证集和测试集。训练集用于大模型微调训练，验证集用于调整大模型参数和超参数，测试集用于评估大模型的最终性能。划分时要确保数据的分布一致性，避免引入额外的偏差。

3. 与传统智能化项目数据操作的差别

与传统智能化项目相比，企业大模型项目在数据操作上有以下几点显著差别：

（1）数据规模与多样性

大模型项目通常需要处理的数据量远超传统智能化项目，可能涉及数百万、数千万甚至更多的数据点。数据类型更为多样，包括文本、图像、音频、视频等多种形式的数据，而传统项目可能主要关注结构化数据。

（2）实时性与动态性

随着业务的发展和市场环境的变化，大模型项目对数据的实时性要求更高。需要定期或实时更新数据集以反映最新的市场趋势和用户需求。传统项目可能更注重静态数据的分析和挖掘，而对实时数据的处理需求相对较低。

（3）隐私保护与安全性

在处理大规模、多样性的数据时，大模型项目面临着更高的隐私保护和安全性挑战。需要采取严格的加密措施、匿名化处理以及访问控制策略来保护用户数据和企业机密。传统项目在数据处理过程中可能较少考虑这些方面的问题。

（4）特征工程与自动化

大模型项目通常需要更复杂的特征工程来提取有意义的特征供模型学习。这可能涉及深度学习技术、自然语言处理等多种高级方法。传统项目可能更多地依赖手工设计的特征和简单的机器学习算法。

（5）计算资源与效率

大模型项目对计算资源的需求远高于传统项目，需要强大的计算能力和高效的并行处理技术来支持大规模数据的训练和推理任务。传统项目可能在较小的数据集上进行操作，对计算资源的需求相对较低。

5.3.2 向量数据库构建

向量数据库是大模型技术体系中的一个核心组件，它专门用于存储和检索高维向量数据。在大模型项目中，向量数据库扮演着重要角色，使基于向量的语义搜索、推荐和个性化服务成为可能。

1. 构建向量数据库的必要性

- **高效相似性搜索**：在大规模数据集中，传统的文本搜索方法往往效率低下，而向量数据库可以利用向量的数学特性进行高效的相似性搜索。

- **支持深度学习应用**：深度学习模型通常将输入数据转换为高维向量表示。向量数据库能够存储这些向量，并支持基于向量的快速检索，这对于推荐系统、图像识别、自然语言处理等应用至关重要。
- **扩展性和灵活性**：随着数据量的增长，向量数据库提供了良好的扩展性，能够轻松应对数据规模的增加。同时，由于其不依赖于固定的数据模式，因此可以灵活地适应不同类型的数据和场景。

2. 向量数据库的具体构建过程

（1）数据准备

在构建向量数据库之前，需要对原始数据进行清洗、转换和标注等预处理操作，以确保数据的质量和一致性。

（2）特征提取

利用深度学习模型或其他机器学习算法从预处理后的数据中提取特征向量。这些特征向量是数据的紧凑表示，捕捉了数据的关键信息。

1）选择合适的特征提取方法。根据数据的类型，选择合适的特征提取方法。例如：对于文本数据，可以使用 TF-IDF、Word2Vec 等方法提取特征；对于图像数据，可以使用 CNN（卷积神经网络）等方法提取特征。

2）提取特征向量。利用选定的特征提取方法，将数据转换为高维的特征向量。这些特征向量捕捉了数据的关键信息，并用于后续的相似度匹配和检索。

（3）向量存储

将提取出的特征向量存储在向量数据库中。这通常涉及选择合适的数据库技术和工具，如 Faiss、Annoy 或 Milvus 等，这些工具提供了高效的向量索引和检索功能。

1）选择向量数据库工具。根据需求选择合适的向量数据库工具，如 Faiss、Annoy 或 Milvus 等。这些工具提供了高效的向量存储和检索功能。

2）存储特征向量。将提取出的特征向量存储在向量数据库中。这通常涉及将数据以适当的格式存入数据库，并建立相应的索引结构以加速后续的检索操作。

（4）建立索引

为了提高检索效率，需要对存储的特征向量构建索引。具体的索引方法取决于所选的向量数据库技术，但通常涉及对向量空间进行划分或聚类，以便快速定位相似的向量。例如，可以使用 KD 树、球树等索引结构。

（5）性能优化与测试

根据实际需求和硬件环境对向量数据库进行性能优化，包括调整索引参数、压缩数据、分布式部署等。

1）性能优化。根据实际需求和硬件环境对向量数据库进行性能优化。这可能包括调整索引参数、压缩数据以减少存储空间、采用分布式部署以提高处理能力和容错性等。

2）测试与验证。在完成向量数据库的构建后，需要进行测试和验证以确保其性能和准确性。这可以通过执行相似度搜索任务、评估搜索结果的质量等方式来完成。

5.3.3 RAG

对于许多企业来说，如何有效地结合内部私有知识与大模型技术，实现精准的问答和推理功能，同时确保知识资产的安全性和隐私性，是一个亟待解决的问题。RAG 技术的出现，为企业提供了一种可行的解决方案，也是我们在构建大模型应用时的一个关键步骤。

1. RAG 的构建

RAG 的构建可以大致分为四个阶段：数据准备阶段、知识库构建阶段、应用建设阶段和评估与优化阶段。

（1）数据准备阶段

1）数据提取。这是 RAG 流程的第一步，需要收集并整理相关的私有知识数据。这些数据可以来自企业内部文档、数据库、网站等各种来源，是后续检索和生成的基础。对收集到的数据进行清洗，去除重复、错误或不相关的信息。同时，对数据进行必要的预处理，如分词、去除停用词等。

2）文本分割。提取出的数据往往需要经过分割处理，以适应后续的向量化和检索过程。文本分割可以将大段文本拆分成更小、更易于处理的片段。

3）向量化（Embedding）。在这一步，文本数据被转换成数值向量的形式，这样便于机器进行数学运算和比较。向量化技术能够将文本中的语义信息编码成高维空间中的向量，使得相似语义的文本在向量空间中距离相近。

（2）知识库构建阶段

1）索引创建。创建一个索引来存储这些文本片段及其向量嵌入作为键值对。这样，当给定一个查询时，可以迅速找到与之相关的文本片段。

2）数据入库。经过向量化的数据被存储在一个专门的数据库中，这个数据库将作为后续检索操作的知识库。

（3）应用建设阶段

1）用户查询处理。当用户提出一个问题或需要生成一段文本时，首先需要对查询进行处理，如分词、转化为向量表示等。RAG 流程正式启动。

2）数据检索（召回）。数据检索（召回）也称为相似度搜索。系统会根据用户的提问，在之前建立的知识库中检索相关信息。这一步通常涉及高效的近似最近邻搜索算法，以快速找到与提问最相关的文档片段。

3）注入 Prompt。检索到的相关信息会被整合成一个或多个 Prompt，这些 Prompt 将作为生成模型的输入，指导文本的生成过程。

4）信息整合。将检索到的相关信息进行整合，形成一个完整的上下文。

5）大模型生成答案。利用预训练的自然语言生成模型（如 GPT、T5 等），结合检索到的信息和用户提问，生成最终的回答或文本。这一步中，生成模型会根据上下文信息产生连贯、合理的输出。

（4）评估与优化阶段

在应用建设后，要针对大模型生成答案的准确性进行评估和优化。

1）结果评估。对生成的回答或文本进行评估，判断其是否满足用户需求。评估标准可以包括准确性、连贯性、相关性等。

2）模型优化。根据评估结果对模型进行优化，如调整模型参数、改进检索算法等，以提高生成的质量和准确性。

2. 建立安全性与隐私性保护机制

在实施 RAG 技术时，企业必须高度重视数据的安全性和隐私性保护。以下是常用的一些保障措施：

- **数据加密与访问控制**：对私有知识库中的数据进行加密处理，并设置严格的访问控制机制。只有经过授权的人员才能访问敏感数据，确保数据的安全性。
- **匿名化与脱敏处理**：对于涉及个人隐私的数据，应进行匿名化和脱敏处理。通过替换敏感信息、删除或模糊部分数据等方式，降低数据泄露的风险。
- **定期审计与监控**：定期对私有知识库进行审计和监控，确保数据的完整性和安全性。一旦发现异常访问或数据泄露等风险，应立即采取措施进行防范和应对。

5.3.4　基础大模型集成

基础大模型集成是企业大模型项目实施中的关键环节，它涉及将之前各阶段的工作成果——包括清洗和准备好的数据、构建的向量数据库以及开发的私有知识检索增强功能——有机地融合到一个大模型框架中。这一过程不仅技术性强，而且需要细致的规划和管理，以确保集成的模型能够满足企业的实际需求。

1. 选择合适的通用大模型

选择合适的通用大模型是集成工作的第一步，也是至关重要的一步。企业在选择时，除了要考虑模型本身的性能、准确性和泛化能力，更要关注其与企业现有数据资源、技术架构以及长远发展战略的契合度。一个优秀的通用大模型不仅能够处理当前的数据和业务需求，还应该能够适应企业未来的发展变化。因此，企业在选择时，需要进行深入的市场调研和需求分析，确保所选模型既能满足当前的业务需求，又能为未来的发展留下足够的拓展空间。

2. 集成到已经搭建好的开发环境中

选定通用大模型后，接下来的工作便是将其集成到企业已经搭建好的开发环境中。这一过程需要专业的技术支持和精细的操作步骤。首先，要确保开发环境具备足够的资源来支持大模型的运行，包括计算资源、存储资源和网络资源等。其次，要根据大模型的特性和要求，对开发环境进行相应的配置和优化，以确保模型能够高效、稳定地运行。最后，要将大模型与企业的其他系统进行整合，形成一个统一、高效的数据处理和分析平台。

3. 兼容性和稳定性测试

通用大模型集成到开发环境后，必须进行全面的兼容性和稳定性测试。这包括数据接口的对接、数据传输协议的匹配以及数据处理流程的协调等。在测试过程中，要重点关注模型与企业现有系统的交互情况，确保数据能够顺畅地在各个系统之间流动和处理。同时，还要对模型的稳定性进行持续的监控和评估，及时发现并解决可能出现的问题。通过这些测试，可以确保通用大模型能够与企业现有的技术架构和业务流程无缝对接，为企业提供稳定、可靠的数据处理和分析服务。

4. 数据测试

数据测试是验证通用大模型集成效果的关键环节。在这一阶段，企业需要对数据准备中的向量数据库等进行基础能力测试。这包括数据的加载速度、查询效率、准确性以及并发处理能力等方面。通过数据测试，可以确保通用大模型能够高效地处理和分析企业的数据资源，为企业提供有价值的数据洞察和业务决策支持。同时，数据测试还可以帮助企业发现并解决在数据准备和处理过程中可能出现的问题，确保数据的准确性和一致性。

5.4 外部插件设计开发

在企业的大模型项目实施过程中，有时候需要与企业内外的相关系统、互联网信息以及其他执行工具进行互动，因而外部插件就扮演着至关重要的角色。这些插件不仅能够扩展大模型的功能，还可以提高其性能和效率。接下来将详细探讨大模型项目实施中外部插件的设计开发过程。

5.4.1 外部插件需求分析

外部插件需求分析是项目成功的关键一环。这一步骤不仅涉及技术层面的考量，还需要深入理解项目目标和业务需求。以下是对外部插件需求的详细分析，主要从功能增强、性能提升和业务需求三个方面展开。

1. 功能增强

大模型虽然强大，但在某些特定领域或任务上可能表现不佳。这时，通过引入外部插件来增强功能就显得尤为重要。以 NLP 项目为例，虽然大模型在通用语言处理上表现出色，但在处理特定领域的文本时，如法律、医学或金融文档，可能会力不从心。此时，专门针对这些领域的外部插件就能发挥巨大作用。

例如，在文本分类任务中，如果大模型无法准确区分不同类别的文本，我们可以引入一个专门针对该任务的插件。这个插件包含了特定领域的词汇库、语法规则或预训练模型，能够更准确地识别文本特征并进行分类。同样，在情感分析任务中，外部插件可以提供更精细的情感标签，如"愤怒""失望""喜悦"等，而不仅仅是简单的"正面"或"负面"情感。

此外，NER（命名实体识别）也是 NLP 项目中的常见任务。大模型可能在识别某些特定实体时存在困难，如人名、地名或组织名。通过引入外部 NER 插件，我们可以利用更专业的模型和算法来提高实体识别的准确率和效率。

2. 性能提升

在处理大量数据或复杂任务时，大模型可能会遇到性能瓶颈。这些瓶颈表现为处理速度下降、内存占用过高或计算资源不足等问题。为了解决这些问题，我们可以借助外部插件来进行性能提升。

例如，在并行计算方面，外部插件可以利用多核处理器或分布式计算资源来加速大模型的推理过程。通过将数据分割成多个小块并在不同的计算节点上并行处理，我们可以显著提高整体计算速度。此外，数据压缩插件也可以帮助我们减少内存占用和传输成本。这类插件可以采用先进的压缩算法来降低数据的大小，从而加快数据处理速度并减少存储需求。

另外，优化算法插件也是提升大模型性能的重要手段。这类插件可以针对特定的任务和数据集对大模型进行优化，如调整学习率、正则化参数或网络结构等。通过这些优化措施，我们可以进一步提高大模型的准确率和泛化能力。

3. 业务需求

除了功能增强和性能提升外，业务需求也是外部插件需求的重要因素。在某些特定场景下，我们可能需要将大模型与企业的其他系统进行集成以实现业务流程的自动化。这种集成需求通常涉及系统间的数据交互和流程对接。

例如，在一个智能客服系统中，我们需要将大模型与现有的 CRM（客户关系管理系统）进行集成。这样，当用户通过客服渠道发起咨询时，智能客服系统可以自动获取用户的个人信息和历史记录，并根据这些信息提供个性化的服务。为了实现这种集成，我们需要开发一个专门的外部插件来完成数据同步、格式转换和接口调用等操作。

此外，在业务流程自动化方面，外部插件也可以发挥重要作用。例如，在一个电商平台上，我们可以利用大模型对用户行为进行分析和预测，并自动触发相应的营销活动或推荐策略。为了实现这一功能，我们需要开发一个能够与大模型紧密集成的自动化流程插件。这个插件可以根据大模型的输出自动执行一系列操作，如发送营销邮件、更新用户画像或调整商品推荐列表等。

通过对外部插件需求的深入分析，我们可以发现这些需求主要来源于功能增强、性能提升和业务需求三个方面。为了满足这些需求，我们需要开发具有针对性、高效性和可扩展性的外部插件。这些插件不仅可以提升大模型的整体性能和功能丰富性，还可以帮助企业实现业务流程的自动化和智能化。

5.4.2 外部插件开发流程

外部插件的开发是一个系统化、结构化的过程，涉及从需求分析到最终发布的多个环节。以下是对外部插件开发流程的详细阐述，以确保流程的明确性、逻辑的清晰性和结构的合理性。

1. 技术选型和框架设计

选择合适的技术栈和设计合理的框架是外部插件开发的关键步骤。这一过程需要考虑多个因素，包括技术兼容性、性能需求、开发效率和团队技能等。

- **技术选型**：根据插件的具体需求，选择最适合的编程语言、库和框架。例如，如果插件涉及深度学习计算，可能会选择 Python 作为开发语言，并利用 TensorFlow、PyTorch 等深度学习框架。
- **框架设计**：设计插件的整体架构和模块划分。这一阶段需要充分考虑代码的可读性、可维护性和可扩展性。一个清晰、合理的框架设计能够大大提高开发效率，减少后续维护和扩展的成本。

2. 编码实现

在完成技术选型和框架设计后，就可以开始进行具体的编码工作了。编码过程中需要注意以下几点：

- **遵循编码规范**：为了提高代码的可读性和可维护性，必须遵循相关的编码规范和最佳实践。例如，使用有意义的变量名、注释关键代码段，以及避免使用复杂的嵌套结构等。
- **模块化编程**：将功能划分为独立的模块，每个模块负责完成特定的任务。这不仅有助于代码的组织和管理，还能提高代码的可重用性。
- **测试和调试**：在编码过程中，需要进行充分的测试和调试，以确保每个模块都能按照预期工作。这有助于及时发现并修复潜在的问题和缺陷。

3. 集成与测试

在编码完成后，需要对整个插件进行集成和测试。这一阶段主要包括以下几个步骤：

- **单元测试**：针对每个模块进行单元测试，以确保其功能的正确性。单元测试是确保代码质量的重要手段之一。
- **集成测试**：将所有模块集成在一起进行测试，以检查模块之间的交互和依赖关系是否正常。集成测试有助于发现并解决模块之间的兼容性问题。
- **系统测试**：对整个插件进行系统测试，以验证其是否满足最初的需求和性能要求。系统测试是确保插件整体质量和稳定性的关键环节。

4. 性能评估与优化

集成插件后，需要对项目的整体性能进行评估和优化。

- **性能指标评估**：通过对比使用插件前后的性能指标（如准确率、处理速度、资源消耗等），可以量化插件对项目性能的提升效果。这有助于验证插件的有效性和适用性。
- **瓶颈识别与优化**：在评估过程中，可能会发现某些性能瓶颈或潜在问题。针对这些问题，可以进行有针对性的优化，如调整插件参数、改进算法逻辑或优化数据交互方式等。
- **持续监控与调整**：性能优化是一个持续的过程。随着项目需求和数据环境的变化，可能需要不断地对插件进行调整和优化，以保持其最佳性能状态。

5.4.3　外部插件的持续维护与更新

外部插件作为大模型项目中的重要组成部分，同样需要进行持续的维护与更新，以确保其性能、稳定性和功能始终满足项目的实际需求。以下是对外部插件持续维护与更新的详细探讨。

1. 建立用户反馈机制

外部插件的持续优化离不开用户反馈。设置在线表单、电子邮件和社交媒体等反馈途径，便于用户便捷地提出问题或建议。开发团队应及时响应和处理这些反馈，并定期汇总分析，以便有针对性地更新和优化插件。

2. 实施版本控制

版本控制是插件维护的关键。选择如 Git 等版本控制系统，确保代码和文档的集中、安全存储。每次代码提交时，应附带清晰的提交信息，便于后续查阅。根据开发进度和用户需求，定期发布新版本，确保用户获取最新功能。

3. 采用持续集成与测试

持续集成策略可以显著提升代码质量和开发效率。每次代码提交后，CI（持续集成）系统应自动构建和测试，确保插件的稳定性。代码审查也是必要环节，确保代码质量。CI 系统的快速反馈帮助开发团队及时调整和优化插件性能。

4. 确保与大模型项目兼容

随着大模型项目的更新，插件也需要保持兼容。定期进行兼容性测试，确保插件在新版本项目中正常运行。发现兼容性问题时，迅速调整适配，确保插件继续为项目提供支持。同时，与项目团队保持沟通，了解实际需求和期望。

5.5 智能体设计与开发

在大模型项目中，智能体的设计与开发是至关重要的一环。智能体作为项目中的关键组件，承担着数据采集、处理、交互等多项任务，对于项目的成功实施起着举足轻重的作用。本节将详细阐述在大模型项目中如何进行智能体的设计与开发，以确保项目的顺利进行。

5.5.1 智能体设计概述

在大模型项目中，有时候需要设计和构建智能体来与大模型形成良好的交互、自动化执行任务和自主实现自我反馈。智能体不仅仅是一个简单的执行者，而是被赋予了高度的智能化和自主性，能够根据预设的规则和策略，自主地执行任务、与大模型进行交互，并根据环境的反馈进行自我调整。这种设计理念使得智能体成为大模型项目中不可或缺的一部分，它能够有效地提升项目的执行效率和智能化水平。

1. 智能体设计的核心原则

在智能体的设计过程中，遵循了四个核心原则：模块化、可扩展性、灵活性和健壮性。这些原则确保了智能体系统的稳定性和高效性，同时也为未来的功能扩展和升级提供了便利。

- **模块化**：智能体系统被设计成多个独立且相互协作的模块，每个模块负责特定的功能，如数据采集、预处理、传输和交互等。这种模块化设计使得系统更易于维护和管理，同时也提高了代码的可重用性。
- **可扩展性**：随着项目需求的不断变化，智能体系统需要能够轻松地扩展新的功能和模块。因此，在设计之初，我们就充分考虑了系统的可扩展性，采用了标准化的接口和协议，以便能够无缝地集成新的功能和模块。
- **灵活性**：智能体系统需要能够适应不同的环境和任务需求。为了实现这一目标，我们设计了灵活的配置和管理机制，使得智能体能够根据不同的场景和需求进行动态调整和优化。
- **健壮性**：在复杂的大模型项目中，智能体系统必须能够稳定运行并处理各种异常情况。因此，在设计中我们注重了系统的健壮性，采用了异常检测、容错处理和恢复机制等技术手段，确保智能体系统能够在各种情况下保持高效和稳定。

2. 智能体的主要功能设计

智能体的主要功能包括数据采集、预处理、传输以及与环境的交互。这些功能相互协作，共同支撑着智能体在大模型项目中的重要作用。

- **数据采集**：智能体通过各种传感器和设备实时采集环境中的数据，如温度、湿度、光照强度等。这些数据是后续处理和分析的基础，对于确保大模型项目的准确性和实时性至关重要。

- **预处理**：采集到的原始数据往往需要进行清洗、去噪、归一化等预处理操作，以满足大模型的输入要求。智能体系统中的预处理模块负责这些操作，确保数据的准确性和一致性。
- **传输**：处理后的数据需要通过可靠的通信链路传输到大模型进行进一步的分析和处理。智能体系统中的传输模块负责数据的打包、发送和接收确认等操作，确保数据的及时送达和准确性。
- **与环境的交互**：智能体不仅需要采集环境数据，还需要根据大模型的指令对环境进行控制。通过与各种设备和系统的交互，智能体能够实现对环境的智能化控制和管理，提升项目的智能化水平。

5.5.2 智能体功能开发

智能体作为智能化执行与交互的核心组件，需要实现多个核心功能，以确保项目的顺利进行。这些功能包括数据采集、预处理、与大模型的交互、对环境的控制以及自我学习等。以下是对这些功能开发过程的详细描述。

1. 数据采集功能的开发

数据采集是智能体的基础功能之一，它为后续的数据处理、模型推理提供原始素材。为实现对环境数据的全面、实时采集，需要通过以下几个步骤进行开发：

（1）传感器和输入设备的选择与集成

根据项目的实际需求，需要精心选择各种传感器和输入设备，如温度传感器、湿度传感器、光照传感器等，并实现它们的无缝集成。这些传感器能够实时监测环境中的各种参数，为智能体提供丰富的数据源。

（2）传感器校准与测试

为确保采集到的数据准确无误，需要对每个传感器进行严格的校准和测试。通过对比标准数据源，需要调整传感器的灵敏度和准确度，从而保证数据的可靠性。

（3）异常检测与处理机制设计

在数据采集过程中，可能会出现各种异常情况，如传感器故障、数据传输错误等。为应对这些问题，需要设计一套完善的异常检测与处理机制。一旦检测到异常情况，系统会立即发出警报，并采取相应的处理措施，以确保数据的连续性和完整性。

2. 数据预处理功能的开发

数据采集后，需要对数据进行清洗、去噪、归一化等预处理操作，以满足大模型的输入要求。数据预处理功能的开发包括以下步骤：

- **数据筛选与清洗**：对采集到的原始数据进行筛选和清洗，去除无效数据和异常值，确保数据的纯净度。

- **特征提取**：根据项目的需求和大模型的要求，需要从清洗后的数据中提取出关键特征。这些特征能够反映数据的本质属性，有助于提高大模型的推理精度。
- **数据转换与归一化**：为满足大模型的输入格式要求，需要对提取出的特征进行数据转换和归一化处理。这些操作能够消除数据的量纲差异，提升大模型的学习效果。

3. 与大模型的交互功能的开发

智能体需要与大模型进行频繁的交互，以确保数据的准确传输和及时响应。为实现这一目标，需要进行以下开发工作：

- **通信协议和数据格式设计**：需要设计一套高效的通信协议和数据格式，用于智能体与大模型之间的数据传输。这些协议和格式充分考虑数据的完整性、可读性和扩展性，确保数据的准确传输和解析。
- **大模型状态监控与管理**：为确保大模型的稳定运行，需要实现对大模型状态的实时监控和管理功能。通过监测大模型的运行状态、资源占用等指标，需要能够及时发现并处理潜在的问题，保障大模型的持续稳定运行。

4. 对环境的控制功能的开发

根据大模型的推理结果和环境的反馈，智能体需要对环境进行控制以满足特定的需求。在对环境的控制功能的开发中应遵循以下步骤：

- **控制策略制定**：需要根据项目需求和场景特点制定一套灵活的控制策略。这些策略涵盖设备控制、场景切换、异常处理等多个方面，确保环境的舒适性和安全性。
- **指令下发与执行**：根据控制策略，需要设计指令下发和执行机制。智能体能够将控制指令准确地下发给相应的设备或系统，并监控其执行情况。同时，还需要设计异常处理机制，以应对执行过程中可能出现的各种问题。

5. 自我学习功能的开发

为使智能体能够适应环境的变化和用户的需求，需要引入自我学习机制。这一功能的开发包括以下关键步骤：

- **数据收集与存储**：需要设计一套数据收集与存储机制，用于记录智能体在执行任务过程中的历史数据和反馈信息。这些数据为后续的自我学习提供丰富的素材。
- **强化学习算法实现**：需要采用强化学习算法来实现智能体的自我学习功能。通过设定合适的奖励函数和惩罚机制，引导智能体在不断的试错中学习和改进自身的行为和策略。这种学习方式使得智能体能够逐渐适应不同的环境和任务需求，提高自身的智能水平。

在功能开发过程中，会遇到许多技术挑战，如传感器数据的噪声处理、通信延迟的优化以及自我学习算法的效率提升等。为解决这些问题，需要进行大量的实验和调试工作，不断优化算法参数和系统设置。最终，经过不懈的努力和探索，成功地开发出一套高效、稳定的智能体系统，为大模型项目的顺利实施提供有力保障。这套系统不仅提升项目的执行效率和智能化水平，还为未来的功能扩展和升级奠定坚实的基础。

5.5.3　智能体与环境的交互

在探讨智能体与环境的交互时，首先要明确一点：这种交互不仅仅是简单的数据交换，而是一个复杂、动态的过程，涉及数据的采集、处理、决策执行以及反馈等多个环节。这一过程对于确保大模型项目的成功实施至关重要。

1. 数据的实时感知与采集

智能体与环境的交互始于数据的实时感知与采集。智能体通过集成的传感器，能够实时捕捉到环境中的各种变化，如温度、湿度、光照强度、声音等。这些传感器就像是智能体的"感官"，使其能够敏锐地捕捉到环境中的每一个细微变化。

在这一过程中，传感器的选择、布置和校准都显得尤为重要。为确保数据的准确性和可靠性，需要根据项目的具体需求和场景特点来精心选择和配置传感器。同时，还需要定期对传感器进行校准和维护，以确保其始终处于最佳工作状态。

2. 数据的预处理与传输

采集到的原始数据往往需要经过一系列的预处理操作，才能被大模型所利用。这些预处理操作包括数据清洗、去噪、特征提取和数据转换等。通过这些操作，可以从海量的原始数据中提取出有价值的信息，为后续的大模型推理提供高质量的输入。

在数据传输方面，需要采用高效的通信协议和数据格式，以确保数据及时、准确传输。同时，还需要考虑数据的安全性和隐私保护，采用加密和匿名化等技术手段来保护用户数据的安全。

3. 大模型的推理与决策

接收到预处理后的数据时，大模型会进行推理分析，并根据分析结果做出相应的决策。这一过程中，大模型的复杂性和准确性将直接影响决策的质量。

为提高大模型的推理能力，需要不断地对其进行训练和优化。同时，还需要根据实际需求来调整模型的参数和结构，以使其更好地适应特定的环境和任务。

4. 决策的执行与环境的调整

大模型做出的决策需要通过智能体来执行。智能体会根据决策结果对环境进行相应的调整，如控制设备的开关、调节设备的参数等。这一过程需要智能体具备精确的控制能力和快速的响应速度。

为确保决策的正确执行，需要对智能体进行严格的测试和验证。同时，还需要根据实际情况来调整智能体的控制策略，以使其更好地完成任务。

5. 反馈与自适应学习

智能体在执行决策的过程中，会不断地收集环境的反馈信息，并将其传回给大模型。这些反馈信息对于优化大模型的推理能力和提高智能体的控制精度都至关重要。

为更好地利用这些反馈信息，需要引入自适应学习机制。通过这一机制，智能体能够根据历史数据和反馈信息进行自我学习和调整，从而逐渐提高与环境的交互效率和准确性。这种自适应学习能力使得智能体能够更好地适应不同的环境和任务需求。

6. 性能评估与优化

为确保智能体与环境的交互效果达到预期目标，需要定期对智能体进行性能评估。评估过程中，需要采用多种指标和方法来全面衡量智能体的性能表现，如响应时间、控制精度、稳定性等。

根据评估结果，及时发现问题并进行相应的优化调整。这些调整包括改进传感器的布置和校准方法、优化数据预处理流程、调整大模型的参数和结构，以及改进智能体的控制策略等。通过这些优化措施，可以不断提升智能体与环境的交互效果，确保大模型项目的顺利实施。

综上所述，智能体与环境的交互是一个复杂而动态的过程，涉及多个环节和多种技术手段。通过不断优化这一交互过程，可以提高大模型项目的实施效率和准确性，为用户带来更好的使用体验和价值。

5.6　微调大模型

数据准备和基础大模型完成集成之后，就需要针对企业的实际业务和所收集的数据情况，有针对性地进行大模型的优化。这种基于企业实际需求，针对企业特定任务进行预训练后的基础大模型优化的过程，称为微调。这个过程是企业实施大模型项目的核心，以此来提高大模型在实际应用中的性能。接下来，我们将详细介绍大模型微调的各个步骤。

5.6.1　标记数据集

在进行微调之前，首先需要准备一个高质量的标记数据集。这个数据集来源于前期的数据准备过程。应该包含与特定任务相关的样本，并且每个样本都应该有相应的标签。数据集的来源可以多种多样，包括公开数据集、专有数据集或自行收集的数据。在收集数据时，需要注意数据的多样性、代表性和平衡性，以确保模型能够学习到各种情况下的特征。

数据预处理是标记数据集中非常重要的一步。数据预处理包括数据清洗、标准化、归一化等操作。数据清洗旨在去除重复、无效或异常的数据样本。标准化和归一化则是为了将数据调整到统一的尺度上，以便模型能够更好地学习数据的特征。

（1）微调前为何标注数据集

微调大模型前，数据集标注至关重要。标注即为数据打上标签，使模型明确学习目标，即输入与输出间的关联。标注数据集为模型提供了清晰的学习方向，帮助模型通过调整参数来准确预测输出。此外，标注数据集还能评估模型性能，及时发现并优化模型不足，同时防止过拟合与欠拟合现象。

（2）数据集标注是什么

数据集标注即给数据分配标签，标签反映数据的特征或属性。例如，图像分类中的物体类别、文本情感分析中的情感倾向等。标注方式多样，包括人工标注、半自动标注和众包标注等，每种方式都有其特点和适用场景。

（3）标注时需要注意的问题

在进行数据集标注时，需要关注以下几点：

首先，确保标签的准确性，这是模型训练的基础。其次，保持标签的一致性，避免混淆。再次，注意数据平衡性，避免模型产生偏见。同时，处理涉及个人隐私的数据时，要严格遵守隐私保护规定。最后，选择易用性强的标注工具，提高标注效率和质量。

总之，数据集标注是大模型微调的前提，高质量的标注数据对模型训练至关重要。在标注过程中，需要关注各种问题以确保标注的有效性和质量。

5.6.2 加载预训练模型

在微调大模型前，加载预训练模型是必要的一步。预训练模型基于大规模数据集训练，已掌握丰富的通用知识。通过加载预训练模型，能够快速适应特定任务，提高性能。

（1）加载预训练模型的意义

加载预训练模型，即将已训练好的模型参数用于新任务。这不仅能利用预训练模型的知识，还能加速新任务的训练，提升模型性能。

（2）加载预训练模型的步骤

加载预训练模型通常包括以下步骤：

- 选择适合的预训练模型，确保其与任务相关。
- 从资源库中下载模型参数文件。
- 使用深度学习框架加载参数，初始化新模型。
- 根据任务需求，调整或添加特定层。
- 使用当前任务数据集微调模型参数。

总之，加载预训练模型是微调大模型的关键步骤，能充分利用已有知识，加速训练并提高性能。在加载和微调过程中，需要注意模型选择、参数匹配、微调策略和资源消耗等问题。

5.6.3 定义微调目标

微调目标应该与特定任务紧密相关，并能够反映模型在任务上的性能。微调目标不仅指引着模型训练的方向，还是评估模型性能的重要依据。特别是在大模型的微调中，由于模型参数众多、学习能力强，因此明确、合理的微调目标对于确保模型能够在特定任务上取得优异性能尤为关键。

微调目标的设定与任务紧密相关。例如，在文本分类任务中，目标可能是提高分类的准确率；而在图像分类中，则可能是提升分类的精度。为了设定合理的微调目标，我们需要注意以下几个方面：

- **明确任务需求**：理解任务的具体要求，如任务类型、输入输出格式和性能评价指标。
- **分析数据集**：了解数据集的分布、平衡性和异常值，为设定目标提供依据。
- **选择性能指标**：根据任务和数据集，选择合适的性能指标，如准确率、召回率等。
- **设定具体目标**：结合现有模型性能和研究成果，设定具体、可量化的微调目标。

在设定微调目标时，还需要注意以下问题：

- **目标的合理性**：目标既要有挑战性，又要可实现，避免过高或过低。
- **指标的全面性**：确保所选指标能全面反映模型性能，对于复杂任务可能需要结合多个指标。
- **数据的代表性**：用于评估模型的数据应具有代表性，确保评估结果的准确性。
- **过拟合与欠拟合的平衡**：在追求高性能的同时，注意防止模型出现过拟合或欠拟合现象。
- **实时反馈与调整**：在微调过程中，实时关注模型性能，根据反馈调整目标和策略。

总之，定义微调目标对于大模型的训练和优化至关重要。通过明确目标，我们可以为模型提供明确的优化方向，确保模型在特定任务上取得优异的性能。同时，注意目标的合理性、指标的全面性等问题，确保微调过程的顺利进行。

5.6.4 设置微调策略

设置微调策略是确保微调过程有效且高效的关键。微调策略包括学习率调整、优化器的选择、正则化方法，以及训练过程中的其他超参数设置。学习率调整旨在控制模型在训练过程中的学习速度，避免过快或过慢的学习导致模型性能下降。优化器的选择对于模型的收敛速度和性能也有重要影响。常见的优化器包括随机梯度下降（Stochastic Gradient Descent，SGD）、Adam 等。正则化方法则用于防止模型过拟合，提高模型的泛化能力。

（1）微调策略的定义

微调策略是在微调大模型之前制订的一套训练计划，它涵盖了学习率调整、优化器选择、正则化方法等多个方面，旨在确保模型能够高效、稳定地达到理想的性能。

（2）如何设置微调策略

首先，要关注学习率，它是控制模型学习速度的关键。学习率过高可能导致模型不稳定，过低则影响收敛速度。因此，可以采用学习率衰减策略，让学习率在训练过程中逐渐降低。其次，选择适合任务的优化器也很重要，如 SGD、Adam 等，它们各有特点，适用于不同的场景。正则化方法如 L1、L2 正则化或 Dropout 等，有助于防止模型过拟合。此外，还需要合理设置批次大小、训练轮次等超参数，以适应不同的数据集和模型复杂度。

（3）设置微调策略时需要注意的问题

首先，通过实验验证微调策略的有效性是关键，这有助于找到最佳的超参数组合。其次，要警惕过拟合与欠拟合的风险，合理配置正则化参数、使用 Dropout 等技术有助于缓解这些问题。同时，考虑资源限制也很重要，选择适合当前资源的训练方案可以节省成本。最后，持续监控与调整是确保微调过程顺利进行的必要手段，通过不断尝试和调整，可以找到最适合当前任务的微调策略。

总之，设置微调策略是大模型训练中的重要环节，它需要综合考虑多个因素，通过合理设置和调整，可以确保模型高效、稳定地达到理想的性能。

5.6.5　微调模型

大模型的微调是一个复杂且精细的过程，旨在提高模型在特定任务或领域上的性能。根据微调时涉及的参数规模和训练数据的来源及训练方法，微调技术路线可以有所不同。

（1）全量微调

全量微调（Full Fine Tuning，FFT）是指对整个大模型的全部参数进行训练。这种方法的原理是利用特定领域的数据集来训练大模型。这样做的目的是让模型在特定数据领域内的表现得到显著提升。

然而，全量微调也存在一些问题，如训练成本高和灾难性遗忘。训练成本高是因为需要调整的参数量与预训练模型一样多。而灾难性遗忘则是指模型在特定领域性能提升的同时，可能会丧失在其他领域的性能。

（2）参数高效微调

参数高效微调（Parameter-Efficient Fine Tuning，PEFT）是一种在模型微调过程中针对部分参数进行训练的策略。为了解决全量微调的问题，PEFT 方法被提出，它只针对模型的部分参数进行训练。首先，为应用 PEFT，需要准备相关数据并加载预训练模型。接着，根据任务需求和模型特性，选择需要微调的部分参数，可以是特定的层或参数组。PEFT 的独特之处在于，它只针对选定的参数进行训练，保持其他参数不变。这意味着在微调过程中，只有选中的参数会更新梯度，其他参数保持不变，从而有效降低了训练的成本和计算资源的需求。

（3）监督式微调

监督式微调（Supervised Fine Tuning，SFT）使用人工标注的数据和传统监督学习方法对大模型进行微调。首先，用户需要收集并准备与特定任务相关的标注数据，这些数据将作为监督信号指导模型微调。接着，加载预训练模型后，利用准备好的标注数据集进行监督学习微调，即通过传统的监督学习方式来调整模型参数以适应目标任务的要求。

通过监督式微调，模型能够在特定任务上获得更好的性能，因为它能够利用标注数据指导模型优化。这种方法广泛应用于需要监督训练的任务，如图像分类、文本分类等。通过监督式微调，用户可以重点关注特定任务中的特征学习和优化，从而使模型更好地适应目标任务的需求，提高模型在实际应用中的效果和效率。

（4）基于反馈的强化学习微调

基于反馈的强化学习微调（Robust Learning with Feedback，RLF）主要包括两种方法：基于人类反馈的强化学习微调（RLHF）和基于 AI 反馈的强化学习微调（RLAIF）。这两种方法都是通过引入反馈机制，结合强化学习算法，对预训练的大模型进行微调，以提升模型在特定任务上的性能。

RLHF 是一种人机交互的微调方法。它首先需要一个预训练的大模型作为基础，该模型已具备一定的处理能力。接着，模型会生成一系列输出，由人类评价者对这些输出进行质量评估，提供反馈。这些反馈被转化为奖励信号，用于指导模型的进一步训练。具体步骤包括输出结果的生成、人类反馈的收集与奖励的计算，以及利用强化学习算法对模型进行训练。通过这种方式，模型能够逐渐学习到如何生成更符合人类期望的输出。RLHF 的优点在于能够直接反映人类的偏好，使模型更加人性化。然而，这种方法也面临着挑战，如人类反馈的收集成本较高，且可能受到评价者主观性和不一致性的影响。

RLAIF 则是一种自动化的微调方法。与 RLHF 不同，RLAIF 不依赖于人类评价者，而是利用其他 AI 系统或模型来提供反馈。这些 AI 评价者根据预设或学习到的标准对模型的输出进行评估，并给出反馈。然后，这些反馈被用作奖励信号来指导模型的训练。RLAIF 的具体步骤与 RLHF 类似，但反馈来源不同。RLAIF 的优势在于其高效性和客观性，能够快速地提供大量反馈，且不受人类主观性的影响。然而，它也存在一些缺点，如 AI 评价者的准确性和可靠性问题，以及需要额外资源和时间来训练和验证 AI 评价者。

5.6.6 模型评估

微调完成后，需要对模型进行评估以验证其性能。评估过程中需要使用独立的测试集来测试模型的性能，并计算相应的评估指标。通过与基准模型或其他先进模型进行比较，可以评估出微调后模型的性能提升情况。

大模型评估是对经过微调后的大型预训练模型进行性能检验的过程。这一步骤至关重要，因为它不仅验证了微调策略的有效性，还能帮助我们发现模型中的潜在问题，为后续的优化提供方向。大模型评估通常涉及多个维度，包括传统的性能指标（如准确率、召回率、F1 分数等）、模型泛化能力、鲁棒性以及计算效率等。

（1）如何进行大模型评估

1）选择独立的测试集。评估的第一步是选择一个与训练集和验证集不重叠的独立测试集。这个测试集应该能够代表模型在实际应用中可能遇到的各种情况，以确保评估结果的可靠性。

2）计算传统评估指标。使用测试集对模型进行测试，并计算出准确率、召回率、F1 分数等传统评估指标。这些指标能够直观地反映模型在分类、识别等任务上的性能。

3）与基准模型对比。将微调后的模型性能与基准模型或其他先进模型进行对比，以评估性能提升情况。这种比较有助于我们了解微调策略的有效性以及模型在同类算法中的竞争力。

4）可视化分析。除了传统的评估指标外，还可以通过可视化技术对模型的输出或中间表示进行分析。例如，可以使用热图、混淆矩阵等来展示模型的分类效果，或者使用 t-SNE 等方法对模型的特征表示进行可视化，以更直观地理解模型的决策边界和数据分布。

5）错误分析。对模型在测试集上的错误案例进行深入分析，了解模型在哪些情况下容易出错，出错的原因是什么。这种分析有助于发现模型中的盲点和弱项，为后续的改进提供方向。

6）评估模型的泛化能力和鲁棒性。除了基本的性能指标外，还需要评估模型的泛化能力和鲁棒性。这可以通过在测试集中引入不同程度的噪声、变形或遮挡来观察模型的性能变化。一个具有良好泛化能力和鲁棒性的模型应该能够在各种条件下保持稳定的性能。

7）评估计算效率。大模型的计算效率也是一个重要的评估维度。需要测量模型在处理单个样本或一批样本时所需的计算时间和资源消耗。这有助于我们了解模型在实际应用中的可行性和成本效益。

（2）大模型评估需要注意的问题

1）数据偏差。确保测试集与实际应用场景中的数据分布一致，以避免因数据偏差而导致的评估结果失真。

2）指标选择。针对不同的任务选择合适的评估指标。例如，在分类任务中可以使用准确率、召回率等，在生成任务中可以使用 BLEU、ROUGE 等文本相似度指标。

3）多次测试。由于随机性和初始化等因素的影响，单次测试的结果可能具有偶然性。因此，建议进行多次测试并取平均值以获得更可靠的评估结果。

4）全面评估。不要仅仅关注单一指标，而是从多个维度对模型进行全面评估。这有助于我们更全面地了解模型的性能和潜在问题。

5）持续监控与更新。随着数据和应用场景的变化，模型的性能可能也会发生变化。因此，建议定期重新评估模型性能以确保其始终满足应用需求。

大模型评估是确保微调后模型性能和可靠性的关键环节。通过选择合适的评估方法、构建具有代表性的测试集以及从多个维度对模型进行全面评估，我们可以更准确地了解模型的性能并发现潜在问题。随着技术的不断发展，未来我们期待看到更加智能化、自动化的评估工具和方法出现，以进一步提高大模型评估的效率和准确性。

总结来说，大模型的微调是一个复杂而重要的过程，需要仔细设计微调策略、准备高质量的数据集并投入足够的计算资源。通过合理的微调策略和评估方法，我们可以将预训练大模型调整到特定任务上并取得优异的性能表现。

5.7　提示工程

在企业大模型项目的实施过程中，提示工程是一个至关重要的环节。提示工程也被称为上下文提示（In-context Prompt），指的是通过结构化文本等方式来完善提示词，引导大模型输出我们期望的结果。

5.7.1 确定任务目标

确定任务目标是进行提示工程的第一步。这涉及深入理解项目的业务需求，以及模型需要实现的具体功能。任务目标应当具体、明确，以便于后续的 Prompt 设计和优化。

1. 如何确定任务目标

明确任务目标并不是一个简单的声明，而是一个涉及多个方面的详细规划过程。以下是提示工程中明确任务目标的关键步骤和考虑因素。

（1）深入理解业务需求

- **与业务方沟通**：项目团队需要与业务方进行深入、全面的沟通，了解业务方希望通过大模型实现什么样的功能或解决什么样的问题，确保双方对项目的期望和目标有共同的理解。
- **需求分析**：仔细分析业务方针对大模型的功能方面提出的需求，识别关键信息，并记录下大模型输出内容所服务的对象、类别。

（2）定义具体的输出要求

- **内容明确**：模型输出的内容应该具体、明确，易于理解和评估。
- **格式规范**：对于输出的格式，如文本长度、结构等，也需要有明确的规范。
- **质量标准**：设定输出的质量标准，如语言流畅性、信息准确性等。

（3）确定评估指标

- **选择合适的评估指标**：根据任务类型选择合适的评估指标，如文本生成的 BLEU 分数、分类任务的准确率等。
- **设定基准**：为这些指标设定合理的基准值，以便在项目过程中和项目结束时进行评估。

2. 任务目标与提示工程的关系

明确的任务目标对于后续的提示工程至关重要。

- **指导 Prompt 设计**：清晰的任务目标为项目团队在设计模型输入的 Prompt 时提供了明确的方向。知道模型需要实现什么样的功能，团队就能更精准地构造出有效的 Prompt。
- **优化 Prompt**：在项目过程中，根据任务目标和评估指标，团队可以不断地优化 Prompt，以提高模型的性能和输出的质量。
- **评估模型性能**：明确的任务目标和评估指标使得项目团队能够客观地衡量模型的性能，从而调整 Prompt 或模型参数以达到最佳效果。

5.7.2 Prompt 方式选择

提示工程的工程化实现有很多方式，包括零样本提示（Zero-shot Prompt）、少样本提示（Few-shot Prompt）、指令提示（Instruction Prompt）、思维链提示（Chain-of-Thought Prompt）、

递归提示（Recursive Prompt）以及混合 Prompt 方式。这些方式有不同的适应场景和优缺点，接下来详细介绍如何选择和应用这些方式。

1. 零样本提示

（1）方式介绍

零样本提示是一种引导大模型生成响应的高级技术。在这种方式中，模型不需要通过任何先前的示例或额外的训练数据来进行学习；相反，它依赖于模型在预训练阶段所获得的大量知识和推理能力。具体来说，零样本提示通过仅使用自然语言的任务描述或问题来激发模型的响应。

这种方式的核心优势在于其高度的灵活性和通用性。由于不依赖于具体的训练数据，零样本提示可以迅速适应新的任务和领域，无须进行额外的数据收集或模型训练。这在大规模数据标注不可行或时间紧迫的情况下尤为重要。

（2）适用场景

零样本提示在多种场景下都是理想的选择。当我们面临一个新任务，但缺乏标注数据时，这种方式能够迅速给出初步的结果。例如，在内容创作、摘要生成或情感分析等任务中，我们可以通过简单地描述任务要求来引导模型生成相应的内容。

此外，零样本提示也非常适用于初步探索或原型制作阶段。在这些阶段，我们可以快速了解模型对于某个任务的潜在性能，而无须投入大量资源进行数据标注和模型训练。

需要注意的是，虽然零样本提示具有较大的灵活性，但由于没有具体的示例来指导模型，因此其性能可能不如基于示例的方式（如少样本提示）那么精确。因此，在选择这种方式时，需要权衡灵活性和性能之间的关系。

（3）实现方法

实施零样本提示的关键在于构造一个清晰、准确且具体的任务描述或问题。这个任务描述应该能够明确地传达我们的期望输出，以便模型能够基于其预训练的知识库来生成合理的响应。

以下是实施零样本提示的具体步骤。

1）明确任务目标。首先需要清楚地定义任务目标，是生成文本、回答问题还是执行其他类型的任务。

2）编写任务描述。根据任务目标，编写一个详细且清晰的任务描述。这个描述应该包含足够的信息，以便模型能够理解我们的期望输出。

3）简化输入。尽量简化输入数据，使其易于模型理解。避免使用过于复杂或模糊的语言。

4）测试与调整。将任务描述作为输入提供给模型，并观察其输出。如果输出不符合预期，可以调整任务描述并重新尝试。

5）评估性能。尽管没有直接的标注数据来评估模型的性能，但可以通过其他指标（如输出的连贯性、准确性等）来大致判断模型的表现。

6）迭代优化。根据评估结果，不断调整和优化任务描述，以获得更好的模型输出。

2. 少样本提示

（1）方式介绍

少样本提示是一种利用少量的标注样本来引导模型理解并完成任务的方式。在这种方式中，通过向模型展示几个包含输入和相应输出的样本，模型能够更准确地把握任务的性质、要求和输出格式。这些少量的标注样本起到了"示范"的作用，帮助模型快速适应新任务，并生成符合预期的输出。

少样本提示的核心理念在于"以少胜多"，即通过极少量的样本达到快速学习和适应新任务的目的。这种方式在多个领域都有广泛的应用，如自然语言处理、图像识别等。它解决了传统深度学习模型需要大量数据进行训练的问题，特别是在数据稀缺或标注成本高昂的场景下，少样本提示展现出了巨大的潜力。

（2）适用场景

当面临一个新任务且标注数据有限或者任务需求相对复杂时，少样本提示成为一个理想的选择。与零样本提示相比，少样本提示通过提供少量的标注样本，使得模型能够更精确地理解任务的要求和输出格式。

具体来说，在以下场景中，少样本提示可以发挥出色的作用：

- **数据稀缺的场景**：在某些特定领域或任务中，获取大量标注数据可能非常困难或成本高昂。此时，少样本提示能够通过利用有限的标注样本来训练模型，从而解决数据稀缺的问题。
- **快速适应新任务的场景**：当需要模型快速适应新任务时，少样本提示可以通过提供几个标注样本来帮助模型迅速理解新任务的性质和要求。这对于需要快速响应和适应变化的应用场景非常有用。
- **任务需求复杂的场景**：对于某些复杂的任务，如自然语言理解、图像识别中的细粒度分类等，模型需要更精确地理解任务要求和输出格式。此时，少样本提示可以通过提供具体的输入输出示例来帮助模型更好地完成任务。

（3）实现方法

实施少样本提示的关键步骤如下：

1）选择标注样本。首先，从可用数据中精心选择几个具有代表性的输入-输出样本对。这些样本对应能够充分展示任务的性质和要求，以便模型通过学习这些样本来理解新任务。

2）构建提示模板。根据任务需求，构建一个合适的提示模板。这个模板应包含输入数据的展示方式和预期输出的格式。通过明确的模板，可以帮助模型更好地理解任务的要求和输出规范。

3）提供样本与提示。将选定的标注样本和新的输入数据一起提供给模型，并使用构建的提示模板来引导模型生成符合预期的输出。在这个过程中，模型会通过学习标注样本来理解任务的要求，并根据新的输入数据生成相应的输出。

4）评估与调整。观察模型的输出，并根据实际情况进行评估。如果输出不符合预期，可以调整提示模板或增加更多的标注样本来帮助模型更好地适应任务。通过不断的迭代和优化，可以获得更准确的模型输出。

3. 指令提示

（1）方式介绍

指令提示是通过向大模型提供具体的指令来引导其生成响应的方式。这些指令可以是关于任务的具体要求、期望的输出格式，或者是其他任何有助于模型准确生成响应的附加信息。与零样本提示或少样本提示不同，指令提示侧重于通过详细的指令来约束模型的输出，以确保其更精确地符合特定任务或应用的需求。

在指令提示中，指令的清晰度和准确性对于模型生成符合预期的输出至关重要。模糊或不明确的指令可能会导致模型产生误解，从而影响输出的质量。因此，构造精确、具体的指令是这种方法的关键。

（2）适用场景

当面对具有特定要求或格式的任务时，使用指令提示是非常有益的。以下是一些适用场景：

- **特定长度的文本生成**：当需要模型生成具有特定字数或字符数的文本时，可以通过指令来明确这一要求。
- **遵循特定写作风格**：如果任务要求模型按照某种特定的文风或语调（如正式、幽默或诗意）来生成文本，指令提示可以帮助模型实现这一点。
- **包含关键信息**：对于需要模型在输出中包含某些特定信息（如品牌名称、关键词或数据点）的任务，可以通过指令来确保这些信息被准确包含。
- **复杂的任务需求**：当任务涉及多个步骤或子任务时，可以使用指令来明确每个步骤的要求和顺序。

（3）实现方法

实施指令提示时，应遵循以下步骤：

1）明确任务目标。首先，要清楚地了解任务的具体要求和目标。这包括输出的格式、内容、长度以及任何特定的风格或语调要求。

2）构造精确指令。根据任务目标，构造一个或多个明确的指令。这些指令应该清晰、具体，并且涵盖任务的所有关键要求。避免使用模糊或歧义的语言，以减少模型的误解。

3）整合 Prompt 与指令。将构造好的指令与输入数据整合成一个完整的 Prompt。这个 Prompt 应该能够清晰地传达给模型你的期望输出是什么。

4）测试与优化。在实际应用之前，先对构造的 Prompt 进行测试。观察模型的输出是否符合预期，并根据需要进行调整和优化。这可能包括修改指令的措辞、增加或减少指令的详细程度等。

5）应用与评估。将优化后的 Prompt 应用于实际任务中，并持续监控模型的输出质量。

根据需要，可以定期调整和优化 Prompt 以适应变化的任务需求或模型性能。

4. 思维链提示

（1）方式介绍

思维链提示是一种特殊的引导方式，它鼓励模型在生成最终答案之前，详细展示其思考过程和解决问题的中间步骤。这种方法的核心在于透明化和解构复杂问题的解决过程，使得模型的推理路径变得清晰可循。

思维链提示的出现，极大地增强了大模型在解决复杂推理任务时的透明度和可解释性。通过要求模型输出中间推理步骤，我们不仅可以了解模型是如何得出结论的，还可以在出错时更准确地定位问题所在。

（2）适用场景

思维链提示特别适用于那些需要展示详细推理过程的任务，如解决数学题、进行逻辑推理或分析复杂情境等。在这些场景下，模型的最终答案往往不是凭空得出的，而是经过一系列的逻辑推理和计算。通过思维链提示，我们可以要求模型展示这一连串的思考过程。

此外，当模型的答案涉及多个步骤或多个判断依据时，思维链提示也能帮助我们更好地理解模型的决策路径。例如，在解答一道涉及多个知识点的数学题时，模型可以通过思维链展示其逐步解题的过程，从而使得答案更加可信和易于理解。

（3）实现方法

实施思维链提示时，可以遵循以下步骤：

1）问题分解。首先，将复杂问题分解为若干个相对独立的子问题或步骤。这些子问题应该具有明确的答案，并且它们的解决能够逐步推导出最终答案。

2）构建思维链 Prompt。针对每个子问题或步骤，构建一个引导模型进行思考的 Prompt。例如，在数学题中，可以分别构建关于理解题意、设立方程、解方程等步骤的 Prompt。

3）逐步推理与输出。要求模型按照 Prompt 的顺序，逐步输出每个步骤的思考过程和结果。这有助于我们了解模型在每个阶段的推理情况，以及是否存在逻辑错误或计算错误。

4）结果整合与验证。将模型输出的各个步骤的结果进行整合，得出最终答案。同时，我们还可以对模型的推理过程进行验证，以确保其正确性和合理性。

值得注意的是，思维链提示的效果受到多种因素的影响，包括问题的复杂性、模型的规模以及 Prompt 的设计等。因此，在实际应用中，我们可能需要根据具体情况对 Prompt 进行调整和优化，以达到最佳的引导效果。

5. 递归提示

（1）方式介绍

递归提示指的是通过迭代使用模型的输出来进一步细化或扩展响应的一种方法。在这种方法中，模型的每一次输出都被用作下一次输入的 Prompt，从而引导模型生成更加详细、准确或富有创造力的内容。这种技术的关键在于如何利用好每一次模型的输出，以及如何有效地构建每一次迭代的 Prompt，使得模型能够在每一次的生成中都有所进步。

（2）适用场景

递归提示特别适用于那些需要逐步构建和完善内容的任务。以下是一些适用的场景。

- **故事生成与续写**：在创作故事时，可以通过递归提示来逐步展开情节，使得故事更加引人入胜。
- **文章与报告写作**：对于需要深入分析和详细阐述的文章或报告，递归提示可以帮助作者逐步构建文章结构，丰富文章内容。
- **对话系统**：在构建对话系统时，递归提示可以用来生成更加自然、流畅的对话内容，提高用户体验。
- **创意生成**：对于广告、设计等领域的创意工作，递归提示可以激发模型的创造力，生成更多新颖、有趣的想法。

此外，当需要模型对某个主题进行深入的探讨或者需要模型输出更具深度和广度的内容时，递归提示也是一个很好的选择。

（3）实现方法

实施递归提示时，可以按照以下步骤进行：

1）确定初始 Prompt。根据任务需求，设计一个能够引导模型开始生成的初始 Prompt。这个 Prompt 应包含足够的信息，以便模型能够理解任务要求并开始生成内容。

2）进行第一次生成。将初始 Prompt 输入到模型中，得到模型的第一次输出。这个输出可能是一个段落、一个句子或者更短的内容，具体取决于任务的要求和模型的设置。

3）构建迭代 Prompt。根据模型的第一次输出，构建一个迭代 Prompt。这个 Prompt 应包含对前一次输出的评价、修正或扩展要求，以便引导模型在下一次生成中做出改进。例如，可以要求模型进一步详细描述某个情节、补充某个角色的心理活动或者对某个观点进行深入分析等。

4）迭代生成与评估。将迭代 Prompt 输入到模型中，得到模型的第二次输出。然后对这个输出进行评估，看是否满足了任务的要求。如果满足，则停止迭代；如果不满足，则继续构建新的迭代 Prompt，并重复这个过程直到达到满意的结果为止。

5）结果整合与优化。将所有迭代过程中生成的合理且有价值的内容进行整合和优化，形成最终的输出结果。这个结果应该是一个内容丰富、结构完整且符合任务要求的文本或其他形式的内容。

6. 混合 Prompt 方式

（1）方式介绍

混合 Prompt 方式，顾名思义，是一种综合应用多种 Prompt 方法的策略。在实际应用中，根据具体任务的需求和场景，我们可以灵活地结合零样本提示、少样本提示、指令提示、思维链提示以及递归提示等多种方式来引导模型生成响应。这种方式的优势在于它能够充分利用各种 Prompting 方式的优点，更加灵活、高效地应对复杂多变的任务需求。

（2）适用场景

当面临的任务具有多样性、复杂性或特定要求时，混合 Prompt 方式往往能够发挥出最大的效用。以下是一些建议的选择与应用场景。

1）多任务融合。在某些场景下，我们可能需要模型同时完成多项任务。例如，在智能客服系统中，用户的问题可能涉及多个方面，这时我们可以结合指令提示和少样本提示，为模型提供明确的指令和少量示例，使其能够准确理解并回应用户的多方面需求。

2）创意生成与细化。对于需要模型进行创意性内容生成的任务，如广告设计或文学创作，我们可以首先使用零样本提示或指令提示引导模型生成初步的想法或草案，然后通过递归提示逐步细化和完善内容。

3）复杂推理与问题解决。在面对需要深入推理或解决复杂问题的任务时，可以结合思维链提示和少样本提示。通过提供问题解决的中间步骤示例和明确的推理指令，引导模型逐步推导出最终答案。

（3）实现方法

实施混合 Prompt 方式时，可以按照以下步骤进行：

1）任务分析与需求明确。对任务进行深入分析，明确任务的具体需求和目标。这包括确定任务的类型、输出格式、评估标准等。

2）选择合适的 Prompt 方式。根据任务需求，选择合适的 Prompt 方式进行组合。例如：对于需要明确指令的任务，可以选择指令提示；对于需要模型进行创意性生成的任务，可以结合零样本提示和递归提示。

3）构建与优化 Prompt。针对所选的 Prompt 方式，构建相应的 Prompt。这可能包括设计明确的指令、选择合适的示例、设定递归迭代的步骤等。在构建过程中，要不断优化 Prompt 的表述和结构，以提高模型的响应质量和准确性。

4）测试与验证。在实际应用之前，对构建的 Prompt 进行测试和验证。这可以通过将 Prompt 输入到模型中并观察其输出来完成。根据模型的响应情况，对 Prompt 进行必要的调整和优化。

5）应用与评估。将优化后的 Prompt 应用于实际任务中，并持续监控模型的输出质量。根据需要，可以定期调整和优化 Prompt 以适应变化的任务需求或模型性能。

综上所述，选择合适的 Prompt 方式对于引导大模型生成准确、有用的响应至关重要。在实际项目中，我们需要根据具体的任务需求和场景，灵活地选择和应用不同的 Prompt 方式。同时，我们也可以通过实践和经验积累来不断优化和完善我们的 Prompt 策略，以提高模型的性能和准确性。

7. Prompt 方式选择的实践方法

1）明确任务目标。在开始任何 Prompt 之前，首先要明确任务目标，是希望模型生成一段文本、回答一个问题，还是完成某个特定的任务。明确目标有助于更好地设计 Prompt。这也正是本章 5.7.1 中所进行的工作。

2）了解模型。不同的模型有不同的能力和限制。在选择 Prompt 方式时，要考虑模型的能力、训练数据，以及它可能存在的偏见。

3）从简单到复杂。开始时，可以尝试使用简单的 Prompt 方式（如零样本提示或少样本提示）。如果效果不佳，再逐步尝试更复杂的 Prompt 方式，以节约实施成本。

4）迭代和优化。Prompt 往往不是一次就能成功的，可能需要多次尝试、修改和优化 Prompt，才能得到满意的结果。

5）收集反馈。如果可能的话，收集用户对模型输出的反馈。这有助于更好地理解模型的表现，并调整 Prompt 策略。

6）注意伦理和偏见。在设计 Prompt 时，要注意避免引入不必要的偏见或歧视。确保 Prompt 是公正、中立和尊重所有人的。

5.7.3　提供上下文和约束

引导模型正确生成输出时，提供上下文信息和约束条件的重要性不容忽视。它们不仅是确保模型输出准确性和满足任务要求的关键因素，还能显著提高模型的生成质量和效率。以下是对上下文信息和约束条件在引导模型生成输出中的作用的详细论述。

1. 丰富上下文背景

（1）提供任务背景与领域知识

上下文信息的首要作用是提供任务背景和领域相关的知识。对于模型而言，尤其是那些基于深度学习的模型，它们往往需要从大量的数据中学习并提取特征。当给定与任务紧密相关的上下文信息时，模型能够更快地理解任务要求，从而生成更为准确的输出。

例如，在文本生成任务中，如果提供了与主题相关的背景资料，如历史人物、事件或专有名词的解释，模型在生成文本时就能更准确地把握主题和风格，避免产生与主题不符的内容。

（2）增强模型的泛化能力

丰富的上下文信息还有助于增强模型的泛化能力。通过接触和学习多种不同的上下文环境，模型能够逐渐学会如何在各种情境下生成合适的输出。这对于那些需要处理多种类型输入和输出的模型来说尤为重要。

（3）提高输出的连贯性和逻辑性

在生成长文本或进行对话时，上下文信息对于保持输出的连贯性和逻辑性至关重要。通过不断更新和传递上下文状态，模型能够在生成过程中考虑到之前的信息，从而确保输出的内容在逻辑上是连贯的，不会出现自相矛盾或跳跃的情况。

2. 设定约束条件

（1）确保输出的准确性和规范性

约束条件的首要作用是确保模型生成的输出符合特定的准确性和规范性要求。例如，在文本生成任务中，我们可以通过设定输出长度、关键词出现次数、文体风格等约束条件来引导模型生成满足特定需求的文本。这样不仅可以避免模型产生冗长或无意义的输出，还能确保生成的文本符合预期的规范和标准。

（2）提升输出的针对性和实用性

通过设定合理的约束条件，我们可以使模型生成的输出更加具有针对性和实用性。例如，在智能问答系统中，我们可以根据用户提问的类型和意图来设定不同的约束条件，从而确保模型生成的回答能够准确解答用户的问题。这种有针对性的约束设定能够显著提升用户体验和系统的实用性。

（3）增强模型的可控性和可预测性

约束条件的设定还能增强模型的可控性和可预测性。当我们对模型的输出有一定的预期或要求时，通过设定相应的约束条件可以更有效地引导模型朝着预期的方向生成输出。这种可控性对于需要精确控制模型行为的应用场景来说至关重要。

5.7.4 优化和调整

在实际应用中，优化和调整提示语言对于提高模型性能和用户满意度至关重要。这一过程并非一蹴而就，而是需要根据模型的输出效果和用户反馈进行持续的改进。以下将从实验与迭代、用户反馈的收集与分析等方面进行详细论述。

1. 实验与迭代

（1）尝试不同的提示语言

提示语言是影响模型输出效果的关键因素之一。在实际应用中，我们需要通过反复实验，尝试使用不同提示语言来引导模型。这些提示语言可能包括不同的词汇、语法结构和表达方式。通过实验，我们可以观察哪种提示语言能够更有效地引导模型生成符合预期的输出。

例如，在文本生成任务中，我们可以尝试使用不同的引导语来激发模型的创造力。一些引导语可能更注重细节描述，而另一些则更注重情感表达。通过实验，我们可以找到最适合当前任务的提示语言，从而提高模型的输出质量。

（2）调整上下文信息和约束条件

除了提示语言本身，上下文信息和约束条件也是影响模型输出效果的重要因素。在实际应用中，我们需要根据任务需求灵活调整这些因素。

上下文信息可以为模型提供更多的背景知识，帮助其更好地理解任务要求。例如，在问答系统中，提供相关的背景资料或历史对话记录可以帮助模型更准确地回答用户的问题。

约束条件则可以用来限制模型的输出范围，避免其产生不切实际或偏离主题的输出。例如，在文本生成任务中，我们可以设定输出文本的长度、风格或主题等约束条件，以确保模型的输出符合预期的要求。

通过实验与迭代，我们可以找到最适合当前任务的上下文信息和约束条件组合，从而进一步提高模型的性能。

2. 用户反馈的收集与分析

（1）收集用户反馈

用户反馈是评估模型性能的重要依据。在实际应用中，我们需要积极收集用户对模型输出的反馈意见。这可以通过在线调查、用户访谈、社交媒体互动等多种方式进行。

收集用户反馈时，我们需要注意问题的设计，确保能够全面、客观地了解用户对模型输出的看法和感受。同时，我们还要鼓励用户提供具体的改进建议，以便我们更有针对性地优化模型。

（2）分析用户反馈

收集到用户反馈后，我们需要对其进行深入的分析。这包括识别用户反馈中的共性问题、分析问题的原因，以及提出相应的改进措施。

通过分析用户反馈，我们可以及时发现并解决模型存在的问题，从而提升其性能。例如，如果用户普遍反映模型输出的文本过于生硬或缺乏创意，我们可以尝试调整提示语言或引入更多的上下文信息来改进模型的输出效果。

此外，我们还可以利用用户反馈来优化模型的训练过程。例如，根据用户的反馈意见调整模型的训练数据分布或增加新的训练样本，以提高模型的泛化能力和适应性。

5.7.5　验证迭代

在将优化后的提示部署到实际环境之前，为确保其稳定性和准确性，充分的测试和验证工作是不可或缺的环节。这一过程的严谨性和系统性直接关系到提示在实际应用中的表现。以下是对测试过程中的两个关键方面的详细论述。

1. 使用多样性测试数据

为了确保提示的健壮性和泛化能力，测试数据必须具备高度的多样性。这种多样性体现在多个维度上：

- **数据来源的多样性**：测试数据应涵盖不同领域、不同行业、不同文化背景的内容。例如，如果提示是用于文本生成的，那么测试数据可以包括新闻报道、科技论文、社交媒体帖子、小说故事等不同类型的文本。
- **数据风格的多样性**：除了领域差异外，数据的表达方式和语言风格也应多样化。正式、非正式、口语化、书面语等各种风格的语言都应被纳入测试范围。
- **数据长度的多样性**：测试数据中应包括长句、短句、段落甚至整篇文章，以验证提示在处理不同长度输入时的表现。
- **异常数据的处理**：为了测试提示的健壮性，还应特意引入一些异常数据，如包含错别字、语法错误或特殊符号的文本，观察提示在处理这些情况时的稳定性和准确性。

通过使用这种多样化的测试数据，我们可以更全面地评估提示的性能，发现其可能存在的问题并进行相应的优化。

2. 性能指标的评估

性能指标的评估是测试和验证过程中的另一重要环节。它允许我们量化地评估提示的性能，从而更客观地判断其是否满足预期要求。在进行性能指标评估时，我们应考虑以下几个方面：

- **准确率的评估**：准确率是衡量提示性能最基本的指标之一。通过计算提示正确处理的输入占总输入的比例，我们可以了解其在不同类型数据上的表现。
- **响应时间的评估**：除了准确性外，响应时间也是一个重要的性能指标。一个高效的提示应能在短时间内给出准确的结果。因此，我们需要测试在不同数据量、不同复杂度的输入下提示的响应时间。
- **资源消耗的评估**：提示在处理输入时可能会消耗一定的计算资源［如 CPU（中央处理器）、内存等］。评估这些资源的消耗情况有助于我们了解提示的效率，并为其在实际环境中的应用提供参考。
- **可扩展性和稳定性的评估**：对于需要处理大量数据的提示，其可扩展性和稳定性也至关重要。我们应通过压力测试等方式来评估提示在高负载情况下的表现。

综上所述，通过确保测试数据的多样性和全面评估性能指标，我们可以对优化后的提示进行更为深入和客观的验证。这将有助于我们及时发现并解决问题，从而提升提示在实际应用中的表现。

5.8 工程化部署

大模型项目的工程化部署是大模型实现商业价值的最终环节。一般来说，大模型的部署和上线与其他人工智能类项目的部署类似，也需要通过 API 或 SDK（软件开发工具包）将应用嵌入到生产系统中。这一过程需要经过系统集成、测试、上线等环节，确保应用在生产系统中能够正常运行。

5.8.1 前端界面设计与开发

在大模型项目中，前端界面设计与开发是至关重要的一环。它不仅关乎用户体验，还直接影响着大模型功能的展现和交互效果。下面将详细阐述大模型项目前端界面设计与开发的关键要点。

1. 明确设计目标和用户需求

前端界面设计的首要任务是明确设计目标和用户需求。对于大模型项目，设计目标通常包括提供一个直观、易用的界面，使用户能够方便地与大模型进行交互，并获得准确、高效的结果。用户需求方面，需要深入了解目标用户群体的特点、习惯和期望，以便设计出符合用户心智模型的界面。

2. 制定界面设计方案

基于设计目标和用户需求，接下来需要制定界面设计方案。这包括色彩搭配、布局规划、交互元素设计等。

- **色彩搭配**：选择与大模型项目气质相符的色彩搭配，确保界面风格的一致性。同时，考虑到色彩对用户心理的影响，选择能够营造舒适、专业氛围的色彩组合。
- **布局规划**：根据大模型的功能和用户需求，合理规划界面的布局。确保重要信息和功能操作一目了然，减少用户的认知负担。
- **交互元素设计**：设计直观、易用的交互元素，如按钮、输入框、滑动条等。这些元素的设计应符合用户直觉和习惯，提高用户界面的可用性和易用性。

3. 前端开发实现

设计方案确定后，进入前端开发实现阶段。这一阶段主要涉及技术选型、代码编写、响应式设计、交互效果实现等工作。

- **技术选型**：根据项目需求和团队技术栈，选择合适的前端技术。常用的前端技术包括 HTML5、CSS3、JavaScript 等。这些技术能够提供丰富的界面效果和交互体验。
- **代码编写**：按照设计方案，使用选定的技术栈进行代码编写。在编写过程中，需要注意代码的规范性、可读性和可维护性。同时，采用模块化开发方式，将界面拆分为多个组件，提高代码的复用性和可维护性。
- **响应式设计**：考虑到不同设备和屏幕尺寸，采用响应式设计方法，确保界面在各种设备上都能提供良好的用户体验。这包括自适应布局、图片和图标的优化等。
- **交互效果实现**：根据设计方案实现各种交互效果，如动画、过渡、弹窗等。这些效果能够增强用户的操作体验，提高界面的吸引力。

4. 与后端接口的对接和调试

前端开发完成后，需要与后端接口进行对接和调试。这一过程中，前端开发人员需要与后端开发人员紧密协作，确保数据的正确传输和显示。同时，对接口进行充分的测试，确保接口的稳定性和可靠性。

5. 性能优化和兼容性测试

在前端界面设计与开发过程中，性能优化和兼容性测试也是不可忽视的环节。通过对代码进行压缩、合并、缓存等优化措施，提高页面的加载速度和响应速度。同时，对不同浏览器和设备进行兼容性测试，确保界面在各种环境下都能正常显示和运行。

6. 持续迭代和改进

前端界面设计与开发是一个持续迭代和改进的过程。在项目上线后，需要收集用户反馈和数据分析结果，针对问题和需求进行不断的优化和改进。这包括修复漏洞（Bug）、增加新功能、优化用户体验等。通过持续迭代和改进，不断提升前端界面的质量和用户满意度。

综上，大模型项目的前端界面设计与开发是一个综合性较强的工作。它要求设计人员具备深厚的设计功底和前端开发经验，同时还需要与后端开发人员紧密协作，共同打造出优质的前端界面。

5.8.2 部署测试与上线

在大模型项目中，部署测试与上线是确保模型从开发阶段顺利过渡到实际应用的关键步骤。这一过程中，我们需要特别注意模型的规模、复杂性以及对计算资源的高需求。以下将详细阐述大模型项目部署测试与上线的关键步骤和注意事项。

1. 部署前准备

在部署前，首先要对大模型进行充分的评估。这包括模型的准确性、鲁棒性以及处理大规模数据的能力。同时，还需要根据模型的需求，准备相应的硬件和软件环境。由于大模型通常需要强大的计算能力，因此可能需要高性能的 GPU 或 TPU 服务器来支持。

此外，代码和配置的管理也至关重要。使用版本控制系统来管理模型的代码，可以确保每次部署的都是经过验证的稳定版本。同时，要管理好配置文件，以便在不同环境（如开发、测试和生产）中使用正确的配置。

2. 部署测试

部署测试是确保大模型在生产环境中能够正常运行的关键步骤。首先，要进行单元测试，验证模型的各个组件是否能够正常工作。接着，进行集成测试，以检查模型各部分之间的协同工作能力。

系统测试则是在模拟生产环境中对模型的整体性能和功能进行验证。这包括测试模型的响应时间、吞吐量以及准确性等指标。同时，还需要进行压力测试，以评估模型在高并发场景下的表现。

验收测试是部署前的最后一道关卡，通过让最终用户或业务代表参与测试，可以确保模型满足业务需求，并发现可能的需求误解或遗漏。

3. 上线准备

在模型通过所有测试后，就可以开始准备上线了。这一阶段主要包括性能调优和安全审查。性能调优是为了提高模型的响应速度和吞吐量，可能涉及调整模型的参数配置、优化数据处理流程等。安全审查则是为了确保模型没有潜在的安全漏洞，并配置适当的安全策略来防范潜在威胁。

4. 正式上线

正式上线前，应制订详细的上线计划，包括上线时间、回滚计划以及应急预案等。在上线过程中，要确保所有配置文件和依赖项都已正确设置，并持续监控系统的运行状态和性能指标。一旦发现问题，应立即按照应急预案进行快速响应，如果问题严重，可能需要执行回滚计划，将系统恢复到之前的稳定版本。

5. 注意事项

- **硬件和软件的兼容性**：由于大模型对计算资源的高需求，必须确保所选的硬件和软件环境能够兼容并支持模型的运行。
- **模型的稳定性和可靠性**：在部署前要对模型进行充分的测试，以确保其在实际生产环境中的稳定性和可靠性。
- **数据安全和隐私保护**：大模型处理的数据往往涉及用户隐私，因此在部署过程中要特别注意数据的安全性和隐私保护。
- **持续监控和维护**：上线后要对模型进行持续的监控和维护，确保其长期稳定运行，并及时发现和解决问题。

通过以上步骤和注意事项的详细阐述，我们可以看到大模型项目的部署测试与上线是一个复杂且关键的过程。只有确保每个环节都得到充分验证和测试，才能保证模型在生产环境中的稳定性和可靠性，从而为用户提供高质量的服务。

5.8.3　维护与优化

大模型项目上线后，维护与优化工作就成了重点。这一阶段的目标是确保系统的稳定运行、持续改进和适应业务的变化。

维护工作主要包括监控系统的运行状态、处理突发故障、定期备份数据等。通过实时监控系统的各项指标（如 CPU 使用率、内存占用、网络带宽等），可以及时发现并解决潜在的问题。同时，定期备份数据也是为了防止意外情况导致数据丢失。

优化工作则更加注重提升系统的性能和用户体验。这可能涉及对前端界面的调整、后端算法的优化、数据库查询效率的提升等。此外，还需要根据用户的反馈和业务需求的变化，不断调整和完善系统功能。

在维护与优化过程中，团队协作和持续集成/持续部署（CI/CD）等敏捷开发方法的应用也是非常重要的。团队协作可以确保问题的及时发现和解决，而 CI/CD 则可以加快代码迭代和部署的速度，从而提高开发效率和质量。

在实践中，我们通常会重点关注大模型的持续监控、性能评估、错误修正、功能更新以及安全性保障等方面。以下将详细阐述模型维护与优化过程。

1. 模型维护

（1）持续监控
- 对模型的性能进行实时监控，包括响应时间、准确率、召回率等关键指标。
- 监控模型的稳定性，确保在高并发或大数据量情况下仍能保持良好的性能。

- 设立预警机制，当模型性能下降到预设阈值以下时自动触发报警。

（2）性能评估

- 定期进行模型性能的离线评估，通过对比历史数据，分析模型性能的变化趋势。
- 收集用户反馈，评估模型的满意度和实用性。
- 根据评估结果，对模型进行必要的调整和优化。

（3）错误修正

- 及时发现并修正模型中的错误，如预测偏差、计算错误等。
- 建立错误跟踪和修复流程，确保所有发现的问题都能得到及时解决。

（4）功能更新

- 根据业务需求和市场变化，及时更新模型的功能。
- 添加新的特性或算法，提高模型的适用性和灵活性。

（5）安全性保障

- 确保模型的数据和代码安全，防止数据泄露和恶意攻击。
- 定期对模型进行安全审计和漏洞扫描，及时发现并修复安全问题。

2. 模型优化

（1）算法优化

- 根据模型的性能评估结果，对算法进行调优，提高模型的准确性和效率。
- 尝试使用新的算法或技术，进一步提升模型的性能。

（2）数据优化

- 对训练数据进行清洗和预处理，提高数据的质量和有效性。
- 定期更新训练数据，确保模型能够学习到最新的信息和知识。

（3）架构优化

- 根据模型的运行情况和性能需求，对模型的架构进行调整和优化。
- 使用分布式计算或并行计算等技术，提高模型的处理能力和速度。

（4）可视化优化

- 提供直观的可视化界面和工具，方便用户理解和使用模型。
- 通过可视化方式展示模型的预测结果和性能数据，帮助用户更好地了解模型的运行情况。

（5）可扩展性和灵活性

- 设计具有良好可扩展性的模型架构，以便在未来能够轻松地添加新的功能和模块。
- 确保模型能够适应不同的场景和需求，提供灵活的配置选项和参数调整功能。

3. 流程与团队管理

（1）建立明确的维护与优化流程

- 制订详细的维护与优化计划，明确各阶段的目标和时间表。

- 分配任务给团队成员，确保每个环节都有专人负责。

（2）团队协作与沟通

- 建立高效的团队协作机制，确保团队成员之间的信息交流畅通无阻。
- 定期召开项目会议，讨论模型的维护与优化进展，以及遇到的问题和解决方案。

（3）持续学习与改进

- 鼓励团队成员不断学习新的技术和知识，提高自身的专业能力。
- 对维护与优化的过程进行总结和反思，不断改进工作流程和方法。

因此，大模型项目的维护与优化是一个持续不断的过程，需要团队成员的密切合作和共同努力。通过持续的监控、评估、修正和优化，我们可以确保模型始终保持最佳状态，为用户提供高质量的服务。

总的来说，工程化部署是一个持续的过程，需要团队成员的共同努力和协作。通过前端界面设计与开发、部署测试与上线以及维护与优化等环节的紧密配合，我们可以确保大模型项目能够稳定、高效地为用户提供服务。

第6章
大模型企业应用实践

本章详细介绍了近年来我们重点实施的典型的大模型应用示范项目案例。其中，我们深入挖掘了各行业的实际需求，涉及电力行业的工艺管理知识助手、新能源电池企业的供应链管理优化系统、卷烟厂的智能质量知识创新平台、银行的零售客户管理系统，以及国产车企的数字员工超自动化平台。这些项目基于大模型技术，运用大语言模型和多模态大模型等先进技术，实现工艺管理、质量控制、知识创新、客户管理和员工自动化等多方面的业务优化。这充分展示了大模型在不同行业中的应用潜力和价值，为企业提供了智能化、高效化的解决方案。

6.1　基座型基础设施

6.1.1　某电子制造企业基座大模型的开发与部署

1. 企业简介

某电子制造企业是全球科技产业的佼佼者，始终站在科技创新的前沿。从一家个人计算机制造商逐步发展为涵盖智能设备、智能基础设施以及方案服务的科技巨头，这充分展现了其对市场变化的敏锐洞察力和数字化转型的坚定决心。近年来，为响应全球科技发展的趋势，该企业不断深化与SAP（思爱普）等全球领先企业的合作，搭建完善的ERP架构，融入全球化运作体系，为企业的国际化发展打下了坚实的基础。

智能化转型是该企业近年来发力的重点。自2013年开始，该企业便积极投入智能化转型，通过引入先进系统，不断提升智能化水平，以满足市场的多元化需求，进而提升企业的核心竞争力。为了更好地为全球企业级客户提供服务，该企业大刀阔斧地进行了业务重组，成立了专注于智能化解决方案的业务集团，致力于为客户提供全方位的服务，以满足不同客户的需求。

展望未来，该企业已经明确了战略方向：全面拥抱人工智能和大模型，利用自身的全栈能力为全球企业赋能。这一战略决策不仅彰显了该企业对于科技前沿的敏锐把握，更表明了其在推动全球智能化进程中的担当与决心。我们有理由相信，在未来的数字化转型和智能化道路上，该企业将继续保持创新精神，为全球科技产业注入更多的活力。

2. 项目背景

在数字化转型的征途上，该企业不断追求技术创新与应用深化。然而，随着业务的迅速扩张，集团内部构建的业务模型数量激增。庞大的模型数量不仅管理复杂，而且维护成本巨大，严重制约了企业的灵活性与创新速度。传统逐一构建模型的方式已无法满足日益增长的业务需求，且造成了资源的极大浪费。

大模型技术的崛起为该企业带来了新的契机。这一技术以其强大的表征学习和生成能力，展现出在统一管理和优化众多业务模型方面的巨大潜力。该企业敏锐地捕捉到了这一技术趋势，并决定将其作为推动企业智能化转型的关键力量。

作为我国制造业的佼佼者，该企业不仅致力于探索大模型在业务场景中的应用，更希望结合自身的硬件基础设施优势，开创独具特色的企业大模型解决方案。基于此，联想集团提出了构建基于企业大模型的全新 IT 架构，旨在通过统一的大模型驱动企业的智能化进程。

此项目的实施，旨在解决当前模型管理复杂、维护成本高的问题，通过一个统一的基座大模型来替代和优化现有的众多业务模型，从而提高效率、降低成本，并增强企业的可扩展性。该企业在人工智能技术和硬件基础设施方面的深厚积累，为这一项目的成功实施提供了有力保障。

3. 项目目标与实施范围

本项目由企业内部众多 AI 团队联合实施，充分发挥其技术积累和资源优势，提出了基座大模型应用体系，旨在通过超强算力、基座大模型和三大核心技术引擎的支撑，为企业带来无限的原生场景和业务场景价值输出，并以此为项目的总体实施范围。图 6-1 所示为本项目的总体架构。

（1）超强算力为保障

该企业在算力方面拥有得天独厚的优势。多年来，该企业在高性能计算领域积累了丰富的经验和技术实力。面对大模型训练对算力的巨大需求，该企业迅速调动内部资源，整合了高性能计算机、大规模分布式存储和高速网络等资源，构建了一个强大的算力平台。整合 500 台高性能计算机、5PB 级的大规模分布式存储系统以及高速网络连接等资源。这一算力平台的总体计算能力达到了每秒数十万亿次浮点运算，甚至在某些特定配置和优化下，可以达到每秒数千万亿次浮点运算。这样级别的算力不仅为大模型的训练提供了前所未有的充足资源，还确保了模型训练过程的高效性和稳定性。

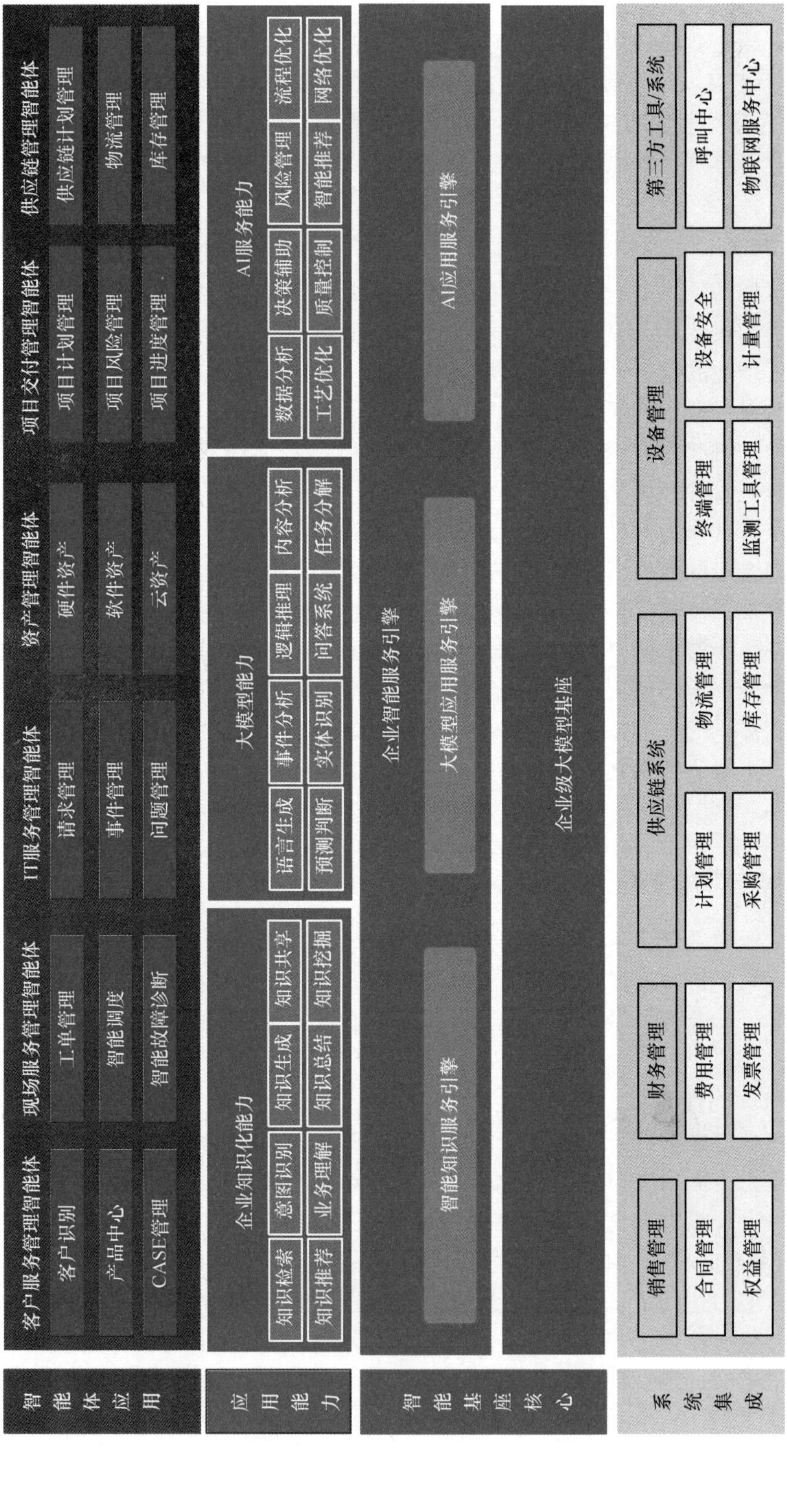

智能体应用							应用能力			智能基座核心		系统集成				

图6-1 某电子制造企业基座大模型项目总体架构

智能体应用

客户服务管理智能体
- 客户识别
- 产品中心
- CASE管理

现场服务管理智能体
- 工单管理
- 智能调度
- 智能故障诊断

IT服务管理智能体
- 请求管理
- 事件管理
- 问题管理

资产管理智能体
- 硬件资产
- 软件资产
- 云资产

项目交付管理智能体
- 项目计划管理
- 项目风险管理
- 项目进度管理

供应链管理智能体
- 供应链计划管理
- 物流管理
- 库存管理

应用能力

企业知识化能力
- 意图识别 / 知识共享
- 知识检索 / 知识生成 / 知识挖掘
- 知识推荐 / 业务理解 / 知识总结
- 智能知识服务引擎

大模型能力
- 语言生成 / 逻辑推理 / 事件分析 / 内容分析
- 预测判断 / 问答系统 / 实体识别 / 任务分解
- 大模型应用服务引擎

AI服务能力
- 数据分析 / 决策辅助 / 风险管理 / 流程优化
- 工艺优化 / 质量控制 / 智能推荐 / 网络优化
- AI应用服务引擎

智能基座核心

企业智能服务引擎

企业级大模型基座

系统集成

销售管理
- 合同管理
- 权益管理

财务管理
- 费用管理
- 发票管理

供应链系统
- 计划管理
- 采购管理
- 物流管理
- 库存管理

设备管理
- 终端管理
- 监测工具管理
- 设备安全
- 计量管理

第三方工具系统
- 呼叫中心
- 物联网服务中心

（2）基座大模型为基础

在算力平台的强大支撑下，该企业开始着手研发自己的基座大模型。基座大模型是大规模预训练模型，具备强大的表征学习和生成能力，是构建各类 AI 应用的核心。该企业的研究团队充分利用了集团内部的丰富数据和场景需求，通过先进的算法和大量的训练数据，不断优化模型结构，最终成功研发出具有联想特色的基座大模型。

这个基座大模型不仅具备强大的语言理解、生成和推理能力，还能根据具体任务进行微调，快速适应不同的应用场景。它的成功研发为该企业后续的大模型应用奠定了坚实的基础。

（3）三大核心技术引擎为支撑

在基座大模型的基础上，该企业进一步研发了三大核心技术引擎：智能知识服务引擎、大模型应用服务引擎和 AI 应用服务引擎。这三大引擎相互协同，为大模型的应用提供了全方位的技术支持。

1）智能知识服务引擎。该引擎主要负责知识的获取、表示和应用。它能够自动从海量数据中抽取结构化知识，构建知识图谱，为大模型提供丰富的知识背景。同时，它还能够根据用户需求，智能地推荐相关知识，提升大模型的应用效果。

2）大模型应用服务引擎。这个引擎是在企业级大模型基座之上构建的关键组件，它专注于生成复杂且贴合企业实际需求的大模型应用服务能力。这些能力包括语言生成、事件分析、内容解读、逻辑推理、市场预测以及任务拆解等。通过这一引擎，企业能够更有效地利用大模型的强大功能，解决各种复杂的业务问题，进而提升自身的运营效率和决策准确性。

3）AI 应用服务引擎。该引擎主要负责将大模型与具体业务场景相结合，构建各类 AI 应用。它能够根据业务需求，快速定制和开发 AI 应用，提升企业的运营效率和用户体验。

（4）N 个原生场景和业务场景智能体

有了超强算力、基座大模型和三大核心技术引擎的支撑，该企业开始探索大模型在各个领域的应用价值。通过深入研究各行业的业务需求和痛点，该企业成功将大模型技术应用于多个原生场景和业务场景中。

利用大模型技术为企业内部构建多样化、定制化的智能体应用。这些智能体包括客户服务管理智能体、现场服务管理智能体、IT 服务管理智能体以及资产管理智能体等，它们通过大模型的强大能力，被赋予了高度的智能化和自动化特性。

例如，客户服务管理智能体能够利用自然语言处理技术，自动回应用户咨询、处理投诉，并提供个性化的服务建议。这不仅提升了客户服务的响应速度，还提高了服务质量和用户满意度。

现场服务管理智能体则能够基于大模型的数据分析能力，对现场服务需求进行智能预测和调度，确保服务人员能够及时、高效地响应客户需求，提升现场服务效率。

IT 服务管理智能体可以自动监控和分析 IT 系统的运行状态，及时发现并处理潜在问题，保障企业 IT 环境的稳定运行，从而支持企业业务的持续开展。

资产管理智能体通过大模型的数据挖掘能力，能够实现对企业资产的全面监控和智能管理，包括资产采购、使用、维护到报废的全生命周期管理，提高企业资产管理的精细化和智能化水平。

这些智能体的构建和应用，都是基于该企业基座大模型中的超强算力、基座大模型和核心技术引擎的支撑。它们将大模型的能力赋能给联想集团内部的各类应用管理，实现了企业各项业务的自动化与智能化，能够极大地提升企业的运营效率和竞争力。

由于本项目的实施架构比较复杂，因此在业务域选择上先聚焦到了该企业的服务业务领域，包括上述提到的客户服务管理、现场服务管理、IT 服务管理、资产管理、项目交付管理和供应链管理等。

4. 项目实施

（1）开发环境搭建

根据项目的需求和目标，开发环境搭建可以划分为四个层次：AI 硬件层、算力层、平台层和应用层。图 6-2 所示为项目开发环境总体框架。

1）AI 硬件层。AI 硬件层是开发环境搭建的基础，它提供了强大的硬件支持，确保大模型训练和应用的顺利进行。本项目建立了多 GPU 互联训练服务器，通过高速存储、高速 IB/RoCE 等先进技术，实现了高性能、高稳定性和高能效。同时，推理服务器、分布式存储 SDS 和 RoCE/普通网络的搭建，也为后续的应用开发提供了高性价比和易用性的硬件环境。

为了进一步提高硬件性能，本项目还进行了性能调优、拓扑设计、可靠性设计和液冷设计等方面的创新。这些创新举措不仅提高了硬件的性能和稳定性，还为后续的开发工作提供了可靠的保障。

2）算力层。算力层是开发环境搭建的核心，它负责整合各种异构算力资源，为大模型训练和应用提供强大的计算支持。本项目构建了 AI 异构算力平台，实现了异构资源管理与调度、多 GPU 资源池化以及通信优化。这种统一管理的方式不仅提高了算力的利用效率，还为后续的开发工作提供了极大的便利。

3）平台层。平台层是开发环境搭建的关键环节，它为大模型训练、应用开发和智能体生成提供了完善的平台支持。本项目构建了 AI 开发平台和大模型应用开发平台。AI 开发平台实现了 NLP、语音技术、推理加速、计算机视觉、分布式训练与微调等 AI 功能开发，而大模型应用开发平台则实现了检索增强生成、高效微调、部署监控和安全合规治理等功能。这两个平台的搭建为后续的应用开发提供了强大的技术支持。

4）应用层。应用层是开发环境搭建的最终目的，它直接面向用户需求，为用户提供智能化服务。本项目构建了 AI 智能体生成平台，实现了智能体创建与管理、数据插件、能力插件等功能。这一平台的搭建不仅提高了智能化服务的效率和质量，还为用户提供了更加便捷、高效的智能化体验。

（2）数据准备

为了确保大模型能够在客户服务管理、现场服务管理、IT 服务管理、资产管理、项目交付管理和供应链管理等业务领域发挥最大效用，项目团队需要进行精细化的数据准备工作。

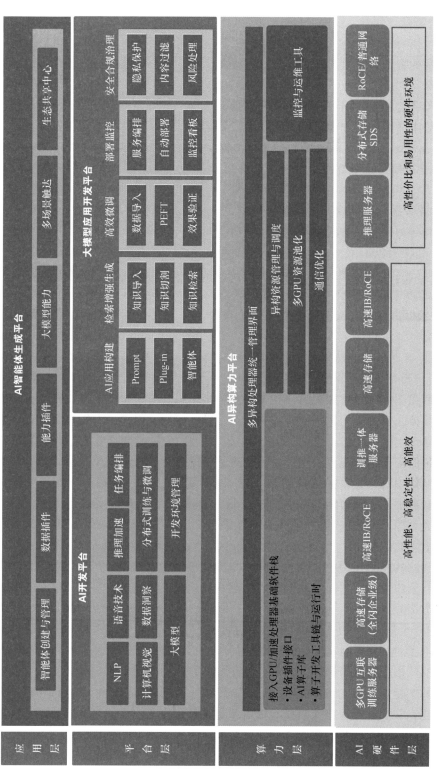

图6-2 项目开发环境总体框架

1）数据集成与分类。根据项目的目标范围，首先需要从多个系统中集成数据，包括服务管理系统、销售管理系统、财务管理系统、供应链管理系统，以及呼叫中心、物联网服务中心等。这些数据来源广泛，格式各异，因此需要建立统一的数据融合平台，以实现数据的标准化和整合。

在数据整合过程中，项目团队还需要对数据进行严格的分类和分级。根据该企业的数据安全和保密要求，数据被分为三个类别：业务基础数据、保密性数据和机密级数据。

- **业务基础数据**：这类数据是构建和微调大模型的基础，包括客户资料、产品信息、服务记录等。这些数据通过数据融合平台导入，形成项目的底层数据支撑。在导入过程中，需要确保数据的完整性和准确性，同时对数据进行必要的清洗和预处理。

- **保密性数据**：这类数据包含敏感信息，如交易数据和供应链数据。由于这些数据量大且信息丰富，不能直接用于大模型的训练与微调，以免泄露企业机密。为此，项目团队采用 RAG 技术，建立外接的向量数据库。在应用时，根据访问权限，大模型可以通过这个向量数据库访问和调取这些数据，既保证了数据的安全性，又满足了大模型对数据的需求。

- **机密级数据**：这是该企业最高等级的保密数据，绝不允许脱离企业的特定系统。对于这类数据，项目团队需要构建严格的应用规则，通过业务系统 API 和外挂工具的方式，实现企业大模型与这些数据的安全交互。

2）通过构建业务知识图谱增强数据关联。除了对上述数据进行分类处理外，项目团队还考虑到某些数据可以通过知识图谱构建来进一步增强其应用价值。知识图谱是一种以图的方式来表示实体之间关系的数据结构，它能够帮助大模型更好地理解数据的内在联系和上下文信息。

针对客户服务管理、资产管理等关键业务领域的数据，项目团队决定构建相应的知识图谱。这涉及实体识别、关系抽取和图谱构建等多个步骤。通过自然语言处理和机器学习技术，从文本数据中识别出实体（如客户、产品、问题等），并抽取实体之间的关系（如购买关系、服务关系等）。最终，这些实体和关系被组织成一个庞大的知识图谱，为大模型提供更加丰富的上下文信息。

知识图谱的构建不仅提高了大模型对数据的理解能力，还有助于实现更加智能化的服务。例如，在客户服务管理中，大模型可以利用知识图谱快速定位客户的问题，并提供更加精准的解决方案。

3）数据安全与隐私保护。在数据准备过程中，数据安全与隐私保护是项目团队始终关注的重点。除了对数据进行分类和分级处理外，项目团队还采取了多种措施来保护数据安全，包括建立严格的数据访问控制机制、使用加密技术对敏感数据进行保护，以及定期对数据进行备份和恢复等。

综上所述，联想集团基座大模型项目的数据准备工作是一个复杂而细致的过程。项目团队通过数据集成、分类、知识图谱构建以及数据安全保护等一系列措施，为大模型的训练和应用奠定了坚实的基础。这不仅有助于提升大模型在各个业务领域的应用效果，还为该企业的智能化转型提供了有力的数据支撑。

（3）基座大模型构建

本项目致力于构建一个强大而灵活的基础大模型基座，以支撑未来多样化的 AI 应用需求。在项目的测试和微调阶段，我们经过深入研究和对比，最终选择了基于 Meta AI 的 Llama 2 和阿里云的通义千问大模型进行集成。以下将详细阐述本项目中基础大模型的选型、集成和微调过程。

1）大模型选型。在项目初期，我们评估了多款市场上主流的大模型，包括 GPT 系列、Llama 系列，以及阿里云的通义千问等。通过在测试集上的性能对比，我们发现 Llama 2 和通义千问在准确性、效率和多模态处理能力上表现突出，且二者的集成能够产生良好的互补效应。因此，我们决定以这两款大模型为基础，构建本项目的大模型基座。

2）大模型集成。

- **数据整合与预处理**：在集成前，我们首先对该企业客户服务领域的数据和业务知识进行了全面的整合与预处理。这包括数据清洗、标准化、归一化等步骤，以确保输入到大模型中的数据质量。

- **模型融合策略**：我们采用了一种基于加权平均的融合策略，将 Llama 2 和通义千问的输出进行融合。具体地，我们根据两个模型在验证集上的表现，为它们分配了不同的权重，以最大化融合模型的性能。

- **多模态信息处理**：为了充分利用多模态信息，我们开发了一套多模态编码解码框架，能够处理文本、图像、视音频、三维模型等多种模态的数据。该框架能够将不同模态的数据转换为统一的向量表示，进而实现跨模态信息的推理和预测生成。

3）基座大模型微调。在集成完成后，我们对大模型进行了有针对性的微调，以提升其在特定领域和任务上的性能。微调主要集中在以下几个方面：

- **AI 服务能力微调**：我们根据 AI 目标要求，对模型进行了分类、预测、聚类等能力的微调。这包括调整模型的参数、优化算法和损失函数，以提高模型在各类任务上的准确性和效率。

- **大模型服务能力微调**：针对即时问答、文本生成、多模态文生图等能力，我们进行了细致的微调。特别是多模态文生图能力，我们通过增加多模态数据集、调整生成对抗网络的参数等方式，显著提升了生成图像的质量和多样性。

- **知识服务能力微调**：为了满足数据结果整合、客户维护建议、问题根本原因分析等知识创新服务的需求，我们增强了模型在知识推理和整合方面的能力。这包括引入外部知识库、优化知识表示方法等。

4）可扩展性与优化。为了确保大模型基座的可扩展性和优化能力，我们采取了以下措施：

- **模块化设计**：我们将大模型基座设计为模块化结构，便于后续添加新的功能模块或替换现有模块，以适应不断变化的业务需求。

- **持续学习与更新**：我们建立了一套持续学习与更新机制，使大模型能够不断学习新的数据和知识，保持其性能的领先。

- **性能监控与优化**：通过实时监控大模型的性能指标，我们及时发现并解决性能瓶颈，确保大模型在各种应用场景下都能保持高效运行。

5）支持分类引擎接口调用。为了满足不同领域的能力需求，我们设计了一套分类引擎接口，可以方便地调用大模型的不同能力领域。通过微调，我们可以灵活地调整模型在 AI 服务能力、大模型服务能力和知识服务能力三方面的表现，以满足多样化的应用需求。

本项目中基础大模型的构建是一个复杂而系统的工程，涉及选型、集成、微调和优化等多个环节。通过精心设计和实施，我们成功构建了一个强大而灵活的大模型基座，为未来的 AI 应用提供了坚实的支撑。

（4）三大智能引擎开发

在成功构建了基础大模型基座之后，我们进一步开发了三大智能引擎，以更好地服务于企业级应用场景和原生应用能力的生成。这三大引擎——智能知识服务引擎、大模型应用服务引擎和 AI 应用服务引擎，都是建立在基座大模型基础之上，并与之直接交互。以下将详细阐述这三大引擎的构建过程以及它们如何与基座大模型进行交互，并进一步生成各种企业级的应用场景和原生应用能力。

1）智能知识服务引擎。智能知识服务引擎主要面向未来应用场景中的知识类应用，具备强大的知识整合、检索、推荐、生成、总结和挖掘能力。其构建过程如下：

① 知识库整合。首先，我们整合了该企业内部的多个知识库，包括客户信息、交易记录、信用评估等，形成了一个统一、全面的企业级知识库。

② 引擎架构设计。在确定了技术选型后，我们设计了智能知识服务引擎的整体架构。该架构包括以下几个关键组件：

- **接口层**：负责接收用户请求，并将请求转发给相应的处理模块。同时，它还负责将处理结果返回给用户。
- **逻辑处理层**：包含多个功能模块，如知识检索模块、智能推荐模块和知识生成模块等。这些模块根据用户请求执行相应的操作，并返回处理结果。
- **数据存储层**：负责与知识库进行交互，包括读取和写入数据等操作。为了提高性能，我们使用了缓存机制和分布式数据库技术。
- **基础服务层**：提供底层的技术支持和服务，如分布式计算、机器学习算法库等。这些服务为逻辑处理层提供了强大的计算能力。

③ 引擎开发与微调。基于基座大模型的多模态信息处理能力，我们开发了智能知识服务引擎，并对其进行了微调。通过引入知识图谱、自然语言处理等技术，使引擎能够准确理解并回应用户的知识查询需求。

④ 交互与调用。当需要查询客户相关信息时，智能知识服务引擎会与基座大模型进行交互，从大模型中获取相关数据，并进行分析和整合。最终，引擎会生成标准化的智能服务能力，如知识检索、推荐等，供企业级应用调用。

通过智能知识服务引擎，我们可以快速查询客户的基础信息、交易情况等，并预测客户的履约风险和未来交易量。这大大提升了企业决策的效率和准确性。

2）大模型应用服务引擎。大模型应用服务引擎主要面向复杂的大模型类应用，如事件分析、内容分析、预测判断等。其构建过程如下：

① 需求分析。在构建大模型应用服务引擎之前，我们进行了深入的需求分析。这一阶段的主要目标是明确引擎需要支持的应用场景和功能需求，以及性能、安全性和可扩展性等方面的要求。我们与业务部门和技术团队紧密合作，通过访谈、问卷调查和研讨会等方式，收集并整理了企业内部各个部门和用户对大模型应用服务的需求。同时，我们还分析了市场上类似产品的功能和特点，以确保我们的引擎能够满足当前和未来的市场需求。

在需求分析阶段，我们确定了以下几个关键需求点：

- 支持复杂的事件分析和内容分析，如舆情监测、客户反馈分析等。
- 提供强大的预测判断功能，如销售预测、市场趋势分析等。
- 实现自然、流畅的语言生成，用于报告撰写、新闻发布等场景。
- 确保引擎的安全性、稳定性和可扩展性。

② 引擎设计。在引擎设计阶段，我们根据需求分析和技术选型的结果，制定了详细的设计方案。设计方案包括引擎的整体架构、功能模块、数据流程、接口设计等。我们设计了以下几个核心功能模块：

- **数据预处理模块**：负责清洗、转换和标准化输入数据，以适应大模型的输入要求。
- **大模型调用模块**：利用选定的大模型技术进行推理计算，生成相应的输出结果。
- **结果后处理模块**：对大模型的输出结果进行解析、筛选和格式化，以满足用户的应用需求。
- **接口服务模块**：提供标准化的接口服务，以便企业级应用能够方便地调用引擎的功能。

此外，我们还设计了灵活的数据流程和可扩展的接口规范，以支持未来功能的扩展和升级。

③ 开发与实现。在开发与实现阶段，我们按照设计方案逐步实现了大模型应用服务引擎的各个功能模块。具体工作包括以下几个方面：

- 编写数据预处理和后处理的代码，确保数据的准确性和一致性。
- 实现大模型的训练和推理过程，优化模型的性能和准确性。
- 开发接口服务代码，提供稳定可靠的接口调用功能。

在开发过程中，我们注重代码的可读性、可维护性和可扩展性，以便未来能够快速响应业务需求的变化。同时，我们还建立了完善的版本控制和代码审查机制，以确保代码质量和开发效率。

④ 测试与优化。在引擎开发完成后，我们进行了全面的测试和优化工作。测试工作包括单元测试、集成测试和系统测试等多个环节，旨在确保引擎的功能正确性、性能稳定性和安全性。

我们针对不同类型的应用场景设计了相应的测试用例，并邀请了业务部门和用户代表参与测试过程。通过测试反馈，我们及时发现并修复了潜在的问题和缺陷。

在优化方面，我们主要关注引擎的性能和响应速度。通过调整模型参数、优化数据流程和升级硬件设施等措施，我们成功提升了引擎的整体性能和用户体验。

3）AI 应用服务引擎。AI 应用服务引擎主要用于构建业务场景型应用，如风险识别、决策辅助等。其构建过程如下：

- **场景识别与开发**：我们深入分析了企业内部的各个业务场景，识别出适合应用 AI 技术的环节。然后，基于基座大模型的 AI 服务能力，我们开发了 AI 应用服务引擎。
- **交互与调用**：在实际应用中，AI 应用服务引擎会与基座大模型进行紧密交互。大模型提供基础的 AI 服务能力，如分类、预测等，而引擎则根据具体的业务场景将这些能力转化为实际应用，如风险识别、决策辅助等。

通过 AI 应用服务引擎，我们可以为企业提供更加智能化和个性化的业务解决方案。这不仅可以提高企业的运营效率，还可以帮助企业更好地应对市场挑战。

这三大智能引擎都具有基于基座大模型自动生成标准化、智能化应用的能力。在实际应用中，企业可以根据具体需求调用相应的引擎来生成各种企业级的应用场景和原生应用能力。例如：在客户服务领域，我们调用智能知识服务引擎来快速查询客户信息并预测其未来行为；在市场营销领域，我们可以调用大模型应用服务引擎来进行市场分析并生成个性化的营销方案；在风险管理领域，我们可以调用 AI 应用服务引擎来进行风险识别和预警等。

（5）应用场景开发

在本项目中，我们积极探索了大模型在多个应用场景中的实现方式，力求通过智能化手段提升工作效率和准确性。以下将详细阐述我们在本项目中进行的应用场景开发过程。

1）场景确认。在启动本项目之前，我们深入分析了企业内部的工作流程和业务需求，发现许多重复性的、烦琐的任务可以通过大模型实现自动化。因此，我们确定了项目的目标：利用大模型技术，开发一系列应用场景，实现任务的自动化执行和结果的自动生成，从而提高工作效率，减少人力成本。

2）应用场景分类与开发策略。在构建场景过程中，我们将所有的应用场景智能体化，确保它们能够自动化执行并生成所需结果。根据任务特点和需求，我们将应用场景分为三类，并制定了相应的开发策略。

① 基础能力类场景。这类场景主要涉及对企业智能引擎的直接调用，以获取特定信息或执行简单任务。例如，查询客户信息并生成客户的产品推荐，以及相应的话术流程。

- **接口对接**：我们与企业智能引擎的 API 进行对接，确保能够稳定、准确地调用相关数据和信息。
- **模板设计**：根据业务需求，我们设计了多种响应模板，用于格式化引擎返回的数据，确保生成的内容符合预设的标准和格式。
- **自动执行与结果生成**：通过编程实现场景的自动化执行，当触发特定条件时（如用户请求、定时任务等），系统自动调用智能引擎，获取数据，并根据模板生成最终的结果。

② 提示工程类场景。这类场景主要针对需要固定格式生成的内容，如项目执行计划等。

我们通过提示工程引导答案生成的模板化，确保每次生成的内容既标准又无事实性差异。

- **需求分析与模板设计**：深入分析具体场景的需求，如项目执行计划自动生成功能，明确需要包含的元素（如管理人员、项目时间计划、重要里程碑、关键节点交付内容等），并设计相应的生成模板。
- **提示词库构建**：根据模板需求，构建丰富的提示词库，用于引导大模型生成符合标准的内容。
- **自动化生成与验证**：通过编程实现场景的自动化执行，当需要生成项目执行计划时，系统自动根据提示词库和模板生成内容，并进行必要的验证，确保生成的内容准确无误。

③ 微调类场景。对于需要复杂决策或新数据精确求解的场景，我们对模型进行微调，以提升任务的完成率和准确度。

- **数据收集与预处理**：针对特定场景收集相关数据，并进行必要的预处理工作，如数据清洗、标注等，以确保数据的质量和有效性。
- **模型微调**：利用收集到的数据对预训练的大模型进行微调，使其更加适应特定场景的需求。在微调过程中，我们不断调整模型参数和学习策略，以寻求最佳的性能表现。
- **性能评估与优化**：在微调完成后，我们对模型进行全面的性能评估，包括准确率、召回率、F1 分数等指标。根据评估结果，我们进一步优化模型结构和参数设置，以提高其在实际应用中的表现。

3）技术实现与挑战。在技术实现过程中，我们遇到了以下挑战并采取了相应的解决措施。

- **数据质量与标注问题**：在微调类场景中，数据的质量和标注准确性对模型性能至关重要。为了解决这个问题，我们采用了多种数据清洗和标注方法，如使用正则表达式进行文本预处理、利用专家知识进行数据标注等。
- **模型泛化能力**：为了提高模型的泛化能力，我们采用了多种正则化技术和数据增强方法，如 Dropout、Batch Normalization，以及通过变换数据来增加训练样本的多样性等。
- **计算资源与效率**：大模型的训练和推理过程需要消耗大量的计算资源。为了提升效率并降低成本，我们采用了分布式训练技术、模型压缩以及优化算法等手段来减少计算量和内存占用。

5. 项目总结

该企业的基座大模型项目通过整合超强算力、研发基座大模型及构建核心技术引擎，显著提升了企业运营效率和智能化水平。

（1）算力平台方面

- **算力规模**：整合了 500 台高性能计算机，总体计算能力达到每秒数十万亿次浮点运算，确保了大模型训练的高效性。

- **存储能力**：构建了 5PB 级的大规模分布式存储系统，满足了大模型训练对海量数据的需求。

（2）基座大模型

- **模型规模**：基座大模型包含数十亿参数，具备强大的表征学习和生成能力。
- **训练效率**：在超强算力平台的支持下，大模型的训练时间缩短了 34%，显著提高了研发效率。
- **准确率提升**：在应用测试中，基座大模型在处理自然语言理解、生成和推理任务时，准确率比传统模型提高了 12.6%。

（3）核心技术引擎

- **智能知识服务引擎**：自动从海量数据中抽取结构化知识，构建了包含数百万实体的知识图谱，为大模型提供了丰富的知识背景。
- **大模型应用服务引擎**：该引擎已成功应用于多个复杂业务场景，如市场预测、任务拆解等，提高了决策准确性和运营效率。
- **AI 应用服务引擎**：根据业务需求，快速定制和开发了多个 AI 应用，提升了用户体验和业务效率。

（4）业务应用效果

- **客户服务管理智能体**：自动回应时间缩短至毫秒级，综合客户满意度提升了 3.5%。
- **现场服务管理智能体**：通过智能预测和调度，2024 年 2~5 月现场服务响应时间缩短了 12%，服务效率提高了 14%。
- **IT 服务管理智能体**：自动监控和分析 IT 系统运行状态，故障预测准确率提高了 23.4%，系统故障恢复时间缩短了 32%。
- **资产管理智能体**：实现了对企业资产的全面监控和智能管理，资产管理效率提升了 7.6%，资产利用率提高了 14%。

综上所述，通过具体的量化指标可以看出，该企业的基座大模型项目在算力平台、基座大模型、核心技术引擎以及业务应用等方面均取得了显著的实际效果，为企业的智能化转型注入了强大动力。

6.1.2 某银行基于大模型的"智慧大脑"

1. 企业简介

作为国内领先的金融机构，某银行一直秉持客户至上的原则，提供全面的金融服务。凭借丰富的经验和广泛的网络，该银行在金融界享有盛誉。近年来，面对金融科技的发展浪潮，该银行积极拥抱数字化转型和人工智能应用，以满足客户日益增长的便捷、高效服务需求。

在零售银行业务上，该银行建立了成熟的业务体系，通过优化流程、丰富产品和创新模式，吸引了大量客户，实现了业务的迅速增长。同时，该银行还积极拓展线上渠道，提供一站式金融服务，让客户随时随地享受便捷服务。

在数字化转型方面，该银行投入大量资源引进先进技术。其中，数字孪生技术为数据中心运营带来了新变革，实现了机房运行情况的实时智能监测，提高了运维效率。同时，该银行还积极应用人工智能技术，取得了显著成效。

面对大模型技术的兴起，该银行迅速响应，与业内企业合作推出了"大模型智能云核"设备。这一创新设备能够高效处理大规模数据，为金融场景提供快速、准确的解决方案，同时为客户提供更个性化的服务体验。

总之，该银行在零售业务、数字化转型、人工智能和大模型技术方面的持续努力和创新，体现了其以客户为中心、创新驱动的发展理念。未来，该银行将继续提升服务质量，为客户提供更优质的金融服务。

2. 项目背景

近年来，为了提升服务效率与用户体验，众多银行纷纷投身于构建自身的"智慧大脑"，希望做大全行统一数据、统一业务和统一管理。这一过程中，银行通过整合大数据、人工智能、知识图谱等先进技术，力求在数据处理、模型构建到业务应用等各个环节实现全面优化。

该银行在智慧化转型的道路上，已初步搭建起一个集数据整合、智能分析、业务应用于一体的"数智大脑"框架。这个框架不仅强化了其数据处理能力，还通过统一的技术平台和应用开发环境，为银行提供了全方位、多渠道的智慧金融服务。然而，当前的"数智大脑"虽已初具规模，但在自主理解、分析、决策和执行方面仍存在明显短板，距离真正意义上的"智慧大脑"还有不小的差距。

因此，该银行希望通过引入更先进的技术，进一步提升"数智大脑"的智能化水平，使其能够更好地理解客户需求、分析市场动态，并做出更精准的决策。通过构建一个更加智慧的"数智大脑"，该银行期望能够为客户提供更加个性化、高效的服务，从而提升客户满意度和忠诚度。

在这一背景下，大模型技术的崛起为银行业带来了新的希望。大模型技术以其出色的语言理解能力和常识推理能力，为解决银行业在智能化进程中遇到的问题提供了新的思路。更重要的是，大模型还展示了一定的自我反思与泛化组合能力，这使得它在问题的理解、分析和决策上展现出显著的优势。

该银行深刻认识到大模型技术的巨大潜力，并在过去两年中积极探索如何将其融入银行的"智慧大脑"建设。本项目正是基于这一认识，旨在打造一个以大模型为核心基座的银行"智慧大脑"，以支持金融分析、风险分析、客户分析等多元化的业务场景。通过这一项目，该银行期望能够大幅提升智能化水平，为客户提供更加精准、高效的服务，从而在激烈的市场竞争中保持领先地位。

3. 项目目标与实施范围

本项目的核心目标是构建一个基于大模型的"智慧大脑"基座，以此为基础推动银行业务的智能化升级。具体实施内容如下：

（1）构建基于大模型的银行"智慧大脑"基座

本项目将打造一个"一个模型，多维应用"的新基础架构，这一架构能够直接响应和管控银行业务。通过这种方式，我们期望提高该银行的服务效率和响应速度，为客户提供更加个性化、高效的服务体验。

（2）探索数据底座与大模型基座的融合方式

本项目致力于探索数据底座与大模型基座的融合方式。我们将探索金融数据底座与大模型的融合技术，以解决通用大模型在垂直领域知识匮乏、知识关联不足的问题。同时，我们还将实现模型根据数据实时更新、不断迭代的功能，确保模型的准确性和时效性。

（3）探索金融知识图谱系统、专家知识库与大模型"智慧大脑"基座的交互模式

本项目还将探索金融知识图谱系统、专家知识库与大模型"智慧大脑"基座的交互模式。我们希望通过本项目将以知识图谱为代表的知识驱动方法与以大模型为代表的数据驱动方法进行有机融合，实现该银行数据和知识的高效利用。这将有助于提升银行在复杂金融分析、风险评估等方面的能力。

（4）构建基于大模型的银行零售客户财富管理领域的应用体系

最后，本项目将构建基于大模型的银行零售客户财富管理领域的应用体系。通过大模型的主导，我们将为客户提供更加精准、个性化的财富管理服务，从而提升客户满意度和忠诚度。

构建以大模型为核心的银行零售客户财富管理应用。借助先进的人工智能技术，利用"智慧大脑"在通识知识和财富认知的深度融合，微调形成一个能够深度解析财富客户数据和应用场景的大模型，以精准把握客户的投资偏好和风险承受能力。通过构建定制型的财富管理智能应用，以银行能够为客户打造个性化的财富管理方案，满足他们多样化的财务需求。同时，应用大模型进行市场趋势预测与风险评估，帮助该银行发掘新的投资热点和机会，进而为客户提供更为稳健、高效的投资组合建议。简而言之，本项目旨在通过大模型技术提升该银行在财富管理领域的智能化水平和服务质量。

综上所述，本项目的范围涵盖了从构建大模型基座到实现多维应用，再到与金融数据底座、知识图谱系统的交互等多个方面。我们期待通过这一项目推动该银行业务的智能化升级，提升服务效率和质量，为客户创造更大的价值。同时，我们也期望本项目能成为银行业智能化转型的典范，为行业发展提供新的思路和方向。

4. 项目实施

接下来，我们简要说明本项目的整体实施过程。

（1）收集应用需求

本项目作为该银行零售财富管理总部的创新试点应用，立项之初，各部门就给予了高度期待。在项目实施过程中，为了确保我们的应用能够更加贴近该银行零售客户的需求，我们分别对该银行零售客户总部的零售平台部、财富管理部、私人银行部、零售信贷部等部门进

行了调研，收集和确认本项目的应用建设需求。以下是调整后的十大核心应用模块，每个模块还有若干功能，这里暂不详述。

- **个性化投资策略引擎**：借助大模型深度分析能力，我们将根据客户的财务状况、风险承受能力和收益目标，为其量身打造独特的投资策略。结合市场动态和宏观经济数据，该引擎能够为客户提供精准、实时的投资建议。

- **市场洞察与资讯整合**：利用大模型的自然语言处理和文本挖掘能力，此模块旨在搜集、整理并解读全市场、各行业及具体企业的最新资讯，形成有价值的市场分析报告和行业趋势预测，按照投资者的兴趣和关注点进行个性化推送。

- **风险预警与管理系统**：利用大模型的数据处理能力和模式识别能力，我们将构建一个全面的风险预警系统，实时监测投资组合的风险状况，识别潜在的市场风险，并提供相应的风险管理策略，以确保客户的资产安全。

- **客户交互智能助手**：为了提升客户体验，我们将开发一个智能交互助手，利用大模型的语义理解和生成能力，能够准确理解和回应客户的查询，提供投资知识、产品信息和市场动态等，实现7×24h的即时服务和高效的客户交互体验。

- **金融产品创意工坊**：大模型将助力该银行开发创新的金融产品。依托大模型的创新推理能力，通过分析市场趋势和客户需求，该模块能够生成新颖的产品概念和设计方案，以满足客户日益多样化的投资需求。

- **信用与交易风险评估**：此应用将综合客户的历史数据、市场行为和信用记录，利用大模型的数据挖掘和预测分析能力，进行深度分析，以评估客户的信用状况和交易风险，为该银行提供可靠的信贷决策支持。

- **动态事件监控与通知**：大模型具备强大的实时监测和异常检测能力，该模块专注于监控和精准捕捉金融市场、投资产品及相关机构的重要事件，如政策变动、市场异常等，一旦检测到异常或关键事件，大模型将立即触发通知机制，确保客户能够在第一时间获得关键信息，以便做出及时反应。

- **政策智能解读器**：为了让客户更好地理解政策变动对其投资的影响，借助大模型的自然语言理解和推理能力，我们将开发一个基于"智慧大脑"大模型政策智能解读器。该解读器能够分析并解读国家和地方政策，为客户提供政策导向的投资建议。

- **数字化投资教育平台**：大模型的多模态生成能力使得我们能够打造一个内容丰富的数字化投资教育平台。该平台能够通过大模型的"文生图"和"文生动画"能力，根据语言描述自动生成丰富多样的教育内容，如视频教程、投资案例等，帮助客户提升投资知识和技能。

- **综合数据分析仪表板**：利用大模型的数据整合和可视化能力，我们将为客户和银行提供一个直观、全面的数据分析仪表板。大模型能够整合各类市场数据、投资组合表现等信息，并通过图表和报表等形式展示出来，帮助客户和银行更好地把握市场动态并做出科学决策。

（2）设计应用模式

在深入解析本项目所采用的创新型架构模式之前，我们首先要理解项目所面临的核心挑战：高并发和实时性需求。这两个要素对于本项目而言至关重要，特别是在多元化应用场景下，系统的稳定性和响应速度直接影响用户体验和业务连贯性。

为了应对这些挑战，本项目巧妙地融合了代理应用和微服务应用两层架构（见图 6-3），构建了一个既灵活又安全的系统环境。以下是对这种创新型架构模式的详细解读。

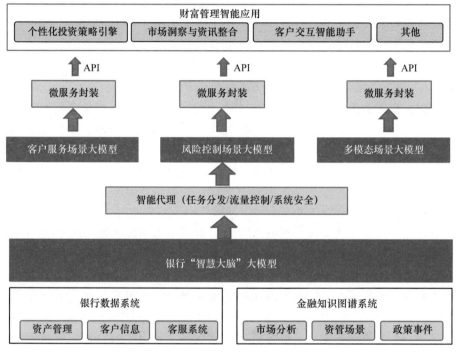

图 6-3 项目应用架构

1）微服务架构的引入。随着业务功能的日益复杂，传统的单体应用架构已经难以应对多变的需求和不断扩展的业务规模。微服务架构的采用，正是为了解决这一问题。在本项目中，前端的应用均采取了微服务的设计模式。每个微服务都专注于实现一个特定的业务功能，如用户管理、订单处理或数据分析等。这种细分使得服务之间的依赖降低，每个服务都可以独立开发、部署和扩展，大大提高了系统的灵活性和可维护性。

微服务之间的通信通过明确定义的接口实现，这保证了服务之间的松耦合。当某个服务需要更新或修改时，不会对其他服务造成太大的影响。此外，由于每个微服务都可以独立扩展，因此系统能够更高效地利用资源，只在需要时增加计算能力。

2）代理模式的运用。在微服务架构的基础上，本项目进一步引入了代理模式，以增强系统的安全性和稳定性。代理模块被设置在“智慧大脑”大模型服务的前端，作为所有外部请求的唯一入口。这一设计带来了多重好处。

- **系统访问安全性提升**：代理模块对接入的每一个请求都执行严格的身份验证和权限检查。这意味着，只有携带有效凭证且被授权的请求才能通过代理模块，进而访问后端的大模型服务。这一环节对于保护系统免受未经授权的访问和潜在攻击至关重要。
- **流量控制与负载均衡**：在高并发场景下，大量的用户请求可能会同时涌入系统。若没有有效的流量控制机制，后端服务可能会因过载而崩溃。代理模块通过限制请求速率或根据后端服务的实际处理能力动态调整流量，确保了系统的稳定运行。此外，代理模式还可以实现负载均衡，将请求均匀分配到不同的后端服务上，从而进一步提高系统的处理能力。

3）架构的总体优势。通过结合微服务和代理两种模式，本项目构建了一个既灵活又安全的系统架构。微服务架构使得系统能够迅速响应业务需求的变化，而代理模式则为系统提供了强大的安全保障和流量控制能力。这种创新型架构模式不仅满足了当前的高并发和实时性需求，还为未来的业务拓展和技术升级留下了足够的空间。

综上所述，本项目所采用的创新型架构模式是应对复杂业务场景和技术挑战的有效解决方案。它结合了微服务的灵活性和代理模式的安全性、稳定性，为项目的长期发展奠定了坚实的基础。

（3）数据准备

1）内部数据准备。本项目的内部数据准备主要集中于该银行内部与财富管理领域密切相关的数据和业务知识。我们将从核心业务系统、清分清算系统、国际结算系统以及保理业务系统等关键业务系统中提取数据。这些数据将涵盖银行的财富管理理念、方法、产品、服务客户类型、工作流程、主要部门及职责等方面。

对于这些内部数据，我们将进行细致的清洗和整理，以确保数据的质量和准确性。在数据清洗过程中，我们将去除重复、错误或无效的数据，确保后续模型训练的准确性和有效性。同时，针对银行内部的保密数据，如员工信息、客户信息及交易信息等，我们将采取严格的数据脱敏和加密措施，以防止数据泄露。

为了与基座大模型共享这些数据，我们将对清洗后的数据进行标准化和结构化处理，形成统一的数据格式和字段，以便于模型的训练和应用。这些数据将作为基座大模型的微调训练数据，使模型能够深入了解银行的财富管理细节和特有信息。

2）外部数据准备。除了内部数据，外部数据的收集和处理也是本项目的重要组成部分。外部数据主要包括实时性、突发性或按需获取性的信息，如互联网评级、股市债市价格变动、最新行业资讯和研报等，以及需要定期知识化或实时监控的外部信息，如工商数据、税务数据、发票数据、客户风险信息等。

对于实时性、突发性或按需获取性的外部信息，我们将通过插件或 RAG 技术即席查询的方式获取，确保系统能够根据需要实时获取最新的市场信息和资讯。对于需要定期知识化或实时监控的外部信息，我们将通过相关渠道定时导入知识库或知识图谱系统中进行固化。根据数据类型和业务需求，这些数据将作为大模型微调的数据源或 RAG 方式的数据应用，以提升模型的准确性和全面性。

3）数据安全与合规性。在数据准备阶段，我们严格遵守了相关法律法规和银行内部的数据安全规定。对于涉及客户隐私和保密信息的数据，我们将采取严格的数据脱敏和加密措施，确保数据的安全性和合规性。同时，我们将建立完善的数据访问权限管理机制，确保只有经过授权的人员才能访问和处理相关数据。

4）数据整合与标准化。在数据准备阶段，我们还将进行数据整合和标准化工作。由于银行内部系统众多，数据格式和标准各不相同，因此我们需要对数据进行清洗、转换和整合，以确保数据的一致性和准确性。同时，我们还将建立统一的数据标准，为后续的数据分析和模型训练提供标准化的数据支持。

值得说明的是，本项目的数据准备阶段涵盖内部数据和外部数据的收集、处理、整合和标准化等方面的工作，涵盖了该银行内部 22 个业务系统，共计 283 个数据库。对于数据的分类、分析和治理都进行了严格的管理，为"智慧大脑"基座的构建提供坚实的数据基础。

（4）大模型集成：构建基于大模型的银行"智慧大脑"基座

接下来是本项目最为关键的一环——大模型集成，具体涉及四款企业私有大模型的建立与整合。这些模型包括作为财富管理的"智慧大脑"基座大模型、客户服务场景大模型、财富风险控制场景大模型以及多模态场景大模型。以下是对这一步骤的详细阐述：

1）"智慧大脑"基座大模型。作为整个智能化系统的核心，"智慧大脑"基座大模型需要具备强大的 AIGC 能力和逻辑思考能力。经过严格的测试选型，我们选择了百度的文心一言作为基础模型。该模型在自然语言处理、语义理解和逻辑推理等方面表现出色，能够满足银行"智慧大脑"对于复杂数据处理和智能决策的需求。

2）客户服务场景大模型。在"智慧大脑"基座大模型的基础上，我们进一步微调得到了客户服务的场景大模型。这款模型专注于提升客户服务的智能化水平，能够更准确地理解客户需求，提供个性化的服务方案。通过模拟人类客服的沟通方式，场景大模型旨在打造更加贴心、高效的服务体验。

3）财富风险控制场景大模型。同样基于"智慧大脑"基座大模型，我们开发了财富风险控制的场景大模型。该模型专注于金融风险控制，能够实时监测和分析市场动态，为银行提供风险预警和决策支持。通过结合历史数据和实时数据，它能够帮助银行更加精准地评估风险，从而制定有效的风险管理策略。

4）多模态场景大模型。为了满足银行在多媒体信息处理方面的需求，我们选用了阿里云的通义千问作为多模态场景大模型的基础。该模型能够处理包括文本、图像、语音等多种模态的信息，为银行提供更加全面的数据分析和挖掘能力。这对于提升银行的客户服务质量、加强风险控制和促进产品创新具有重要意义。

这四款大模型是在国产化要求的大背景下进行选型和测试的，旨在确保数据安全和自主可控。未来，我们将根据项目需求和国产大模型的优势，不断优化和更新这些模型，以适应银行业务的不断发展和市场变化的需求。

通过大模型集成，我们成功构建了基于大模型的银行"智慧大脑"基座，为银行的智能化升级奠定了坚实的基础。这一步骤的完成为后续的业务流程优化、客户服务提升和风险控制等工作提供了强大的技术支撑。

（5）基于多源数据底座的大模型微调

根据银行数据的保密等级，以及"智慧大脑"大模型四款模型的应用需求，我们针对该银行与本项目相关的业务系数和数据进行了详细的梳理。

1）内部核心系统数据准备。我们详细梳理了与本项目紧密关联的内部核心系统数据（见表6-1），并对各类数据字段进行了仔细甄别。在甄别过程中，我们明确了"字段数"代表系统中所有数据表中有效数据类目的总数，并进一步识别出与本项目强关联的"可调用数"数据类目，这些数据可用于大模型的微调训练或访问调用。同时，我们也规划了这些数据的应用场景，以确保其有效利用。对于保密级别较高的私有数据，我们采用外挂插件形式进行安全访问，从而在保证数据安全的前提下，推动项目的顺利进行。

表 6-1　与本项目紧密关联的内部核心系统数据示例

编号	系 统 类 型	包含的字段	字段数	可调用数	保密等级	数据应用
1	核心业务系统	总账管理、卡系统管理、客户信息管理、额度控管等	2789	335	高	外挂插件
2	清分清算系统	账务类交易、非账务类交易手续费等	1352	162	高	外挂插件
3	国际结算系统	信用证、托收、汇款、保理等	568	68	高	外挂插件
4	保理业务系统	客户信息管理、合同信息管理、预付款管理等	452	54	高	外挂插件
5	外汇清算系统	SWIFT 报文管理、电文查询等	543	65	高	外挂插件
6	银行 IC 卡系统	查询、取款、消费、预授权等	275	33	高	外挂插件
7	信用卡系统	预借现金、还款、卡卡转账等	493	59	高	外挂插件
8	基金托管系统	会计核算、资金清算、投资监督等	129	15	高	外挂插件
9	债券交易系统	债券承销、分销、回购等	339	41	高	大模型微调
10	外汇交易系统	结售汇、外汇买卖等	657	79	高	大模型微调
11	CRM 系统	银行产品分析、客户价值分析等	3438	413	高	大模型微调
⋮	⋮	⋮	⋮	⋮	⋮	⋮
68	银联业务系统	余额查询、取款、消费等	845	101	中	外挂插件
69	中间业务系统	代理政策性银行业务、代理证券业务等	674	81	中	外挂插件
70	柜面系统	柜员信息管理、柜员权限管理等	398	48	中	外挂插件
71	综合前置系统	交易流程控制、系统流量控制等	289	35	中	外挂插件
72	ATM/CDM 业务系统	ATM 机管理、账户信息查询等	769	92	中	外挂插件

2）财富管理类系统数据准备。如表6-2所示，我们详细梳理了本项目财富管理类系统数据（见表6-2），作为大模型微调的基础数据，"可调用字段数"代表系统中所有数据表中

有效数据可用于大模型的微调训练数据。

表 6-2　本项目财富管理类系统数据示例

编号	系统类别	系统名称	系统字段举例	可调用字段数	数据应用
1	客户关系管理	CRM 系统	客户 ID、姓名、联系方式、投资偏好	220	大模型微调
2	投资咨询	投资咨询系统	市场分析报告 ID、投资策略建议、个性化建议	315	大模型微调
3	交易执行	交易执行系统	交易 ID、交易类型、交易金额、执行状态	120	大模型微调
4	资产管理	资产管理系统	资产 ID、资产类别、当前价值、持有比例	155	大模型微调
5	风险评估	风险评估系统	风险评估 ID、客户风险等级、风险承受能力	105	大模型微调
⋮	⋮	⋮	⋮	⋮	⋮
61	信息安全	信息安全管理系统	安全策略 ID、安全事件记录、风险评估结果	109	大模型微调
62	灾难恢复	灾难恢复与备份系统	备份记录 ID、备份时间、恢复测试记录	188	大模型微调
63	客户关系互动	客户关系互动系统	互动 ID、互动类型、客户反馈、处理结果	140	大模型微调
64	财富管理规划	财富管理规划系统	规划 ID、规划目标、资产分配建议	105	大模型微调
65	信托管理	信托管理系统	信托 ID、信托设立日期、受益人信息、信托资产	128	大模型微调

3）外部数据准备。我们针对本项目广泛搜集了实时更新的外部数据（见表 6-3），涵盖电子表格、演示文档、文本及图片等半结构化和非结构化资料，旨在通过知识化存储和内容梳理，为大模型的微调和结构化知识调用提供丰富的数据基础。这些数据对于优化模型的训练效果和实际应用至关重要，我们将持续更新和完善数据资源，以确保模型的高效性和准确性。

表 6-3　本项目用于大模型微调的外部数据示例

编号	类别	内容举例	数据形式
1	宏观经济类数据	GDP 增长率、CPI 指数	结构化
2	金融行业类数据	金融市场指数、股票交易数据	结构化
3	国际金融政策类数据	美联储利率决策、国际贸易协定	半结构化
4	国内政策类	央行利率调整、财政政策调整	半结构化
5	上市公司年报	营业收入、净利润、资产负债表	结构化
⋮	⋮	⋮	⋮

（续）

编号	类　别	内 容 举 例	数 据 形 式
36	政治风险与经济稳定性数据	政治事件、经济稳定性指数、地缘政治风险	非结构化
37	技术创新与应用数据	新兴技术投资、专利申请趋势、技术应用案例	半结构化
38	货币政策传导机制数据	货币政策工具使用、市场反应、经济影响	结构化
39	金融市场基础设施数据	交易系统性能、清算结算效率、市场监管数据	结构化
40	社会经济影响评估数据	政策影响评估、项目经济影响分析	半结构化

在大模型微调训练中，数据的质量、多样性和丰富性直接决定了模型的表现能力。高质量的数据能够使模型更准确地捕捉数据的内在规律和特征，从而提升模型的泛化能力和预测精度。本项目旨在构建银行财富管理领域的"智慧大脑"基座，这需要模型对金融行业的各项政策、市场状况有深入的理解。因此，数据准备阶段需要收集大量与财富管理相关的数据，包括宏观经济数据、金融行业数据、上市公司年报等，这些数据将为大模型提供丰富的知识背景，使模型能够更准确地理解行业趋势和客户需求。

此外，数据准备阶段还包括对数据进行清洗、整合和标准化处理。通过去除重复、错误或无效的数据，以及对数据进行统一的格式和字段处理，可以提高数据的质量，降低模型训练的噪声干扰，从而提升模型的训练效率和性能。

最后，数据准备阶段还需要考虑数据的保密性和安全性。在金融领域，客户信息和交易数据等敏感信息需要得到严格的保护。因此，在数据准备过程中，需要采取适当的数据脱敏和加密措施，确保数据的安全性和合规性。

（6）建立知识图谱与基座大模型的交互框架

本项目的一大难点就是建立金融知识图谱与基座"智慧大脑"大模型的交互关系。接下来，我们深入探究本项目中大模型与知识图谱的交互框架。

1）"全行一张图"的金融知识图谱。如图 6-4 所示，自 2018 年起，该银行致力于构建一个基于知识图谱的统一数据中台，现已取得显著进展。该中台成功集成了行内的财顾管理、风险控制、押品管理等多维度数据，并通过大数据平台的分析挖掘能力，实现了面向多个独立业务领域的场景化应用。在此基础上，依托图数据库技术，该银行成功实现了业务场景应用的图谱可视化。

不仅如此，该银行还初步搭建了一个面向全行级知识图谱业务需求的建设平台。该平台涵盖了知识接入、构建、分析、挖掘、服务等全流程，并具备标准化的处理能力，以满足知识图谱分析应用的全方位需求。这一平台进一步促成了全行图数据架构的建立，通过构建图仓，实现全行数据的整合，使银行能够敏捷响应各类图数据需求，有效打破了业务战略与技术实现之间的壁垒。

在数据源方面，该银行在原有的结构化数据基础上，增加了非结构化数据源的接入，并运用先进的 AI 技术进行知识提取。这一举措不仅极大地丰富了数据维度，还通过自动构建知识图谱，提升了知识的可用性和易用性。

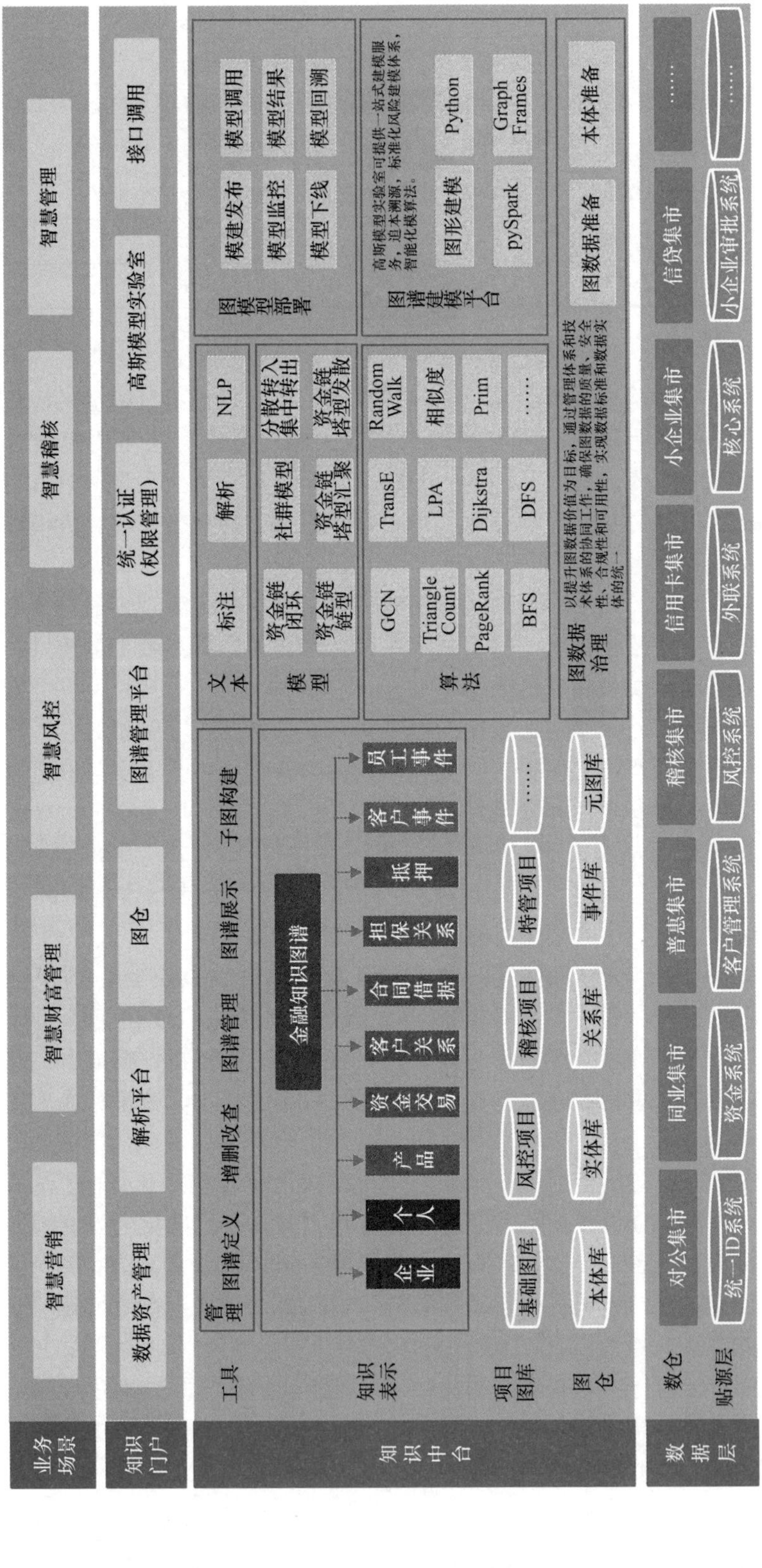

业务场景

智慧营销	智慧财富管理	智慧风控	智慧稽核	智慧管理

知识门户

数据资产管理	解析平台	图谱管理平台	统一认证（权限管理）	高斯模型实验室	接口调用

知识中台

工具
- 管理：图谱定义、增删改查、图谱管理、图谱展示、子图构建

知识表示：
金融知识图谱
企业　个人　产品　资金交易　客户关系　合同借据　担保关系　抵押　客户事件　员工事件

项目图库：基础图库、风控项目、稽核项目、特管项目、……

图仓：本体库、实体库、关系库、事件库、元图库

文本：
- 标注：资金链闭环、资金链链条
- 解析：社群模型、资金链塔型汇聚
- NLP：分散转入集中转出、资金链塔型发散

模型：
- GCN
- TransE
- Random Walk

算法：
- Triangle Count、PageRank、BFS
- LPA、Dijkstra、DFS
- 相似度、Prim、……

图数据治理

图模型部署：模型发布、模型监控、模型下线

图模型调用：模型调用、模型结果、模型回溯

图谱建模平台：图形建模、pySpark、Python、Graph Frames

高斯模型实验室可提供一站式建模服务、追本溯源及智能化风险建模体系，智能化模型算法等

本体准备、图数据准备

以提升图数据价值和技术体系的协同工作，确保图数据的质量、安全性、合规性和可用性，实现数据标准和数据体系的统一

数据层

数仓：对公集市、同业集市、普惠集市、客户管理系统、稽核集市、风控系统、信用卡集市、外联系统、小企业集市、核心系统、信贷集市、小企业审批系统

贴源层：本体库、统一-ID系统、资金系统、客户管理系统、……

图6-4 该银行的基于知识图谱的知识中台架构

该银行通过构建基于知识图谱的统一数据中台，已经初步实现了从底层数据图谱化到上层应用智能化的贯通，为本项目提供了坚实而准确的数据和业务逻辑基础。

2）建立知识图谱和"智慧大脑"大模型的交互应用。在本项目中，我们充分应用了知识图谱平台的作用，在大模型微调训练前、微调训练中和微调训练后都很好地结合了指示图谱的功能。

- **训练前阶段：数据准备与知识融合**。在模型训练之前，我们充分利用大模型的能力进行数据清洗。通过构建精细的清洗规则，我们能够借用领域内的专业知识，对特定语料进行错误检测与过滤，确保数据的准确性。同时，我们将知识图谱中的信息以形式化的方式拼接，并转化为更为自然的口语化表达，然后作为预训练语料的一部分。这种方法特别适用于垂直领域内的知识，可以极大地丰富大模型的训练素材。

- **训练中阶段：隐式知识注入与模型评估**。在模型训练过程中，我们不直接将知识图谱作为显式的输入，而是通过嵌入技术将其隐式地融入模型中。这种方法类似于Know-BERT的实现，使得大模型能够在训练过程中学习到图谱中的深层次知识。此外，我们还构建了以领域知识图谱为核心的评测任务，旨在评估模型对于领域知识的理解与应用能力，从而确保训练的有效性。

- **训练后阶段：知识增强与校验**。模型训练完成后，我们进一步利用知识图谱来增强模型的推理与生成能力。具体来说，我们通过引入与实体相关的上下文信息，将图谱知识注入模型的Prompt中，从而提升生成结果的丰富性和可用性。同时，我们还对模型生成的结果进行知识校验，以确保其在事实性上的准确性。此外，我们还借助实体消歧和实体链接技术，结合实时的搜索结果，为模型提供最新的知识信息，增强其处理实时任务的能力。最后，通过与外部知识库的结合，如LangChain等，我们对模型的生成过程进行干预，以确保生成的文本既符合外部知识的约束，又具备高度的准确性和可读性。

（7）构建基于微服务和智能体的大模型应用

接下来是建立基于"智慧大脑"大模型基座的应用，本项目的大模型应用模式主要分为两类：微服务式和智能体式。

1）基于微服务的大模型应用。基于微服务的应用主要是将复杂的系统拆分成一系列小型、独立的服务，每个服务都围绕一个具体的业务能力构建，并能够通过网络协议进行通信。在构建大模型应用时，这种架构允许我们更灵活地扩展、更新和部署服务，每个服务都可以独立开发、测试和部署，从而提高整体系统的可维护性和可扩展性。以下是本项目中基于微服务式的应用：

- **个性化投资策略引擎**：该引擎可以作为一个微服务，接受用户的财务数据和偏好，与风险预警和管理系统等其他微服务交互，为用户生成个性化投资建议。

- **市场洞察与资讯整合**：作为一个微服务，它可以独立搜集、整理并解析各类市场资讯，生成报告，并通过API为其他服务（如个性化投资策略引擎）提供数据支持。

- **风险预警与管理系统**：该服务可以独立运行，实时监控投资组合的风险，并提供风险管理的建议。它可以通过事件驱动的方式与其他服务（如动态事件监控与通知）进行通信。

- **金融产品创意工坊**：作为一个独立的微服务，它可以根据市场需求和客户数据，生成新的金融产品概念，并通过 API 为产品开发团队提供创新灵感。
- **信用与交易风险评估**：此服务独立评估客户的信用和交易风险，为信贷决策提供数据支持。它可以与其他服务（如个性化投资策略引擎）协作，确保投资决策的安全性。

2）基于智能体的大模型应用。基于智能体的应用通常指那些具备自主决策、学习和交互能力的软件系统。在大模型应用中，智能体可以模拟人类行为，与用户进行自然语言交互，提供即时反馈和建议，从而提高用户体验和系统的智能化水平。以下是本项目中基于智能体式的应用：

- **客户交互智能助手**：该智能助手可以作为一个智能体，通过自然语言与用户进行交互，解答投资问题，提供市场动态和产品信息。它可以与其他微服务（如市场洞察与资讯整合）集成，确保信息的准确性和实时性。
- **动态事件监控与通知**：此智能体负责监控金融市场和投资产品的重要事件，并在检测到异常或关键事件时，主动触发通知机制，确保用户及时获得关键信息。
- **政策智能解读器**：该智能体可以分析和解读政策变动，理解其对投资的影响，并为用户提供政策导向的投资建议。它可以与市场洞察、资讯整合等服务结合，提供全面的市场分析报告。
- **数字化投资教育平台**：虽然该平台本身是一个复杂的系统，但其中的智能体可以负责与用户进行交互，提供个性化的学习建议和反馈，从而提升用户的学习体验。

（8）应用微调与提示工程优化

在本项目中，我们针对每个大模型应用都采取了精细化的微调方法和策略。举例来说，对于个性化投资策略引擎，我们根据其为用户提供定制化投资建议的需求，微调时重点强化了模型对用户个人财务状况、风险偏好的理解，并加入了更多市场动态数据，使其能够结合用户个人情况和市场环境，生成更为精准的投资建议。

对于市场洞察与资讯整合应用，我们则注重于提高模型对市场新闻和行业动态的敏感度，通过微调让模型能够更有效地从大量信息中筛选出有价值的信息，并形成高质量的市场分析报告。

在风险预警与管理系统中，微调的重点是让模型能够更快速地识别投资组合中的潜在风险，我们引入了更多的风险案例和历史数据，帮助模型学习和提升风险预测的准确性。

在提示工程方面，我们也针对不同的输出场景进行了精细设计。例如，在客户交互智能助手中，为了保证回复的友好性和专业性，我们设计了一系列温暖的、具有引导性的提示词，如"您好，请问您有什么需要帮助的吗"等，以提升用户体验。

对于动态事件监控与通知应用，我们则使用简洁明了的提示词，确保关键信息能够迅速准确地传达给用户，如"注意：市场出现异常波动，请及时关注"。

在政策智能解读器中，我们采用专业的政策术语和解读角度作为提示词，引导模型进行深度解读，为用户提供有价值的投资建议。

总的来说，我们通过有针对性的微调和精细化的提示工程，不仅提升了大模型应用的性能和准确性，还确保了输出的合规性、安全性和稳定性。这些优化措施使大模型应用能够更好地服务于用户，满足不同场景下的需求，为用户带来更加智能、高效和个性化的体验。

5. 项目总结

本项目作为银行业内首个尝试构建基于大模型的"智慧大脑"基座的创新实践，取得了显著的成果并展现了巨大的价值。本项目银行业内首创基于大模型的"智慧大脑"，成果显著且价值巨大。

成果方面，我们构建了"一模型，多应用"架构，实现了数据与大模型的融合，解决了知识匮乏问题。金融知识图谱与专家知识库、大模型交互，提升了金融分析与风险评估能力。同时，我们建立了基于大模型的零售客户财富管理应用体系，提供精准个性化服务。

价值上，本项目引领行业智能化升级，为其他银行提供借鉴。它提高了服务效率和响应速度，增强了客户信任。通过深度解析客户数据，提供个性化服务，满足多样化需求。大模型还助力市场趋势预测与风险评估，保障客户资产安全。此项目推动银行业务智能化升级，为未来银行业务优化提供新思路。

综上所述，本项目不仅取得了显著的成果，还展现了巨大的行业价值和社会意义。通过推动银行业务的智能化升级，本项目为银行业的发展注入了新的活力和创新力量。

6.2　企业知识中台

6.2.1　某卷烟厂大语言模型驱动的知识中台建设背景与规划

1. 企业简介

近年来，某卷烟厂在数字化转型和智能化应用方面展现出了积极的探索精神。该厂深知在科技日新月异的今天，要想保持行业领先地位，就必须紧跟时代步伐，不断创新。因此，在智能工厂建设上，该卷烟厂走在了行业前列，不仅引入了自动化生产线，还大胆尝试了一系列大模型技术。

在数字化转型的道路上，该卷烟厂通过引进先进的生产管理系统，实现了生产流程的数字化监控与管理。这一系统能够实时收集生产数据，对生产效率和产品质量进行精准分析，从而优化生产流程，提升产能。同时，通过数据分析，还能及时发现并解决生产中的问题，确保产品质量的稳定性。

智能化应用方面，该卷烟厂同样不遗余力。它不仅在生产线上配备了智能机器人，实现了自动化包装、码垛等工序，还引入了机器视觉技术，对产品质量进行自动检测。这些智能化设备的应用，不仅提高了生产效率，还大大降低了人工成本，提升了产品质量的稳定性。

值得一提的是，该卷烟厂还积极探索大模型技术的应用。它与多家科技公司合作，将大模型技术应用于生产预测、设备维护等多个方面。通过这些技术的应用，该卷烟厂能够更准确地预测生产需求，合理安排生产计划，减少库存积压。同时，该卷烟厂利用大模型技术对设备进行故障预测，提前进行维护保养，大大降低了设备故障率，提高了生产线的稳定性。

该卷烟厂在智能工厂建设方面的积极探索，不仅提升了自身的生产效率和产品质量，也为整个行业的智能化转型提供了宝贵的经验。可以预见，在未来的新技术应用方面，该卷烟厂必将取得更加丰硕的成果，引领行业迈向更高的科技水平。该卷烟厂的成功实践，也将为其他传统制造业企业提供有益的参考和借鉴。

2. 项目背景

该卷烟厂作为行业的佼佼者，在卷烟工序生产过程中积累了大量的数据和知识，涵盖了生产、质量、工艺、设备及管理等多个领域。然而，这些数据目前散乱地存储在各类系统中，从结构化的数据库到非结构化的语音、视频、图像等，未能形成统一的管理与应用体系，缺乏一个统一、高效的整合应用平台。

该卷烟厂在长期的生产运营过程中，已建立了众多的数字化、智能化产线模型和管理模型。这些模型在提升生产效率和管理水平的同时，也产生了海量的数据。但当前，这些数据主要作为历史记录被保存，缺乏深度挖掘与有效应用。在进行数据比对或决策分析时，往往需要跨越多个系统进行复杂的关联查询，这不仅影响了工作效率，也制约了数据驱动决策的优化进程。

尽管该卷烟厂已经建立了车间级和厂级的知识库，但这些知识库仅限于简单的知识存储和初步的结构化处理，缺乏统一的知识逻辑，使用效率极低。同时，虽然卷烟厂拥有统一的大数据平台，汇集了企业各业务领域的丰富数据，但由于业务人员缺乏 IT 技术，这些数据并未能有效转化为对业务有实际帮助的知识能力。

为了解决上述问题，该卷烟厂急需一个能够整合全厂数据并将其知识化的解决方案。基于大模型的知识中台应运而生，它不仅可以将所有领域的数据资产升级为知识资产，还能实现自动化的知识生成、知识关联、知识检索和推荐。

- **自动化的知识生成**：通过大模型技术，对卷烟生产过程中的各类数据进行深度学习和分析，自动生成有价值的知识点。
- **自动化的知识关联**：利用大模型的强大关联能力，将不同领域、不同形式的数据进行智能关联，形成全面的知识图谱。
- **自动化的知识检索和推荐**：构建高效的知识检索机制，同时根据用户需求和历史行为，智能推荐相关知识，提升决策支持和业务创新的效率。

基于大模型的知识产生或获取方式，对卷烟厂来说具有深远的价值。它不仅能够从海量数据中提炼出有价值的信息，还能通过模拟人类思维，生成新的知识和见解。这种方式将极大地提升卷烟厂在市场竞争中的快速响应能力和创新能力，为企业带来持续的竞争优势。

3. 项目整体规划

（1）项目需求分析

本项目旨在构建一个基于大模型技术的知识中台，以满足该卷烟厂对知识的全面、高效管理需求。为实现这一目标，我们对该卷烟厂的实际需求进行了深入分析。

1）知识的自动整理与管理。该卷烟厂在日常运营中产生了大量数据，包括生产数据、销售数据、市场动态等。这些数据需要以结构化的方式存储和管理，以便后续分析和利用。通过大模型技术，我们可以自动整理这些数据，确保其准确性和时效性，为后续的知识抽取、融合和应用提供坚实基础。

2）知识的抽取与融合。该卷烟厂的数据来源多样，包括数据库、文档、图像、音视频等。我们需要从这些多源异构数据中抽取有价值的信息，并进行知识融合，形成全面的知识库。这将有助于企业更好地了解市场动态、优化生产流程、提升产品质量。

3）智能化学习和可解释性推理。随着市场环境的不断变化，该卷烟厂需要及时调整策略以适应新需求。通过神经符号集成的知识规则挖掘机制，我们可以实现知识的智能化学习和可解释性推理，为企业提供科学的决策支持。

4）知识检索、问答与推荐。为了提高工作效率，该卷烟厂的员工需要能够快速检索到所需知识，并获得准确的答案。通过构建知识图谱和大模型交互增强的可控问答和生成机制，我们可以实现快速的知识检索、问答和个性化推荐，提升用户体验和工作效率。

5）多模态知识建模。该卷烟厂的业务涉及多个领域，如生产、销售、市场等。每个领域都有其特定的知识表示方式，如文档、图像、音视频等。因此，我们需要建立多模态的知识建模体系，以满足企业多样化的知识需求。

6）知识智能应用与业务赋能。本项目的最终目标是开发基于多业务域的知识智能应用，确保企业知识得到有效利用，为业务创新和发展提供有力支持。这将有助于该卷烟厂在激烈的市场竞争中保持领先地位。

（2）确定项目具体目标

为确保项目的成功实施和满足该卷烟厂的实际需求，我们明确了以下具体目标：

1）加强知识中台基础设施建设。升级数据存储和处理能力，以应对大规模、多模态的数据处理需求。我们将采用高性能的存储设备和计算资源，确保数据的快速读取和高效处理。

2）引入并定制大模型技术。根据该卷烟厂的具体需求，我们将引入适合的大模型技术，并进行定制化开发。这将有助于提升知识处理的智能化水平，实现更高效的知识抽取、融合和应用。

3）开发知识抽取与融合系统。针对该卷烟厂的多源异构数据，我们将开发能够从结构化、半结构化和非结构化数据中抽取知识的系统。通过有效的知识融合算法，我们将形成一个全面、准确的知识库，为后续的应用提供有力支持。

4）构建完善的知识图谱与问答系统。通过构建完善的知识图谱，我们将能够清晰地展示实体之间的关系和属性。同时，通过开发交互式的问答系统，满足用户对于知识检索和问答的需求，提升工作效率和用户体验。

5）实现多模态知识建模体系。为支持该卷烟厂多样化的知识需求，我们将实现多模态的知识建模体系。这包括文本、图像、音频等多种模态的知识表示和应用方式，为企业提供丰富的知识资源。

6）开发与集成知识智能应用。根据该卷烟厂的实际业务场景，我们将开发一系列基于知识的智能应用。这些应用将与现有业务系统进行集成，确保企业知识得到有效利用，为业务创新和发展提供有力支持。

（3）项目核心功能

本项目的核心功能主要围绕该卷烟厂的实际需求展开，具体包括以下几个方面：

1）多源异构数据集成。我们将实现多源异构数据的集成功能，确保各类数据能够被有效整合。这包括数据库数据、文档数据、图像数据等，为后续的知识抽取和融合提供全面、准确的数据源。

2）自动化知识生成。通过大模型增强的知识图谱生产框架，我们将实现从知识抽取到知识融合的全面自动化。这将大大提高知识生产的效率和质量，为企业提供丰富的知识资源。

3）知识学习与推理。结合逻辑规则推理和图谱表示学习的方法，我们将实现神经符号集成的规则挖掘和可解释性推理功能。这将有助于企业更好地理解市场动态和业务需求，为科学决策提供有力支持。

4）大模型与知识图谱的协同增强。我们将实现大模型与知识图谱的协同增强功能，以提供可控的知识问答与生成能力。这将使得用户能够更加便捷地获取知识，提高工作效率和用户体验。

5）流程化知识建模。针对该卷烟厂的多模态知识需求，我们将实现流程化的知识建模功能。这将支持多模态知识的解析、抽取、计算和可视化，为企业提供多样化的知识表示和应用方式。

6）跨模态知识能力引擎。为满足该卷烟厂对跨模态知识的需求，我们将构建一个跨模态知识能力引擎。该引擎能够实现基于多模态知识相互转化的知识检索、知识推荐、文档问答、文档生成、知识总结、知识挖掘与共享等功能。通过这一引擎，用户可以轻松地获取和利用不同模态的知识，提高工作效率和创新力。

7）整体知识服务功能。我们将建立基于该卷烟厂整体知识服务功能，包括数据服务、知识服务、模型管理和 SDK 等。这些功能将为企业提供全面的知识服务支持，促进知识的共享和利用，推动企业智能化水平的提升。

8）多业务域、多应用对象的知识应用功能。为满足该卷烟厂不同业务域和应用对象的知识需求，我们将开发基于多业务域、多应用对象的知识应用功能。这些功能包括全局知识可视化、全域知识智能检索、全面知识智能问答、人机协同知识辅助办公以及各业务单元的知识智能推荐等，旨在为企业提供更加智能、高效的知识应用体验。

（4）确定应用模式

在本项目中，我们确定了基于大模型与知识图谱的协同应用结构来构建知识中台。这种应用模式的设计旨在充分利用大模型的智能推理能力和知识图谱的丰富实体关系，以提供更加智能、全面的知识服务。

1）协同应用结构。

- **大模型与知识图谱的结合**：我们将大模型与知识图谱紧密集成，使得两者能够相互补充和增强。大模型提供强大的自然语言处理和推理能力，而知识图谱则提供结构化的知识表示和丰富的实体关系。
- **智能推理与实体关系的融合**：通过结合大模型的智能推理能力和知识图谱的实体关系，我们可以实现更加深入的知识挖掘和推理，为用户提供更准确的答案和解决方案。

2）微服务架构。

- **灵活性与可扩展性**：采用微服务架构，我们可以将知识中台的功能模块化成多个独立的服务。这种架构使得系统更加灵活，易于扩展和维护。
- **面向内部功能模块和上层应用**：微服务架构使得知识中台能够轻松地为内部功能模块和上层应用提供服务。这种设计使得知识中台能够与其他系统无缝集成，提供高效、可靠的知识服务。

通过基于大模型与知识图谱的协同应用结构，以及微服务架构的设计，我们能够构建一个功能强大、灵活可扩展的知识中台。

（5）确定大模型应用开发框架

为确保大模型应用的高效开发和稳定运行，我们将采用以下框架进行开发：

1）基础大模型集成。我们将集成业界领先的基础大模型，利用其强大的自然语言处理能力和推理能力，为后续应用开发提供坚实基础。

2）RAG 向量数据库增强引擎的开发与集成。为提高数据处理效率，我们将开发与集成 RAG 向量数据库增强引擎。该引擎能够高效地存储和检索向量数据，为大模型应用提供快速、准确的数据支持。

3）外部插件开发与集成。为满足该卷烟厂的特定需求，我们将开发并集成一系列外部插件。这些插件将扩展大模型应用的功能，提高其适应性和灵活性。

4）微调大模型。我们将根据该卷烟厂的实际数据对基础大模型进行微调，使其更好地适应企业特定的语境和语义，提高应用的准确性和效率。

5）基于知识图谱增强的提示工程。为提升大模型应用的性能和用户友好性，我们将进行基于知识图谱增强的提示工程。通过优化提示词设计，引导大模型更加准确地理解和回应用户需求，提升用户体验。

综上所述，本项目的整体规划旨在通过构建一个功能强大、灵活可扩展的知识中台，满足该卷烟厂对知识的全面、高效管理需求。通过明确项目需求分析、具体目标、核心功能、应用模式以及大模型应用开发框架等方面，我们将确保项目的顺利实施和成功完成，为该卷烟厂带来显著的智能化水平提升和业务创新能力增强。

6.2.2　项目实施过程概述

接下来，我们简要说明本项目的整体实施过程。

1. 项目整体架构设计

根据项目的目标和该卷烟厂的实际业务需求，我们精心设计了本项目的总体架构，如图 6-5 所示。该架构清晰地分为五个主要层次：集成层、平台层、服务层、知识应用层和控制中心。每一层都承担着特定的功能，共同构成了一个高效、灵活且可扩展的知识中台系统。

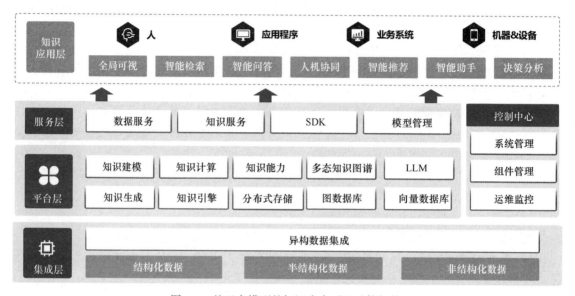

图 6-5　基于大模型的知识中台项目总体架构

1）集成层。这一层负责汇聚企业内所有异构数据。这些数据来源广泛，包括该卷烟厂已经开发应用的数据中台和工业互联网平台数据，以及工艺数据库、业务规则库等各业务域的关键数据库信息。此外，我们还纳入了业务知识图谱、图数据库以及行业政策等文本数据，以丰富知识库的内容。同时，为了更全面地反映车间的实际情况，我们接入了车间生产线的数字孪生图像、摄像头音视频数据等，确保数据的多样性和实时性。

2）平台层。平台层是整个架构的核心，它基于大模型技术，专注于知识的生成、推理、存储和能力构建。在这一层，我们利用大模型的强大推理能力，结合丰富的数据源，进行知识的自动化生成和推理。同时，我们建立了知识图谱框架，通过图谱的直观展示，进一步增强了大模型的知识映射和知识生成能力。

3）服务层。服务层则基于微服务架构，为上层应用提供标准化 API 和自定义接口开发，确保数据服务和知识服务的灵活性和可扩展性。这种架构设计使得服务层能够轻松应对不断变化的业务需求，提供高效、稳定的服务支持。

4）知识应用层。在知识应用层，我们实现了面向各业务领域的知识应用。这些应用包括知识可视化、知识检索和推荐、基于大模型技术的智能问答和人机协同、纸质智能助手以及决策分析等。这些应用旨在提高工作效率，助力企业做出更明智的决策。

5）控制中心。控制中心负责整个知识中台的系统管理、组件管理和运维监控等工作。通过控制中心，我们可以确保系统的稳定运行，及时发现并解决潜在问题，为该卷烟厂提供持续、可靠的知识服务支持。

2. 数据探索与准备

在该卷烟厂的数据准备过程中，我们需要对大模型微调数据、应用 RAG 建立向量数据库的数据以及建立外挂插件的数据进行详细分类和准备。这些数据将共同构成知识中台的基础，以支持该卷烟厂在生产管理、质量控制、市场销售等方面的决策和优化。

（1）数据准备

在该卷烟厂中，数据类型多样，涵盖了结构化、半结构化和非结构化的数据。表 6-4 所列为本项目梳理所用数据源示例。

表 6-4　本项目梳理所用数据源示例

编号	类　别	数　据　源	数　据　样　例	数 据 应 用
1	结构化数据	卷烟生产数据库	烟支长度、直径、吸阻等参数	外挂插件
2	结构化数据	原料库存数据库	烟叶、滤嘴、卷烟纸等原料库存量	外挂插件
3	结构化数据	成品库存数据库	各类卷烟产品的库存量和销售数据	外挂插件
4	结构化数据	设备维护数据库	设备维修记录、保养计划等	模型微调
5	结构化数据	质量检测数据库	卷烟质量检测报告、不合格品记录	外挂插件
⋮	⋮	⋮	⋮	⋮
31	非结构化数据	照片和图像资料	设备照片、产品图像等	RAG
32	非结构化数据	音频文件	设备运行声音、会议录音等	RAG
33	非结构化数据	政策法规文件	烟草行业政策、法规等文档	模型微调
34	非结构化数据	技术手册和操作指南	设备操作手册、技术指南等	模型微调
35	非结构化数据	电子邮件和通信记录	内部沟通邮件、会议纪要等	模型微调
36	非结构化数据	培训材料和课件	员工培训 PPT、视频教程等	模型微调
37	非结构化数据	市场调研报告	卷烟市场调研报告、分析数据	模型微调
38	非结构化数据	广告宣传资料	卷烟产品广告、宣传册等	模型微调
39	非结构化数据	新闻报道和行业动态	卷烟行业的新闻报道、市场分析	模型微调
40	非结构化数据	行业网站数据	国家政策、政府网站、国家烟草局、各大中国烟草内外部网站等	外挂插件

（2）大模型微调数据

大模型微调数据主要包括结构化数据、自然语言类数据和文本类数据。这些数据将用于训练和调整大模型，以提高其理解和生成自然语言的能力。

- **结构化数据**：如卷烟生产数据库、原料库存数据库等，这些数据提供了卷烟生产过程中的各种参数和指标，有助于大模型理解卷烟生产的业务流程和规则。通过将这些数据转化为自然语言描述，大模型可以更好地学习卷烟生产领域的专业知识。

- **自然语言类数据**：包括政策法规文件、技术手册和操作指南等。这些数据以自然语言的形式存在，直接反映了卷烟行业的专业知识和操作规范。通过微调大模型，使其能够更好地理解和运用这些专业知识，从而提高决策支持的准确性。
- **文本类数据**：如市场调研报告、广告宣传资料等，这些数据蕴含了丰富的市场信息和消费者需求。通过微调大模型，可以使其更好地分析市场趋势和消费者行为，为该卷烟厂的市场策略提供有力支持。

（3）应用 RAG 建立向量数据库的数据

应用 RAG 技术建立向量数据库，可以实现即时查询和语义匹配。这类数据主要包括各类音视频数据、文本数据、邮件、图片等非结构化数据。

- **音视频数据**：如监控视频文件、音频文件等，通过将这些数据转化为向量表示，可以实现快速的音视频内容检索和识别。这对于该卷烟厂的安全监控和质量管理具有重要意义。
- **文本数据和邮件**：包括电子邮件和通信记录、市场调研报告等文本数据，以及技术手册和操作指南等文档。通过 RAG 技术，可以将这些文本数据和邮件转化为向量，实现语义级别的搜索和匹配，提高信息查询的效率和准确性。
- **图片**：如设备照片、产品图像等，通过将这些图片转化为向量表示，可以实现基于内容的图像检索和识别。这对于该卷烟厂的设备维护和产品质量控制具有重要作用。

（4）建立外挂插件的数据

实时业务系统数据和网络公开数据可用于信息查询，通过建立外挂插件的方式，将这些数据与大模型进行融合，以提供更全面的决策支持。

- **实时业务系统数据**：如销售订单数据库、财务管理数据库等实时更新的业务数据，通过外挂插件的方式实时获取这些数据，并将其整合到大模型中，以确保决策支持的实时性和准确性。
- **网络公开数据**：包括国家政策、政府网站、国家烟草局、各大中国烟草内外部网站等公开数据。这些数据提供了宏观经济环境、政策法规以及市场动态等信息，对于该卷烟厂的战略规划和市场定位具有重要参考价值。通过外挂插件的方式获取这些数据，可以确保大模型在决策支持过程中充分考虑外部环境因素。

（5）知识图谱数据增强

在构建知识中台的过程中，我们还需要利用知识图谱技术进行数据增强。通过整合上述各类数据，构建该卷烟厂领域的知识图谱，可以揭示实体之间的关系和规律，提供更深入的洞察和决策支持。例如，我们可以构建包括原料、生产工艺、产品质量、市场需求等多个维度的知识图谱，以全面描述该卷烟厂的业务流程和市场环境。这将有助于提高大模型的推理能力和决策支持的准确性。

3. 项目功能架构设计与开发

本项目功能架构主要分为五部分：知识引擎、知识生成与推理、知识建模、知识能力和知识应用，如图 6-6 所示。

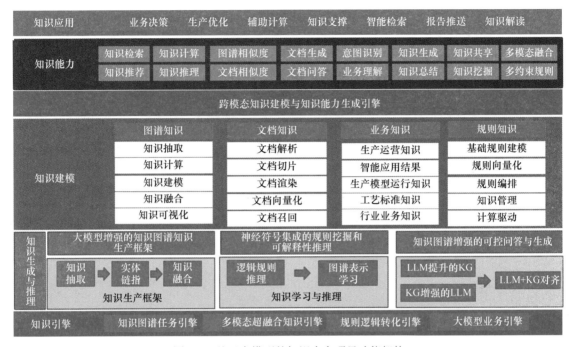

图 6-6　基于大模型的知识中台项目功能架构

（1）知识引擎

1）知识图谱任务引擎。

- **图数据库选择**：我们选择 Neo4j 或 OrientDB 等高性能图数据库作为知识图谱的存储后端，确保数据的高效存储与查询。

- **图分析算法实现**：采用图挖掘算法，如社区发现、最短路径分析等，挖掘实体之间的深层次关系，为用户提供有价值的洞察。

- **可视化构建工具**：开发一个直观易用的可视化界面，允许用户通过拖拽、连线等操作来构建和编辑知识图谱，降低使用门槛。

2）多模态超融合知识引擎。

- **音视频处理**：利用 OpenCV 等库对音视频数据进行解析，提取关键帧和语音转文本，为后续的多模态融合打下基础。

- **文本分析**：采用 NLP 技术对文本进行分词、词性标注、命名实体识别等处理，提取关键信息。

- **多模态融合**：设计一个融合算法，将音视频、文本等多维度知识进行有效整合，形成一个统一的知识表示。

3）规则逻辑转化引擎。

- **规则引擎设计**：开发一个灵活的规则引擎框架，支持业务规则的动态配置和修改。

- **业务逻辑转化**：将规则转化为可执行的业务逻辑，使得业务流程能够根据规则进行动态调整和优化。

4）大模型业务引擎。

- **模型选择**：基于 Transformer 架构，选择适合业务场景的大模型，如 GPT 或 BERT。
- **微调策略**：利用业务数据对大模型进行微调，使其更好地适应特定领域的业务需求，提高推理和生成的准确性。

（2）知识生成与推理

- **知识增强框架**：在大模型训练过程中，通过引入知识图谱中的实体和关系信息，提升模型在特定领域的知识获取和推理能力。
- **神经符号集成**：结合符号逻辑和神经网络，设计一个混合推理机制，使得模型既能够进行符号推理又能够利用神经网络的学习能力。
- **可控问答系统**：利用增强的大模型和知识图谱，实现一个可控的问答系统，能够准确回答用户的问题并提供相关的知识。

（3）知识建模

- **多模态建模**：针对不同类型的知识（如图谱知识、文档知识等），设计相应的建模方法，确保各类知识能够被有效地表示和应用。
- **自动化构建工具**：开发一个自动化构建行业知识图谱的工具，通过预设的模板和算法，自动从数据源中提取知识并构建图谱。
- **知识融合与增量更新**：设计一个高效的知识融合算法，实现不同来源知识的有效整合。同时，支持增量抽取和图谱构建，确保知识的持续更新。

（4）知识能力

- **智能化知识推荐**：基于用户的历史行为和偏好，构建一个智能化知识推荐系统，为用户推荐相关的知识和信息。
- **文档自动生成**：利用大模型和知识图谱，实现文档的自动化生成，提高工作效率。
- **跨模态知识融合**：设计一个跨模态的知识融合方法，将不同模态的知识进行有效整合，为用户提供更全面的知识支持。

（5）知识应用

- **高效知识检索**：开发一个高效的知识检索系统，支持关键词、语义等多种检索方式，确保用户能够快速找到所需的知识。
- **报告推送功能**：根据用户的需求和偏好，实现报告的自动化推送功能，帮助用户及时了解相关信息和数据。
- **知识解读与辅助计算**：提供一个知识解读功能，帮助用户理解复杂的知识和数据。同时，开发辅助计算工具，利用知识图谱和大模型进行智能决策支持。
- **决策支持系统**：结合业务数据和知识图谱，为决策者提供一个可视化的决策支持系统，提供数据驱动的决策建议，帮助决策者做出更明智的决策。

通过以上详细的功能架构设计与开发说明，我们更清晰地了解每个部分的具体实现方法和技术点。这将有助于确保项目的顺利进行并最终实现一个高效、灵活且可扩展的知识中台系统。

4. 知识图谱集成

在本项目中，我们对知识图谱的集成工作展开了深入且细致的实践。

首先，在知识引擎层，我们着手实现了数据的图谱化构建。针对结构化数据，我们利用其固有的关联性，直接映射到图谱中的节点和边。对于非结构化的音视频及文本数据，我们运用了知识图谱引擎进行深度处理。具体来说，我们对这些数据进行了分词、词性标注等基础处理，进而通过情感分析挖掘数据中的情感倾向，利用实体识别和实体消歧技术准确提取出关键信息，再通过实体关系抽取和事件抽取，将这些非结构化数据中的知识有效地提取并入库，形成了丰富且相互关联的知识图谱。

其次，在知识生成与推理层，我们借助大模型技术，建立了一个高效的知识图谱知识生产框架。在这个框架中，大模型的语言生成能力被充分发挥，它能够将业务知识进行关联和重新组织，与原有的片段化、碎片化知识进行有机融合。这样，我们不仅丰富了知识图谱的内容，还提升了其整体的结构性和可用性。

最后，我们将知识图谱作为 RAG 的外挂向量数据库，这一创新性的应用方式使得大模型在业务知识的问答控制和语言生成方面得到了显著提升。通过知识图谱的精准控制，大模型在回答业务相关问题时能够更加准确、全面，同时在语言生成方面也更加流畅、自然。这一集成结果的实现，给大模型知识中台的应用提供了较大的助力。

5. 大模型集成与微调

在本项目中，大模型的集成与微调是一个分阶段、多层次的过程。考虑到该卷烟厂数据的复杂性和业务流程的关联性，我们采取了有针对性的微调策略，以确保大模型能够充分适应企业的实际需求。以下是针对三个主要阶段的详细微调策略。

（1）知识引擎层的微调策略

在知识引擎层，我们主要对企业的所有业务化知识进行模型微调。这一阶段的目的是使基础大模型具备企业的所有数据和业务逻辑能力。然而，由于该卷烟厂的数据维度较少且业务流程之间的关联关系复杂，标注数据和业务关联时难以做到完全和充分。因此，在这一阶段，大模型的主要作用更像是一个起点，需要不断地优化和人工调整才能完成复杂的业务流程理解。作为构建该卷烟厂基础模型的起点，这一阶段的大模型也为后续的业务应用部分打下坚实的基础。具体的微调方法如下：

- **数据清洗与标注**：对该卷烟厂的业务数据进行详细的清洗和标注，以确保数据的准确性和完整性。这一步骤对于后续微调至关重要。
- **模型初始化**：使用预训练模型作为基础，并根据该卷烟厂的数据特点进行初始化设置，以便更好地适应企业数据和业务逻辑。
- **部分微调**：针对该卷烟厂的具体业务流程和数据特点，对模型进行部分微调，以提高模型的适应性和准确性。

（2）知识生成与推理层的微调策略

在知识生成与推理层，我们重点关注与知识图谱加强的知识生成控制。这一阶段的微调策略旨在提高大模型生成新的、规范的工艺和业务知识的能力，并加强基于前端用户问答的知识生成的控制过程。具体的微调过程如下：

- **与知识图谱的结合**：利用知识图谱中已有的业务知识和逻辑关系，对大模型进行微调，以提高知识生成的准确性和规范性。
- **用户问答反馈机制**：通过前端用户问答系统收集用户的反馈数据，并利用这些数据进行模型微调，以优化知识生成的效果。

（3）知识应用层的微调策略

在知识应用层，我们基于不同业务应用场景进行微调。例如，在企业级智能检索和智能服务机器人等应用场景中，需要根据实际应用场景进行具体的微调。具体的微调过程如下：

- **场景定制化微调**：针对不同的业务应用场景（如智能检索、智能服务机器人等），根据实际需求对大模型进行定制化微调，以提高模型的实用性和准确性。
- **用户反馈循环**：通过收集用户对知识应用的反馈数据，不断对模型进行微调优化，以满足用户不断变化的需求。

本项目中的大模型集成与微调策略是一个分阶段、多层次的过程。通过有针对性的微调策略，我们可以使大模型更好地适应该卷烟厂的实际需求，并提高其在实际应用场景中的性能表现。

6. 知识建模与知识能力建设

本项目在实施过程中，知识建模和知识能力建设是核心环节。为了确保知识能够得到有效分类、提取、整合、标准化和跨模态融合，我们采取了以下详细的建设方法：

（1）知识建模功能建设

1）图谱类知识建模。

- **知识抽取**：利用 NLP 技术，从非结构化文本中抽取出实体、关系以及属性，形成结构化的知识表示。
- **知识计算**：通过图计算算法，分析知识图谱中实体之间的关系强度和模式，挖掘隐藏的知识和趋势。
- **知识融合**：将来自不同源的知识图谱进行整合，解决实体对齐和关系匹配的问题，形成一个更加丰富和完整的知识库。
- **知识可视化**：利用图形化界面展示知识图谱，便于用户直观理解和探索知识间的关联。

2）文档类知识建模。

- **文档解析**：将文档进行结构化处理，识别出标题、段落、列表等关键元素。
- **文档切片**：将文档分解成更小的信息单元，便于后续处理和检索。
- **文档渲染**：将解析后的文档以用户友好的方式呈现出来，提升阅读体验。
- **文档向量化**：将文档内容转换为向量表示，便于进行相似度计算和信息检索。

3）业务类和非结构化类知识建模。

- **分领域建模**：根据业务领域的特点和需求，定义特定的知识模型和表示方法。
- **分场景建模**：针对不同业务场景，设计相应的知识组织和存储结构。
- **标准化输入/输出**：确保知识模型的输入和输出符合统一的标准，便于系统间的互操作和数据交换。

（2）知识能力建设

- **知识检索**：构建高效的索引和查询机制，支持关键词、语义等多种检索方式。
- **知识推荐**：利用用户画像和协同过滤等技术，为用户提供个性化的知识推荐服务。
- **知识计算**：提供基于知识的统计、分析和预测功能，助力决策支持。
- **知识推理**：利用逻辑推理、语义理解等技术，实现知识的自动推理和问答。
- **文档生成与问答**：根据用户需求，自动生成相关文档，并支持自然语言问答功能。
- **文档提取与知识总结**：从大量文档中快速提取关键信息，生成简洁明了的知识总结。
- **知识挖掘**：运用数据挖掘技术，发现知识库中的隐藏模式和关联规则。
- **多模态知识融合**：整合文本、图像、音频等多种模态的知识，提供全方位的知识体验。

通过上述建设方法，本项目旨在构建一个全面、高效、智能的知识管理系统，满足用户对知识的多样化需求。这些能力模块可以形成标准化的微服务，被服务层调用，从而灵活地响应不同客户的知识需求。

6.2.3　项目总结

对于该卷烟厂而言，如何高效地管理和应用知识，提升生产效率，是一个亟待解决的问题。本项目通过引入基于大模型的知识中台，为该卷烟厂带来了革命性的变化，不仅创新了知识应用模式，还显著提升了知识应用的效率。

首先，大模型在该卷烟厂的应用实现了知识的自动化生成和分类。传统的知识管理方式往往依赖于人工整理和分类，耗时耗力且容易出错。而基于大模型的知识中台，能够通过自然语言处理和机器学习等技术，自动从海量数据中提取出有价值的信息并进行分类和整理。这不仅大大减轻了工作人员的负担，还提高了知识的准确性和时效性。

更重要的是，大模型的应用极大地提升了该卷烟厂的知识应用效率。以前，工作人员需要花费大量时间和精力去查找、整理和应用知识。而现在，通过大模型，他们可以轻松地获取到所需的知识，并将其应用到实际工作中。这种变化不仅提高了工作效率，还为企业带来了更多的商业机会和竞争优势。

经过两个月的跟踪测试，通过自动化知识生成和跨模态知识能力引擎，该卷烟厂员工的工作效率提升了32%，知识检索和应用的响应时间缩短了20%。通过知识学习与推理功能，企业能够更准确地把握市场动态和业务需求，科学决策能力得到显著提升，据初步估算，决策失误率降低了30%。跨模态知识能力引擎和多业务域、多应用对象的知识应用功能激发了员工的创新思维，企业工艺创新一项的研发周期缩短了30%，创新文案提报率增长了2倍。

此外，本项目还验证了大模型可以作为企业级的知识中台模式应用。在传统的企业知识管理中，各个部门之间的信息往往是孤立的，难以实现共享和交流。而通过大模型，企业可以构建一个统一的知识平台，实现知识的整合和共享。这不仅有助于提升企业的整体运营效率，还能促进企业内部的创新和协作。

综上所述，本项目通过引入基于大模型的知识中台，为该卷烟厂带来了诸多益处。它不仅创新了知识应用模式，实现了知识的自动化生成和分类，还大大提升了知识应用的效率。同时，本项目也验证了大模型在企业级知识中台中的核心价值和应用价值。展望未来，我们相信大模型将在更多领域发挥巨大的潜力，为企业的发展注入新的活力。

6.3 业务知识库

6.3.1 某薄片厂基于专有大模型与 AIGC 技术的智能质量知识创新平台

1. 企业简介

自 2004 年成立以来，某薄片厂一直秉持着高质量、高效率的生产理念，是国内烟草薄片生产领域的佼佼者。在国家相关部门的支持下，该薄片厂积极拥抱科技创新，特别是在智能化技术的应用上取得了显著成果。

作为行业内的领军企业，该薄片厂深知智能化技术对于提升生产效率、保障产品质量的重要性。因此，该薄片厂在生产工艺的数字化和智能化方面投入了大量的人力、物力和财力。通过引进先进的生产设备和系统，实现了生产流程的自动化和智能化，大大提高了生产效率，降低了生产成本。

随着大模型技术的普及，该薄片厂紧跟时代步伐，积极投身于大模型技术的应用创新建设中。该薄片厂与多家科研机构合作，共同研发出适合烟草薄片生产的大模型技术，并将其应用于实际生产中。这一创新举措不仅提高了生产效率，还进一步提升了产品的质量和性能。

该薄片厂在智能化技术和大模型技术的应用中，始终坚持自主创新，不断探索新的技术和方法。通过不断的努力和实践，该薄片厂已经成功在全行业树立了标杆应用典范，为其他企业提供了宝贵的经验和借鉴。

总之，该薄片厂在智能化技术和大模型技术的应用创新中取得了显著成果，为烟草行业的发展树立了新的标杆。相信在未来的发展中，该薄片厂将继续保持领先地位，为行业的繁荣和发展做出更大的贡献。

2. 项目背景

在薄片生产过程中，随着技术的不断进步和生产规模的扩大，每天都会产生和积累大量的专业知识。这些知识涵盖了工艺质量规范和标准、薄片生产质量评价体系、生产过程控制的经验和数据，以及工艺质量数字化管理模型的总结等。然而，这些知识往往分散在各个应用系统中，没有得到有效的整合和利用。

这种知识的分散性给薄片生产带来了诸多不便。一方面，相关人员为了获取所需的信息，需要在不同的系统中进行烦琐的查询和梳理，这不仅耗时耗力，而且影响了工作效率。另一方面，由于知识没有得到统一的管控和处理，很多有价值的信息无法得到充分利用，甚至被埋没，这无疑是对企业知识资源的巨大浪费。

为了解决这一问题，企业迫切需要构建一个工艺质量管控工具。这个工具的目标是将质量管理领域的知识进行统一管控和处理，实现知识的有效整合、复用和创新。通过这样的工具，我们可以将分散在各个应用系统中的知识集中管理，提供一个统一的查询和调用接口，从而大大提高知识的利用效率和工作人员的工作效率。

大模型技术的高速发展使得企业对解决现有知识管理问题有了新的启发。该薄片厂希望通过构建基于大模型的知识库，达到如下目的：

1）提升知识管理效率。基于大模型的知识库能够统一存储、管理和检索各类知识，从而大幅提高知识管理的效率和准确性。

2）促进知识复用与创新。通过大模型技术，企业可以更有效地复用现有知识，并在此基础上进行创新，加快新产品或服务的开发速度。

3）支持智能决策。大模型具备强大的数据处理和分析能力，能够为企业提供智能决策支持，帮助企业做出更明智的决策。

4）推动数字化转型。基于大模型的知识库是企业数字化转型的重要组成部分，有助于企业实现生产过程的数字化、智能化，提升整体竞争力。

因此，本项目的实施将对薄片生产行业的工艺质量提升和数字化转型产生深远的影响。

3. 项目目标

本项目旨在构建基于大模型的工艺质量知识创新知识库，即工艺质量创新中心，以实现对该薄片厂工艺质量领域知识的全面整合、高效管理、智能检索与精准推荐，为企业的智能应用开发提供强大的数据支持。

本项目的核心目标在于构建一个全面、高效、智能的工艺质量知识创新知识库，通过集成先进的大模型技术，实现以下具体目标：

- **统一管理**：整合薄片厂工艺质量领域的所有知识，包括静态业务知识和动态生产运行时的工艺质量知识，形成统一的知识管理体系。
- **高效生成**：利用大模型技术，自动生成和优化各类工艺规则模型、统计模型、AI 模型预测与控制模型，提升模型的准确性和实时性。
- **智能检索**：通过先进的检索算法，实现对工艺质量知识的快速检索，提供灵活的查询方式和多样的搜索结果展示形式。
- **精准推荐**：基于用户的历史行为和需求，利用大模型推荐机制，为用户提供个性化的知识推荐服务，提高知识获取的效率。

通过本项目的实施，将大幅提升企业的知识管理水平、模型生成能力和智能应用能力，为企业的可持续发展提供有力支撑。

4. 项目实施

接下来，我们简要介绍本项目的整体实施过程。

（1）项目整体架构设计

本项目以大模型为核心，构建了工艺质量知识创新中心的总体架构，如图 6-7 所示。该架构精细设计了七大模块，各模块之间协同工作，以实现从数据采集、处理到模型管理、能力开放，再到知识创新与应用的全链条功能。以下是对这一架构的深入阐述，特别聚焦于基于大模型的工艺质量知识创新中心的功能与作用。

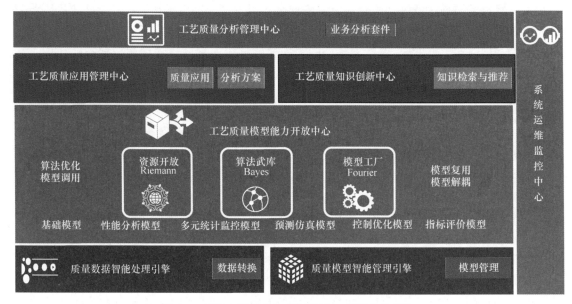

图 6-7　基于大模型的知识创新中心项目总体架构

1）质量数据智能处理引擎。质量数据智能处理引擎是整个架构的数据基石，它负责从源头确保数据的准确性、一致性和及时性。具体来说，该引擎的功能如下：

- **多源数据抽取与整合**：引擎首先对接该薄片厂的数据汇聚系统，从数据汇聚中心、MES（制造执行系统）、IoT（物联网）系统等多元数据源中抽取与工艺质量紧密相关的数据。这一过程确保了数据的全面性和多样性。
- **数据清洗与预处理**：抽取的原始数据往往包含噪声、异常值或缺失值，数据智能处理引擎利用先进的算法对数据进行清洗和预处理，以提高数据质量。
- **数据智能化分类与判异**：引擎采用机器学习算法对清洗后的数据进行智能化分类和判异。这有助于识别出数据中的异常模式和关键特征，为后续的数据分析奠定坚实基础。
- **数据标准化与自动化统计**：为了确保数据的一致性和可比性，引擎会对数据进行标准化处理，并自动进行统计分析，生成各类数据报表和可视化图表。

通过数据智能处理引擎的这一系列操作，项目能够建立起一个高质量、标准化的数据集，为后续模型的训练和知识的挖掘提供坚实的数据支撑。

2）质量模型智能管理引擎。质量模型智能管理引擎是本项目中的关键组成部分，它负责对工艺质量领域的模型进行全面的管理和控制。该引擎的核心功能如下：

- **模型版本管理**：在模型的开发和迭代过程中，版本管理至关重要。模型智能管理引擎能够跟踪并记录模型的每一个版本，确保团队成员之间使用的是最新、最准确的模型版本。
- **模型更新与优化**：随着新数据的不断涌入和业务需求的变化，模型需要定期或不定期地进行更新和优化。该引擎提供了自动化的模型更新机制，能够基于新数据和反馈自动调整模型参数，确保模型的持续有效性。
- **运行时监控与性能评估**：模型在生产环境中的表现至关重要。质量模型智能管理引擎能够实时监控模型的运行状态，包括响应时间、准确率、召回率等关键指标，确保模型在实际应用中的性能表现。

3）工艺质量模型能力开放中心。工艺质量模型能力开放中心是本项目中的创新点之一，它通过建立模型工厂、算法武库和资源开放三大组件，实现了模型能力的全面开放和共享。

- **模型工厂**：负责工艺质量领域所有模型的关联规则、拼接接口和已经完全标准化的技术模型，大大降低了模型开发和应用的门槛。
- **算法武库**：集成了工艺质量领域和上层知识创新中心所用到的所有模型工具，为开发者提供了丰富的算法选择。
- **资源开放**：则对接上层应用端，以微服务模式向应用构建模块和知识应用模块提供数据和模型服务，实现了模型能力的快速部署和广泛应用。

4）工艺质量应用管理中心。工艺质量应用管理中心是本项目架构中直接面向业务需求的关键模块。它的主要功能是根据工艺质量领域的具体需求，快速构建和部署智能化应用方案。该中心通过直接调用下层能力开放中心的各类模型，进行灵活的方案组装，从而高效地完成相关应用的建立。这种模块化的设计思路不仅提升了应用开发的效率，还使得应用能够更加贴近实际业务需求，快速响应市场变化。

在工艺质量应用管理中心，我们提供了一系列的管理工具和功能，包括应用需求收集与分析、应用方案设计、应用开发与测试、应用部署与监控等。这些功能确保了应用的质量和稳定性，同时也为业务人员提供了便捷的操作界面和强大的功能支持。

5）工艺质量知识创新中心。工艺质量知识创新中心是本项目架构中的核心部分，它代表了大模型技术落地的一种重要模式。该中心不仅致力于工艺质量领域的知识化存储，更重要的是打通了工艺质量知识的生成、应用和创新流程。通过引入大模型技术，我们实现了知识的智能生成、关联、查询和推荐，极大地推动了企业的知识创新和应用。

- **知识化存储**：工艺质量知识创新中心首先对工艺质量领域的行业规范、工艺标准、项目研究成果等进行全面的知识化存储。这些知识资源经过精心组织和分类，形成了丰富的知识库，为后续的知识应用和创新提供了坚实的基础。

- **知识生成与关联**：利用大模型技术，我们能够智能地生成新的知识，并发现不同知识之间的内在关联。这有助于我们发现新的工艺优化点、质量控制方法等，为企业的工艺改进和创新提供有力支持。

- **知识查询与推荐**：工艺质量知识创新中心提供了强大的知识查询功能，使得用户能够快速找到所需的知识资源。同时，基于用户的行为和偏好，该中心还能智能推荐相关的知识内容，提升知识的利用率和传播效率。

- **知识创新应用**：最重要的是，工艺质量知识创新中心推动了知识的创新应用。通过将大模型技术与实际业务需求相结合，我们开发出了一系列具有创新性的应用方案，如智能工艺优化、质量预测与控制等。这些应用不仅提升了企业的工艺质量和生产效率，还为企业带来了显著的经济效益和竞争优势。

6）工艺质量分析管理中心。工艺质量分析管理中心在本项目中扮演着重要的角色，它负责对所有工艺质量业务数据、模型和知识进行全面、深入的评价管理。该中心的核心目标是确保全流程知识化生成过程的准确性、完整性和高效性，从而避免知识的遗漏和错误。

- **数据、模型与知识评价**：工艺质量分析管理中心建立了一套完善的评价体系，用于对数据的质量、模型的性能和知识的准确性进行定期评估。这有助于及时发现并纠正潜在的问题，确保工艺质量管理的有效性和可靠性。

- **全流程知识化生成分析**：该中心对全流程知识化生成过程进行深入分析，包括数据的采集、处理，模型的训练、验证，以及知识的提取、应用和反馈等各个环节。通过分析这些流程，我们可以识别出潜在的瓶颈和优化点，进一步提升知识生成的效率和质量。

- **遗漏与错误预防**：工艺质量分析管理中心通过实时监控和定期审查机制，有效预防知识的遗漏和错误。一旦发现问题，该中心将立即启动纠正措施，确保工艺质量知识库的准确性和完整性。

7）系统运维监控中心。系统运维监控中心负责整个系统的稳定性、安全性的持续监控与管理。它是保障本项目各组件高效、稳定运行的关键环节。

- **系统稳定性监控**：该中心通过实时监控系统的各项性能指标，如响应时间、资源利用率、错误率等，确保系统始终处于最佳状态。一旦发现异常情况，该中心将立即发出警报并采取相应的处理措施。

- **安全性管理**：系统运维监控中心还负责系统的安全性管理。它通过建立完善的安全防护机制，包括防火墙、入侵检测、数据加密等措施，确保系统免受恶意攻击和数据泄露的风险。

- **故障预防与恢复**：该中心还具备强大的故障预防和恢复能力。通过定期的系统健康检查和备份机制，它能够在最短的时间内发现并解决潜在的问题，确保系统的持续稳定运行。

综上所述，本项目的总体架构设计以数据为基础，以模型为核心，通过七大模块的紧密协作，实现了数据的智能化处理、模型的高效管理、能力的全面开放和知识的深度创新。知识创新中心作为本项目的核心，充分展示了大模型技术在知识管理和创新方面的巨大潜力。通过深度挖掘和利用知识资源，我们为企业提供了一种全新的、智能化的工艺质量管理和创新模式，这不仅有助于提升该薄片厂的工艺质量控制水平，还将推动企业在激烈的市场竞争中保持持续的创新力和竞争力。

（2）项目数据准备

本项目的数据准备工作主要聚焦于工艺质量域，旨在整合与生产和设备紧密相关的数据。由于设备状态和生产过程对产品质量具有直接影响，数据收集工作侧重于这些核心要素。本项目数据准备示例见表 6-5，数据来源多样，既有来自企业各类结构化数据库的标准化信息，如设备参数和生产记录；也有半结构化的非标准化工艺文件，这些文件包含重要的工艺细节；还有非结构化的数据，如设备拓扑图、生产流程图和质量关系图等，它们为工艺质量分析提供了直观的参考。

表 6-5　本项目数据准备示例

编号	数 据 源	数 据 样 例	编号	数 据 源	数 据 样 例
1	数据汇聚中心—生产数据	生产订单编号、产品名称、生产数量、生产时间等	31	SCM 系统—库存管理数据	物料编号、库存数量、库存位置、库存状态等
2	MES—生产进度数据	工序名称、开始时间、结束时间、实际完成数量等	32	工艺质量文档—工艺参数数据	工序名称、参数名称、参数值范围、设定值等
3	IoT 传感器—温度数据	设备 ID、温度值、记录时间等	33	工艺质量文档—检验标准数据	检验项目、检验方法、合格标准、不合格处理等
4	IoT 传感器—湿度数据	设备 ID、湿度值、记录时间等	34	PDF 文档—产品说明书数据	产品型号、产品特性、使用说明、注意事项等
5	IoT 传感器—压力数据	设备 ID、压力值、记录时间等	35	数据汇聚中心—质量检验数据	检验单号、产品编号、检验项目、检验结果等
6	MES—设备状态数据	设备 ID、设备状态（运行、停机、维修等）、状态时间等	36	IoT 传感器—噪声数据	设备 ID、噪声值、记录时间等
7	IoT 传感器—振动数据	设备 ID、振动值、记录时间等	37	设备日志—校准记录数据	设备 ID、校准项目、校准结果、校准时间等
8	设备日志—维护记录数据	设备 ID、维护类型、维护时间、维护人员等	38	物料信息—危险品数据	物料编号、危险品类别、安全数据表（MSDS）等
9	物料信息—批次数据	物料编号、批次号、生产日期、有效期等	39	SCM 系统—供应商评价数据	供应商编号、评价指标、评价结果、评价时间等
10	SCM（供应链管理）系统—采购订单数据	采购订单编号、供应商编号、物料编号、采购数量等	40	工艺质量文档—产品配方数据	产品编号、原料配比、辅料配比、生产工艺等
⋮	⋮	⋮			

在数据准备过程中，关键步骤包括数据的收集、清洗、整合和标注。数据清洗旨在去除冗余和错误信息，确保数据质量。整合则是将来自不同系统和模式的数据统一格式，便于后续分析。人工标注和关联性分类是数据准备的重要环节，它们为标准化引擎提供了处理基础，确保数据能够准确反映工艺质量的实际情况，为项目提供有力的数据支持。

（3）项目功能架构设计

本项目的详细功能设计围绕七大模块展开，每个模块都有其特定的功能和角色，如图6-8所示。

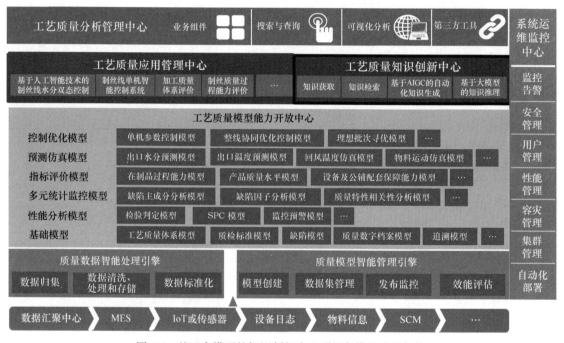

图 6-8　基于大模型的知识创新中心项目各模块功能架构

首先，质量数据智能处理引擎负责数据的全生命周期管理，包括数据归集，数据的清洗、处理和存储，以及数据标准化的制定和执行。该引擎确保了数据的准确性和一致性，为后续的分析和应用奠定了基础。

其次，质量模型智能管理引擎负责模型的整个生命周期管理。从模型的创建、数据集的管理，到模型的发布、监控以及运行效能的评估，这一模块为工艺质量模型提供了全方位的支持。

工艺质量模型能力开放中心则是模型的工厂，它存储了包括基础类、性能分析类、多元统计监控类、指标评价类、预测仿真类和控制优化类在内的六大类元模型。这些模型为上层应用提供了丰富的选项，通过组合调用可以满足各种复杂的工艺质量需求。

工艺质量应用管理中心则聚焦于实际应用场景，利用人工智能技术构建了包括制丝线水分双态控制、制丝质量过程能力评价等在内的智能应用方案。这些方案直接服务于生产过程，提升了产品质量和生产效率。

最后，工艺质量知识创新中心作为本项目的核心应用，具备知识获取、知识检索、基于AIGC 的自动化知识生成以及基于大模型的知识推理等功能。这一模块不断推动知识的创新和积累，为整个项目提供了源源不断的智力支持。

（4）智能化处理引擎设计与开发

在质量数据智能化处理引擎的设计与开发过程中，我们着重提高了数据的处理效率和精确度，以实现智能化生产管理。该引擎基于大数据汇聚中心的数据，对制丝批次和卷包工单进行数据的分类、归集和智能化处理，如图 6-9 所示。

数据归集是核心功能，我们通过高效的数据集成技术，全面、实时归集制丝批次和卷包工单数据，确保了数据的完整性和时效性，为后续智能化处理奠定坚实的基础。

在数据分类方面，我们运用机器学习技术构建数据业务化分类模型，能够自动识别和分配数据到相应的业务类别，如按烟丝规格、生产状态或质量控制参数等，从而极大地提升了数据处理的针对性和效率。

异常判定和处理是另一关键功能。引擎结合统计分析和机器学习技术，准确识别数据中的异常模式和潜在风险。检测到异常时，引擎将自动启动预设的异常处理流程，并提出最优的纠正措施，帮助我们快速响应生产过程中的质量问题。

此外，数据标准化和标注功能也至关重要。我们采用自学习模型实现数据的自动标准化，将各类数据源，无论结构化还是非结构化数据，智能识别并转换为统一格式，确保数据质量和一致性。同时，利用自然语言处理技术为数据集添加精确的标签和元数据，使数据更易于追踪和分析。

数据统计和描述功能则为管理层提供了全面深入的数据视图。通过统计分析引擎，我们能够自动执行各类统计分析任务，生成直观且信息丰富的数据报告，助力管理层洞察生产过程中的关键问题和机遇。

总之，数据智能化处理引擎的设计与开发为生产线智能化管理提供了高效、准确、智能的数据处理工具，有助于提升生产效率。

（5）质量模型智能管理引擎设计与开发

在设计、开发该薄片厂质量模型智能管理引擎时，我们着眼于实现对工艺质量所有算法模型的全面监管，因为这是知识管理的重要组成部分。我们构建了一个统一管理组件，旨在集中管控、发布和优化所有算法模型，同时引入版本管理机制，确保模型更新的连贯性和可追溯性，如图 6-10 所示。

为了实现对模型库全生命周期的监管，我们从模型的开发阶段就开始介入，一直跟踪到发布、准入及运行环节。这样的管理方式，不仅满足了该薄片厂复杂多变的生产场景对算法管控的特定要求，也大大提高了模型管理的效率和准确性。

此外，我们还特别关注模型效能的管理。通过对模型运行结果与真实数据的细致对比分析，我们能够深入挖掘模型在生产环境中的泛化性能，进而实施模型的健康管理。这一举措有助于及时发现模型性能的退化或偏移，并迅速做出调整，从而确保薄片生产过程的稳定性和产品质量。

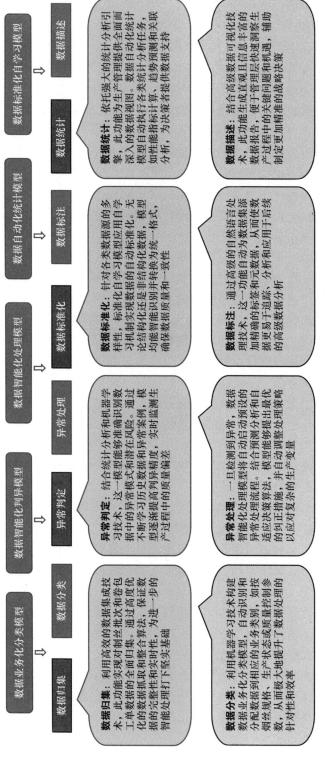

图6-9 质量数据智能化处理引擎模块功能开发

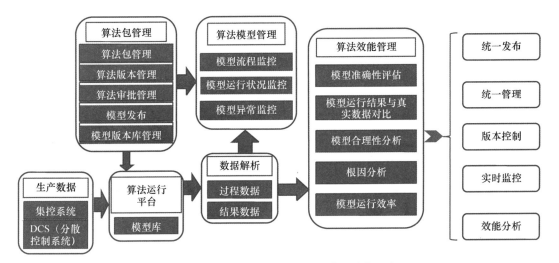

图 6-10　质量模型智能管理引擎模块功能开发

因此，质量模型智能管理引擎的设计与开发不仅提升了该薄片厂对算法模型的管理能力，也为知识创新中心的知识生成和调用提供了有力支持。

（6）工艺质量模型能力开放中心设计与开发

工艺质量模型能力开放中心的设计与开发，基于已实现的质量数据智能处理引擎和质量模型智能管理引擎，全面覆盖工艺质量知识的产生、关联、流转与更新。该中心旨在有效管理、应用和调用这些关键数据与知识。其核心功能由三大组件构成：①算法武库，负责算法存储与调用；②模型工厂，负责模型构建与优化；③资源开放，确保资源的共享与利用。这一设计确保了知识的最大化利用和管理的系统性。

1）算法武库：支持多维度多模态模型构建与业务分析的算法库。算法武库的集成与开发是工艺质量管理系统智能化升级的关键步骤。这一组件不仅提供多维度多模态的模型支持，还满足了知识创新与应用管理的多方面需求。

在集成过程中，我们对算法模型进行了细致的梳理和分类，如图 6-11 所示。针对应用分析，我们集成了水分预测、水分控制以及物料监控等模型，这些模型对生产过程中的实时监控和预测具有重要意义。同时，为了提升知识服务的智能化水平，我们运用了工艺知识整合、质量知识融合等模型，为决策提供有力支撑。

在算法选择方面，我们注重多样性与先进性。挖掘算法库涵盖了聚类、分类、关联分析以及特征选择与降维等多种算法，为数据分析与挖掘提供了丰富的工具。同时，我们引入了机器学习算法，包括监督学习、无监督学习、强化学习以及半监督学习等，以适应不同场景的需求。值得一提的是，我们采用了迁移学习算法，以提高模型的泛化能力。

除了传统算法，我们还对知识图谱算法和大模型算法给予了特别关注。知识图谱算法库支持实体链接、关系抽取等功能，为关系型知识的协同分析提供了有力支持。在大模型方面，我们结合工艺质量管理领域的实际需求，构建了基于知识库和图谱的具体场景大模型，为知识库的设计、搜索和推荐注入了新的活力。

此外，我们还规划和建立了 AIGC 智能体算法组件，以智能体为核心，通过任务引擎加速大模型在企业的实际应用。这一创新举措不仅提升了企业流程的自动化程度，还优化了用户服务，降低了工作门槛，从而极大地提升了用户体验。

挖掘算法	机器学习	知识图谱	场景大模型	领域AIGC智能体
建立常用数据分析与数据挖掘基础算法库，如聚类算法（层次聚类、DSBSCAN），分类算法（决策树、贝叶斯、逻辑回归），关联分析（Apriori算法），特征选择与降维算法（主成分分析、信息增益、卡方检验）等	建立机器学习和深度学习算法如监督学习（支持向量机、感知机、神经网络），无监督学习（主成分分析、独立成分分析、高斯混合），强化学习（Q学习、SARSA算法、DQN）半监督学习（自训练、生成式模型半监督学习），迁移学习（预训练模型迁移、领域自适应、特征选择迁移）	建立支持图谱算法库，用于关系型知识的协同分析，如实体链接、关系抽取、命名实体识别、实体消歧、图嵌入、图匹配、问题回答、推荐算法、知识图谱补全等	建立工艺质量管理领域的场景化大模型，以工艺质量知识库和知识图谱为基础，结合当前开源的LLM框架，实现质量领域、具体场景的大模型，用于未来知识库的设计、搜索和推荐	规划和建立智能任务引擎，通过智能体加速实现大模型在企业的高效落地；以智能体为核心，快速提升企业流程自动化程度，从而提高企业整体生产效率；智能体将极大提高用户体验，降低各类工作的门槛，优化用户服务

作用

用于应用分析的敏捷开发			用于知识服务的智能应用	
● 水分预测模型	● 统计监控模型	● 水分稳态控制模型	● 工艺知识整合模型	● 工艺知识推理模型
● 水分控制模型	● 水分仿真模型	● 温度稳态控制模型	● 质量知识融合模型	● 工艺知识推荐模型
● 物料监控模型	● 生产状态识别模型	● 参数优化异常预警模型	● 参数知识检索模型	● 文档知识总结模型

图 6-11　算法武库功能设计

2）模型工厂：建立知识管理域的全方位业务模型。模型工厂的集成与开发过程，旨在构建一个针对工艺质量领域的全方位业务模型体系。这一体系不仅确保知识创新中心的体系知识能够深入到模型内核，还实现了对智能应用全阶段的监控与管理，确保所获取的知识全面且完整。

在模型工厂的集成与开发中，我们重点打造了"元"模型这一概念。每一个"元"模型都是针对工艺质量域中具体应用场景的精细化构建与优化。这些模型主要来源于两个方向：一方面，我们对模型管理平台中已有的场景模型进行拆解、复用和接口转化，从而快速生成适应新需求的模型；另一方面，我们根据工艺质量领域的特殊需求，重新编排算法模型，以满足特定场景下的应用要求。

模型工厂功能设计如图 6-12 所示。

- **基础模型**：我们规划和定义了涵盖工艺质量体系、质检标准、产品工艺质量参数、工况数据、缺陷管理、不良处理、质量数字档案、质量追溯等一系列基础工艺质量管理模型。这些模型为数据的智能化处理奠定了基础，解决了工艺质量管控数据分散、难以集成应用的问题，实现了数据管理的统一化。
- **性能分析模型**：基于检验判定模型、SPC 控制模型、监控预警模型等，我们建立了在线实时质量控制方案。这些模型能够自动判定缺陷、监测控制限超标、控制趋势异

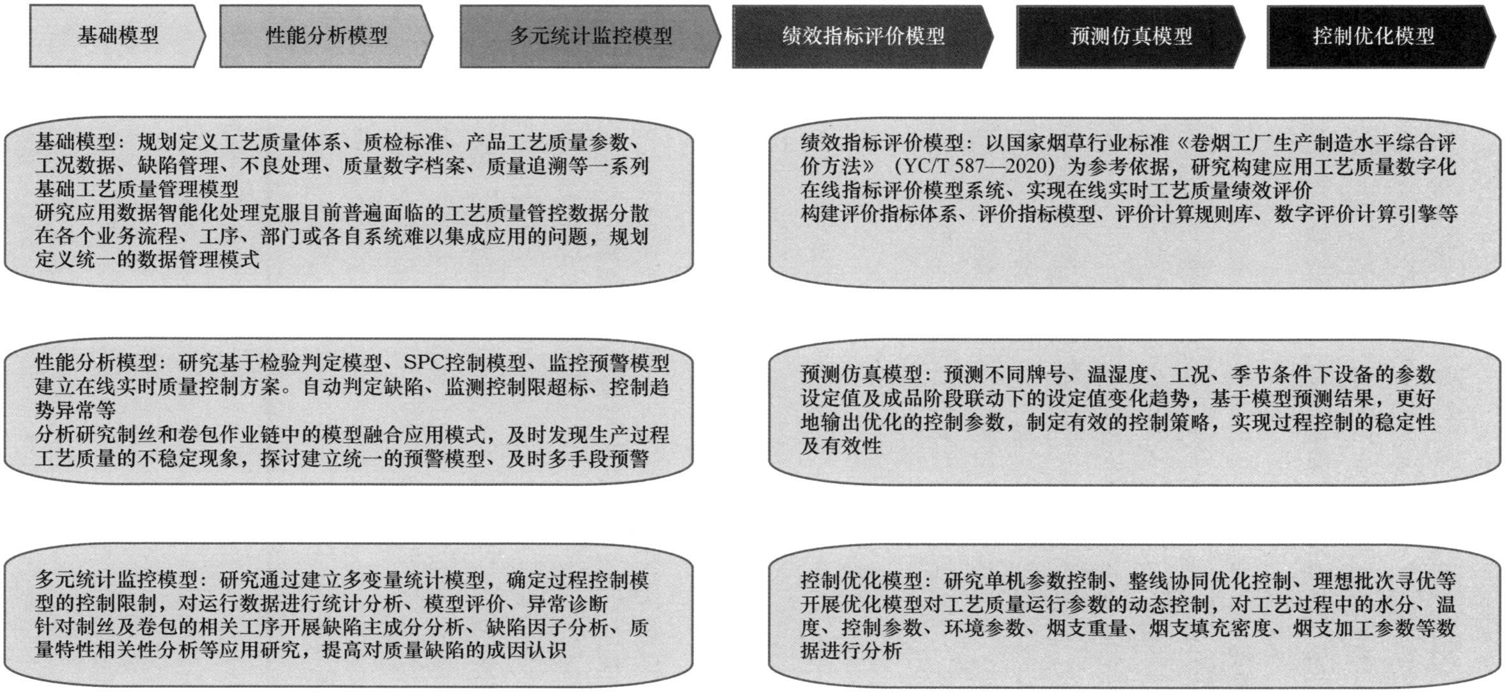
基础模型
性能分析模型
多元统计监控模型
绩效指标评价模型
预测仿真模型
控制优化模型
基础模型：规划定义工艺质量体系、质检标准、产品工艺质量参数、工况数据、缺陷管理、不良处理、质量数字档案、质量追溯等一系列基础工艺质量管理模型
研究应用数据智能化处理克服目前普遍面临的工艺质量管控数据分散在各个业务流程、工序、部门或各自系统难以集成应用的问题，规划定义统一的数据管理模式
性能分析模型：研究基于检验判定模型、SPC控制模型、监控预警模型建立在线实时质量控制方案。自动判定缺陷、监测控制限超标、控制趋势异常等
分析研究制丝和卷包作业链中的模型融合应用模式，及时发现生产过程工艺质量的不稳定现象，探讨建立统一的预警模型、及时多手段预警
多元统计监控模型：研究通过建立多变量统计模型，确定过程控制模型的控制限制，对运行数据进行统计分析、模型评价、异常诊断
针对制丝及卷包的相关工序开展缺陷主成分分析、缺陷因子分析、质量特性相关性分析等应用研究，提高对质量缺陷的成因认识
绩效指标评价模型：以国家烟草行业标准《卷烟工厂生产制造水平综合评价方法》（YC/T 587—2020）为参考依据，研究构建应用工艺质量数字化在线指标评价模型系统、实现在线实时工艺质量绩效评价
构建评价指标体系、评价指标模型、评价计算规则库、数字评价计算引擎等
预测仿真模型：预测不同牌号、温湿度、工况、季节条件下设备的参数设定值及成品阶段联动下的设定值变化趋势，基于模型预测结果，更好地输出优化的控制参数，制定有效的控制策略，实现过程控制的稳定性及有效性
控制优化模型：研究单机参数控制、整线协同优化控制、理想批次寻优等开展优化模型对工艺质量运行参数的动态控制，对工艺过程中的水分、温度、控制参数、环境参数、烟支重量、烟支填充密度、烟支加工参数等数据进行分析

图6-12　模型工厂功能设计

常等情况，并对制丝和卷包作业链中的模型融合应用模式进行深入分析，及时发现生产过程中的不稳定现象，为工艺质量的预警与控制提供有力支持。

- **多元统计监控模型**：通过建立多变量统计模型，我们确定了过程控制模型的控制限制，并对运行数据进行统计分析、模型评价以及异常诊断。针对制丝及卷包的相关工序，我们开展了缺陷主成分分析、缺陷因子分析、质量特性相关性分析等应用研究，以深入了解质量缺陷的成因。

- **绩效指标评价模型**：参考国家烟草行业标准《卷烟工厂生产制造水平综合评价方法》（YC/T 587—2020），我们研究构建了工艺质量数字化在线指标评价模型系统。该系统包括评价指标体系、评价指标模型、评价计算规则库以及数字评价计算引擎等，为在线实时工艺质量绩效评价提供了科学依据。

- **预测仿真模型**：该模型能够预测不同牌号、温湿度、工况和季节条件下设备的参数设定值及成品阶段联动下的设定值变化趋势。基于模型预测结果，我们可以输出优化的控制参数，制定有效的控制策略，确保过程控制的稳定性与有效性。

- **控制优化模型**：该模型主要关注单机参数控制、整线协同优化控制以及理想批次寻优等方面。通过对工艺质量运行参数的动态控制，实现对生产过程的精细化管理，确保产品质量的稳定性与一致性。

通过以上六类模型的集成与开发，模型工厂为工艺质量领域的智能化升级提供了强有力的支撑。接下来，我们还会继续优化和完善模型工厂的功能与性能，以满足知识创新中心的需求。

3）资源开放：建立算法及模型能力开放机制，支持应用敏捷构建。资源开放组件的设计与开发，旨在建立以算法武库和模型工厂为核心的开放机制，从而支持应用的敏捷构建。在这个过程中，模型调用、模型复用、模型解耦、资源调度、任务调度和访问控制六大功能发挥着关键作用。

- **模型调用**：模型调用功能通过标准化的接口，允许应用管理中心等外部系统直接调用算法武库和模型工厂中的算法和模型。这些接口支持多种数据格式和通信协议，确保不同系统间的无缝对接。调用过程简单直观，用户只需要指定模型名称和输入数据，即可获得模型输出结果。

- **模型复用**：模型复用功能通过模型库和模型工厂中的模型管理机制，实现模型的快速复用。在构建新应用时，用户可以搜索并选择已有的模型和算法，直接进行应用，无须重复开发。这大大提高了开发效率，降低了开发成本。

- **模型解耦**：模型解耦功能确保算法和模型之间的独立性和可替换性。每个算法和模型都被封装成独立的组件，通过标准的接口进行交互。这使得用户可以根据需要自由组合和替换算法和模型，实现应用的灵活定制。

- **资源调度**：资源调度功能负责算法和模型运行所需资源的分配和管理。通过监控系统资源的使用情况，资源调度模块能够动态调整资源的分配，确保算法和模型的高效运行。同时，它能实现资源的负载均衡，提高系统的稳定性和可靠性。

- **任务调度**：任务调度功能负责算法和模型执行任务的分配和调度。它根据任务的优先级、执行时间和资源需求等因素，制订合理的任务执行计划，确保任务能够按时完成。任务调度模块还支持任务的并发执行和分布式处理，进一步提高系统的处理能力和响应速度。

- **访问控制**：访问控制功能确保算法和模型的安全性和可控性。通过权限管理、身份认证和访问审计等手段，访问控制模块能够控制用户对算法和模型的访问权限，防止非法访问和滥用。同时，它能记录用户的访问行为，为系统安全审计提供依据。

总之，资源开放组件通过实现模型调用、模型复用、模型解耦、资源调度、任务调度和访问控制六大功能，为上层的应用管理中心和知识创新中心等组件或功能模块提供便捷、高效、安全的算法和模型调用服务，支持应用的敏捷构建。

（7）工艺质量应用管理中心设计与开发

工艺质量应用管理中心的设计与开发，其核心在于利用资源开放组件中的模型调用、模型复用、资源调度、任务调度等功能，以实现薄片工艺质量智能应用的迅速构建。

首先，利用资源开放组件的模型调用功能，我们可以直接、快速地引入已有的质量分析预测模型。以整线水分智能预测为例，我们能够通过简单的接口调用将这一模型与实时的生产线数据相连接，从而迅速得出整线水分的预测结果，为稳定性控制提供有力支持。

其次，模型复用功能则极大地提高了应用开发的效率。比如，在构建基于 AI 及大数据的薄片厂单机智能控制应用时，我们可以直接复用已有的算法和模型，这不仅避免了重复开发，还确保了模型的稳定性和效果。

再次，资源调度功能在后台默默地保障着多个应用的顺畅运行。它能够实时监控资源的使用情况，动态地为各个应用分配所需的计算和存储资源，确保每个应用都能获得最佳的运行环境。

最后，任务调度功能则扮演着"交通警察"的角色。它根据应用的优先级和系统的资源状况，智能地安排任务的执行时序，既保证了关键任务能够及时完成，又避免了资源的无谓消耗。

综上所述，通过这些先进的功能和技术细节，我们迅速搭建了多个薄片工艺质量的智能应用，如整线水分预测、单机智能控制和质量体系评价等。这不仅提升了工艺质量管理的智能化水平，还大大提高了工作效率，使得我们可以更加迅速、准确地响应各种质量管理需求。

（8）工艺质量知识创新中心设计与开发

我们构建了工艺质量知识创新中心，该中心全面整合工艺质量数据，实现全流程、全生命周期的知识管理。通过生成、检索、挖掘与推荐知识，为工艺质量优化与创新提供支撑。以下是主要实现过程。

1）基于大模型与知识图谱技术的质量管控知识库。我们成功构建了基于大模型与知识图谱技术的质量管控知识库，如图 6-13 所示。大模型作为此系统的核心，展现了其深度学习和数据处理能力的优势。

大模型对海量质量管控文档进行深度解析，快速提取关键信息和主题，实现了文档的结构化处理。它与知识图谱技术的结合进一步推动了知识的图谱化，为用户提供了一个直观、易懂的知识体系。这一创新不仅打通了多源数据，还拓展了数据的广度和深度，为用户提供了强大的数据探索与挖掘工具。

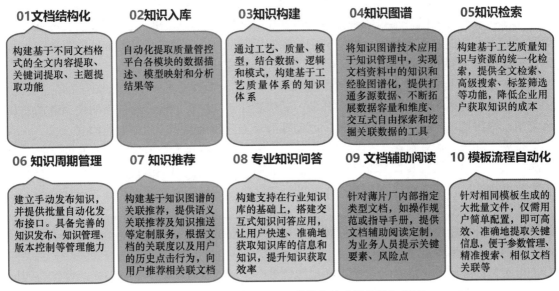

图 6-13　基于大模型与知识图谱技术的质量管控知识库

此外，大模型还助力实现了知识的全生命周期管理，从知识的发布、管理到版本控制，都体现了其高效性。更为出色的是，它能够根据用户的历史行为和文档关联度，为用户提供定制化的语义关联推荐及知识推送服务，大大提升了用户获取知识的效率和准确性。

在行业知识库的基础上，大模型还支撑了交互式知识问答应用的搭建，使用户能够迅速、精确地获取知识库的信息。对于特定类型的文档，如操作规范或指导手册，大模型也能提供辅助阅读功能，为业务人员提示关键要素和风险点。

总的来说，大模型在质量管控知识库中发挥了核心作用，其深度学习和数据处理能力使得质量管控知识得以全面整合和高效利用。这不仅提升了企业质量管理的水平，更为企业带来了实实在在的价值。通过这一创新实践，我们再次证明了技术与业务深度融合的巨大潜力。在未来的发展中，我们将继续探索和优化这一系统，为企业的质量管理提供更加全面、高效的支持。

2）基于大模型技术的工艺质量知识生成与优化。在基于知识库的知识创新中心基础上，我们通过一系列先进的技术手段，如提示工程、指令学习、思维链技术、反馈学习和插件技术，实现了知识的深度生成与优化。

首先，我们利用提示工程对大模型进行微调，使其能够更好地理解工艺质量领域的特定语境和术语。通过精心设计的提示词，我们引导大模型产生与工艺质量紧密相关的知识，提高了知识的准确性和相关性。

其次，指令学习（Instruction Learning）使我们能够教会大模型执行特定的任务。在工艺质量领域，这些任务包括分析生产过程中的质量问题、提出改进方案等。通过指令学习，大模型能够更准确地理解并执行这些任务，为工艺质量的优化提供有力支持。

此外，思维链（Chain of Thought，CoT）技术使得大模型能够模拟人类的思考过程，进行逻辑推理和问题解决。在工艺质量领域，这种能力对于分析复杂的质量问题、找出根本原因并制定解决方案至关重要。通过思维链技术，大模型能够更深入地理解问题，提出更具有针对性的解决方案。

在反馈学习（Human Feedback）方面，我们引入了人类专家的意见，对大模型的输出结果进行评估和优化。通过不断收集和分析人类反馈，我们不断调整大模型的参数和策略，使其更加符合工艺质量领域的实际需求。

最后，插件（LangChain）技术使我们能够为大模型提供额外的功能和扩展性。我们开发了一系列与工艺质量相关的插件，如质量检测插件、数据分析插件等，这些插件能够与大模型无缝集成，为工艺质量知识的生成和优化提供更为全面和强大的支持。

综上所述，我们通过提示工程、指令学习、思维链技术、反馈学习和插件技术等一系列技术手段，实现了在工艺质量领域知识创新中心的知识增强、检索增强、对话增强、有监督精调、人类反馈强化学习、智能提示、知识推理和总结。这些功能使得大模型在工艺质量领域的应用更加场景化、轻量化和类脑化，为工艺质量的优化和提升提供了有力支持。

3）基于大模型技术的工艺质量知识检索与问答。在知识创新中心，我们实现了基于大模型技术的工艺质量知识检索与问答这一功能。我们运用大模型技术成功构建了该薄片厂工艺质量知识关联网络，使用户能够轻松检索并获取相关知识。

具体做法是，我们先将工艺参数、质量检测数据、设备信息等作为图谱的节点，通过 AIGC 技术连接各节点，形成完整的知识图谱。然后，我们运用学习算法和推理机制，实现知识关联网络的自动构建与实时更新，确保其信息始终最新、准确。

此外，我们还设计了基于自然语言处理和大模型技术的问答系统，用户只需以自然语言形式提出工艺质量问题，系统便能自动转化为知识图谱查询，并迅速给出相关答案与解释。

为了提高查询准确性，我们采用 AIGC 技术对输入问题与知识图谱中的问题进行相似性匹配，从而给出更精准的答案。同时，我们能够在用户查询后，利用机器学习模型为用户推荐相关的工艺质量知识，帮助其发现更多知识点。

最后，我们整合了多源工艺质量数据，包括实时传感器数据、历史数据库和文档等，通过 AIGC 技术将数据链接到知识图谱中，实现了多源数据的整合与统一查询，极大地提升了知识检索与问答功能的实用性和便利性。

总的来说，这一功能通过大模型技术，成功实现了工艺质量知识的智能检索与问答，为用户提供了全面、准确、便捷的知识服务。

通过这一功能，我们实现了该薄片厂工艺质量领域的私域知识查询、文档内容总结，以及日常生产质量分析结果对比及展示，如图 6-14、图 6-15 所示。

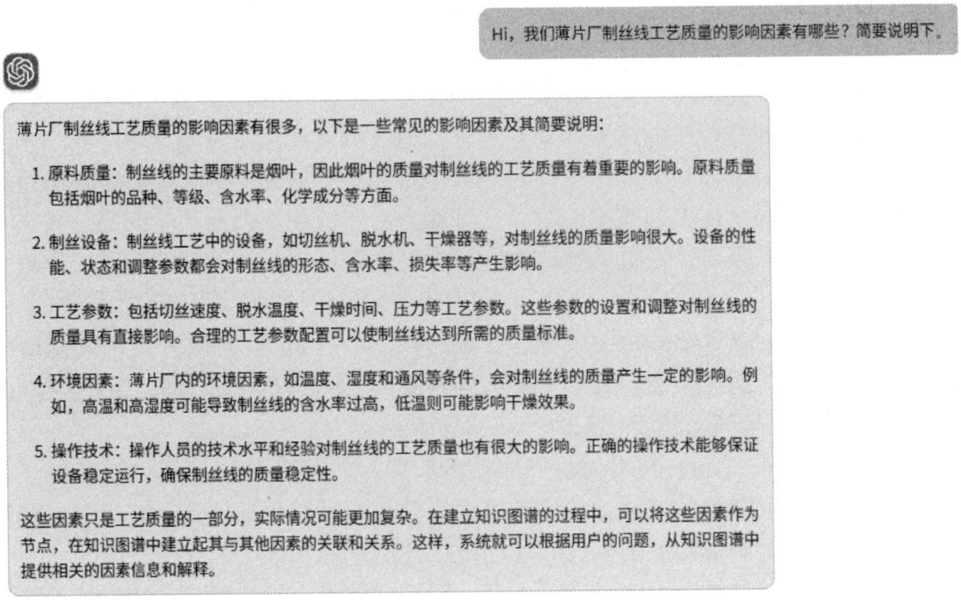

图 6-14　该薄片厂工艺质量领域的私域知识查询

A：薄片厂工艺质量专业文档总结和比对　　　　B：薄片厂日常生产结果检索和查询

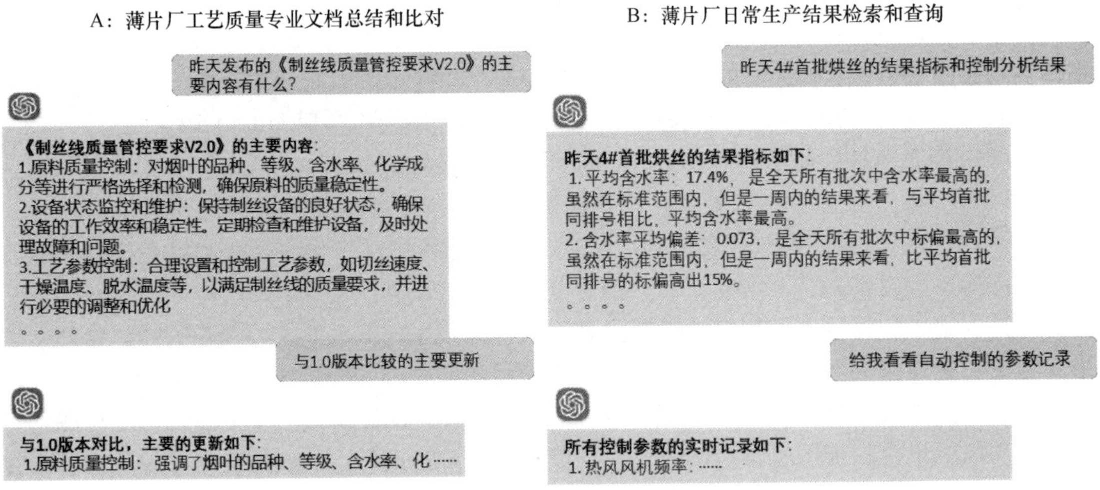

图 6-15　该薄片厂工艺质量专业文档总结和对比与日常生产结果检索和查询

5. 项目总结

该薄片厂的智能质量知识创新平台，以其独特的专有大模型与 AIGC 技术，实现了对薄片厂工艺质量领域知识的全面整合与高效管理。

大模型技术在本项目中发挥了举足轻重的作用。通过深度学习与大数据分析,大模型能够精准捕捉和提炼工艺质量知识,从而构建一个庞大而精细的知识库。这不仅提升了知识的存储效率,更在知识的细粒度分类和关联性挖掘上展现出卓越性能。经过比对,本项目共整合了 5.5 万条工艺质量相关知识条目,涵盖了 95%以上的工艺质量领域关键知识点。

在知识创新应用方面,大模型与 AIGC 技术的结合使得平台能够智能生成新的知识点,为企业提供源源不断的创新动力。平台还支持自然语言查询,知识获取效率提升了 2 倍。同时,平台的个性化知识推荐功能基于用户的历史行为和需求,利用大模型推荐机制,成功为用户提供了个性化的知识推荐服务,显著提高了知识获取的效率。用户通过推荐服务获取有效知识的比例提升了 65%,用户平均每次访问获取的知识量增加了 200%。

值得一提的是,该平台已经超越了传统企业知识库的范畴。它不仅仅是一个存储和检索工具,更是一个能够自我学习、自我优化的智能系统。通过自监督学习机制,平台能够不断修正和完善知识体系,确保知识的准确性和时效性。

总的来说,这个智能质量知识创新平台不仅提升了该薄片厂的核心竞争力,更为企业未来的知识管理与创新指明了方向。它将成为企业持续发展的强大引擎,推动薄片行业迈向更加智能化、高效化的新时代。

6.3.2　某电厂基于大语言模型的设备管理知识助手

1. 企业简介

近年来,某电厂在数字化建设和智能化应用方面取得了显著成就。该电厂充分整合工艺质量数据,采用大模型技术和 AIGC 技术,构建了一个智能质量知识创新平台。这一平台不仅为该电厂的生产管理提供了全面、准确的数据支持,还实现了知识的智能生成、检索与问答,大大提高了工作效率和决策质量。

近年来,该电厂进一步探索大模型技术在智能化应用方案构建中的应用。通过引入先进的算法和模型,该电厂成功实现了对生产过程的实时监控和预警,以及对设备状态的智能分析和预测。这些智能化应用方案不仅提高了该电厂的安全性和稳定性,还降低了运维成本,为该电厂的可持续发展提供了有力保障。

此外,该电厂还注重数字化和智能化技术的创新应用。通过引入视频智能分析系统,该电厂实现了对施工现场的全方位安全管控,有效减少了违章作业和安全隐患。同时,该电厂还积极探索大模型技术在知识创新中心的应用,通过自然语言处理、知识图谱等技术,试图实现对工艺质量知识的智能检索和问答,为该电厂的技术创新提供了有力支持。

总之,该电厂在数字化和智能化发展方面取得了显著成就,为电力行业的数字化做出了重要贡献。

2. 项目背景

在电力行业中,电力设备的管理、运维和巡检一直是电厂运营中的关键环节,该电厂在这方面亦面临着重重挑战。由于该电厂的设备种类繁多、运行条件各异，其管理复杂性不容小觑。此外，设备运维需要应对突发故障，对故障处理的迅速性和准确性有着极高要求，而传统的巡检方式效率低下，难以满足现代化电厂的管理需求。

面对这些挑战，该电厂决定寻求创新的解决方案，以科技赋能电厂的运营管理。首先，该电厂尝试建立了设备管理专家知识库，希望通过对过往经验的积累与整合，形成一套指导设备管理和运维的标准操作流程。然而，在知识库的实施过程中，一些问题逐渐显现。例如：知识库的更新速度难以跟上设备技术的快速发展，导致部分信息过时；知识库的查询和检索功能有限，难以满足复杂问题的快速解答需求。

为了克服这些问题，该电厂开始探索基于大模型技术的设备知识管理平台。通过引入大模型技术，该电厂成功构建了一个智能化的设备管理平台，该平台具备智能问答、智能检索、知识生成等功能应用。智能问答功能使得生产和管理人员能够随时随地向系统提问，并获得准确、及时的回答；智能检索功能则能够快速定位所需知识，大大提高了查询效率；知识生成功能则能够根据现有数据和信息，自动生成新的知识和经验，为该电厂的持续发展提供有力支持。

总的来说，该电厂希望通过引入大模型技术和 AIGC 能力，辅助生产和管理人员做出更科学的决策。这将极大地提升该电厂的运营效率和管理水平，为该电厂的可持续发展提供有力支持。

3. 项目目标

本项目旨在构建一个专为该电厂设备管理设计的大模型 AI 助理，以智能化手段提升设备管理的效率和精度。为实现这一目标，我们将与现有的设备知识库及历史知识数据进行深度对接，确保 AI 助手能够充分利用这些宝贵的信息资源。

我们的 AI 助理将具备多项先进功能，包括智能问答、智能检索以及知识生成等，旨在辅助设备运维人员和管理人员做出更科学的决策。通过智能问答功能，用户能够迅速获取针对设备管理问题的专业解答；智能检索功能则帮助用户高效定位到关键信息，提升工作效率；知识生成功能将根据历史数据和当前设备运行状况，自动生成有价值的见解和建议，为决策提供有力支持。

为了充分发挥这些功能，我们将全面利用设备信息、消缺记录、设备故障及缺陷分析、设备检修记录等多方面的数据。这些数据将为 AI 助理提供丰富的知识背景，使其在消缺决策建议、安全措施危险提示、设备智能检索等多个业务领域都能为员工提供直接的帮助。员工将能够方便、快捷地通过 AI 助理获取所需的知识和答案，从而提升工作效率和决策准确性。

同时，我们意识到在该电厂应用大模型技术所面临的挑战，如敏感信息安全和专业知识样本稀缺等问题。因此，我们将采取严格的安全措施，确保信息的安全性和隐私性。此外，我们还将积极寻求与专业机构的合作，共同解决专业知识样本稀缺的问题，不断丰富和完善AI 助理的知识库。

通过本项目的实施,我们期望验证大模型技术对于该电厂智能化升级的可行性及其在知识管理和智能化建议、决策支持方面的情况。我们相信,这将有助于进一步提升该电厂的运行效率和安全性,为该电厂的未来发展奠定坚实的基础。

4. 项目实施

在实施本项目时,我们将紧密围绕提高该电厂设备管理效率、实现智能化知识管理的目标,结合大语言模型和 AIGC 技术,构建一个集成性强、智能化高、灵活可扩展的设备管理知识助手,确保项目的成功落地并为客户带来实际价值。

(1)项目架构设计

本项目的技术架构如图 6-16 所示,本项目旨在构建一个集智能化、可扩展性于一体的电厂设备管理知识助手。核心采用 LangChain 框架,整合了多项先进技术,确保系统的高效运行和智能决策能力。

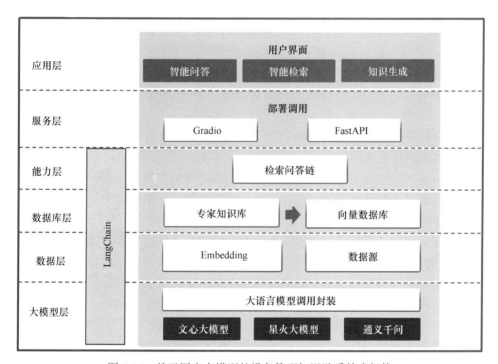

图 6-16　基于国产大模型的设备管理知识助手技术架构

大模型层通过封装 3 种国产大语言模型的 API,为用户提供了统一的模型访问方式,并支持灵活切换不同模型,以适应不同业务需求。

数据层作为整个架构的基础,包含了与设备管理相关的数据库和知识库源数据。这些数据通过 Embedding API 进行处理,转化为向量数据库可使用的格式。Embedding 技术能够将文本数据转化为高维向量,便于进行相似度计算和快速检索。

数据库层采用了 Chroma 等先进的向量数据库，利用向量相似性检索技术，实现对设备管理知识的快速查找和匹配。这一层为整个系统提供了强大的数据存储和检索能力。

能力层基于 LangChain 的检索问答链基类进行了进一步封装，不仅支持不同模型的切换，还实现了基于数据库的检索问答功能。这一层封装了系统的核心能力，为上层应用提供了稳定可靠的支持。

服务层采用了 Gradio 和 FastAPI 两种技术构建 API，为用户提供灵活的访问方式。Gradio 提供了交互式界面，方便用户进行直观的操作和体验；FastAPI 则提供了高效的 RESTful API，支持各种客户端的访问。

应用层实现了面向设备管理的知识助手应用，包括智能问答、智能检索和知识生成等功能。这些功能基于下层提供的强大能力，为该电厂设备管理提供了智能化的决策支持。

整个技术架构体现了集成性、智能化和可扩展性的特点，为该电厂设备管理的智能化升级奠定了坚实的基础。

（2）项目数据准备

在该电厂设备管理领域，数据收集是构建有效向量数据库的基础。为了支撑本项目的大模型应用，并实现向量语义检索，我们精心选择了各类相关数据。这些数据主要包括该电厂设备的运行日志、维修记录、故障报告、技术手册以及操作指南等。这些文档通常以 PDF、Markdown、HTML 等格式存在，包含了大量与该电厂设备相关的专业信息和操作经验。

数据预处理是确保数据质量的关键步骤。我们首先将收集到的多格式数据转化为纯文本格式，以便后续的向量化处理。在这一过程中，我们利用先进的 OCR（光学字符识别）技术和文本提取工具，从 PDF、图片、音视频等非结构化数据中提取出有价值的文本信息。同时，我们对数据进行了严格的清洗工作，去除了错误数据、异常数据和脏数据，确保了数据的准确性和可靠性。

完成数据预处理后，我们进一步对文本数据进行切片处理，将其划分为合适的段落或句子，以便后续的向量化操作。通过使用先进的自然语言处理技术，我们将这些文本片段转化为向量，这些向量能够捕捉到文本中的语义信息，为后续的语义检索提供基础。

在向量数据库的选择上，我们采用了 Chroma 的向量数据库。Chroma 数据库具有高效存储和快速检索向量的能力，非常适合本项目对该电厂设备管理领域数据进行高效检索的需求。我们将预处理并向量化的数据存储到 Chroma 数据库中，构建了一个支撑本项目大模型应用的向量数据库。这个数据库将为该电厂设备管理工作提供强大的数据支撑和高效的检索能力。

（3）国产大模型集成

本项目的国产大模型集成过程实施涉及文心大模型、星火大模型和通义千问的整合与封装，具体过程如下：

1）模型选择与准备。我们选择了文心大模型、星火大模型和通义千问这三个国内领先的大模型进行集成。这些模型在各自领域有着出色的表现，集成后可以提供更全面、智能的服务。

2）接口对接与调试。针对每个大模型，我们开发了专门的接口，确保能够与系统无缝对接。这一过程中，我们进行了大量的调试工作，以确保数据传输的准确性和效率。

3）模型封装。为了便于后续的开发和应用，我们对这三个大模型进行了整体封装。封装后的模型可以作为一个统一的接口对外提供服务，简化了应用开发的复杂度。

4）功能整合与优化。在封装的基础上，我们对模型的功能进行了整合和优化。通过结合各个模型的优势，我们提供了更加智能、高效的服务体验。

5）测试与验证。完成集成后，我们进行了全面的测试和验证工作。这包括功能测试、性能测试以及安全测试等，以确保集成的模型能够在各种场景下稳定运行。

通过以上步骤，我们成功地将文心大模型、星火大模型和通义千问进行了集成与封装，为项目提供了强大的智能支持。

（4）设备运维知识库集成

在设备运维知识库集成方面，本项目面临的挑战是如何将该电厂已建立但受限的设备运维知识库有效地与大模型应用相结合。考虑到安全和隐私等问题，该知识库只能以开放接口的形式作为外挂插件集成，以便在大模型应用时提供即时查询功能。实现过程大致分为以下几个步骤：

1）接口定义与对接。我们与电厂合作，定义了知识库开放接口的标准和协议，确保双方能够顺畅地进行数据交换。接着，我们开发了专门的接口对接模块，将大模型应用与知识库接口进行连接，实现数据互通。

2）数据安全性保障。在整个集成过程中，我们严格遵守数据安全和隐私保护的原则，确保不泄露任何敏感信息。我们采用了加密传输、访问控制等安全措施，确保数据在传输和存储过程中的安全性。

3）插件开发与集成。我们根据接口协议开发了外挂插件，该插件能够实时调用知识库接口，获取所需的运维知识。插件作为大模型应用的一部分，能够无缝地集成到现有的系统中，提供即时的查询服务。

4）用户权限管理。为了确保只有经过授权的用户能够访问知识库，我们实现了用户权限管理功能。通过配置用户权限，可以控制不同用户对知识库的访问权限。

（5）大模型指令微调与提示工程

在本项目中，大模型指令微调是提升模型性能的关键步骤。指令微调是指使用自然语言形式的数据对预训练后的大语言模型进行参数微调，使模型能够更好地理解和执行特定领域的指令。在该电厂设备管理领域，我们针对设备管理的实际业务需求，收集或构建了一系列指令化的实例，如"查询设备的维修记录""预测设备的剩余寿命"等，然后通过有监督的方式对大模型的参数进行微调。

优质的提示词对于大模型的能力具有重要影响。在设计提示词时，我们遵循了明确具体、简洁易懂、相关性、尊重事实等基本原则，并运用相关技巧，如抓住关键信息、使用疑问词、引入背景信息、指定回答格式等，以提高提示词的质量。在本项目中，我们首先构建了一个小型验证集，基于该验证集设计了满足基本要求、具备基本能力的提示词。通过在实际业务场景中进行测试和调整，我们逐步迭代优化提示词，使其能够更好地适应电厂设备管理的具体需求。

（6）效果验证与迭代优化

在项目实施过程中，我们高度重视效果的验证与产品的迭代优化。为了确保大模型在电厂设备管理领域的实际应用效果，我们采取了一系列措施来进行细致的验证和不断的优化。

首先，在验证迭代方面，我们进行了实际业务测试，以检验初始设计的提示词是否能够满足实际需求。通过在实际场景中运行模型，我们深入探讨了各种边界情况，并从中发现了一些 Bad Case。针对这些不足，我们专门组织团队进行了深入的分析，确定了提示词中存在的问题，如指令不明确、信息缺失或冗余等。随后，我们进行了多次迭代优化，不断调整和完善提示词，直至其达到一个相对稳定且能够基本实现预定目标的版本。

其次，在体验优化方面，我们注重用户的实际使用感受。应用上线后，我们进行了长期的用户体验跟踪，通过收集用户的反馈和记录 Bad Case，我们得以深入了解用户在使用过程中遇到的问题和不便。针对这些反馈，我们及时进行了调整和优化，不仅修复了已知的问题，还根据用户需求新增了一些功能，从而大大提升了用户的使用体验。

（7）前后端集成

在完成了提示工程及其迭代优化后，我们成功地构建了应用的核心功能，使得大模型的强大能力得以充分发挥。接下来的重要步骤是进行前后端的集成，以及设计吸引人的产品页面，确保我们的应用能够顺利上线并成为一款实用的产品。

前后端开发是软件开发中的经典环节，技术成熟且广为人知，因此我们在此不再深入技术细节，而是将焦点放在如何快速实现产品的可视化和上线。在这个过程中，我们采用了两种高效的框架：Gradio 和 Streamlit。这两个框架为个体开发者提供了极大的便利，能够快速搭建出直观且用户友好的可视化页面。

利用 Gradio 和 Streamlit，我们迅速创建了应用的 Demo（演示版）。通过简单的拖拽和配置，我们实现了页面布局的设计，并集成了之前开发的大模型功能。这两个框架的易用性和灵活性大大加速了开发进程，使得我们能够在短时间内完成产品原型的搭建。

图 6-17 所示为我们创建的一个典型的设备管理知识查询应用架构，通过集成语音识别模块，我们完成了一个设备知识查询应用的 Demo。

随后，我们对 Demo 进行了细致的测试和调优，确保前后端的顺畅交互和用户体验。最终，在团队的共同努力下，我们成功地将应用推向了线上，为用户提供了一个功能强大且操作便捷的产品。这一过程中，Gradio 和 Streamlit 框架为我们快速实现产品上线提供了有力的支持。

5. 项目总结

本项目成功构建了一个基于大模型的设备管理知识助手，该助手融合了 AIGC 与知识图谱技术，形成了一种高效、智能的知识管理工具。此工具能从多元异构的信息源中自动提取、管理并推荐知识，利用大模型技术助力业务人员迅速、精准地获取知识，进而做出明智的决策。这不仅提升了企业的经营效率，也显著增强了业务创新能力。

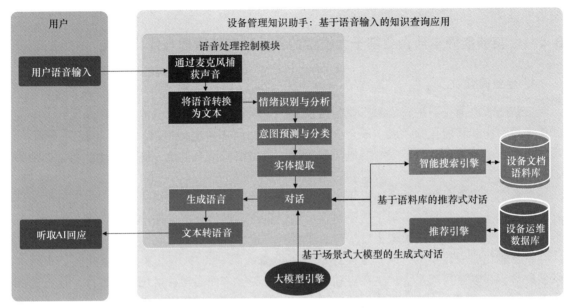

图 6-17　基于语音输入的知识查询应用架构

本项目通过一站式知识管理，有效解决了该电厂设备管理中的知识分散、异构以及整合难度大的问题。以往，员工需要投入大量时间和人力进行知识搜索，且常常因知识联想能力不足而受限。现在，通过智能搜索功能，员工能迅速找到所需信息，大大提高了工作效率。

此外，该项目还实现了电厂设备知识的自动生成。以往碎片化的知识难以快速有效地转化为具有实际业务意义的知识报告，现在这一问题得到了有效解决。同时，通过交互式的知识获取方式，员工在获取知识的过程中获得了更好的互动体验，从而提高了知识库的使用率。

本项目的优势在于其强大的集成性、高度的智能化、灵活的可扩展性以及价值的闭环交付。它能支持多种异构信息与数据的集成，内置高智能化的 AI 助手，提供问答式知识获取方式，显著提升工作效率。同时，它兼容主流的大模型与知识库产品，可根据客户需求进行集成定制。在项目实施过程中，通过引入轻咨询与技术实施相结合的方式，确保了价值的闭环交付。

本项目为客户带来的价值也是显而易见的。工作效率提升了 30%，即搜即答的功能使员工能快速识别问题中的关键信息并获取最优答案。基于 AI 技术的全自动化处理方案降低了人力与资源的投入，综合成本降低了 20% 以上。更重要的是，根据用户需求实现千人千面的推荐，优化了用户体验，使用户满意度提高了 20%~40%。这一项目的成功实施，充分验证了大模型在电力领域的应用价值。

6.4 智能体

6.4.1 某新能源电池企业基于大模型的售后供应链管理与优化系统

1. 企业简介

某新能源电池企业是新能源行业的佼佼者，长期致力于新能源电池的设计和生产，并高度重视数字化和智能化的发展。该企业自成立以来，已深耕电池领域多年，不仅自主研发、设计和生产电池，还构建了完整的电池产业链，产品覆盖动力电池、储能电池及新型电池等各类电池及零部件。

在数字化建设方面，该企业近年来投入大量资源进行数字化升级。通过引进先进的生产管理系统和数字化工具，实现了从原材料采购到生产、销售和服务的全流程数字化管理。这不仅提高了生产效率，还大幅提升了产品质量和可追溯性。

在智能化应用建设上，该企业同样取得了显著成果。2023 年以来，该企业开始探索大模型技术，在电池管理系统、生产自动化和质量控制等方面构建智能化应用方案。这些智能化系统的应用使得企业能够更精准地监测电池状态，预测维护需求，并优化生产流程，从而降低成本并提升客户满意度。

总的来说，该企业通过数字化和智能化的深度融合，正引领着新能源电池行业的发展潮流。未来，该企业将继续加大在数字化和智能化领域的投入，以期在激烈的市场竞争中保持领先地位，并为全球新能源事业的发展做出更大贡献。

2. 项目背景

我们团队于 2022 年 3 月为该企业实施过一个售后备件供应链智能优化项目。当时，我们成功解决了该企业售后备件生产计划与实际需求不匹配、备件库存设置不合理等问题。通过精准的备件需求预测，我们实现了高效的备件计划和库存管理，显著提升了需求订单满足率和库存周转率。详细的项目过程和成果可参考《AI 赋能：企业智能化应用实践》一书的第 6 章。然而，随着新能源电池行业的迅猛发展，我们面临新的挑战。

1）备件预测准确度问题。对于历史数据较少的次新件和全新件，现有的基于机器学习技术的预测模型可能难以准确预测，因为它们通常需要足够的数据来训练。简单的机器学习模型可能过于简化，无法捕捉到数据中的复杂关系，而复杂的模型又可能过拟合训练数据，导致泛化能力下降。因此，很难通过优化原有模型进行优化。

2）决策效率问题。备件种类多且需求变化快，传统的机器学习模型需要定期重新训练以适应新的数据，这将导致决策支持的延迟。而基于大模型的智能体能够实时更新模型参数，提供即时的决策支持。

3）库存优化模型的解释性。当前的库存模型虽然能给出操作建议，但缺乏足够的解释性，这影响了模型的可信度和使用效果。该企业需要一个更加透明、可解释的模型来支持库存决策。

随着大模型技术的发展，面向应用的大语言模型智能体技术给本项目带来了契机。首先，大模型能够通过学习大量的历史数据捕捉到更深层次的规律和模式，尤其对于数据稀缺的备件，其强大的学习能力有助于提升预测的准确度。同时，智能体结合大模型，能够实时监控数据变化并快速做出响应。这种自适应性使得该企业能够迅速调整库存策略，以应对突发事件或市场需求的变化。其次，大模型通常具有更强的上下文理解能力，能够捕捉到数据之间的细微差别和复杂关系。这对于库存管理来说至关重要，因为库存决策往往需要考虑多种因素，如季节性需求变化、市场趋势等。

综上所述，基于大模型的智能体在数据处理能力、泛化能力、上下文理解以及实时响应等方面具有显著优势，这些优势使得它们更适合解决该企业在售后备件供应链管理中面临的挑战。而传统的机器学习模型尽管可以通过优化来提升性能，但在某些方面仍无法达到大模型所提供的水平和灵活性。

3. 项目目标

本项目作为一期项目的延续与优化，旨在通过运用大模型技术构建基于大模型的智能体，为客户打造一套先进的售后备件供应链优化系统。我们致力于实现更为智能化的供应链需求预测、生产计划优化以及库存优化，以提升整体供应链的管理效率和响应速度。具体目标如下：

1）备件需求预测优化。利用大模型深度分析客户评论、社交媒体等海量文本数据，从中提取有关备件需求的关键信息。通过模型训练和学习，准确预测各类备件的市场需求，为生产计划和库存管理提供可靠的数据支持。

2）库存优化。结合精准的需求预测数据，使用大模型来优化库存水平，确保库存既不过多占用资金，又能满足市场需求。提高资金利用率，减少库存积压和浪费，实现库存成本的有效降低。

3）异常检测与应对。大模型能够识别供应链中的异常情况，如供应商违约、物流延误、生产计划延迟等。提供及时的异常预警和应对措施建议，帮助该企业快速应对突发状况，减少损失。

4）决策支持与优化。基于大量历史数据和模型分析，为供应链管理者提供智能决策建议，助力该企业做出更明智的决策。利用大模型的数据分析能力，发现供应链中的潜在改进点和优化空间。

5）自动化运营与智能客服。通过大模型驱动的对话系统，实现供应链各环节的自动化处理，提升工作效率。利用大模型构建供应链智能客服系统，准确理解并回应客户投诉，提供解决方案。智能客服还能回答常见问题、提供产品信息，并帮助客户浏览网站或应用程序，提升客户满意度。

综上所述，本项目旨在通过大模型技术的深入应用，全面提升该企业售后备件供应链的管理水平和运营效率。通过实现上述目标，我们将帮助客户在激烈的市场竞争中保持领先地位，并为客户创造更大的价值。

4. 智能体设计

基于项目目标及实际业务需求，我们收集了本项目需要实现的智能体应用。同时，为了方便大家理解基于大模型技术的智能体的概念和应用，我们从大模型的作用和智能体的关键组件功能（规划、记忆、工具使用和行动）等方面来设计和解释本项目的 5 个智能体。

（1）备件需求预测智能体：备件需求预测师

1）智能体的定位。备件需求预测智能体在现代供应链管理中扮演着至关重要的角色。其主要作用是通过对多元化的数据来源进行深度分析，精准预测备件的市场需求，从而为该企业提供科学、合理的生产计划和库存管理建议。这种智能体的引入，不仅能够帮助该企业降低库存成本，提高运营效率，还能确保备件供应的及时性和充足性，进而提升客户满意度。

2）大模型在智能体中的作用。大模型作为智能体的大脑，承担着核心的数据处理和分析任务。具体来说，大模型的作用主要体现在以下几个方面：

- **深度分析文本数据**：大模型具备强大的自然语言处理能力，能够深度分析客户评论、社交媒体等海量文本数据，从中提取出与备件需求相关的关键信息。
- **特征提取与预处理**：利用大模型的技术优势，对收集到的文本数据进行高效的预处理和特征提取，为后续的数据分析和模型训练提供优质的数据集。
- **优化预测模型**：大模型通过不断学习和调整，能够优化预测模型的准确性和效率，确保备件需求预测的精准度。

3）技术实现手段。

- **规划**：利用大模型的自然语言处理能力，对海量文本数据进行高效的预处理，包括去除噪声、提取关键词等，以便后续的数据分析和模型训练。将复杂的预测任务拆分为多个子任务，如数据收集、清洗、模型训练和预测等，通过模块化的处理方式提高工作效率。引入反思与完善机制，定期对预测模型进行评估和调整，以优化其准确性和效率。
- **记忆**：短期记忆通过高效的数据库系统实现，实时存储和分析当前处理的文本数据和上下文信息，为实时预测和模型更新提供支持。长期记忆则采用分布式存储系统，保留历史预测数据和结果，以及模型训练过程中的优化参数，这些数据为模型的持续学习和改进提供了宝贵的资源。
- **工具使用**：通过调用外部 API，智能体能够实时获取社交媒体和客户评论数据，确保数据的时效性和准确性。使用 TensorFlow、PyTorch 等先进的机器学习框架进行模型训练和预测，这些框架提供了丰富的算法和优化工具，能够高效处理大规模数据集并输出准确的预测结果。
- **行动**：基于预测结果，智能体会自动触发生产计划和库存管理策略的调整建议，确保备件供应的及时性和充足性。同时，智能体还将预测结果以可视化的形式实时反馈给供应链管理者，帮助他们更好地了解市场动态和备件需求情况，从而做出更明智的决策。

备件需求预测智能体通过大模型的深度分析和学习优化能力，以及先进的机器学习框架等技术手段的支持，实现了对备件需求的精准预测和智能决策支持。这不仅提升了该企业的运营效率和客户满意度，还为供应链管理带来了前所未有的便捷和智能。

（2）库存优化智能体：库存优化分析师

1）智能体的作用。库存优化智能体在供应链管理中起着举足轻重的作用。其主要功能是结合精准的需求预测数据，对库存水平进行科学优化，以确保库存量既能够满足市场需求，又不会因过多库存而造成资金占用和浪费。这种智能体的引入，旨在提高该企业的库存周转率，降低库存成本，从而增强该企业的市场竞争力和盈利能力。

2）大模型在智能体中的作用。大模型作为库存优化智能体的决策核心，其作用主要体现在以下几个方面：

- **数据整合与分析**：大模型能够高效地整合并分析来自不同渠道的数据，包括实时销售数据、历史库存数据、市场需求预测等，为库存优化提供全面、准确的数据支持。
- **需求预测与库存策略制定**：基于大数据和先进的算法，大模型能够精准预测未来一段时间内的市场需求，并根据预测结果制定合理的库存策略，确保库存量与市场需求的动态匹配。
- **优化决策支持**：大模型通过持续学习和自我优化，能够为该企业提供更加精准的库存优化建议，帮助该企业做出更明智的库存管理决策。

3）技术实现手段。

- **规划**：将复杂的库存优化任务拆分为多个可执行的子目标，如需求预测分析、库存策略制定和调整执行等，使得整个优化流程更加清晰和高效。利用大模型的数据分析能力，深入挖掘库存数据中的潜在规律和模式，为库存策略的制定提供科学依据。
- **记忆**：短期记忆通过实时跟踪当前库存状态和需求预测数据，确保智能体能够根据实际情况进行及时调整，保持库存水平的动态平衡。长期记忆则存储历史库存数据和优化策略，为智能体提供丰富的经验参考和学习资源，以便进行策略的持续改进和优化。
- **工具使用**：借助先进的库存管理软件和数据分析工具，智能体能够高效地进行库存量计算和优化策略的制定。这些工具不仅提供了丰富的数据分析功能，还支持与其他供应链管理系统的无缝对接和数据共享。通过 API 与其他系统进行集成，实现了数据的实时更新和同步，确保了库存信息的准确性和时效性。
- **行动**：根据大模型制定的优化策略，智能体会自动或经人工确认后对库存量进行调整，以确保库存水平始终保持在最佳状态。这种调整不仅考虑了市场需求的变化，还充分考虑了该企业的资金状况和库存成本等因素。生成库存优化报告，为供应链管理者提供全面的数据分析和决策支持。这些报告不仅展示了当前的库存状况和优化成果，还提供了未来一段时间内的市场需求预测和库存策略建议，帮助该企业更好地应对市场变化和挑战。

综上，库存优化智能体通过大模型的精准预测和科学决策支持，以及先进的库存管理工具和数据分析技术的辅助，实现了对库存水平的科学优化和管理。这不仅提高了该企业的库存周转率，降低了库存成本，还增强了该企业的市场竞争力，为该企业的持续发展奠定了坚实基础。

（3）异常检测与应对智能体：系统异常检测机器人

1）智能体的定位。异常检测与应对智能体在供应链管理中扮演着监控者与应急响应者的角色。其主要功能是持续监控供应链数据，及时发现并识别异常情况，如订单量的异常波动、库存的突然减少或产品质量的突变等。一旦发现异常，智能体会立即发布预警，并提供相应的应对措施建议，以帮助该企业快速响应，减少潜在的损失和风险。

2）大模型在智能体中的作用。大模型在异常检测与应对智能体中发挥着感知和决策中心的作用。具体来说，大模型的功能主要体现在以下几个方面：

- **数据挖掘与模式识别**：大模型具备强大的数据挖掘能力，能够从海量的供应链数据中提取出有用的信息，并通过模式识别技术发现潜在的异常情况。
- **异常检测与预警**：基于机器学习和深度学习算法，大模型可以准确地检测出与正常情况不符的数据点，从而及时发出预警。
- **应对措施建议**：大模型还可以根据历史异常情况和应对策略，以及当前的异常类型，为该企业提供有效的应对措施建议。

3）技术实现手段。

- **规划**：智能体通过将持续监控供应链数据，将复杂的异常检测任务拆分为数据监控、异常识别、预警发布和应对措施制定等多个子目标。这种模块化的处理方式可以提高工作效率，确保每个环节都得到有效的执行。利用大模型的数据挖掘和模式识别能力，智能体能够发现潜在的异常情况，为后续的预警和应对措施提供准确的信息。
- **记忆**：短期记忆主要通过存储近期的供应链数据和异常检测结果，以便进行实时监控和预警。这种快速存储和检索的能力确保了智能体对当前情况的实时掌握。长期记忆则保留历史异常情况和应对策略，以便进行案例分析和经验学习。这些宝贵的历史数据为智能体提供了丰富的参考和学习资源，有助于提高其异常检测和应对的准确性。
- **工具使用**：智能体利用基于统计学、机器学习等方法的异常检测算法和外部数据源进行异常识别和分析。这些算法能够准确地从大量数据中识别出异常模式，为后续的预警和应对措施提供科学依据。通过 API 与其他供应链管理系统进行集成，智能体实现了数据的实时共享和交换，确保了信息的准确性和时效性。
- **行动**：一旦发现异常，智能体会立即发布预警，并根据历史应对策略和当前异常情况提供相应的应对措施建议。这些建议旨在帮助该企业快速响应异常情况，减少损失和风险。

在自动或经人工确认后，智能体会执行应对措施，如调整订单量、补充库存或启动质量检查等。同时，异常情况和应对策略会被记录到长期记忆中，以便后续分析和学习。这种持续学习和改进的能力使得智能体能够不断提高其异常检测和应对的准确性。

（4）决策支持与优化智能体：智能工作流助手

1）智能体的定位。决策支持与优化智能体在供应链管理中起着至关重要的作用。该智能体的主要功能是为供应链管理者提供智能决策建议和可行性分析，从而帮助他们做出更明智的选择。通过利用先进的数据分析和机器学习技术，该智能体能够评估和优化供应链流程，确保供应链的持续高效运作。

2）大模型在智能体中的作用。大模型在决策支持与优化智能体中扮演着分析核心的角色。它的作用主要体现在以下几个方面：

- **数据挖掘与预测**：大模型利用强大的数据挖掘能力，从海量的供应链数据中提取有价值的信息。同时，其预测功能可以帮助发现供应链中的潜在改进点和优化空间，为后续的决策建议提供科学依据。
- **策略生成与评估**：基于对历史决策数据和成功案例的分析，大模型能够生成多种可能的优化策略，并对这些策略进行评估。这有助于供应链管理者了解不同策略的潜在风险和收益，从而做出更合理的选择。
- **决策建议制定**：结合供应链的相关知识和规则，大模型能够为供应链管理者提供具体、可行的决策建议。这些建议旨在提高供应链的效率和响应速度，降低运营成本。

3）技术实现手段。

- **规划**：决策支持任务被拆分为数据收集与分析、策略生成与评估、决策建议制定等子目标。这种分阶段的处理方式有助于提高工作效率和准确性。利用大模型的数据挖掘和预测能力，智能体能够系统地分析供应链数据，发现潜在的改进点和优化空间。
- **记忆**：长期记忆存储了历史决策数据和成功案例，以及供应链的相关知识和规则。这些数据和信息为大模型提供了丰富的参考和学习资源，支持策略分析和优化过程的进行。
- **工具使用**：智能体利用先进的数据分析和机器学习工具进行策略评估和决策支持。这些工具不仅提供了强大的数据分析能力，还能帮助智能体从数据中学习和提取有用的特征，从而不断完善和优化其决策建议。
- **行动**：基于大模型的分析结果，智能体为供应链管理者提供数据驱动的决策建议。这些建议结合了供应链的实际情况和未来趋势，旨在帮助管理者做出更明智的决策。智能体还会定期评估和优化供应链流程，确保供应链的持续高效运作。通过不断监控和调整供应链中的关键环节，智能体能够帮助该企业提高运营效率，降低成本，从而增强市场竞争力。

综上所述，决策支持与优化智能体通过大模型的强大分析能力和先进的数据分析工具，为供应链管理者提供了科学、准确的决策支持。这不仅有助于提高供应链的效率和响应速度，还能帮助该企业在复杂多变的市场环境中保持竞争优势。

（5）自动化运营与智能客服智能体：智能资源调度员

1）智能体的定位。自动化运营与智能客服智能体在供应链和客户服务中扮演着双重角色。首先，它能自动化处理供应链中的各项任务，如订单处理、物流跟踪等，从而提高工作效率，减少人为错误，并优化整个供应链流程。其次，作为智能客服，它能准确理解客户需求，快速回应客户投诉，提供个性化的解决方案，并回答客户常见问题，进而大幅提升客户满意度。

2）大模型在智能体中的作用。大模型在自动化运营与智能客服智能体中发挥着对话理解和生成的核心作用。具体来说，大模型能够处理自然语言输入，通过深度学习和自然语言处理技术，准确理解客户的意图和需求。同时，大模型还能生成相应的回复或执行指令，使智能体能够与客户进行自然、流畅的对话，并提供精准、个性化的服务。

3）技术实现手段。

- **规划**：智能体的规划主要集中在自动化处理供应链各环节的任务以及提供智能客服支持。通过将大任务分解为更小的子任务，如订单处理、物流跟踪、客户投诉响应等，智能体能够更有效地管理复杂的供应链流程。这种模块化的设计不仅提高了工作效率，还使得智能体能够更加灵活地应对各种场景和需求。

- **记忆**：短期记忆主要存储当前处理的客户请求、订单信息等，以便进行实时响应和处理。这保证了智能体能够迅速、准确地完成当前任务。长期记忆则保留历史对话记录和客户信息，以便进行个性化服务和持续改进智能体的功能。通过对历史数据的分析和学习，智能体能够不断优化自身的性能和服务质量。

- **工具使用**：智能体利用自然语言处理和机器学习技术，实现与客户的自然对话。这些技术使得智能体能够准确理解客户需求，并提供相应的解决方案。同时，通过集成供应链管理系统，智能体实现了订单处理、物流跟踪等功能的自动化，进一步提高了工作效率和准确性。

- **行动**：在供应链方面，智能体能够自动处理各环节的任务，如接收订单、安排发货、更新库存等。这不仅提高了工作效率，还减少了人为错误和延误的可能性。作为智能客服，智能体能够准确理解并回应客户投诉，提供解决方案，并回答常见问题。通过与客户进行自然、流畅的对话，智能体有效提升了客户满意度和忠诚度。

因此，自动化运营与智能客服智能体通过大模型的强大语言处理能力和先进的机器学习技术，实现了供应链管理的自动化和客户服务的智能化。这不仅提高了该企业的工作效率和服务质量，还为客户提供了更加便捷、高效的服务体验。

5. 项目实施

（1）整体架构设计

本项目的整体架构设计以数据为核心，通过多个层次的协同工作，实现对该企业供应链智能应用的全面支持，如图 6-18 所示。

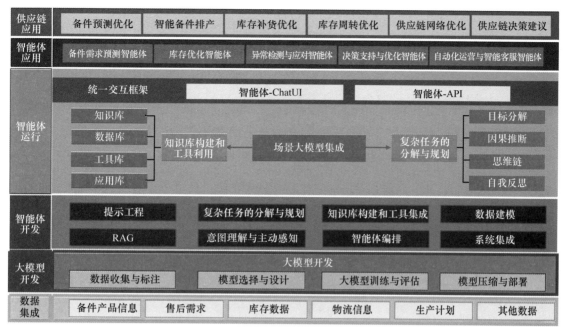

图 6-18　基于大模型的售后供应链管理与优化系统架构

首先，在数据集成层，我们整合了来自不同来源的多样化数据，如备件产品信息、售后需求、库存数据等，并进行预处理，以确保数据的准确性和可用性，为后续的智能分析提供坚实基础。

接下来是大模型开发层，我们采用国产大模型进行预训练与微调。这一过程中，我们精心进行数据收集与标注，选择和设计适合的模型，进行大模型的训练与评估，并最终进行模型压缩和部署，以确保模型性能与实际应用需求的匹配。

在智能体开发层，我们依托联想的 AI 平台，通过一系列技术手段如提示工程、RAG等，对复杂任务进行分解与规划，优化意图理解与主动感知，构建知识库并集成优化工具，最终完成智能体编排、数据建模和系统集成。

智能体运行层负责将开发完成的智能体部署到运行环境中。我们通过 RAG 技术、插件外挂等方式，按需组合部署智能体，并通过统一交互框架技术完成封装，实现与终端用户的直接交互，确保智能体的灵活性和易用性。

最后，在智能体应用层，各个智能体输出的文本、文件、指令、代码等信息，为上层的企业供应链智能应用提供有力支撑。这些应用包括备件需求预测智能体、库存优化智能体、异常检测与应对智能体、决策支持与优化智能体以及自动化运营与智能客服智能体等，从而全面提升企业供应链的智能化水平。

（2）多智能体协同机制设计

本项目中的多智能体协同机制设计是实现复杂业务应用的关键。该机制主要分为规划和执行两个核心部分，通过智能体之间的紧密协作，完成共同的目标，如图 6-19 所示。

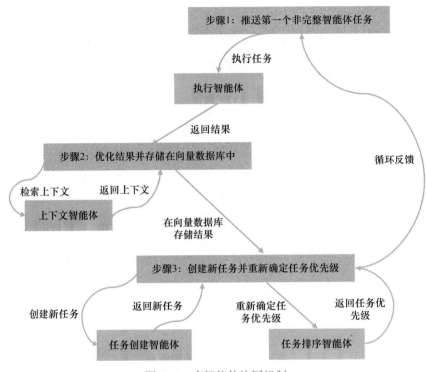

图 6-19　多智能体协同机制

1）规划。

- **任务分解**：当面临一个复杂的任务时，如"确定本年度第三季度的快速流通件库存计划"，大模型的任务分解功能会将其拆分为更具体的子任务，如需求预测、库存补货计划制订和生产计划生成等。

- **智能体调用**：根据分解后的子任务，系统会逐一调用相应的智能体进行协同执行。例如，备件需求预测智能体负责预测第三季度的快速流通件需求，库存优化智能体则根据预测结果制订库存补货计划，而决策支持与优化智能体则参与生产计划的生成。

- **确定执行细节**：在智能体开始执行之前，规划步骤还会涉及确定具体的执行细节，如预测模型的选用、预测周期的设置，以及必要的异常检查流程等。

2）执行。

智能体自主执行：每个智能体在接收到任务后，会依据规划步骤中确定的细节自主执行任务。例如，备件需求预测智能体会生成详细的预测名单和周期，并进行异常检查。

- **信息共享与协同**：在执行过程中，智能体之间会进行必要的信息共享和协同工作，以确保任务的顺利推进。例如，库存优化智能体会根据备件需求预测智能体的预测结果来调整库存计划。

- **结果整合与反馈**：各智能体完成任务后，系统会整合各智能体的输出结果，形成最终的解决方案，并根据实际情况进行必要的反馈和调整。

通过这种多智能体协同机制设计，本项目能够高效地完成复杂的业务应用任务，提升整体运营效率和准确性。

（3）智能体软硬件环境搭建

本项目执行时的软硬件环境配置如下：

1）软件环境配置。

- **开发环境**：我们部署了大模型训练和智能体开发环境，涵盖数据收集、标注、模型选择、设计、训练、评估到模型压缩与部署的全链条工具。同时，我们还提供智能体开发功能，包括提示工程、知识检索增强、插件调用、智能体编排和评估等。
- **运行环境**：我们开发了智能体与大模型管理系统，集中管理智能体、大模型、业务系统、企业知识库和端侧 App 的调用，支持多智能体的协同工作，并且提供运营管理功能，记录智能体交互数据，持续优化智能体表现。

2）硬件环境搭建。为了支持本项目的大规模数据处理和智能体运行，我们搭建了高性能的硬件环境。

首先，我们配置了大模型 GPU 训练与推理服务器。这些服务器装备了至少两颗第四代英特尔至强处理器，主频与核数满足特定的高性能要求。内存方面，每台服务器配备了高达 24 条 64GB 的内存，工作频率不低于 4400MHz，确保数据处理的高速运转。硬盘存储采用了企业级 SSD 和 NVME SSD，提供了快速可靠的数据读写能力。值得一提的是，服务器上还配置了至少 8 颗 AI 加速芯片，这些芯片拥有高额显存和出色的智能计算能力，为大模型的训练和推理提供了强有力的支持。

其次，我们部署了 CPU 管理服务器，其配置与大模型 GPU 训练与推理服务器相似，但根据管理需求对内存和存储进行了相应的调整，以更好地适应管理任务的特点。

同时，为了保障智能体的流畅运行，我们特别设置了智能体运行服务器。这些服务器同样采用了至少两颗第四代英特尔至强处理器，并配备了 8 条 32GB 的高频内存。此外，每台服务器上还安装了两块高性能 GPU 加速卡，为智能体的图形处理和计算提供了强大的动力。

在数据存储方面，我们引入了分布式存储系统。该系统采用全对称分布式架构，能够支持大规模的数据横向扩展。同时，它还支持多种访问协议，具有高空间利用率和数据重构能力，确保了数据的安全性和可用性。

最后，在网络通信层面，我们建设了配备 RDMA 功能的 800G NDR InfiniBand 网络。该网络不仅速度快，而且配备了冗余电源和冗余风扇等硬件配置，确保了网络的高可用性和稳定性，为本项目的顺利运行提供了坚实的网络通信基础。

综上所述，本项目的软硬件环境配置旨在支持高效的大模型训练和智能体开发，以及智能体的稳定运行和协同工作。这些配置能够满足项目在数据处理、模型训练、智能体运行和管理等方面的需求。

（4）大模型集成与微调

为了确保项目的安全性和未来的可扩展性，我们在基础大模型部分对国内主流的六款大模型进行了集成测试，这些模型包括讯飞星火、百度文心一言、商汤商量、智谱 ChatGLM、360 智脑以及阿里云通义千问。为了全面评估这些模型的性能，我们特别设计了一套与本项目关联的供应链数据量表。该量表从供应链通识能力、通识规划能力、问题分解能力和工具使用能力四个维度出发，对每一款大模型进行了细致的评分，评分结果可参见图 6-20。

在综合分析了各模型的得分情况后，我们决定选择得分较高的讯飞星火和百度文心一言进行进一步的集成和优化工作。优化的重点将放在提升该企业售后供应链的分析能力、问题分解能力以及工具使用能力上，以期在未来的应用中实现更为出色的性能表现。

在项目实施过程中，经过售后供应链量表综合指数测试后，我们进行了大模型的集成和微调。这一过程涉及大模型的选择与设计、企业内外相关数据的收集与标注、大模型的训练及评估，以及模型的压缩与部署等多个环节。

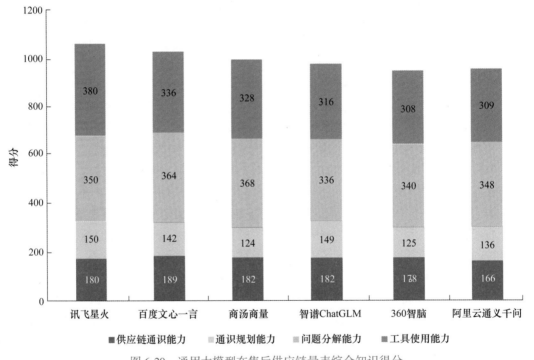

图 6-20　通用大模型在售后供应链量表综合知识得分

1）大模型的选择与设计。在选择大模型时，我们充分考虑了项目的具体需求、目标和通用大模型在售后供应链量表综合知识得分结果。基于项目的复杂性和数据的特性，我们选择了具有强大表征学习能力和泛化能力的阿里云通义千问作为基础。同时，为了更好地适应本项目的特定场景，我们对模型进行了定制化的设计。

在设计过程中，我们着重考虑了模型的输入输出格式、网络结构、参数设置等方面。通过精心设计，我们构建了一个既能够充分利用现有数据资源，又能够满足项目实际需求的大模型。

2）企业内外相关数据收集与标注。数据是训练大模型的基础。为了构建高效、准确的大模型，我们首先从企业内部和外部广泛收集了相关数据。这些数据包括备件产品信息、库存情况、物流信息，以及一期项目中所涉及的各类备件需求量预测、备件生产计划、备件库存优化技术的相关数据。此外，我们还纳入了客服系统中的客户需求和投诉信息等，以更全面地反映企业的实际运营状况。

在数据收集的基础上，我们进行了精细化的数据标注工作。数据标注是将原始数据转化为机器学习算法可以理解的格式的重要步骤。我们组织专业的标注团队，对收集到的数据进行分类、整理，并为其打上准确的标签，以便模型能够从中学习到有用的信息。

3）大模型的训练及评估。在模型训练阶段，我们采用了高性能的计算资源，并使用了大量的训练数据。通过不断地迭代和优化，模型逐渐学习到了从数据中提取有用信息的能力。在训练过程中，我们特别关注了学习率、批量大小等超参数的调整，以确保模型能够以最佳状态学习和收敛。

为了评估模型的性能，我们使用了独立的验证数据集进行测试。通过对比模型在验证集上的表现，我们可以及时调整训练策略，进一步优化模型的性能。同时，我们还采用了多种评估指标，如准确率、召回率等，以全面衡量模型的性能。

4）模型的压缩与部署。在完成模型的训练和评估后，我们进行了模型的压缩工作。模型压缩旨在减小模型的体积和计算复杂度，以便将其部署到实际应用场景中。我们采用了量化、剪枝等技术手段，有效地降低了模型的存储和计算需求。

在模型部署阶段，我们充分考虑了实际应用场景的需求和特点。通过选择合适的部署平台和工具，我们将压缩后的模型成功地部署到了实际应用中。现在，该模型已经能够在实际环境中稳定运行，并为该企业提供了有价值的预测和决策支持。

综上所述，大模型的集成与微调是一个复杂而细致的过程。通过严谨的数据收集与标注、精心的模型选择与设计、科学的训练及评估，以及高效的模型压缩与部署，我们构建了一个适应本项目需求的大模型。该模型在实际应用中表现出了良好的性能。

（5）智能体开发

本项目的智能体开发应用了联想自主研发的低代码智能体开发平台。联想 AI Force 低代码智能体开发平台融合了低代码与生成式 AI 技术，专为企业打造了一个面向多云、多设备及多端的一体化开发环境，如图 6-21 所示。该平台利用低代码技术，建立了一个直观易用的应用开发框架，使企业开发者在无须深入编程知识的情况下，通过简单的拖拽与配置，便能迅速构建出功能全面、界面精美的应用。值得一提的是，AI Force 还整合了生成式 AI 功能，它能根据企业的具体业务需求，自动生成相应的业务代码，并灵活适配多种模型和场景，从而大幅降低开发难度，缩短研发周期，并显著提升开发效率。

此外，AI Force 的低代码开发模块对复杂 UI 有全面支持，覆盖了企业多元化的业务应用场景，无论业务管理系统、企业门户网站，还是高性能数据分析应用或移动应用，该平台都能为其提供坚实的支撑。通过技术复用，联想已成功构建出具有自有 IP 的低代码交付方案，并培育了一个活跃的软件开发者生态，这不仅降低了业务创新的开发门槛，还支持在多样的自开发环境和云环境中进行部署。

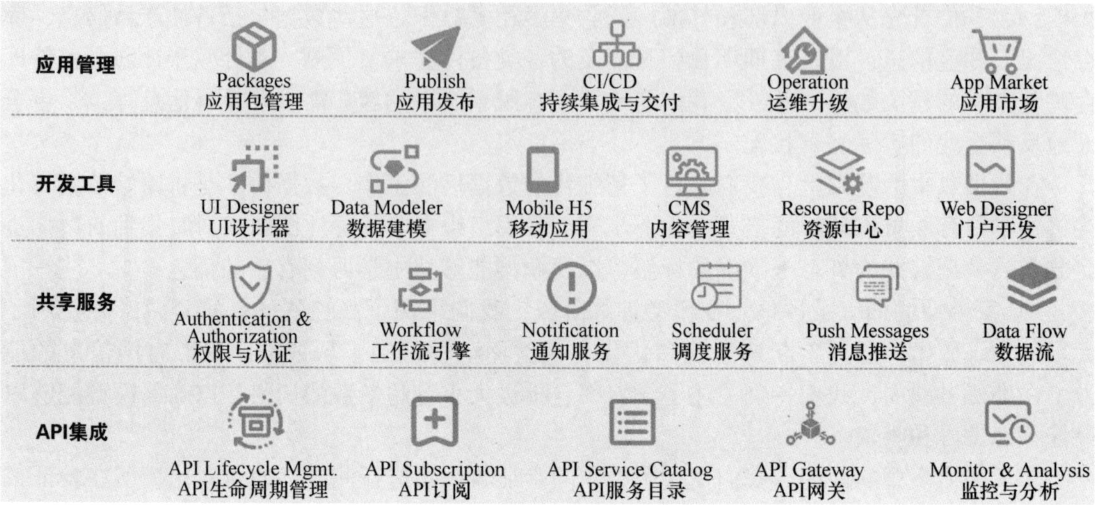

图 6-21　联想 AI Force 低代码智能体开发平台

总的来说，AI Force 通过开发工具、应用管理、共享服务和 API 集成等核心功能，为企业提供了一站式应用开发解决方案，使应用开发流程更加高效与灵活。

在 AI Force 应用开发平台的支持下，我们成功地开发了本项目的 5 个智能体。这些智能体的开发涉及了平台的多个关键功能，包括开发工具、共享服务、应用管理和 API 集成管理等。下面我们将详细阐述这些智能体的开发过程。

1）开发工具的应用。

- **UI 设计器**：在智能体的开发过程中，我们首先利用 UI 设计器构建了直观且用户友好的界面。通过拖拽和配置的方式，我们快速定制了符合各业务场景需求的前端样式。例如，在自动化运营与智能客服智能体的开发中，我们使用了 UI 设计器中的会话框、按钮等组件，通过样式设置和交互事件的定义，实现了用户与机器人的顺畅交流。

- **数据连接与数据建模**：为了支撑智能体的数据分析与决策能力，我们利用数据连接与数据建模工具，连接了多种数据源，并对数据进行了整合与建模。例如，在智能工作流助手的开发中，我们连接了 MySQL、PostgreSQL 等数据库，并通过多维数据建模和指标体系建模，构建了复杂的数据分析模型。这些模型为智能体提供了深入的数据洞察能力。

- **数据流开发工具**：数据流开发工具在智能体的开发中发挥了重要作用。我们利用该工具从多种数据源中获取数据，并进行了全周期的数据处理。通过灵活的可视化流程编排，我们实现了数据的清洗、转换、关联等操作，为智能体提供了准确、一致的数据输入。

2）共享服务的利用。

- **权限和认证服务**：为了确保智能体的安全性，我们利用了权限和认证服务。通过 ABAC、RBAC 鉴权管理，我们为智能体提供了严密的访问控制机制，确保只有经过授权的用户才能访问和操作智能体。

- **工作流引擎**：工作流引擎为智能体中的业务流程提供了强大的支持。例如，在智能工作流助手的开发中，我们利用工作流引擎实现了可视化审批流程的定义、发布和更新。这使得复杂的业务逻辑得以简洁、高效地执行。
- **调度引擎**：调度引擎为智能体的任务调度和资源分配提供了有力保障。我们利用该引擎定义了各种任务类型，并根据应用需求和系统资源状况进行了灵活的任务调度。这确保了智能体能够稳定运行并满足性能要求。
- **日志分析服务**：日志分析服务帮助我们集中收集、分析和管理智能体的日志信息。通过实时日志查询和日志报告生成功能，我们能够及时发现并解决智能体运行过程中的问题，提升系统的稳定性和安全性。

3）应用管理的实践。AI Force 应用开发平台的应用管理功能帮助我们实现了智能体的全生命周期管理。从应用包的创建、发布到持续集成与交付以及运维升级等各个环节，我们能够高效地进行管理和操作。这确保了智能体的稳定性、安全性和高效性。

4）API 集成管理的应用。在智能体的开发中，API 集成管理起到了至关重要的作用。我们利用 API 生命周期管理工具对智能体涉及的 API 进行了全面的管理，从设计、开发、测试到部署和维护都进行了严格的把控，这确保了 API 的质量和稳定性，同时提高了开发效率，减少了错误的发生。

此外，API 网关作为 API 集成的核心组件为智能体提供了安全的访问和调用机制，通过身份验证、授权等功能确保了 API 的安全性。API 监控与分析工具则帮助我们实时监控 API 的运行状态，及时发现并解决潜在的性能问题和安全隐患。

在 AI Force 应用开发平台的支持下，我们高效地开发了本项目中功能强大的智能体。这些智能体充分利用了平台的开发工具、共享服务、应用管理和 API 集成管理等功能，实现了高效、安全、稳定的运行。

（6）智能体部署与应用

我们借助 AI Force 运行平台，通过部署多个智能体，帮助该企业构建了基于智能体的企业智能应用，实现了备件预测优化、智能备件排产、库存补货优化、库存周转优化、供应链网络优化及供应链决策建议等多项功能。

1）大模型的部署。我们首先基于 AI Force 运行平台，确立了多智能体协同运行与管理的基础架构。通过设计高效的通信和信息共享机制，我们确保了各个智能体之间能够实现快速、准确的信息交换。同时，信息共享平台的实现，使得每个智能体都能实时感知到其他智能体的状态、意图和决策，从而为实现全局协同和优化提供了数据支撑。

在决策和合作策略的制定上，我们结合任务目标和实际环境，灵活运用博弈论、优化算法以及机器学习方法，指导智能体进行自主决策。这不仅提升了单个智能体的决策能力，还通过协同作用，实现了整体效益的最大化。

为了应对可能出现的冲突和异常情况，我们特别设计了冲突解决机制。通过仲裁、协商或动态学习算法，我们能够及时调整智能体的行为和策略，确保系统的稳定运行。

在任务分配和调度方面, 我们根据智能体的实际能力和任务需求, 动态地进行任务分配。借助优先级调度和资源优化算法, 我们成功地提高了任务执行效率和资源利用率。

2) 智能体的应用构建。我们基于 AI Force 运行平台, 成功部署了五个核心智能体, 构建了备件预测优化、智能备件排产、库存补货优化、库存周转优化、供应链网络优化以及供应链决策建议等多项智能应用。这些智能应用通过智能体的协同作用, 实现了企业运营的智能化、高效化和精准化。

- **备件预测优化与智能备件排产**: 备件需求预测智能体在其中扮演着关键角色。该智能体通过深度学习历史销售数据、市场需求趋势以及产品使用状况, 能够精准预测未来备件的需求量。这一预测能力为该企业制订科学的备件采购计划和生产排程提供了数据支持, 确保了备件的及时供应, 避免了库存积压或缺货现象。

与此同时, 智能备件排产应用则依托于备件需求预测智能体的输出结果, 结合该企业的生产能力和资源状况, 智能生成备件生产计划。这一应用不仅提高了生产效率, 还确保了备件生产的及时性和质量。

- **库存补货优化与库存周转优化**: 库存优化智能体是实现库存补货优化和库存周转优化的核心。该智能体通过实时监控库存水平, 结合备件需求预测智能体的预测结果, 能够动态调整库存策略, 确保库存量始终保持在最优水平。这既避免了库存过多造成的资金占用和浪费, 又确保了备件的及时供应。

在库存周转优化方面, 库存优化智能体和异常检测与应对智能体紧密协同。异常检测与应对智能体负责实时监控库存周转情况, 一旦发现异常, 如库存周转速度过慢或过快, 就会立即触发预警机制, 并通知库存优化智能体进行调整。这种动态的、实时的调整机制, 确保了库存周转的高效和稳定。

- **供应链网络优化与供应链决策建议**: 决策支持与优化智能体在供应链网络优化和供应链决策建议中发挥着重要作用。该智能体通过整合和分析多源数据, 包括市场需求、生产成本、运输费用等, 为该企业提供最优的供应链网络配置方案。这不仅降低了该企业的运营成本, 还提高了供应链的响应速度和灵活性。

同时, 决策支持与优化智能体还能为该企业提供科学的供应链决策建议。这些建议涵盖了采购、生产、销售等多个环节, 帮助该企业在复杂的市场环境中做出明智的决策, 实现利益最大化。

6. 项目总结

本项目作为一期项目的延续与优化, 取得了显著的成果。我们成功地应用了国产通用大模型, 构建了五个售后备件供应链优化的 AI 智能体, 这些智能体在需求预测、库存优化、异常检测、决策支持和自动化运营等方面发挥了重要作用。通过深度分析客户评论和社交媒体数据, 我们利用大模型技术精确预测了备件需求, 为该企业提供了可靠的数据支持, 使生产计划更加精准, 库存管理更加高效。

在实际应用中, 本项目通过大模型技术深度挖掘了客户需求和市场趋势, 实现了备件需求的精准预测。这一改进使得该企业的生产计划和库存管理更加贴合市场实际，大大提高了需求订单的满足率。数据显示，与项目实施前相比，需求预测准确率比一期提升了 9.4%，有效减少了因预测不准确而导致的库存积压和缺货现象。

同时，本项目在库存优化方面也取得了显著成效。结合精准的需求预测，我们利用大模型技术对库存水平进行了科学调整。项目实施后，库存周转率提高了 12.5%，资金占用率减少了 7.3%，有效提升了该企业的资金运作效率。

在异常检测与应对方面，大模型技术的引入使得该企业能够更快速地识别供应链中的异常情况，并及时做出应对。通过及时的异常预警和有效的应对措施，该企业减少了因突发状况造成的损失，提高了供应链的稳定性。据统计，异常应对时间缩短了 30%，有效降低了运营风险。

总的来说，本项目不仅验证了国产通用大模型在供应链优化中的巨大潜力，也为该企业的发展注入了新的活力。

6.4.2 某跑车与赛车制造企业基于智能体的大模型应用的建设

1. 企业简介

某跑车与赛车制造企业是一家具有深厚历史底蕴和技术实力的公司，近年来在数字化建设和智能化应用方面取得了显著成果。该企业不仅以其精湛的造车工艺和极致的驾驶体验闻名于世，更在智能座舱技术上展现了持续的创新力。

特别是在过去的一年里，该企业积极探索大模型技术，以此推动智能化应用的构建。随着科技的飞速发展，智能化已经成为汽车行业的重要趋势。因此，该企业不仅在车辆的机械性能上下足了功夫，更在智能化方面进行了大胆的尝试和革新。

智能座舱技术的持续升级，使得驾驶者在享受速度与激情的同时，也能体验到科技带来的便捷和舒适。该企业通过引入先进的语音识别、触控反应以及智能驾驶辅助系统，大大提升了驾驶的便捷性和安全性。

值得一提的是，该企业在探索大模型技术时，注重将其与自身的业务场景相结合，力求在提升用户体验的同时，也为企业带来新的增长点。这种前沿技术的应用，无疑为该企业在激烈的市场竞争中增添了不小的筹码。

该企业在数字化和智能化的道路上越走越远，不仅巩固了其在行业内的领先地位，也为未来的发展奠定了坚实的基础。

2. 项目背景

为了进一步提升其产品的智能化水平，该企业决定借助大模型技术来改进智能座舱的服务体验。该企业希望通过这种方式，为驾驶者带来一种全新的、前所未有的驾驶享受。这不仅仅是对技术进步的追求，更是对品质与创新的不懈坚持。

本次项目的重点集中在车管家、赛道教练、行车助手和娱乐助手四大功能模块上。通过构建基于大模型的智能体，提升智能座舱的服务体验。相较于其他传统的智能应用，基于大模型的智能体具有以下显著优势：

1）深度理解能力。大模型技术能够更深入地理解用户的语言和意图，从而为用户提供更加贴心和准确的服务。

2）高度个性化。通过大数据分析，智能体能够学习并记住用户的偏好和习惯，为用户提供个性化的驾驶体验。

3）持续学习与进化。大模型技术具有持续学习的能力，意味着智能体可以不断适应和满足用户的新需求。

企业期望打造出一个"全能、体贴、懂你"的车管家，为驾驶者提供全方位的车辆管理服务；同时，通过"专业度、科技感、游戏化"的赛道教练功能，让用户在赛道上能够更加自如、安全地驾驶；"高格调、个性化、精准度"的行车助手，则旨在为驾驶者提供更加精准的行车建议和导航服务；通过"高格调、个性化、好玩"的娱乐助手，让驾驶者在行驶过程中也能享受到丰富的娱乐内容。

综上所述，为了解决传统智能应用的局限，满足用户日益增长的需求，并进一步提升产品的智能化水平，该企业决定构建基于大模型的智能体。这一创新举措不仅将巩固该企业在行业内的领先地位，更将为用户带来前所未有的驾驶体验。

3. 项目目标

为了加速该企业品牌下车管家、赛道教练、行车助手和娱乐助手四大智能体的实际应用，本项目致力于搭建一个功能全面的智能体开发与运行平台，同时实现四大智能体的高效开发、稳定运行以及持续优化。

1）构建智能体开发平台。智能体开发平台将提供一套完整的端到端大模型训练工具链，涵盖数据收集、模型训练及调整优化等关键环节，旨在打造贴合企业实际需求的专属大模型。为简化本项目智能体的开发需求，平台将提供 LUI（语言用户界面）无代码开发模式，从而快速适应多样化的业务场景。

2）建立智能体运行平台。智能体运行平台负责智能体的发布、部署及服务工作。借助高效的 DevOps 流水线，开发完成的智能体能够迅速发布并部署到运行平台上，确保服务及时上线。为实现多系统间的无缝衔接，运行平台将支持智能体与大模型、企业应用系统、企业知识库以及端侧 App 等第三方系统的统一调用与协同工作。

3）开发四大智能体。在智能体开发平台上开发车管家、赛道教练、行车助手和娱乐助手四大智能体，并能与智能体运行平台实现一键部署。

简单来说，本项目旨在通过搭建智能体开发与运行平台，推动该企业内部智能体的快速落地和持续优化，从而提升用户体验，增强企业竞争力，并为企业数字化转型注入新的活力。

4. 项目实施

（1）项目整体架构设计

该企业为推动车管家、赛道教练、行车助手和娱乐助手四大智能体的实际应用，围绕大模型技术构建了一个统一的智能体开发与运行平台。该平台涵盖了智能体的全生命周期管理，从开发到运行，再到后续的运营与优化，形成了一个完整的技术闭环。基于国产大模型的智能体架构如图 6-22 所示。

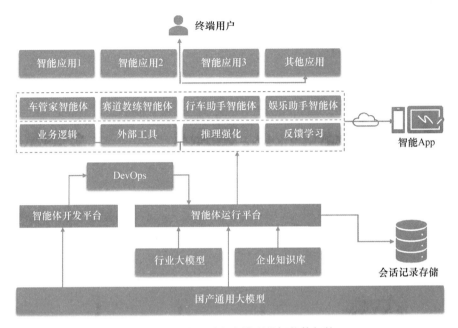

图 6-22　基于国产大模型的智能体架构

在开发环节，智能体开发平台提供了全面的大模型训练工具链。通过整合行业与企业内部的数据资源，对通用大模型进行细致的微调与优化，以打造出符合企业特定需求的专属大模型。这一专属模型不仅承载了企业的核心知识和业务逻辑，也为后续智能体的开发奠定了坚实基础。

开发完成后，智能体将通过高效的 DevOps 流水线快速发布到智能体运行平台上，以向最终用户提供服务。运行平台不仅为智能体提供了稳定的运行环境，还实现了智能体与大模型、企业应用系统、企业知识库以及端侧 App 等第三方系统的无缝对接和统一调用。这种集成化的管理方式大大提升了智能体的服务效能和响应速度。

此外，智能体运行平台还具备强大的运营管理功能，能够实时记录和分析智能体的交互数据，为企业提供及时、准确、全面的运营报告。这不仅有助于企业随时掌握智能体的运行状态和效果，还能为后续的优化提供有力的数据支持，推动企业智能体技术的持续进步和整体落地。

（2）项目开发环境搭建

1）智能体开发平台搭建。本项目中的智能体开发平台是基于先进的大模型技术构建的，如图 6-23 所示。它配备了一整套大模型落地工具链，能够对企业和行业数据进行精细的微调与深度优化，进而创造出满足企业独特需求的专属大模型。

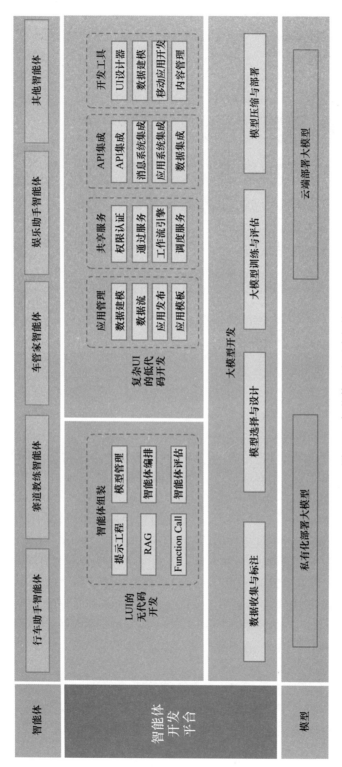

图6-23 智能体开发平台架构

　　该平台提供了多样化的开发模式，以适应不同类型智能体的开发需求。对于以会话为主的智能体，可采用 LUI 无代码开发，简化开发流程；对于业务逻辑复杂的智能体，则可选择复杂 UI（用户界面）的低代码开发模式，以实现更高的定制化和功能性。这样的设计使得智能体开发更加高效、灵活，有助于企业快速响应市场变化，提升智能化应用水平。

　　2）硬件基础环境搭建。本项目的硬件环境配置充分考虑了大模型训练、推理及智能体运行的高性能需求。主要配置包括大模型 GPU 训练与推理服务器、CPU 管理服务器以及智能体运行服务器。

　　大模型 GPU 训练与推理服务器配备了强大的处理器、高频内存和大容量存储空间。其亮点在于装备了 8 颗 AI 加速芯片，每块加速卡显存高达 96GB，且智能计算能力非常强大，这为大模型的训练和推理提供了强大的计算支持。

　　CPU 管理服务器则注重于数据处理和管理能力，同样装备了高性能的处理器和内存，以及大容量的企业级和 SATA SSD，确保数据的高效读写。此外，该服务器还具备多个 PCIe 4.0 扩展插槽，为未来的硬件升级提供了可能性。

　　智能体运行服务器除了配备高性能的处理器和内存外，还特别装备了 2 块 GPU 加速卡，以支持智能体的流畅运行。其硬盘配置也相当豪华，确保了数据存储和读取的速度。

　　所有服务器都配备了 RAID 卡，支持多种 RAID 模式，提高了数据的稳定性和安全性。同时，每台服务器都装备了满配冗余电源，确保在电源故障时，服务器仍能正常运行，大大提高了系统的可靠性。

　　总的来说，本项目的硬件环境配置充分考虑了性能、稳定性和扩展性，为大模型训练、推理及智能体的运行提供了坚实的硬件基础。

　　(3) 大模型开发

　　本项目的大模型开发依托于该企业自研的智能体开发平台，涵盖从数据准备、模型设计、训练和评估，到最终部署的全部流程。以下是该项目大模型的详细开发过程。

　　1）数据收集与标注。在此阶段，我们充分利用了智能体开发平台的以下功能：

- **数据接入与管理**：我们从多个来源接入了原始数据，包括客户端上传、共享存储中的历史数据，以及通过网络爬虫抓取的相关数据。利用智能体开发平台的数据接入功能，我们高效地整合了这些多源数据，确保数据的多样性和丰富性。智能体开发平台的数据管理系统支持创建、修改、删除、查询和发布数据集，使得数据的管理变得井井有条。

- **数据预处理与清洗**：在数据预处理阶段，我们自动去除了重复、模糊和异常数据，确保数据集的纯净度和质量。数据清洗机制还包括对缺失数据的填充、对异常值的检测和处理，以及对数据的标准化和归一化等操作。

- **数据标注**：对于监督学习任务，我们利用智能体开发平台的标注工具对图片、视频、文本和语音数据进行了精确标注。标注过程中，我们采用了智能分包系统，根据任务类型和难度合理分配标注任务，提高了标注效率。标注完成后，智能质检系统对标注数据进行自动检查，确保标注的准确性和一致性。

- **数据可视化**：智能体开发平台提供了强大的数据可视化功能，我们以可视化的方式探索和处理数据，更直观地理解数据结构。通过数据自动分类和可视化展示，我们发现了数据中的潜在模式和关联，为后续的模型设计提供了有力支持。

2）大模型训练与评估。在模型训练与评估阶段，我们充分利用了智能体开发平台的计算资源和评估工具，具体工作如下：

- **交互式开发环境**：我们使用了基于 JupyterLab 和 VSCode 的交互式开发环境，为开发人员提供了便捷的文件管理和程序调试功能。这种交互式环境使得开发人员能够实时查看训练过程、调整模型参数，并监控模型的性能。
- **深度学习框架的选择**：我们选择了全栈优化的 TensorFlow、PyTorch 等深度学习框架进行模型训练。这些框架提供了丰富的 API 和工具集，使得模型的训练过程更加高效和稳定。
- **分布式训练引擎**：为了加速训练过程，我们使用了分布式训练引擎，该引擎支持多机分布式任务的一键提交和智能调度。分布式训练引擎通过消除通信开销、采用无等待后向传播等技术手段提高了训练速度，使得大模型的训练变得更加高效。
- **模型评估与调优**：训练完成后，我们对模型进行了全面的评估，包括准确率、精确率、F1 分数等多个指标的计算和对比分析。我们还利用了平台的可视化工具展示了模型的评估结果，帮助开发人员更直观地理解模型的性能。根据评估结果，我们对模型进行了调优和改进，进一步提高了模型的预测性能。

3）模型压缩与部署。在模型压缩与部署阶段，我们主要完成了以下工作：

- **模型压缩**：为了降低模型的大小和提高推理速度，我们使用了智能体开发平台的模型压缩工具进行量化压缩。量化压缩技术通过减少模型的参数精度来降低模型的大小和计算复杂度，同时保持模型的预测性能。
- **模型蒸馏**：为了进一步提高小模型的精度，我们采用了模型蒸馏技术。通过以一个高精度大模型作为教师模型向小模型传授知识，我们成功地提高了小模型的精度和泛化能力。
- **容器化部署**：我们将压缩后的模型进行了容器化封装，生成了可在不同环境下运行的 Docker 镜像。容器化部署确保了模型运行的一致性，简化了在不同系统和环境中的部署流程。
- **服务化接口**：为了方便其他系统调用模型进行推理，我们提供了 RESTful API。通过调用这些接口，其他系统可以轻松地获取模型的预测结果，实现了模型的快速集成和应用。
- **弹性伸缩与负载均衡**：在部署过程中，我们考虑了系统的弹性伸缩能力，以适应不同负载下的需求。通过配置负载均衡器，我们确保了模型服务的高可用性和响应速度。

4）迭代优化与持续集成。在大模型开发项目中，迭代优化与持续集成是至关重要的环节。我们采取了以下措施来确保项目的持续改进和高效迭代：

- **版本控制**：我们使用了 Git 等版本控制工具来管理项目的源代码和模型文件。通过版本控制，我们可以轻松追踪项目的历史变更，便于协作和回滚到之前的版本。

- **持续集成与部署（CI/CD）**：我们实施了持续集成与部署流程，通过自动化工具进行代码审查、构建、测试和部署。每次代码提交都会触发自动构建和测试流程，确保新代码与现有代码的兼容性并检查潜在问题。通过持续部署，我们能够快速将新功能或修复推送到生产环境。
- **反馈收集与改进**：我们建立了用户反馈机制，收集用户对模型性能和功能的反馈。根据用户反馈，我们定期评估模型的性能并制订改进计划。改进计划包括调整模型参数、优化数据预处理流程、添加新功能等。
- **模型迭代与优化**：随着项目的推进和数据的积累，我们不断对模型进行迭代和优化。这包括重新训练模型以适应新的数据分布、调整模型结构以提高预测性能等。我们还探索了集成学习、迁移学习等先进技术来进一步提升模型的泛化能力和适应性。

综上，我们在大模型开发项目中遵循了一套严谨而高效的开发流程。从数据收集与标注到大模型训练与评估，再到模型压缩与部署，以及后续的迭代优化与持续集成，我们充分利用了先进的工具和技术来确保项目的顺利进行和高质量交付。

（4）智能体开发

接下来是本项目中应用智能体开发平台的无代码开发模块开发智能体的过程，这里就不赘述每个智能体的详细开发，仅对开发过程进行描述。

1）大模型管理。对于训练完成的大模型，需要集成到智能体开发平台中进行集中管理，以便于对大模型进行响应的效果强化和性能评估等工作。在本平台中，具体的实现过程如下：

- **大模型接入与服务**：我们利用智能体平台提供的大模型接入服务，成功对接了多种开源、非开源以及本地化或云端的模型。这为我们提供了丰富的模型资源选择空间。
- **模型展示与管理**：通过平台的功能，我们实现了对精选大模型的集中展示与管理。这包括模型的导入、配置与发布等操作，大大提高了模型管理的效率。
- **模型配置与优化**：我们根据模型的特征进行了默认参数的配置，包括模型输出的多样性、随机性和重复生成表现等。这些配置使得模型能够更好地适应实际应用场景的需求。同时，我们还利用平台提供的模型发布和下线功能，实现了对模型的灵活管控。

2）提示工程。在模型集成之后，我们根据业务应用的需要，对大模型进行了提示工程优化，规范大模型的输出过程。

- **利用预置模板**：我们根据平台提供的预置模板，基于专业的行业洞察和业务经验，快速构建了适用于企业垂直领域的智能体。这些模板在智能体编排阶段随取随用，大大提高了开发效率。
- **定制与优化提示词**：根据具体业务需求，我们定制了个性化的提示词，并通过系统的自动识别变量功能，实现了提示词的快速生成。同时，利用提示词优化器，我们定义了优化参数，如质量优化、缩短提示词、思维链条等，对原始提示词进行了自动优化。通过对比优化前后的推理结果，我们成功提升了智能体的语言处理能力。

3）知识检索增强。在知识检索增强方面，我们向智能体开发平台导入了非结构化和结构化知识，包括从本地文件导入的知识和通过 API 导入的外部知识库数据。这些知识为智能体提供了丰富的信息来源。

- **知识分片与向量化**：为了提高检索准确性和效率，我们对知识数据进行了切分，采用了多种分片方法，特别是语义分片能力，根据文本实际语义切分内容。此外，我们还利用后台将知识片段转化为向量进行存储，进一步提高了检索速度和效率。
- **精细化知识权限管理**：我们实施了精细化的知识权限管理，通过文件级别的授权功能，实现了知识的有效维护与访问权限区分。这确保了敏感信息的安全性。
- **知识质量评测与优化**：为了提高智能体的表现，我们利用系统对知识内容进行了质量分析。通过有效性和含义明确性维度的评测，我们识别出了无效内容和含义模糊的部分，并根据系统提供的优化建议进行了相应的改进。
- **利用知识库质量看板**：我们充分利用了智能体开发平台提供的知识库质量看板，快速掌握了知识维护数量、新增趋势以及整体知识质量分析等信息。这为知识库管理和运营提供了有力的数据支持。

4）插件开发与调用。在插件开发与调用方面，我们主要进行如下开发与配置：

- **插件创建与配置**：我们创建了多个插件，并配置了插件能力描述、调用方式、插件地址和请求信息等关键内容。为了提高插件使用效果，我们还配置了问题示例来辅助参数提取。配置完成后，我们在智能体开发平台上进行了一键验证，确保插件的有效性和可用性。
- **插件管理**：我们对插件进行了全面的管理，包括授权、上线和下线等操作。这确保了插件的稳定运行和及时更新。

5）智能体编排应用。在智能体编排方面，我们充分利用了智能体开发平台的功能，进行了以下开发：

- **配置智能体**：通过整合大模型、提示词、知识库和插件等多种能力，我们打造了四款智能体。为了提高智能体在专业领域的问题解决能力，我们特别设置了固定提示词，为智能体提供了整体任务执行的条件指令。同时，为了满足单个任务执行的独立要求，我们还为智能体配置了多个个性化可选提示词，用户可以在操作页面上根据实际需求进行选择。
- **知识命中评估与优化**：我们利用知识命中与相关度评估功能，有效识别了知识检索的准确性，并有针对性地对知识文档进行了优化，从而显著提高了智能体的问答表现。通过智能体开发平台提供的参考资料功能，我们能够清晰地查看模型的所有参考来源，并根据每个来源的名称、原文片段和检索相关度打分进行进一步的优化。
- **全程可视的调试信息应用**：智能体开发平台提供的推理过程可视化功能，帮助我们直观地了解了智能体处理用户问题的每一个环节，包括工具选择、工具调用、结果返回与推理生成。通过查看推理信息窗口中的执行细节与处理结果，我们能够迅速定位导致反馈异常的原因，从而大大提高了智能体的调试效率。

- **智能体管理**：在智能体管理方面，我们利用智能体开发平台提供的编辑、发布、下线、授权和删除等功能，实现了对智能体的全面管控。这确保了智能体的安全性和稳定性，同时也为我们提供了灵活的调整空间。

6）智能体评估应用。智能体评估构建完成之后，需要对实际的应用效果进行测试评估，具体的实施过程如下：

- **创建评估任务与数据集**：我们根据实际需求创建了智能体评估任务，并指定了相应的评估数据集。系统自动触发智能体推理的执行，并生成回答。
- **全方位评价**：通过将智能体的回答与提供的参考答案进行比较，我们计算出了智能体推理结果的准确性。平台生成的完整详细的评估报告，帮助我们全面了解了智能体的整体表现，包括评估指标分析评分、评分理由、智能体表现概述以及优化方向等信息。
- **定位与优化**：通过评估结果明细，我们成功定位了智能体在交互过程中的弱点场景，并明确了调试优化策略。这为我们进一步提升智能体的性能提供了有力的支持。

至此，本项目的实际开发过程就完成了，经过性能测试，大模型基本达到了客户最初的目标设想，可以进行部署了。

（5）智能体集成、优化和部署

接下来，我们针对项目进行部署，以下是主要工作。

1）智能体运行平台架构设计。我们设计并开发了智能体运行平台，用于智能体的部署、运行和管理，如图 6-24 所示。该平台的核心功能包括以下几点：

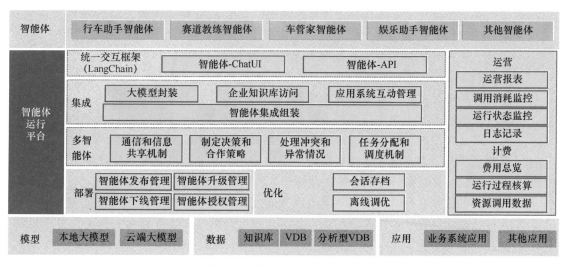

图 6-24　智能体运行平台架构

- **智能体集成管理**：智能体运行平台实现了智能体与大模型、业务系统、企业知识库及端侧 App 等第三方系统的无缝对接。通过封装大模型，智能体运行平台提供企业知识库的访问接口，确保了多源数据的整合与高效利用。

- **多智能体协同与调度**：架构设计支持多智能体之间的协同工作，通过先进的调度算法实现智能体的优化配合，进一步提升整体系统的智能水平和响应效率。
- **智能体优化**：平台持续收集并分析智能体的交互数据，通过机器学习和深度学习技术不断优化智能体的性能和表现，使其更加符合用户需求。
- **智能体部署与运营管理**：提供灵活的智能体部署方案，同时配备完善的运营管理工具，帮助企业实时监控智能体的运行状态，全面掌握运营数据，以便进行及时调整和优化。

综上所述，该智能体运行平台的架构设计充分考虑了智能体的全生命周期管理，从集成、协同到优化和运营，形成了一套完整、高效的解决方案。

2) 智能体集成部署与优化。基于智能体平台的架构设计和客户的实际需求，我们定制性地开发了本项目的智能体运行平台。接下来，我们将详细阐述这一过程。

- **智能体的集成管理**：智能体集成管理是智能体运行平台开发的核心功能之一。我们通过封装大模型使得智能体能够轻松调用各种复杂的大数据模型，进行高效的数据分析和处理。同时，我们还实现了对企业知识库的访问功能，让智能体能够直接获取企业内部的丰富知识资源，从而提升其智能水平。此外，我们的平台还支持智能体与应用系统的无缝对接，确保它们能够与应用系统紧密配合，共同完成企业业务流程。
- **多智能体的协同与调度**：为了实现四个智能体之间的协同工作，我们设计了先进的协同与调度机制。通过通信和信息共享机制，各个智能体能够实时交换信息，确保它们在工作过程中始终保持高度的一致性。我们还制定了决策和合作策略，以及冲突和异常情况处理机制，从而确保多智能体系统能够在各种复杂环境下稳定运行。此外，任务分配和调度机制能够根据智能体的能力和任务需求，动态地分配任务，优化资源利用，进一步提升系统的工作效率。
- **智能体的部署**：在智能体的部署方面，我们开发了两种部署模式，包括 API 调用和 SDK 下载部署。用户可以根据自己的需求选择合适的部署方式。API 调用方式允许用户通过专用的 API Key 和 Secret Key 生成智能体访问 Token，从而实现应用的快速部署。SDK 下载部署方式则提供了即用的 SDK，用户可以在部署阶段设定个性化 UX（用户体验）细节，以满足企业的特殊需求。
- **智能体的优化**：智能体优化是我们开发的另一大亮点。我们通过不断更新的学习资源，让智能体能够持续学习和进步。平台运行产生的交互数据都会被会话存档记录，这些数据为智能体的持续优化提供了宝贵的资源。我们会定期离线更新模型参数、优化训练策略，从而不断提升智能体的表现。同时，我们还设计了冲突解决机制和任务分配与调度机制，以确保智能体在各种情况下都能保持最佳的工作状态。

总的来说，我们开发的智能体运行平台为本项目提供了一站式的智能体集成、部署和优化解决方案。通过这一平台，企业能够更加高效地利用智能体技术，推动企业业务的大模型应用。

5. 项目总结

本项目致力于为该企业搭建一个功能强大的智能体开发与运行平台,以加速车管家、赛道教练、行车助手和娱乐助手四大智能体的实际应用。通过搭建智能体开发与运行平台,我们成功推动了车管家、赛道教练、行车助手和娱乐助手四大智能体的快速落地与持续优化。

首先,通过智能体开发平台,大大提升了开发效率,开发周期缩短了 33%。原本需要 6 个月完成的智能体开发,现在仅 4 个月即可完成。同时,服务响应时间也明显减少。智能体运行平台的建立使得服务响应时间减少了 27%。现在,用户从发出指令到智能体做出反应的平均时间仅为 0.8s,相较于之前的 1.1s 有了显著提升。

其次,根据用户反馈调查,智能体的深度理解能力和个性化服务使得用户满意度提升了 18%。用户对智能体的整体评价从之前的 3.8 分(满分 5 分)提升至 4.5 分。同时,四大智能体功能模块的使用率均有所上升。其中,车管家的使用率提升了 15%,赛道教练提升了 12%,行车助手和娱乐助手分别提升了 10% 和 18%。

最后,智能体的稳定运行使得系统故障率显著降低。与上年同期相比,智能座舱系统的故障率下降了 10%,增强了用户的使用信心。

总的来说,本项目的四个智能体对企业的实际应用价值巨大,它们不仅提升了用户体验,还提高了企业的运营效率。同时,本项目的成功实施也验证了基于大模型的智能体在企业实际业务中落地的可行性,为后续企业的智能业务应用的设计和开发提供了重要基础。

6.5　个人办公智能辅助工具

6.5.1　某国产汽车制造企业基于大模型的办公超自动化平台

1. 企业简介

某汽车制造企业不仅以整车及汽车零部件的制造与销售闻名,更在汽车服务领域有着深厚的布局。截至 2023 年,它已拥有近 13 万名员工,遍布全国的 38 个工厂和研发中心为其强大的生产力提供了坚实的基础。其产品种类繁多,包括轻型商用车、乘用车以及新能源汽车等,满足了市场的多样化需求。

面对数字化智能化趋势,该企业成立智能制造研究院,提升生产效率和质量。

在新能源领域,该企业与中国移动合作推出"智联行车"App,为新能源汽车用户提供便捷服务。同时,该企业在智能驾驶技术上取得突破,实现车与车、车与路的信息互通,提升行车安全和交通效率。

近年来,该企业更是将目光投向了大模型技术,期望这种前沿技术能为企业业务和办公自动化带来新的突破,这无疑显示了其在追求创新与技术领先方面的坚定决心。该企业不仅在规模上领先，更在技术创新上走在行业前列，为未来的发展打下了坚实的基础。

2. 项目背景

作为一家在行业内有着重要地位的企业，其办公流程和业务发展的复杂性日益凸显。然而，传统的办公方式已无法满足该企业对高效、便捷工作的迫切需求。

首先，该企业的办公流程复杂，员工需要处理大量的文档工作，包括数据搜集、资料整理、图表制作、会议纪要记录以及文件摘要整理等。这些烦琐的任务不仅占据了员工大量的工作时间，而且由于涉及多个数据来源和多种文件格式，极大地增加了出错的概率。此外，各级员工的日程安排也是一项复杂而烦琐的工作，重要会议、事件和任务的排布、提醒、分析及重新安排等，都需要耗费大量的时间和精力。

其次，随着业务的快速发展，该企业对于数据处理和信息整合的需求也越来越高。然而，目前该企业的报表众多，数据的整合和分析工作量大且效率低，这直接影响了该企业的决策效率和市场响应速度。

为此，该企业决定引入大模型技术。尽管大模型在汽车行业的应用尚属尝试，但该企业选择从办公辅助开始探索。通过大模型技术，我们期望自动化处理烦琐任务，解放员工，使其专注于核心业务和创新。同时，利用大模型的智能分析功能，提升数据处理和决策效率，增强市场竞争力。

此项目不仅是办公方式的革新，更是提升车企核心竞争力的关键。通过引入大模型技术，优化办公流程，提升工作效率，以应对多变的市场环境，顺应数字化转型趋势，实现企业的可持续发展。

3. 项目目标和范围

经过对该企业实际情况的细致调研，我们深入了解了该企业员工日常的办公流程、个人习惯以及公司的特定要求。我们为客户量身打造了一套基于大模型技术的办公超自动化平台，在该平台上集成了基于大模型技术的多款办公辅助工具，帮助不同需求的员工实现工作辅助。

1）构建基于大模型的智能化办公平台。本项目旨在构建一个前沿、全面且高度智能化的办公平台，该平台的核心技术为大模型技术。该平台将集成多项功能强大的办公辅助工具，通过深度学习和自然语言处理等技术，为该企业提供从文档编写到决策支持的全流程智能化服务。这一平台的建立不仅将极大地提升企业的办公效率，还将推动企业的数字化转型，使其在激烈的市场竞争中保持领先地位。

2）提升员工工作效率，优化整体办公体验。本项目注重提升员工的工作效率，通过大模型技术优化员工的日常办公流程。智能文档编写助手、数据报告自动生成等功能将帮助员工快速、准确地完成工作任务，减少烦琐的重复劳动。同时，平台还将提供个性化的办公建议，根据员工的工作习惯和绩效数据，为其量身定制高效的工作方案。这些功能的实施将极大地优化员工的办公体验，增强其对企业的归属感和忠诚度。

3）探索大模型在企业实际应用中的潜力与价值。本项目不仅关注当前办公效率的提升，还致力于探索大模型技术在该企业未来发展中的潜力与价值。通过在实际办公场景中应用大模型技术，我们将深入了解其对该企业运营、决策支持等方面的影响，为企业未来的智能化升级和数字化转型提供有力的技术支撑和经验借鉴。同时，这一探索过程也将有助于推动大模型技术的进一步发展和完善，为整个行业的技术创新贡献力量。

4. 项目实施

项目的实施过程大致可以分为需求梳理与分析、超自动化平台功能设计与开发、大模型工具开发、大模型工具集成。

（1）需求梳理与分析

针对本项目要完成的 10 个主要功能场景，实现了工作的自动化和超级辅助，我们针对与之相关的工作流程进行了详细的流程梳理。以下是对每个功能需求的详细梳理与分析。

1）智能文档编写助手。智能文档编写助手旨在大幅提升文档编写的效率和质量。当用户开始编写文档时，助手会根据输入的关键词或初步内容，智能推荐与该企业文档规范相符的模板。在编写过程中，助手会实时监控术语使用的准确性，并提供修改建议，以确保文档的专业性和一致性。此外，对于结构较为复杂的文档，助手还能协助生成大纲，帮助用户快速搭建起整个文档的框架，从而使用户能够更高效地完成文档的编写工作。

2）数据报告自动生成。数据报告自动生成功能将彻底改变传统的报告制作方式。员工只需要上传原始数据，系统便能自动识别数据类型，并根据预设的模板自动生成图表和分析结论。这一过程中，系统会智能地对数据进行清洗、整理和分析，以确保报告的准确性和可读性。员工可以根据实际需要对报告进行微调，如修改图表样式、调整分析角度等，从而满足不同的汇报需求。此功能的实现将极大地减轻员工在报告制作上的负担，提高工作效率。

3）会议纪要智能整理。会议纪要智能整理功能将语音识别技术与大模型技术相结合，实现了会议内容的自动记录和结构化整理。在会议过程中，系统能够准确捕捉每一位发言人的语音信息，并将其转换为文字。随后，大模型技术会对这些文字信息进行深度分析和处理，生成包含会议主题、参会人员、讨论要点及决策结果等关键信息的会议纪要。员工可以在会后快速获取这份纪要，以便及时了解和执行会议决策。此功能不仅提高了会议效率，还确保了会议内容的准确传达。

4）日程智能规划与提醒。日程智能规划与提醒功能通过集成该企业的日程管理系统，实现了对员工日程的全面掌控。系统会根据员工的历史日程记录和工作习惯，智能预测和规划每天的工作任务。同时，系统还会在关键时间点发出提醒，确保员工能够按时完成各项工作。员工可以随时查看和调整自己的日程安排，以保持工作的高效和有序。此功能不仅提升了员工的时间管理能力，还降低了因遗忘或疏忽而导致的工作延误风险。

5）专业术语翻译与解释。针对汽车制造企业特有的专业术语，我们开发了专业术语翻译与解释功能。员工在工作中遇到不熟悉或难以理解的术语时，只需要输入该术语，系统便会迅速提供准确的翻译和详细的解释。此外，系统还会展示该术语在实际工作中的应用示例，帮助员工更好地理解和掌握。此功能的实现不仅提高了员工对专业术语的理解和运用能力，还提升了工作效率和准确性。

6）项目进展自动跟踪与汇报。项目进展自动跟踪与汇报功能对于该企业的项目管理至关重要。该功能与企业的项目管理系统无缝对接，能够实时追踪和监控各个项目的进展情况。系统会根据项目的关键节点、阶段性目标和里程碑，自动记录和更新项目的完成度、遇到的问题以及后续计划。当项目达到某个关键节点时，系统会自动生成详细的项目进展报告，包括已完成的任务、待完成的任务、存在的问题和风险，以及下一步的工作计划。这些报告能够及时向管理层反映项目的真实状态，帮助他们做出明智的决策和调整资源分配。此外，该功能还支持项目团队成员之间的实时协作和沟通，确保项目能够按照既定的时间表和预算顺利进行。

7）内部知识库智能检索。内部知识库智能检索功能为该企业员工提供了一个强大的知识获取工具。该功能对企业的内部知识库进行了全面的梳理、分类和索引，使得员工可以通过关键词搜索或自然语言查询的方式，快速准确地找到所需的专业资料、技术文档、历史案例等。系统不仅提供了精确的检索结果，还会根据员工的历史搜索记录和浏览习惯，智能推荐相关的知识和信息。这大大提高了员工的学习和工作效率，减少了在海量信息中筛选和查找所需内容的时间。同时，该功能还支持对知识库的持续更新和维护，确保员工始终能够获取到最新、最准确的信息。

8）邮件智能撰写与回复。邮件智能撰写与回复功能极大地提升了该企业员工处理邮件的效率和质量。当员工收到一封邮件时，该功能会自动分析邮件的内容和意图，并智能生成回复建议。这些建议不仅语法准确、表达得体，还能根据邮件的具体情境和对方的身份提供个性化的回复内容。此外，对于常见的邮件类型和场景，系统还提供了丰富的模板化回复选项，员工只需要简单修改或确认即可快速回复邮件。这大大减少了员工在撰写和审核邮件上花费的时间和精力，使他们能够更专注于核心工作。同时，该功能还能有效避免因语言不当或误解而产生的沟通障碍和冲突。

9）工作流程自动化引导。工作流程自动化引导功能为该企业员工提供了清晰、高效的工作指引。该功能详细绘制了企业的各项工作流程，并在系统中进行了数字化实现。当员工开始一个新的工作任务时，系统会自动识别任务类型，并提供相应的工作流程图和步骤说明。员工只需要按照系统的引导，逐步完成各个工作环节，就能确保工作的高效推进。同时，该功能还支持工作流程的自定义和优化，以满足该企业不断变化和发展的业务需求。通过工作流程自动化引导功能，该企业能够大幅提升工作效率和质量，降低人为错误和延误的风险。

10）个性化办公建议。个性化办公建议功能基于大数据和人工智能技术，为该企业员工提供定制化的工作优化方案。系统会持续收集和分析员工的工作习惯、绩效数据以及团队协作情况等多维度信息，然后运用先进的算法模型进行深入挖掘和预测。根据这些分析结果，系统会为员工生成个性化的办公建议，包括时间管理优化、任务优先级划分、团队协作模式改进等。这些建议旨在帮助员工发现自身在工作中的潜在问题和提升空间，从而制订更加科学、高效的工作计划。通过实施个性化办公建议功能，该企业能够全面提升员工的工作效率和满意度，推动企业的持续发展和创新。

这些功能的实现不仅提高了员工的工作效率，还提升了办公的便捷性和准确性，为该企业的持续发展奠定了坚实的基础。

（2）超自动化平台功能设计与开发

超自动化平台的设计与开发是一个复杂而系统的工程，它涉及多个核心组件的协同工作，以实现工作流程的高效自动化和智能化。以下将详细阐述超自动化平台的三大核心功能的设计与开发过程：工作流链接与集成、大模型工具箱和个人工作台。

1）工作流链接与集成。在超自动化平台中，工作流链接与集成功能至关重要。它旨在通过技术整合企业内外部资源，打破信息孤岛，提升工作效率。具体来说，该功能将企业的业务流程、外部网站以及员工个性化需求集成到一个平台上，实现信息的快速流通和高效处理。

通过工作流链接与集成，员工能够一键访问企业内外网站，避免频繁切换应用，节省时间精力。同时，该功能集成关键业务流程，如审批、报销等，让员工在一个界面完成多项工作，提高工作连贯性和准确性。此外，根据员工角色和行为分析，平台提供个性化工作推荐，提升工作针对性和员工体验。

实现工作流链接与集成需要系统周密的开发流程。首先，深入分析需求并明确集成内容；其次，API 开发实现与外部网站和内部流程的互联互通；最后，利用机器学习和大数据分析构建员工行为模型，实现个性化推荐。

总之，工作流链接与集成是超自动化平台中的关键功能，它通过整合资源、打破壁垒，显著提升工作效率和员工体验。随着技术发展和企业需求变化，该功能将在企业信息化建设中发挥更加重要的作用。

2）大模型工具箱。大模型工具箱是超自动化平台的核心组件，旨在为该企业提供全面且灵活的工具支持。它集成了文本处理、数据分析、图像处理等多样化的大模型工具，以满足该企业多样化的办公需求。

大模型工具箱能够显著提升员工的工作效率，让员工依据任务需要快速选择并应用合适的工具。同时，其强大的可扩展性让企业能灵活调整工具组合，适应市场变化，保持竞争优势。

在开发过程中，开发团队精选并整合成熟的大模型工具并进行接口优化，确保工具与平台无缝对接，实现高效数据传输与处理。此外，大模型工具箱注重用户体验，提供直观易用的界面，降低使用门槛。

总之，大模型工具箱以其全面的工具集和灵活的可扩展性成为企业办公自动化的得力助手。随着技术的不断进步和企业需求的变化，大模型工具箱将持续发挥关键作用，推动企业信息化建设向前发展。

3）个人工作台。个人工作台是超自动化平台中员工与之进行交互的核心界面，它不仅承载着员工日常工作的各类工具和应用，还为员工提供了一个可以根据自身需求进行高度个性化配置的工作环境。这一设计旨在提升员工的工作效率，同时让每位员工都能拥有符合自己工作习惯和需求的专属工作空间。

个人工作台是超自动化平台中员工交互的核心界面，集成了各类工作工具和应用，允许员工个性化配置以满足独特需求。这一设计旨在提升工作效率，同时打造专属工作空间。

个人工作台集成了文本编辑、数据分析、项目管理等工具，实现一站式办公。它提高了工作效率，减少了应用间的切换时间；优化了工作体验，员工可根据喜好和工作习惯定制环境；增强了工作灵活性，随需调整以适应变化。

在实现上，个人工作台注重用户界面友好性、Prompt 需求配置准确性和内容个性化输出高效性。设计师和开发者深入理解员工需求，创造实用界面，支持工具灵活配置。Prompt 解析系统精准理解员工指令，触发相应工具完成任务。内容个性化输出模块则快速生成准确内容，满足员工需求。

总之，个人工作台是超自动化平台的重要组成，通过个性化配置和需求响应功能，极大地提升了员工的工作效率和体验。未来，随着技术发展和员工需求变化，个人工作台将持续进化，成为员工日常工作中不可或缺的部分，为员工带来更多便利和创新空间。

4）协同工作实现超自动化。协同工作实现超自动化是超自动化平台的核心目标之一，它通过整合工作流链接、大模型工具箱以及个人工作台这三个核心组件，共同致力于提升工作效率和准确性，同时降低人力成本。

工作流链接与集成简化了员工操作，通过统一入口减少了在不同应用和网站间的切换，从而提升了工作效率。大模型工具箱则提供了全面的工具支持，无论面对何种任务，员工都能从中找到助力，确保工作既高效又准确。

个人工作台则满足了员工的个性化需求，如图 6-25 所示。员工可以根据自己的习惯配置常用工具和功能，创造出最适合自己的工作空间，这不仅提高了工作效率，也提升了工作满意度。

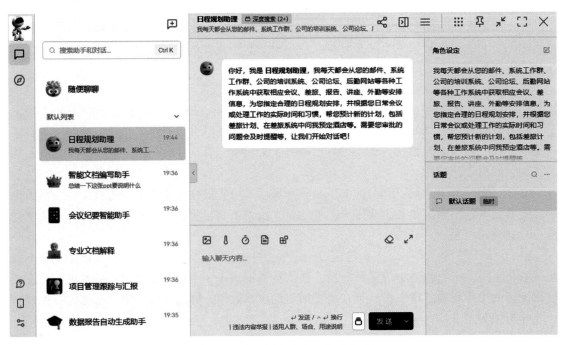

图 6-25　本项目中个人工作台界面

超自动化平台整合了这些组件，形成了一个高效、智能的工作环境。它不仅优化了员工的工作体验，也为该企业的发展注入了新动力。平台的设计与开发需要深入理解业务需求，整合内外部资源，利用先进技术实现工作流程的自动化和智能化。总之，协同工作的超自动化平台为该企业带来了显著的经济效益。

（3）大模型工具开发

接下来是本项目中大模型办公辅助工具的详细开发过程。

1）通用大模型集成。在办公辅助工具的开发过程中，我们首先进行了通用大模型的集成工作。这一步是整个项目的基础，它涉及选择合适的大模型，并将其无缝集成到办公辅助系统中。我们评估了多款市场上的主流大模型，综合考虑了模型的准确性、效率、可扩展性等因素，最终选定了一款性能优越、适合办公场景的大模型。

技术难点主要在于确保大模型与现有系统的兼容性以及数据的安全性。我们通过与大模型提供商的紧密合作，成功解决了这些问题，并实现了大模型与办公系统的平稳集成。

应用场景广泛，包括文档自动摘要、邮件自动回复、会议记录自动生成等。通过大模型的强大自然语言处理能力，我们可以快速准确地完成这些任务，极大地提升了办公效率。

最终输出效果是，用户可以在办公系统中直接调用大模型的功能，无须跳转到其他平台，实现了办公流程的一体化。

2）大模型指令微调。尽管本项目中的办公流程数据相对稀疏，不适用于大模型的微调，但我们还是进行了一定程度的指令微调。这主要是为了让大模型更好地适应特定的办公环境和任务需求。

我们针对办公场景中常见的任务，如文档分类、信息提取等，设计了一系列指令，并通过微调让大模型更好地理解和执行这些指令。技术难点在于如何在数据稀疏的情况下进行有效微调，我们通过精心设计的指令和少量的高质量数据，成功实现了这一目标。

微调后的大模型在办公场景中的应用效果显著提升，能够更准确地理解用户需求，并提供更符合办公环境的输出结果。

3）向量数据库集成。为了更好地管理和利用企业与办公相关的数据和知识，我们集成了向量数据库。这一步骤的关键在于将大量的非结构化数据（如文档、邮件等）转化为向量形式，并存储在数据库中，以便进行高效检索和利用。

技术难点主要在于数据的向量化处理和高效检索算法的实现。我们采用了先进的自然语言处理和机器学习技术，成功地将非结构化数据转化为高质量的向量，并实现了高效的数据检索。

通过向量数据库的集成，用户可以快速准确地检索到所需的信息和知识，大大提高了办公效率和决策支持能力。

4）外部插件开发。为了满足用户对于内外部网站信息查询、内部办公系统及数据库访问等需求，我们开发了一系列外部插件。这些插件可以与大模型无缝对接，扩展了大模型的功能和应用范围。

技术难点在于插件的稳定性、安全性和易用性。我们通过严格的测试和优化，确保了插件在各种环境下的稳定运行，同时采取了多种安全措施，保障了用户数据的安全。

外部插件的开发使得大模型能够更好地服务于用户的具体需求，提升了办公自动化的整体水平。

5）提示工程。提示工程是本项目中的关键环节之一。我们针对 10 个办公辅助工具进行了精心的提示工程设计和身份设定，以确保大模型有预定明确的输出。

在设计过程中，我们充分考虑了每个工具的具体应用场景和用户需求，制定了相应的提示词和身份设定。这些提示词不仅引导大模型生成符合预期的输出结果，还提高了输出的准确性和效率。

通过提示工程，我们成功地将大模型引入到日常的办公流程中，使其成为提升工作效率的有力工具。

综上所述，本项目的开发过程涉及多个关键环节和技术难点。通过通用大模型的集成、指令微调、向量数据库的集成、外部插件的开发以及提示工程等步骤，我们成功打造了一套高效、智能的办公辅助工具系统。这些工具不仅提升了办公效率，还为用户带来了更加便捷、智能的办公体验。所有开发内容都设定为可配置，使得插件和数据库集成等功能可以根据需要进行按需设计和集成，进一步增强了系统的灵活性和可扩展性。

（4）大模型工具集成

我们开发完成的 10 个办公智能辅助工具，各具特色，涵盖了从数据分析、文档处理到项目管理等多个方面。为了将这些工具无缝集成到平台的大模型工具箱中，我们遵循了以下步骤：

1）接口开发与适配。每个智能辅助工具都提供了标准的 API，这些接口是工具之间通信的桥梁。我们首先对每个工具的 API 进行了详细的分析，确保它们能够与平台的大模型工具箱进行良好的对接。在接口开发过程中，我们遇到了数据格式不统一、通信协议不一致等问题。为了解决这些问题，我们开发了一套中间件，用于数据的转换和协议的适配，从而保证了工具与工具箱之间的顺畅通信。

2）功能整合与优化。在接口适配完成后，我们将这些工具的功能整合到了大模型工具箱中。这一过程中，我们不仅要确保每个工具的功能得到完整的保留，还要考虑如何优化这些功能的组合使用。例如，我们将数据分析工具与文档处理工具相结合，使得用户可以在分析数据的同时，直接生成分析报告。

3）界面设计与用户体验优化。为了让用户能够更方便地使用这些工具，我们对大模型工具箱的界面进行了重新设计。我们采用了直观的图标和简洁的操作流程，使得用户即使在没有专业培训的情况下，也能轻松上手。同时，我们还提供了详细的用户手册和在线客服支持，帮助用户更好地使用这些工具。

4）测试与调优。在集成之后，我们进行了严格的测试，包括功能测试、性能测试和兼容性测试等。通过测试，我们发现并解决了一些潜在的问题，如工具间的资源竞争、内存泄漏等。同时，我们根据用户的反馈，对工具箱进行了多次调优，进一步提升了用户体验。

通过上述步骤，我们成功地将 10 个办公智能辅助工具集成到了平台的大模型工具箱中。

这种集成方式对于个人工作台的拖拉式调用非常简便，用户只需要将所需的工具拖拽到工作台上，即可开始使用。这种便捷的操作方式大大提升了用户的工作效率，也使得大模型工具的应用更加普及和深入。

5. 项目总结

本项目是某国产汽车制造企业基于大模型的办公超自动化平台的一次重要实践，不仅代表了该企业在办公自动化领域的创新尝试，更是大模型技术作为办公辅助工具成功落地的有力证明。与市面上主流的 SAS 通用大模型服务不同，本项目并未直接套用 SAS 通用大模型服务进行常规的办公自动化操作，而是根据企业实际需求，定制化服务型大模型，以更好地与企业的特定办公流程相融合。

在项目实施过程中，我们充分利用了通用大模型产品的经验，但更注重为企业提供定制化的解决方案。通过深入了解企业的办公流程和需求，我们开发出了符合该企业特色的服务型大模型，实现了办公自动化，同时也提高了工作的针对性和效率。

根据统计，使用智能化办公平台后，员工在文档工作上的时间减少了 30%，数据报告生成速度提升了 40%。这直接反映了工作效率的显著提升。同时，通过大模型技术的自动化处理，文档和数据报告中的错误率降低了 25%，大大提高了工作质量和准确性。根据员工满意度调查，使用智能化办公平台后，员工对办公环境的满意度提升了 20%，对工作流程的满意度提升了 25%。通过智能分析功能，决策层获取关键信息的速度提升了 30%，决策周期缩短了 20%，使企业能够更快速地响应市场变化。

总的来说，本项目作为定制化服务型大模型的典型应用，充分展示了其创新性和实用性。通过结合企业实际，打破了传统办公自动化的局限，实现了办公超自动化，为企业带来了实实在在的效益。这一成功案例不仅为该企业的持续发展注入了新的活力，也为其他企业提供了有益的参考和借鉴。

6.5.2　某保险公司基于多模态大模型的办公助手

1. 企业简介

某保险公司是一家全球领先的再保险集团，高度重视企业的数字化和智能化发展。近年来，该公司在数字化建设和智能化应用方面取得了显著成果，不断探索创新技术以优化业务流程和提升服务效率。

在数字化建设方面，该公司积极推进各项业务的数字化转型。例如，在核保流程中，保险公司利用大数据分析和机器学习技术，构建了预测性模型，实现了全流程的数字化核保风险控制。这不仅提高了核保效率，还提升了公司的风险管理能力。

近年来，该公司更是开始探索大模型技术来构建智能化应用方案。尝试引入生成式 AI 和大数据模型，在营销、客户服务等环节实现了智能化升级。例如，利用 AI 技术打造的电话座席能够实时获取客户有效诉求，促进营销的有效发展。

总的来说，该公司在数字化和智能化发展方面走在行业前列，不断探索新技术、新应用，以提升服务质量和效率。这些创新举措为该公司带来了显著的竞争优势，也为客户提供了更加便捷、高效的服务体验。未来，该公司将继续深化数字化和智能化转型，以应对日益复杂多变的市场环境。

2. 项目背景

随着保险业务的不断拓展和深化，该公司在日常办公中需要处理大量的文本、文件、数据资料，这些资料形式多样，包括数据库记录、Word 或 PDF 文档、图片信息，以及视频资料。传统的资料整理方式不仅耗时耗力，而且效率低下，容易出错，已无法满足该公司高效运营的需求。因此，优化办公流程、提升资料处理效率成为该公司迫切需要解决的问题。

在办公自动化方面，该公司已进行过多次尝试，以期通过技术手段减轻员工在资料整理和分析方面的工作负担。然而，随着技术的不断进步，尤其是大模型技术的快速发展，该公司意识到大模型在办公自动化方面的巨大潜力。

作为在大模型领域的初步尝试，该公司计划开展一个项目，对市面上主流的大模型进行试用和测试。项目旨在通过建立基于多模态大模型的办公助手，实现办公流程的全面优化。多模态大模型能够处理包括文本、图像、视频等多种格式的资料，从而为该公司提供更加智能、高效的数据处理和分析能力。

通过本项目的实施，该公司期望能够显著提升办公效率，减少员工在资料整理和分析上的工作量，让公司更加专注于核心业务的发展和创新。同时，该项目也将为公司未来在数字化和智能化方面的发展奠定坚实基础。

3. 项目目标和范围

本项目的主要目标是构建一个基于多模态大模型的智能办公助手，通过集成市面上的主流大模型，进行深度优化和功能强化，从而满足该公司在办公自动化和智能化方面的需求。

1）集成与测试主流大模型。项目将集成市面上的主流大模型，并在实际工作中进行调用和实验。这一阶段的目标是测试不同大模型对该公司业务的实际价值，通过对比分析，找出最适合该公司业务需求的大模型。

2）深度优化与功能强化。在第一步的基础上，项目将选择 1~2 个表现优秀的基础大模型进行深度优化。优化过程将侧重于提高模型在保险业务场景中的准确性和效率，实现符合该公司特定业务需求的功能强化。优化后的模型将能够更精准地处理保险相关的文本、数据和图像信息，提供更有价值的业务洞察。

3）支持多模态对话形式。为了满足多样化的办公需求，项目将开发支持多模态对话形式的智能助手。这包括语音对话、应用对话、截图对话和文档对话等。通过这些对话形式，用户可以通过语音输入、处理各种应用内容（如网页、微信、文件库等）、截图识别和文档信息交流等方式与智能助手进行交互。这将极大提升办公效率和用户体验。

4）桌面工具形态。项目最终将智能助手以桌面工具的形式呈现给用户。该工具在不需要时，可以隐藏在桌面一角的小图标中，以减少对用户工作界面的干扰。当用户需要时，可以通过简单操作调出界面进行问答或其他交互操作。这种设计旨在提供便捷性和灵活性，使用户能够随时随地获取智能助手的帮助。

本项目旨在通过技术手段提升该公司的办公效率和智能化水平，为该公司创造更大的价值。

4. 项目实施

接下来，我们简要介绍本项目的实施过程。

（1）确定开发框架

本项目的交付时间紧迫，选择一个简洁和高效的开发框架至关重要。这不仅关系到项目的开发效率，更决定了项目的可扩展性、稳定性和未来维护的便捷性。经过深入调研和比对，我们最终选择了 LobeChat 作为本项目的开发框架。下面将详细介绍 LobeChat 及其在本项目中的具体应用。

1）LobeChat 介绍。LobeChat 是一款高效、灵活的开源聊天机器人框架，广泛应用于智能对话系统的开发中，其界面如图 6-26 所示。它具备丰富的功能特性和强大的扩展性，能够满足各种复杂场景下的交互需求。LobeChat 不仅支持传统的文本聊天，还能处理图像、语音、视频等多种媒体形式，为用户提供全方位的交互体验。

图 6-26　LobeChat 的界面

2）LobeChat 的原理和基本框架。LobeChat 的原理主要基于自然语言处理和机器学习技术。它通过分析用户的输入，理解其语义和意图，并生成相应的回复。这一过程涉及多个模块，包括语言理解、对话管理、语言生成等。LobeChat 的基本框架包括输入层、处理层和输出层。输入层负责接收用户的输入，处理层进行语义分析和意图识别，输出层则生成并返回相应的回复。

在 LobeChat 的框架下，我们可以轻松地集成各种先进的自然语言处理模型和算法，以提升对话系统的性能和准确性。同时，LobeChat 还提供了丰富的 API 和插件机制，方便我们根据实际需求进行定制开发。

3）LobeChat 的功能特性。LobeChat 有非常丰富的功能特性：支持文本、语音、图像等多种输入方式，满足用户多样化的交互需求；能够准确理解用户的意图和语义，提供精准的回复；提供了灵活的插件机制和 API，方便进行功能扩展和定制开发。LobeChat 经过严格测试和优化，确保在高并发场景下仍能保持稳定运行。LobeChat 的集成测试界面如图 6-27 所示。

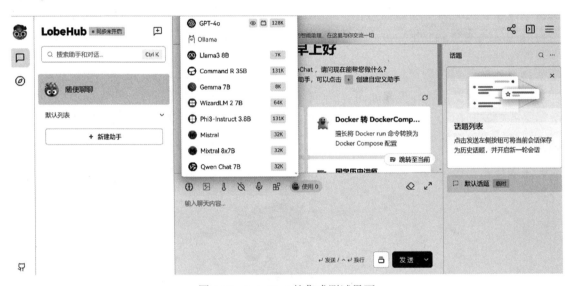

图 6-27　LobeChat 的集成测试界面

- **多模型服务商支持**：为了满足不同用户的需求，LobeChat 不仅支持单一的模型服务商，更拓展了对多种模型服务商的支持。这一特性使得用户可以根据自己的需求和偏好，在 Amazon Bedrock、Google AI、Anthropic、ChatGLM 等多种模型服务商中进行选择，从而获得更加个性化和高效的 AI 会话体验。这种多样化的支持不仅提升了 LobeChat 的灵活性，也为开发者提供了更广泛的选择空间。
- **支持本地模型**：为了满足特定用户的需求，LobeChat 还支持本地模型的使用。这一特性让用户能够更灵活地使用自己的或第三方的模型，进一步提升了 LobeChat 的适用性和可扩展性。这为我们集成多家开源大模型提供了便捷。
- **模型视觉识别**（Model Visual）：LobeChat 支持 OpenAI 最新的 GPT-4 Vision 模型，具备视觉识别能力。用户只需要轻松上传或拖拽图片到对话框中，助手便能识别图片内容，并在此基础上进行智能对话。这一特性打破了传统文字对话的限制，使得交流更加直观、丰富。

- **支持 TTS（文字转语音）和 STT（语音转文字）**：LobeChat 支持 TTS 和 STT 技术，实现了语音与文字的双向转换。用户可以选择多种高品质的声音选项，与助手进行自然的语音交流。这一特性不仅提升了用户体验，还使得 LobeChat 在语音交互领域具有更广泛的应用前景。这为本项目的语音对话功能提供了支持。
- **文生图（Text to Image）**：利用 DALL-E 3、MidJourney 等 AI 工具的能力，LobeChat 支持文本到图片的生成技术。用户在与助手对话中可以直接调用文生图工具进行创作，将想法转化为图像。这一特性极大地丰富了用户的创作手段和表达方式。
- **插件系统（Function Calling）**：LobeChat 的插件生态系统是其核心功能的重要扩展，通过利用插件，LobeChat 能够实现实时信息的获取和处理，如新闻聚合、文档检索、图像生成等。这一特性极大地增强了 LobeChat 的实用性和灵活性，使其能够适应更多样化的应用场景。

4）利用 LobeChat 对需求进行深度定制。基于 LobeChat 的强大功能特性和灵活扩展性，我们根据本项目的实际需求进行深度定制。以下是几个关键方面的定制方案及其应用场景：

- **截图对话与图像识别**：利用 LobeChat 的图像识别功能，我们可以实现截图对话功能。用户可以直接截取屏幕上的任意区域，并与机器人进行交互。机器人将识别截图中的内容，并提供相关信息或执行相应操作。这一功能在客服、教育、设计等领域得到广泛应用。例如，在客服场景中，用户可以通过截图展示遇到的问题，机器人则能快速识别并给出解决方案。
- **文档对话**：借助 LobeChat 的文档处理能力，我们可以实现基于文档的对话功能。用户可以上传各类文档（如 Word、PDF 等），与机器人进行深入讨论。机器人将理解文档内容，并根据用户需求提供相关信息或建议。这一功能在办公、学术研究等领域具有巨大潜力。例如，在办公场景中，用户可以通过上传报告或策划案等文档，与机器人进行讨论和修改。
- **图像生成**：结合 DALL-E 3 等先进的图像生成技术，我们可以在 LobeChat 中实现图像生成功能。用户只需要简单描述所需图像的内容或风格，机器人即可生成符合要求的图片。这一功能在设计、广告等领域得到广泛应用。例如，在设计场景中，设计师可以通过与机器人的交互快速生成设计草图或灵感参考。
- **多模态交互开发定制**：为了满足更多样化的交互需求，我们可以基于 LobeChat 进行多模态交互的开发定制。通过整合语音、手势等输入方式，我们可以为用户提供更加自然和便捷的交互体验。例如：在智能家居场景中，用户可以通过语音或手势控制家居设备；在医疗场景中，医生可以通过语音输入病历信息或查询药物资料等。

（2）集成主流通用大模型

基于 LobeChat 支持本地大模型集成的特性，我们精心选择了市场上 18 款主流的通用大模型进行集成。这些模型包括 ChatGPT、Claude 2、Gemini、讯飞星火、智谱清言、文心一言、百川大模型、商汤商量、通义千问、抖音豆包和腾讯混元等（见图 6-28），它们各具特色，在语言理解、生成和推理等方面都有着出色的表现。

图 6-28　本项目中保助理的功能样例和开源大模型集成情况

在开发过程中，我们首先对每个大模型进行了深入的分析和研究，以确保能够准确地掌握其特点和优势。随后，我们利用 LobeChat 提供的强大集成框架，开始对这些大模型逐一集成。

针对每个模型，我们都设计了专门的启动、切换、停止等控制逻辑，以确保用户能够轻松地管理和使用这些大模型。同时，我们还对对话界面进行了优化，使得用户在与不同模型交流时能够获得更加流畅和自然的体验。

在个性化配置交互方式方面，我们也下足了功夫。用户可以根据自己的喜好和需求，灵活地设置与不同模型的交互方式，包括输入输出的格式、对话的风格等。这些个性化配置不仅提升了用户的使用体验，还使得 LobeChat 成为一个真正符合用户个性化需求的智能对话平台。

最终，我们成功地将这 18 款主流通用大模型集成到了 LobeChat 中，并为用户提供了一个统一、便捷的办公操作环境。现在，用户可以方便地试用任何一款大模型进行办公操作，无论文本生成、数据分析还是决策支持等任务，都能够得到高效、准确的解决方案。

（3）深度优化大模型

我们基于 LobeChat 内嵌支持的各类大模型框架，进行了深度的定制开发。这些框架包括集成了 Amazon Bedrock 服务以支持 Claude/Llama 2 等的模型，接入了谷歌的 Gemini 系列模型、Anthropic 的 Claude 系列模型，以及智谱的 ChatGLM 系列模型，从而为用户构建了一个功能全面、性能卓越的办公辅助工具。在这个强大的基础上，我们针对开源项目 LobeChat，定制了本项目的保助理大模型，并重点开发了六大核心功能：截图对话、应用对话、文档对话、图像生成、语音对话以及插件功能。

1）截图对话功能开发。截图对话功能是我们基于 LobeChat 深度集成的 GPT-4 Vision 技术所开发的一项创新功能。它为用户提供了一个全新的与图像进行交互的方式。在开发过程中，我们首先实现了与 GPT-4 Vision 的高效接口对接，确保图像数据能够快速准确地传输和处理。接着，我们优化了图像识别算法，提高了识别的准确率和速度。在用户界面方面，我们设计了一个直观易用的截图工具，用户可以轻松截取屏幕上的任意区域，并立即对截图内容展开对话。此外，我们还增加了对截图内容中文字、图形等元素的精确识别和解读能力，使得用户能够针对截图中的具体细节进行提问和讨论。这一功能的开发极大地提升了用户在处理图像信息时的效率和便捷性。

例如，用户在浏览网页时看到一张介绍智能体的图片，用户不理解图中各个部分的含义，于是利用桌面助手的截图对话功能截取图片，同时在对话框中输入"总结一下这张图片内容"，保助理大模型就会按照要求识别图片并输出问题的答案，如图 6-29 所示。

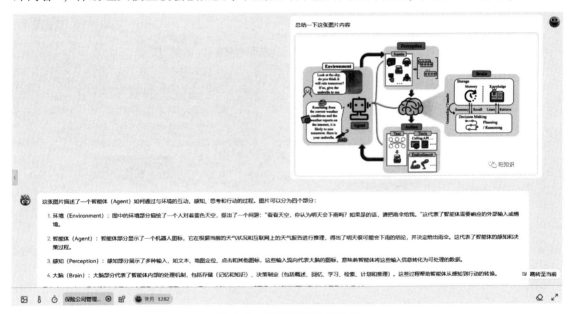

图 6-29　截图对话功能示例

2）应用对话功能开发。应用对话功能是我们针对用户在使用计算机时经常需要与应用界面进行交互的需求而开发的创新功能。这一功能的核心在于它能够自动识别当前计算机桌面置顶的应用，并与之进行智能对话。在开发过程中，我们首先实现了对桌面置顶应用的自动识别技术。通过深入分析各种应用程序的窗口特征和属性，我们成功构建了一个能够准确识别不同应用的算法。这一技术为用户提供了极大的便利，使他们无须手动选择或切换应用，即可直接与应用界面进行对话。

接下来，我们整合了截图对话功能。当用户与应用进行对话时，系统可以自动截取当前应用页面的内容，并通过先进的图像识别技术，提取页面中的关键信息。这使得用户能够直接对当前应用页面的内容进行处理，如查询、编辑或分享等操作，大大提高了工作效率。

此外，我们还为应用对话功能增加了录像记录能力。用户可以连续截图并拼接，以记录他们在应用中的完整操作过程。这一功能在处理长文档或需要回溯操作步骤的场景中特别实用，比如用户可以将浏览过的几个页面进行拼合，形成一个完整的工作流记录。

单击桌面助手的应用对话功能，即可展示黑色部分的问题字体功能，同时在弹出的建议工作台对话框中输入需要了解的问题，比如"总结一下本页面的主要内容"，保助理就会应用大模型的总结能力输出内容，如图 6-30 所示。

总的来说，应用对话功能的开发旨在为用户提供一种更加智能、高效的应用交互体验。通过自动识别应用、截图对话和录像记录等功能的结合，我们为用户打造了一个全方位、多功能的应用对话环境，助力他们在工作和生活中更加便捷地处理各种应用任务。

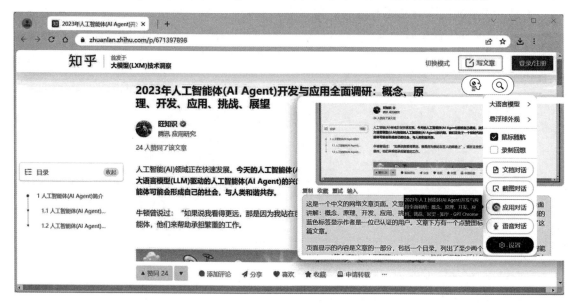

图 6-30　应用对话功能示例

3）文档对话功能开发。文档对话功能是我们为解决传统文档处理中的烦琐和低效问题而开发的。在开发过程中，我们引入了先进的矢量数据库技术，构建了一个能够高效处理各种文档格式的对话系统。该系统支持 Word、WPS、Excel、PDF、PPT 等多种常见文档格式，并实现了对文档内容的快速索引和检索。用户只需要通过简单的对话形式，即可对文档进行主题总结、要点提取、信息查询等操作。为了提高用户体验，我们还优化了对话界面和交互逻辑，使得用户能够更加自然地与文档进行交互。此外，我们还增加了对文档错误的自动辨析和提示功能，帮助用户及时发现并纠正文档中的问题。

4）图像生成功能开发。图像生成功能是我们基于 LobeChat 集成的 DALL-E 3 技术所开发的一项创意功能。在开发过程中，我们充分利用了 DALL-E 3 强大的图像生成能力，并结合用户的需求，实现了根据文字描述或上传图像进行图像生成的功能。为了满足用户多样化的创作需求，我们提供了丰富的图像风格和创作工具供用户选择。同时，我们还优化了图像生成的速度和质量，确保用户能够在短时间内获得满意的创作成果。此外，我们还增加了对生成图像的编辑和调整功能，让用户能够根据自己的喜好对图像进行个性化的修改和完善。

5）语音对话功能开发。语音对话功能是我们为满足用户在语音交互方面的需求而开发的。在开发过程中，我们集成了 TTS 和 STT 技术，构建了一个高效、准确的语音对话系统。我们优化了语音识别和语音合成的算法，提高了语音交互的准确性和流畅性。同时，该系统支持多种语言和方言的识别与合成，以满足不同用户的需求。在用户界面方面，我们设计了一个简洁明了的语音交互界面，用户只需要通过简单的语音指令即可与系统进行交互。此外，我们还增加了对语音对话内容的记录和整理功能，方便用户随时回顾和查找之前的对话记录。

6）插件功能开发。插件功能是我们基于 LobeChat 的插件系统所开发的一项扩展功能。在开发过程中，我们充分考虑了用户的实际需求和使用场景，为用户提供了丰富的插件选择。这些插件包括社交媒体搜索、文本深度润色和图文共生文件等，旨在帮助用户更加高效地处理办公任务。为了实现这些插件功能，我们与多个合作伙伴进行了深度合作和技术对接。同时，LobeChat 插件系统还提供了开放式的插件开发接口和文档支持，鼓励 LobeChat 上的开发者社区中的成员为我们贡献更多优质的插件资源。这些举措不仅丰富了插件库，还为用户带来了更加灵活和个性化的办公体验。

（4）功能集成与界面开发

在完成了各个核心功能的开发之后，我们进入了功能集成与界面开发阶段。这一阶段的目标是将这些独立的功能融合在一起，形成一个完整、流畅且用户友好的系统。以下是对这两个功能界面——桌面助手和个人工作台的详细开发过程及其功能的阐述。

1）桌面助手。桌面助手的开发过程包含界面设计、交互逻辑开发、功能集成和性能优化等方面。

- **界面设计**：我们首先设计了一个小巧的桌面助手插件。为了使其既实用又不显突兀，我们采用了简约、现代的设计风格，并确保其在不需要时能够隐藏在屏幕边缘。
- **交互逻辑开发**：我们为桌面助手实现了多种交互方式，包括鼠标单击和语音唤醒。用户可以通过单击隐藏在屏幕边缘的桌面助手图标或使用特定的语音命令来激活它。
- **功能集成**：在桌面助手上，我们集成了鼠标随行功能，这使得用户可以方便地通过鼠标或语音来调用之前开发的各项功能，如文档对话、语音对话、应用对话和截图对话等。同时，我们也允许用户在此处自由切换本项目所集成的 18 款通用大模型，以便对任意大模型的功能进行使用和测试。
- **性能优化**：为了确保桌面助手的流畅运行，我们对其进行了严格的性能测试和优化。这包括减少资源占用、提高响应速度，以及确保在各种操作系统和硬件配置上的兼容性。

桌面助手具有如下功能：

- **快速唤醒**：用户可以通过鼠标单击或语音命令快速唤醒桌面助手。
- **功能直达**：在桌面助手上，用户可以直接调用文档对话、语音对话、应用对话和截图对话等功能，无须跳转到其他界面。

- **大模型切换**：用户可以在桌面助手上自由切换和测试本项目所集成的 18 款通用大模型，以满足不同的需求。
- **简易工作台**：简易工作台基于微调框架进行开发，后台对接多款通用大模型，可以在此简易工作台上完成常用的工作流对话功能。
- **鼠标随行**：鼠标随行功能使得用户可以通过鼠标轻松操控桌面助手及其集成的各项功能。

2）个人工作台。个人工作台参考了市场主流的大模型工具的形式和传统的办公辅助工具的开发过程。

- **界面规划与设计**：我们设计了一个全屏的个人工作台界面，旨在为用户提供一个专注且高效的工作环境。该界面采用了直观且易于导航的布局，以确保用户可以快速访问所需的功能和信息。
- **功能区域划分**：在个人工作台中，我们划分了不同的功能区域，包括临时会话区、插件功能区、工作项目区和工作流程区等。这样的设计旨在帮助用户更好地组织和管理他们的工作。
- **交互设计**：我们为个人工作台设计了丰富的交互元素和动画效果，以提升用户体验。例如，当用户双击桌面助手时，系统会平滑地过渡到全屏的个人工作台界面。
- **数据同步与存储**：为了确保用户数据的安全性和一致性，我们实现了个人工作台与服务器之间的数据同步功能。这意味着用户可以在不同设备或会话之间无缝切换，而无须担心数据丢失或不一致的问题。
- **性能与稳定性测试**：在开发过程中，我们对个人工作台进行了严格的性能和稳定性测试。这包括模拟大量用户同时访问、处理大量数据以及应对各种异常情况等场景，以确保系统能够在各种条件下稳定运行。

以下是个人工作台提供的功能：

- **临时会话构建**：用户可以在个人工作台的临时会话区域快速创建和管理临时对话，以便进行即时的沟通和协作。
- **插件功能唤起**：通过插件功能区，用户可以方便地唤起之前开发的各项功能，如文档对话、语音对话等，并在个人工作台内进行使用。
- **工作项目管理**：用户可以在工作项目区创建、编辑和管理各种工作项目。这有助于用户更好地组织和规划他们的工作任务。
- **工作流程分类处理**：通过工作流程区，用户可以清晰地查看和管理不同的工作流程。这可以帮助用户提高工作效率并确保各项任务按时完成。

总的来说，功能集成与界面开发阶段是整个项目的重要组成部分。通过精心设计和实现桌面助手和个人工作台这两个功能界面，我们为用户提供了一个高效、便捷且个性化的工作环境。

5. 项目总结

本项目成功开发了一系列创新的办公辅助功能，其中包括截图对话、应用对话等，这些功能对于提升用户办公效率具有显著效果。特别是截图对话和应用对话功能，通过智能识别和处理图像及应用界面信息，极大地简化了办公流程，为用户节省了宝贵的时间。

根据统计，使用智能办公助手后，员工在处理文本、文件和数据资料的时间减少了30%，整体办公效率提升了15%。通过大模型的智能处理，资料整理和分析中的错误率降低了23%，提高了工作质量和准确性。根据员工满意度调查，使用智能办公助手后，员工对办公环境的满意度提升了15%，对工作流程的满意度提升了20%。同时，智能办公助手在企业内部的覆盖率达到了65%，基本已经应用于各个业务部门和岗位。

此外，本项目还集成了18款主流大模型，为客户提供了丰富的选择，使其能够在短时间内体验并了解国内外优秀的大模型产品。这不仅帮助客户深入了解大模型的应用能力和场景，还为其在实际工作中的运用提供了更多可能性。

更重要的是，本项目验证了大模型作为办公辅助工具在企业落地的可行性。这一成功实践为大模型在未来行业内的广泛应用提供了宝贵的借鉴经验，有望推动办公自动化的进一步发展。